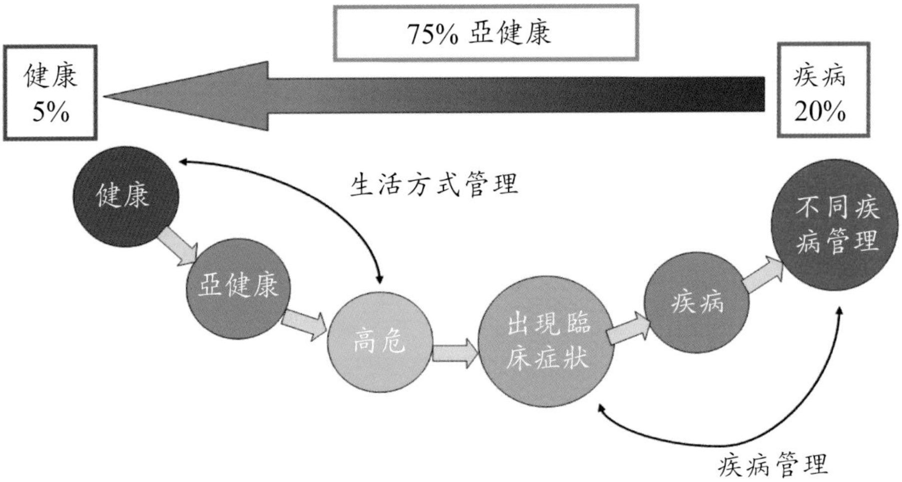


圖 1-1　健康、亞健康與疾病之間的關聯。

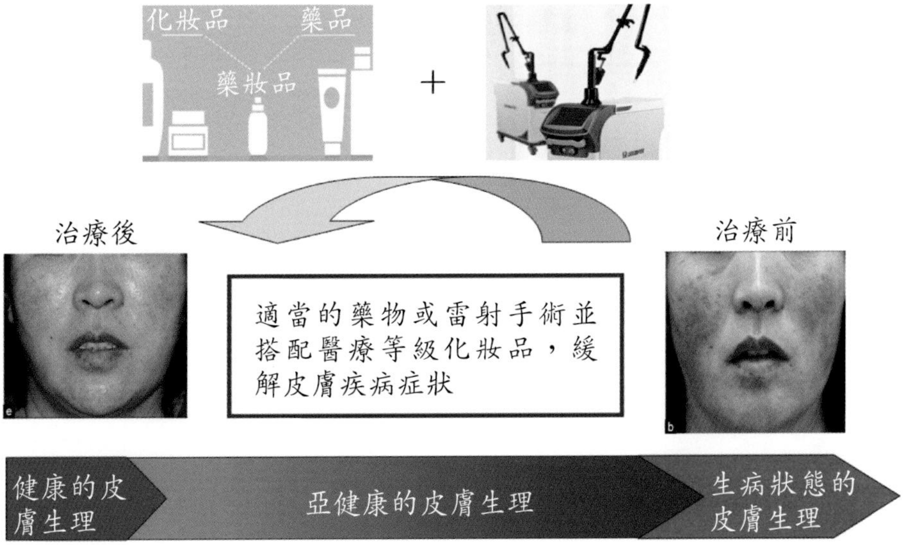


圖 1-2　生病狀態的皮膚，需適當藥物或雷射手術搭配醫療等級化妝品以緩解皮膚疾病症狀。

圖片來源：Luan, et al., 2014。

圖 1-3　正確及適當使用化妝品，改善亞健康的皮膚生理狀態。

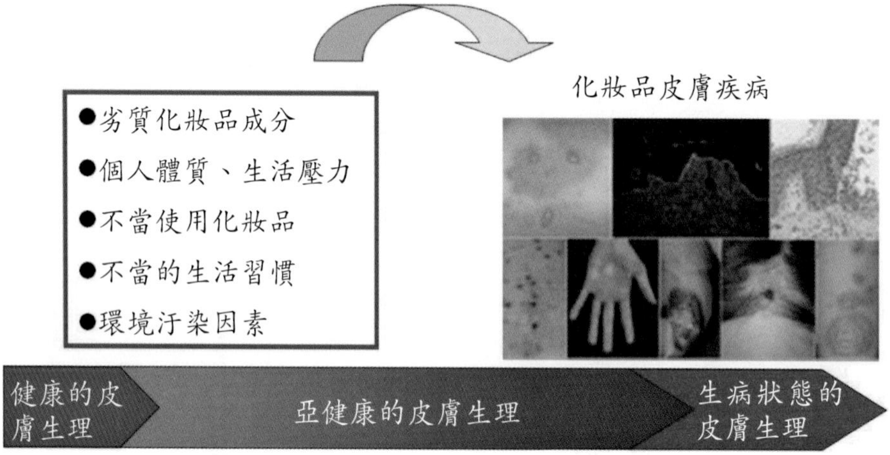


圖 1-4　使用化妝品造成的皮膚不良反應。

黑種人　　　黃種人　　　白種人

圖 2-1　根據人類色素含量區分人類主要的皮膚類型。

圖片來源：Costin and Hearing, 2007。

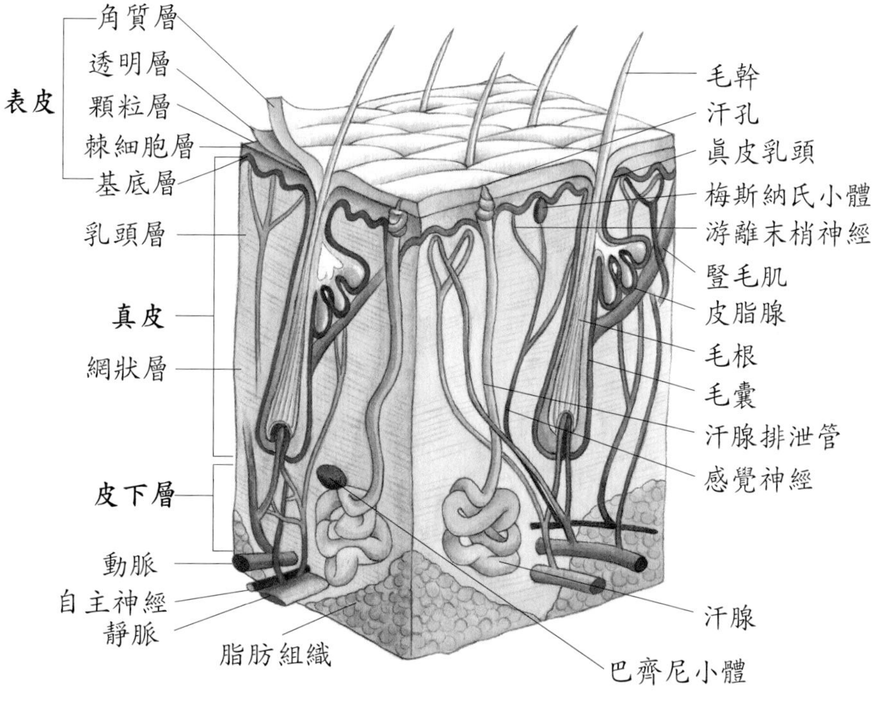


圖 2-2　皮膚的結構

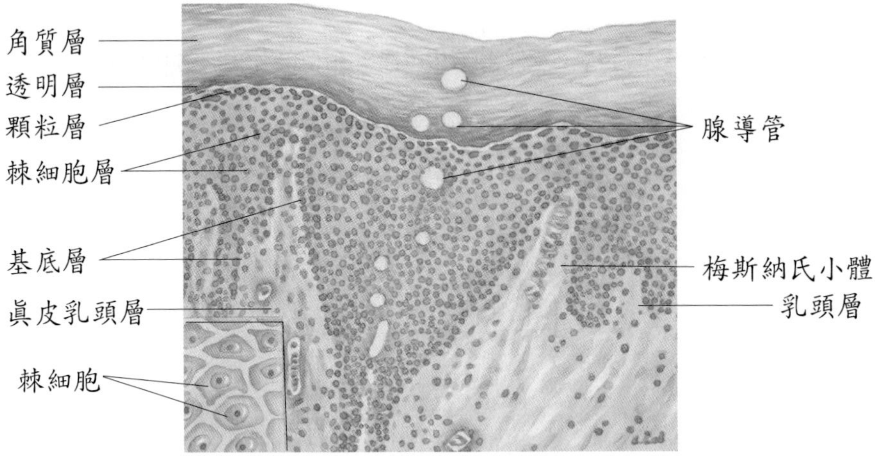


圖 2-3　表皮的結構

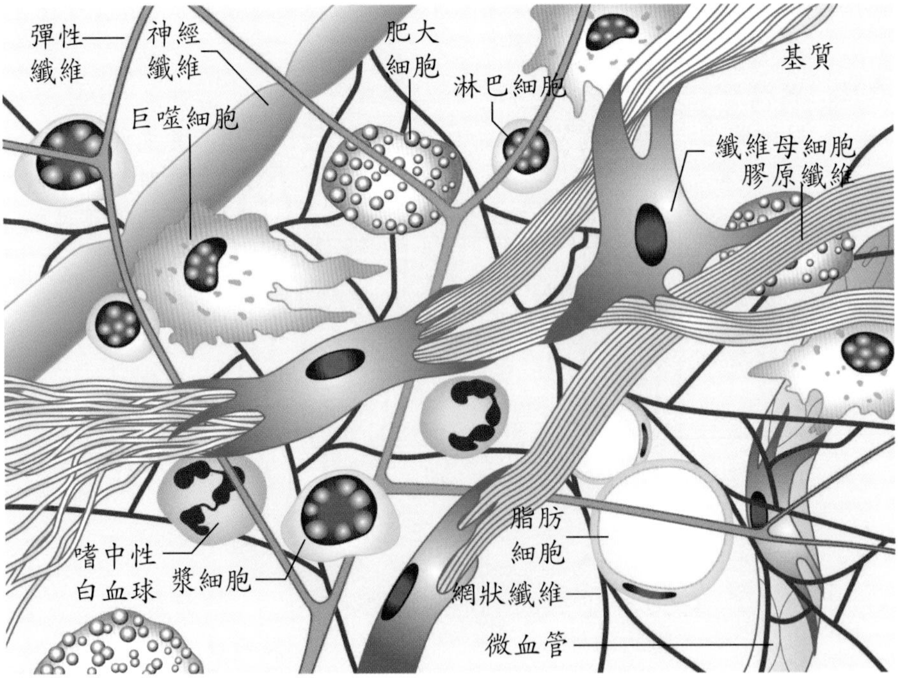


網狀結締組織

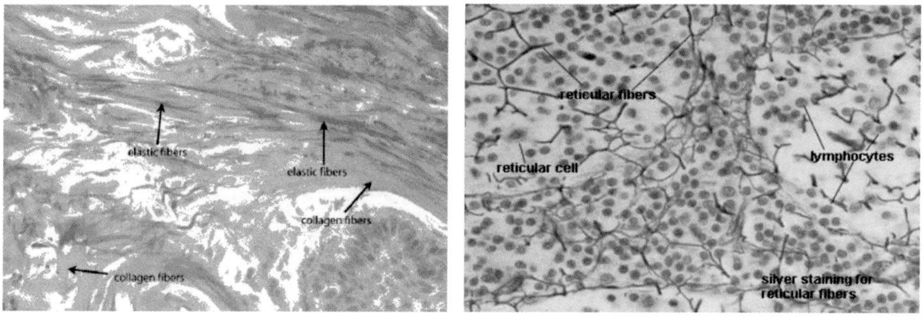


膠原纖維及彈力纖維　　　　網狀纖維

圖 2-4　網狀層結締組織圖。

圖片來源：www.slideshare.net 、imgarcade.com 、smallcollation.blogspot.com 。

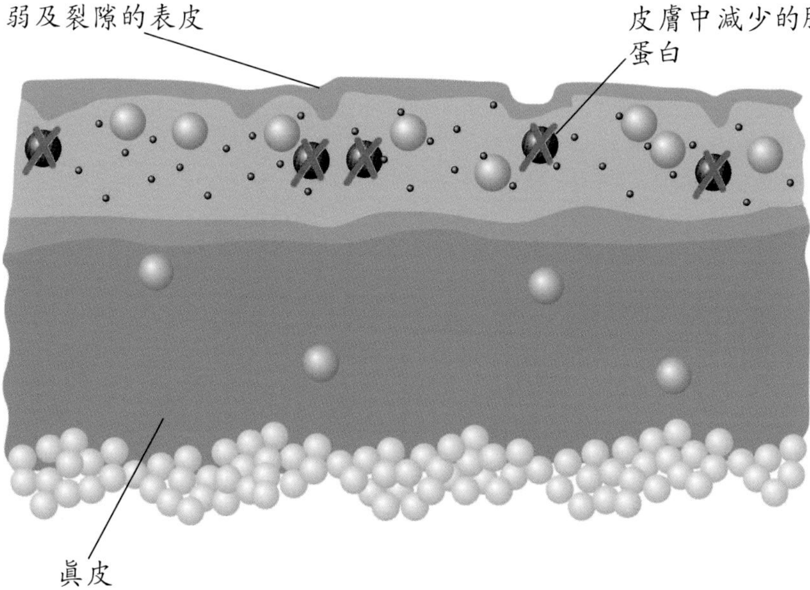


圖 2-5　缺乏膠原蛋白的皮膚出現皺紋。

圖片來源：www.enhancementscometicsurgery.com 。

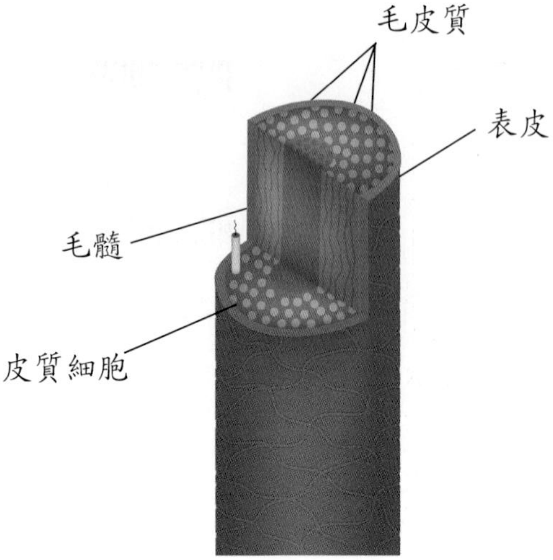


圖 2-7　毛幹的結構

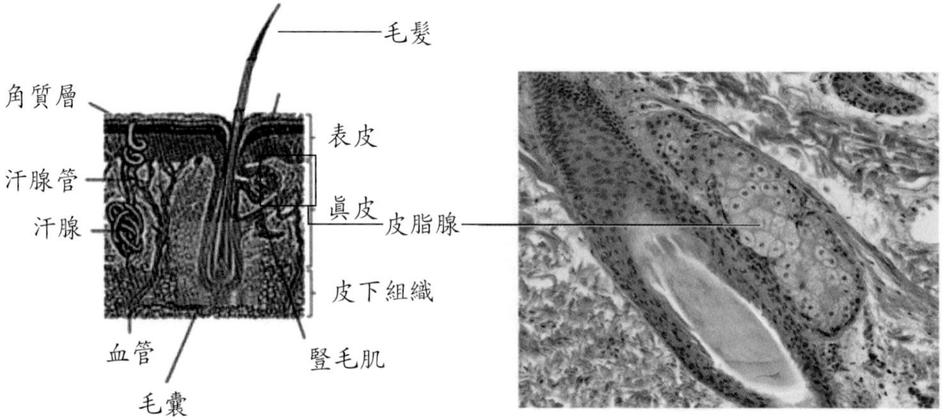


圖 2-9　皮脂腺結構。

圖片來源：www.lookfordiagnosis.com。

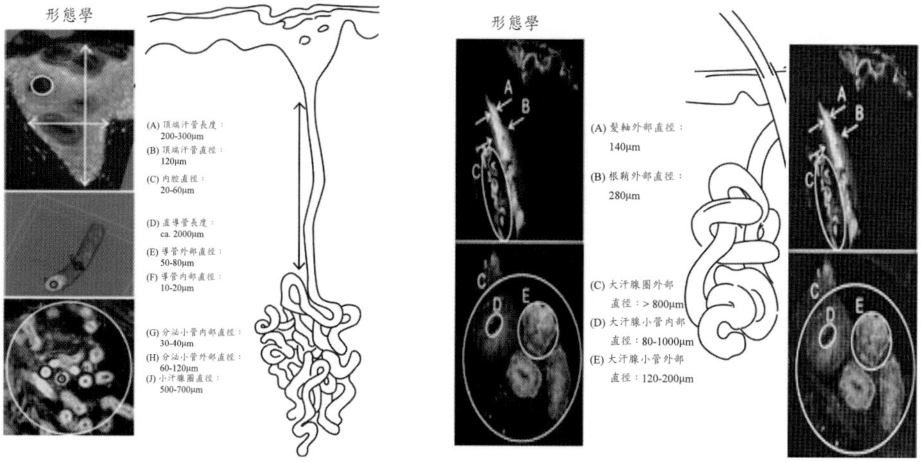


小汗腺（eccrinesweatgland）　　大汗腺（apocrinesweatgland）

圖 2-11　汗腺的結構及形態測量。

圖片來源：Wilke et al., 2007。

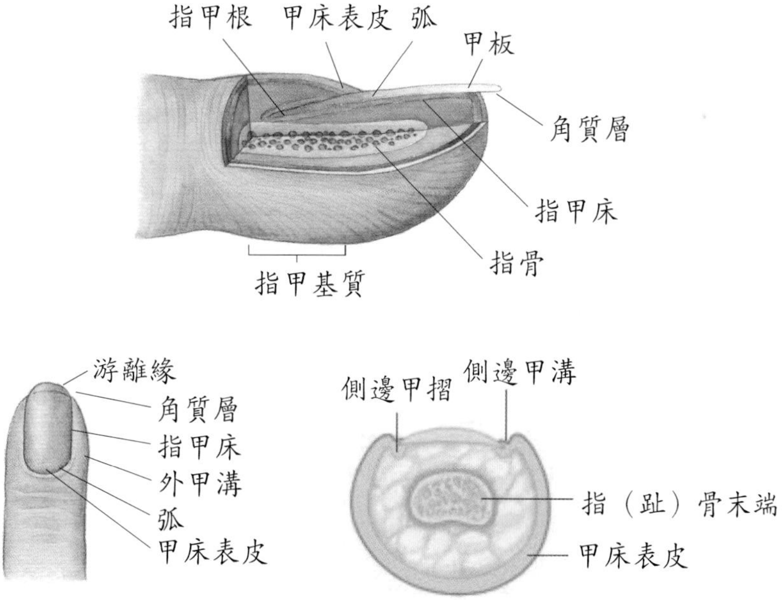


圖 2-12　指甲構造示意圖

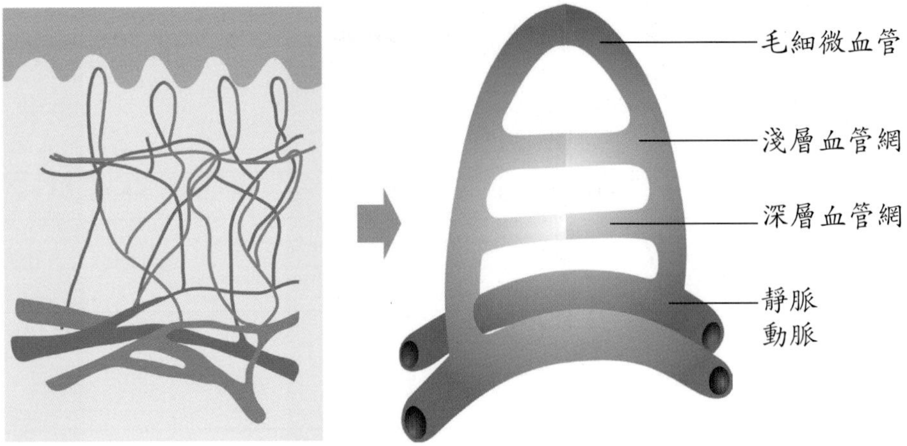


圖 2-13　皮膚血管網模式圖。

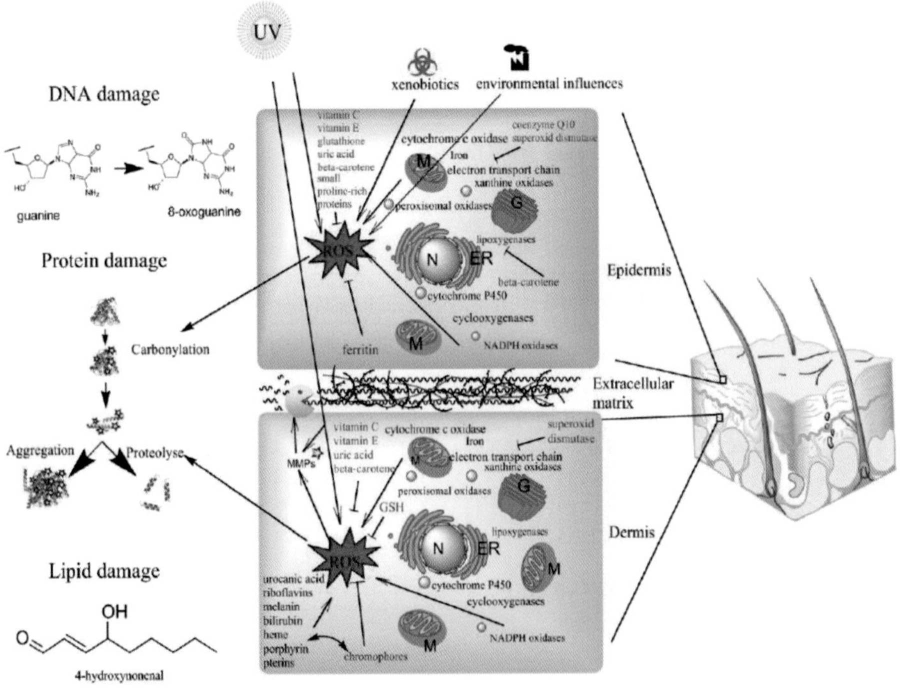


圖 5-4　紫外線傷害會造成表皮及真皮內的活性氧傷害。

圖片來源：Rinnerthaler et al., 2015。

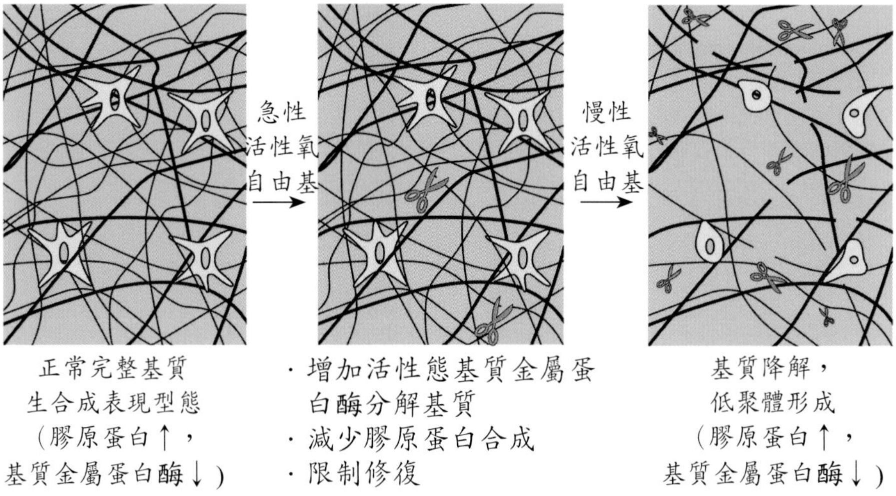


圖 5-5　紫外線傷害造成皮膚細胞基質的組成產生降解。

圖片來源：Rittie and Fisher, 2014。

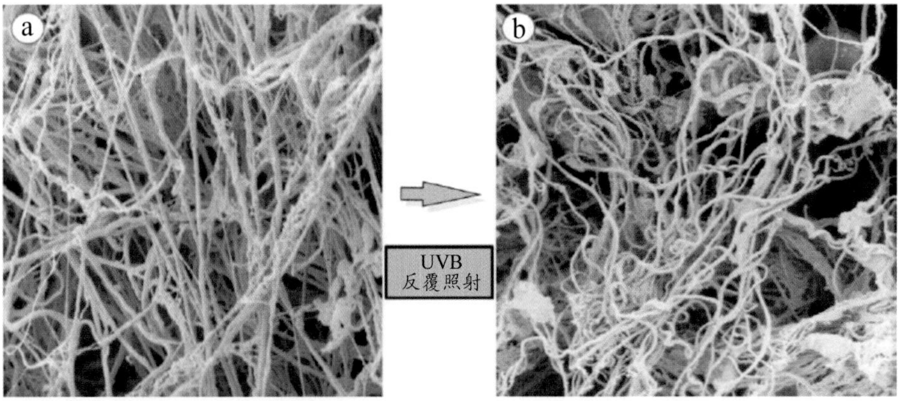


圖 5-6　彈力蛋白纖維經 UVB 反覆照射後產生降解現象。

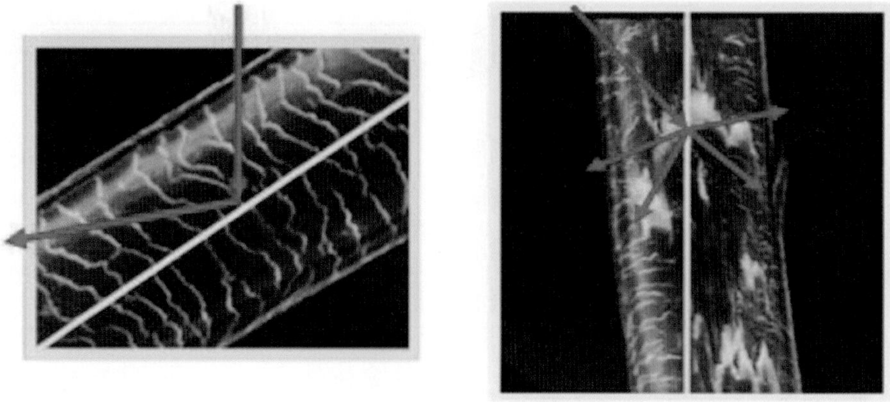

圖 6-3　頭髮表面平滑度對光反射的影響

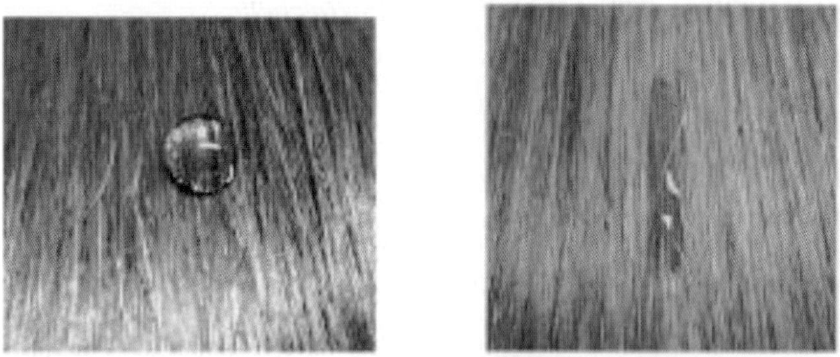

(a)健康頭髮是疏水性，頭髮上的水珠不易滲透　(b)漂白後的人類頭髮是親水性，頭髮上的水珠迅速消失

圖 6-5　化學處理對頭髮疏水保護層的影響

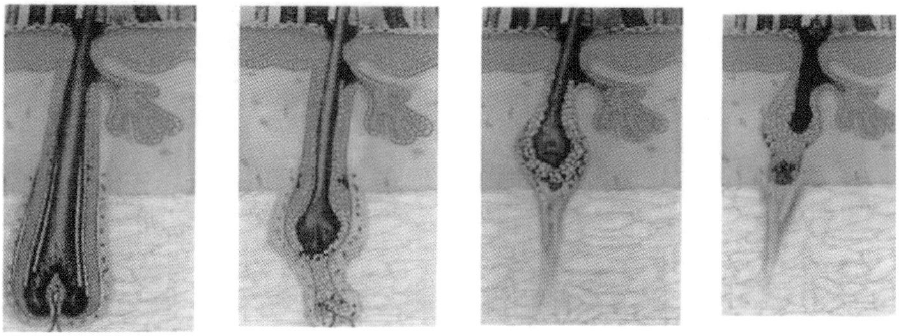

生長期　　退化期　　休止期　　進入生長期

圖 6-9　毛髮的生長週期

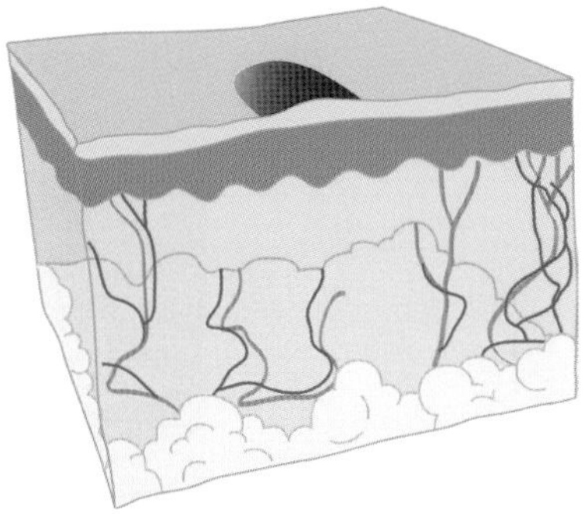

斑疹

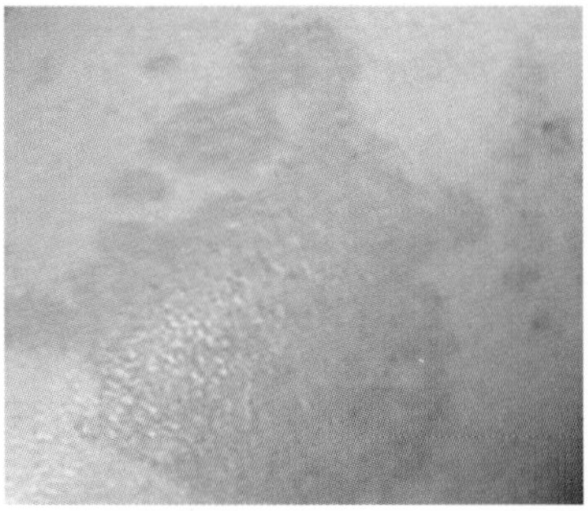

紅斑

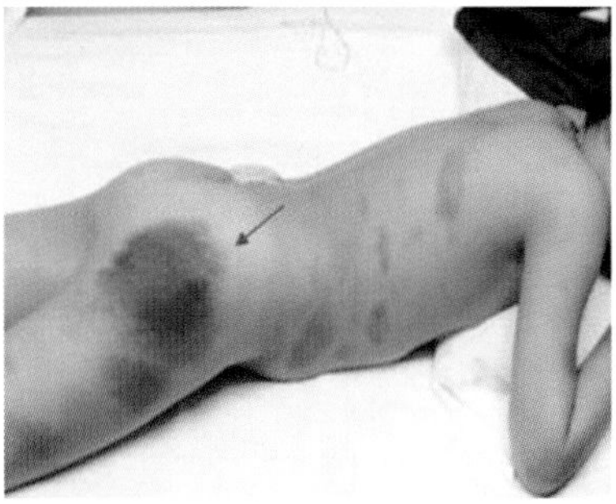

出血斑

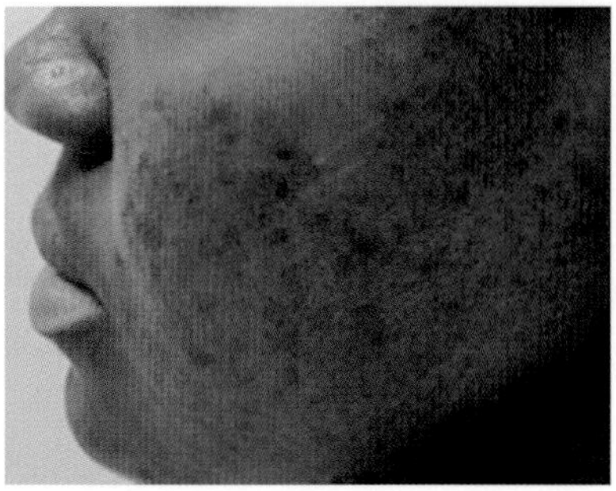

色素沉著斑

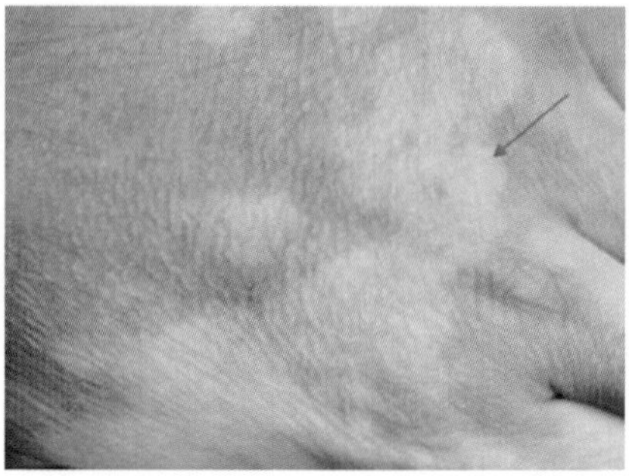

色素減退斑及色素脫失斑

圖 7-1

圖片來源：www.alyvea.com、www.mirai.ne.jp、meddic.jp、pigmentationcream.com、www.oleassence.fr。

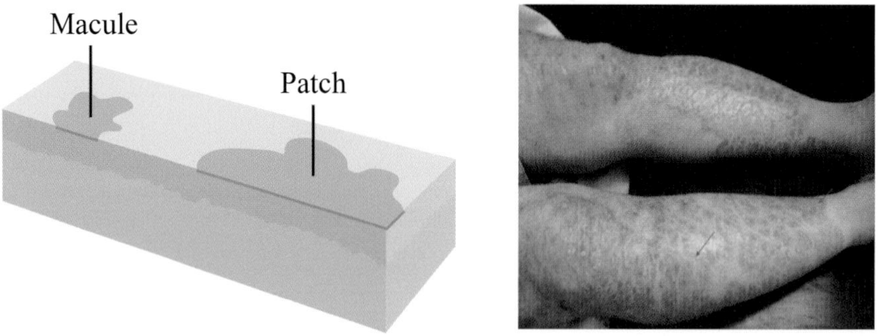


斑塊

圖 7-2

圖片來源：www.lecturio.de、www.dermatologyoasis.net。

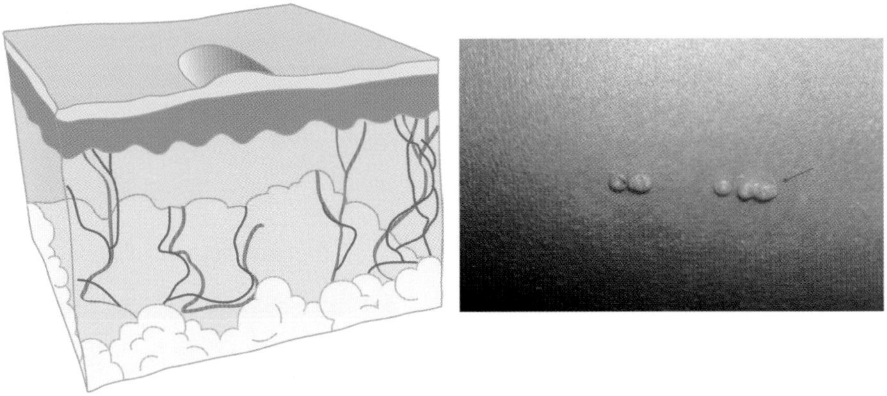

丘疹

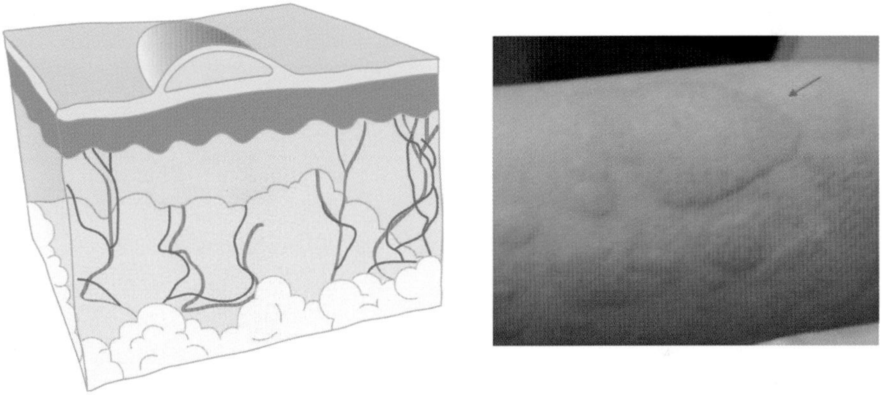

風團

圖 7-3

圖片來源：www.alyvea.com、www.visualdx.com、www.twwiki.com。

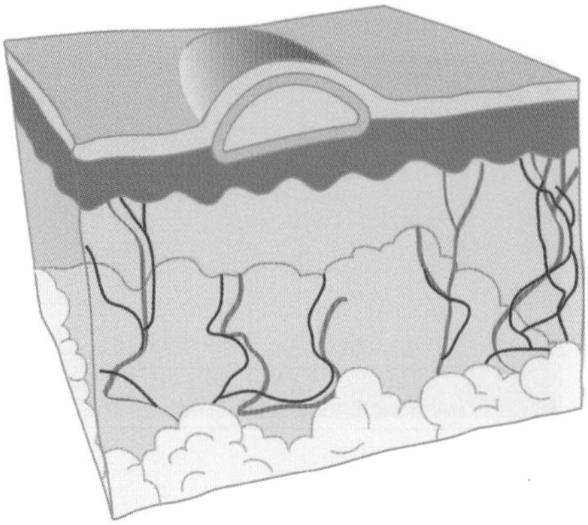

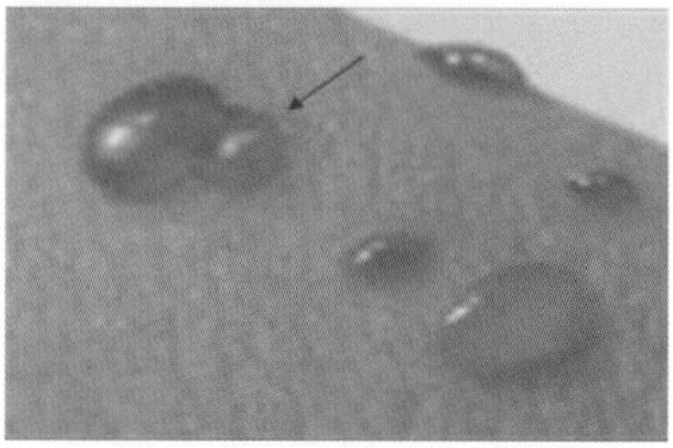

水疱

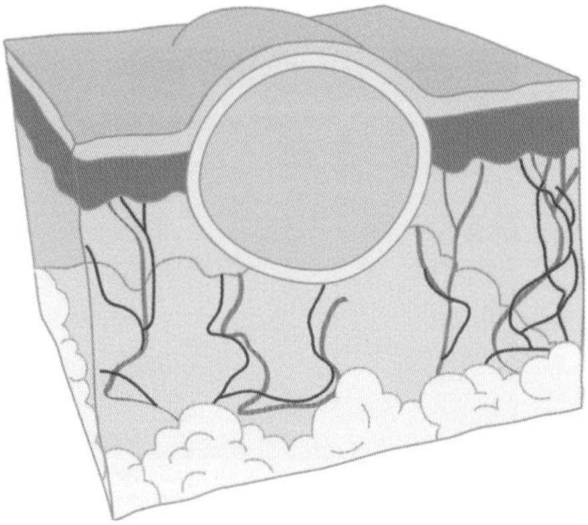

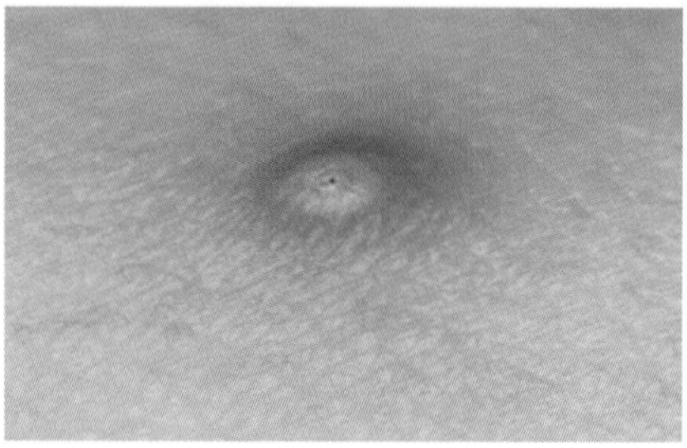

濃疱

圖 7-4

圖片來源：www.alyvea.com 、www.visualdx.com 、yoderm.com 。

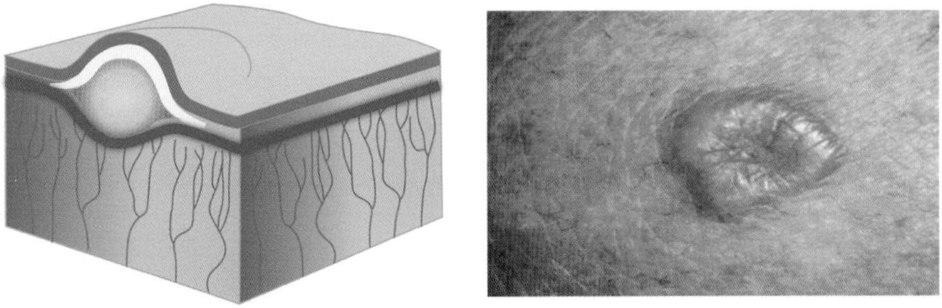

結節

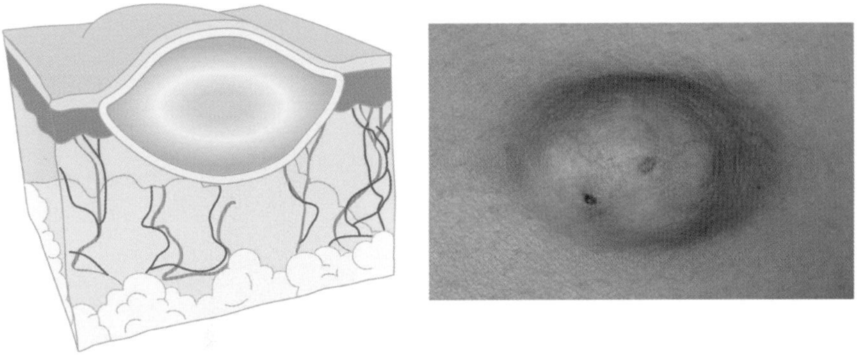

囊腫

圖 7-5

圖片來源：www.alyvea.com、www.skincareguide.ca、dermandskincancer.com。

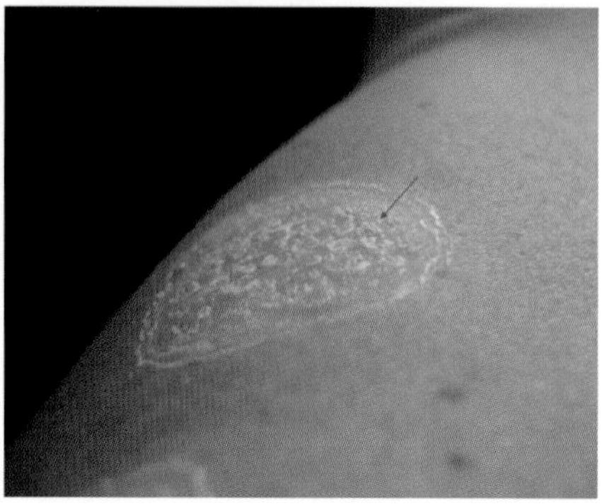

鱗屑

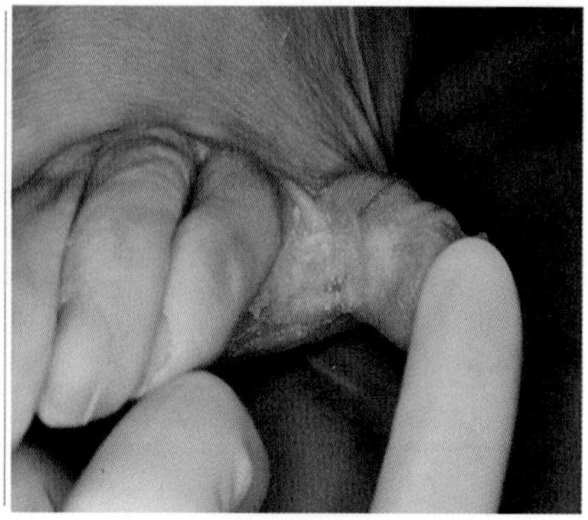

浸漬

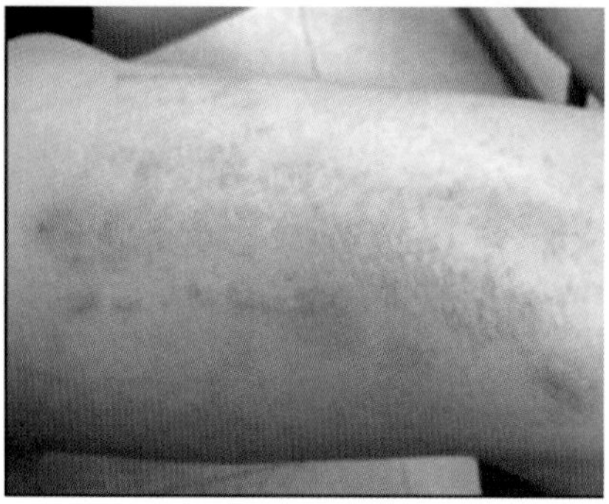

抓痕

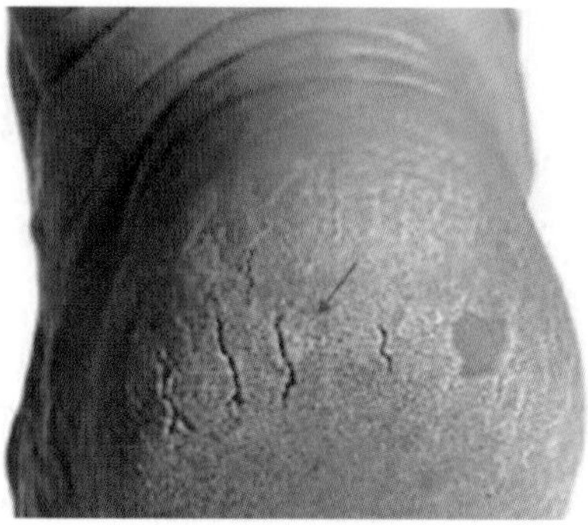

裂隙

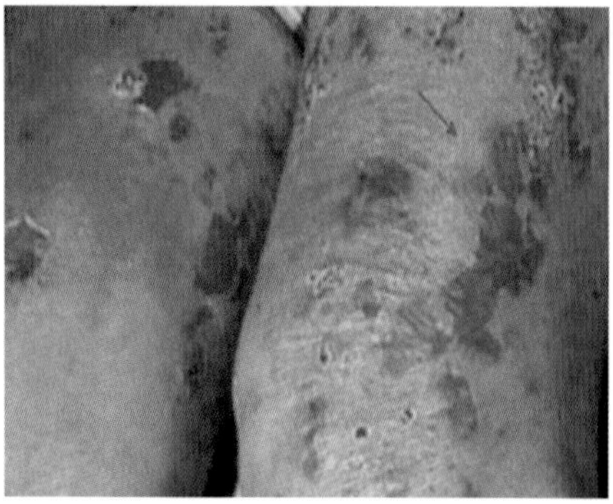

糜爛

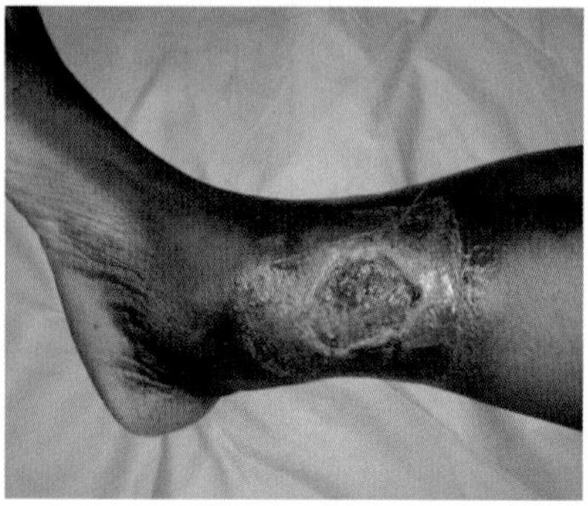

潰瘍

圖 7-6

圖片來源：meddic.jp、www.pcds.org.uk、www.pic2fly.com、imgarcade.com、www.tsu.tw/pfb/jichu/byzzzd/1062.html、www.veinsurgery.co.za。

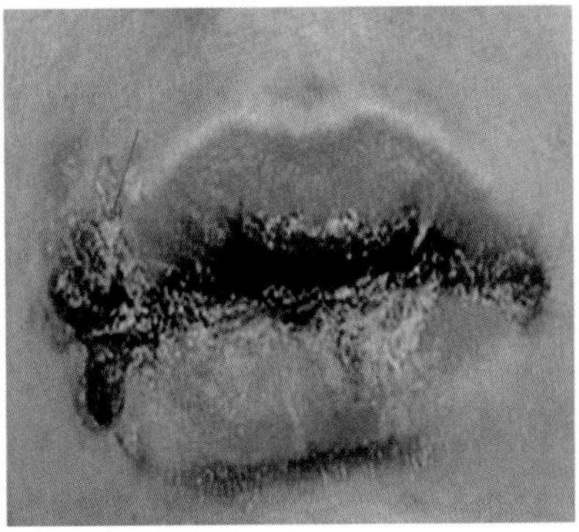

痂

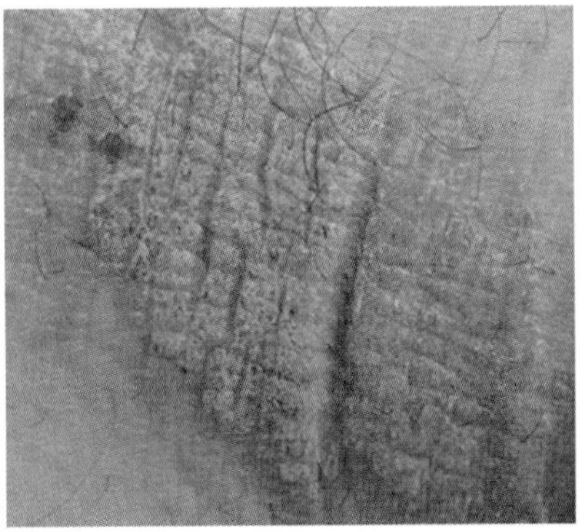

苔癬樣變

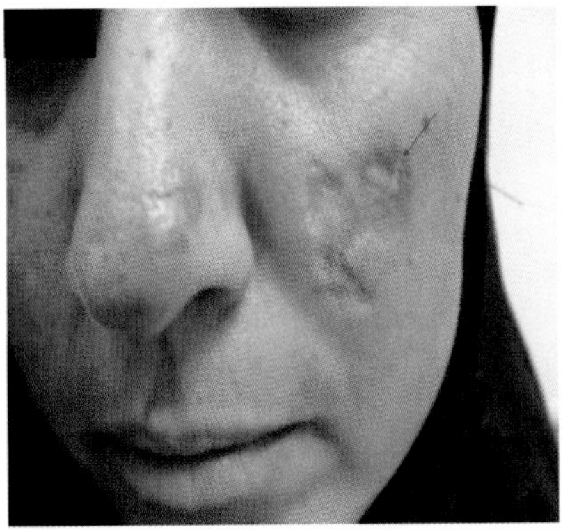

萎縮

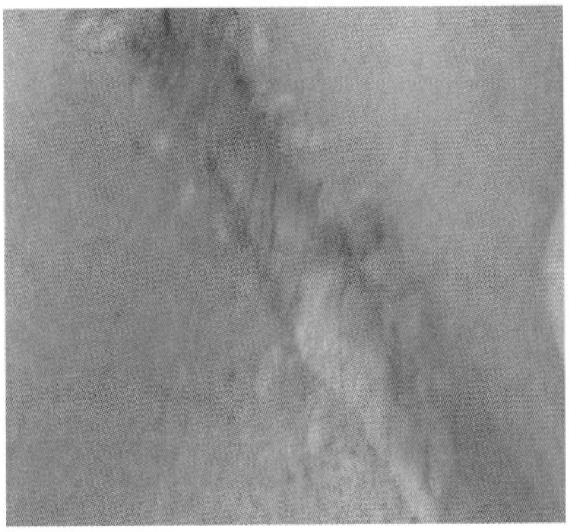

疤痕

圖 7-7

圖片來源：dental.dxy.cn、healthool.com、imgarcade.com、www.clianliwonmi.com。

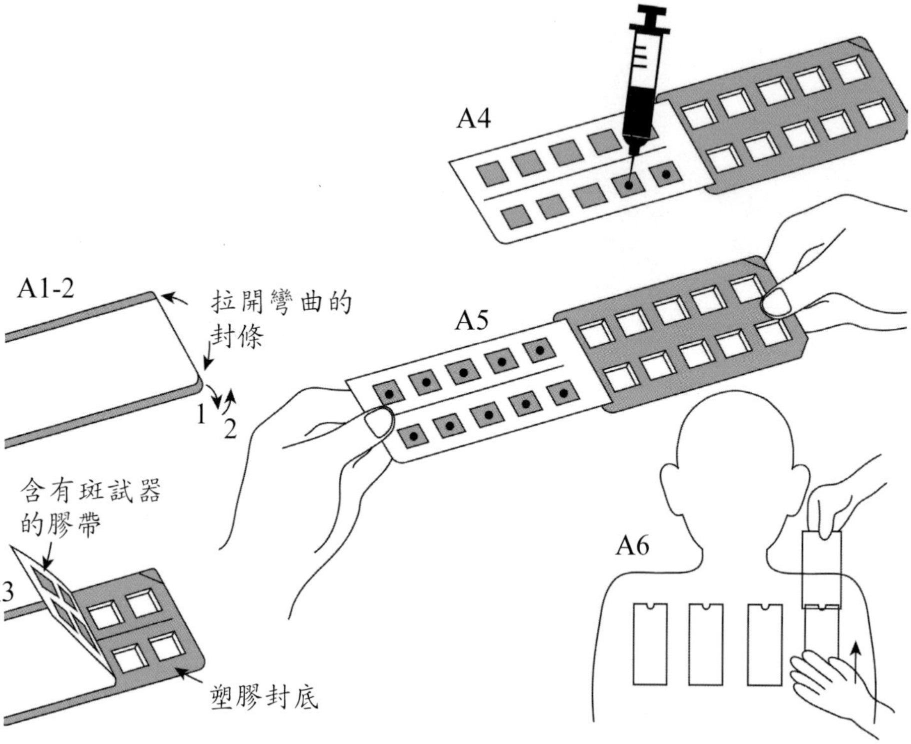


圖 7-8　化妝品安全性貼布示意圖。

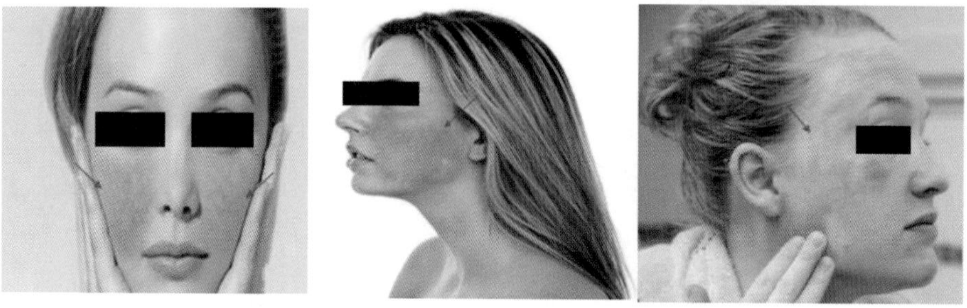

臉上紅血絲明顯　　皮膚容易發紅或發熱　　皮膚薄弱，容易過敏

圖 8-1　敏感性皮膚的臨床特徵。

圖片來源：www.leha.com / health / 524230。

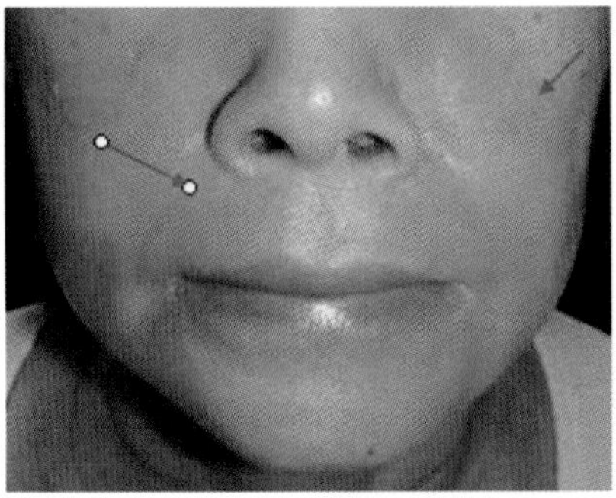

化妝品接觸性皮炎

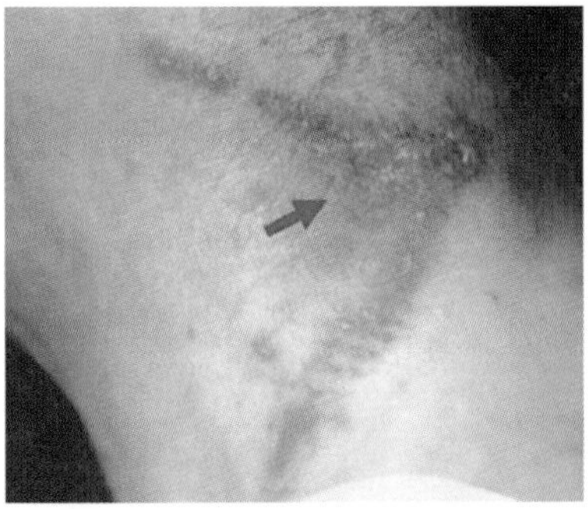

變態反應性接觸性皮炎

圖 8-2　接觸性皮炎的臨床特徵。

圖片來源：成大醫院皮膚科南十字星系統、www.twwiki.com。

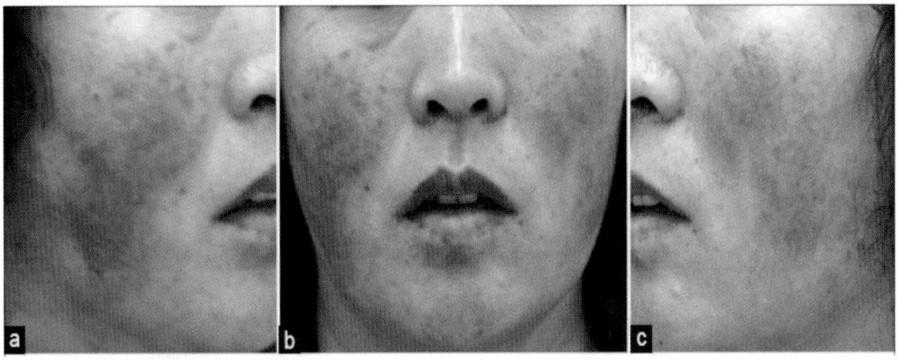


激素依賴性皮炎的臨床特徵

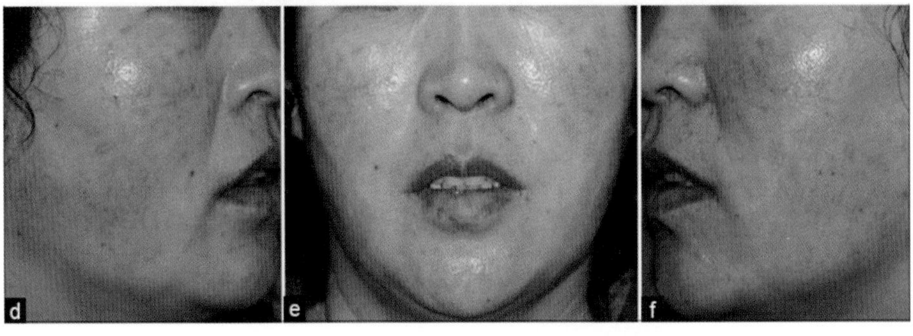


激素依賴性皮炎經低光源治療後結果

圖 8-3　激素依賴性皮炎的臨床特徵。

圖片來源：Luan, et al., 2014。

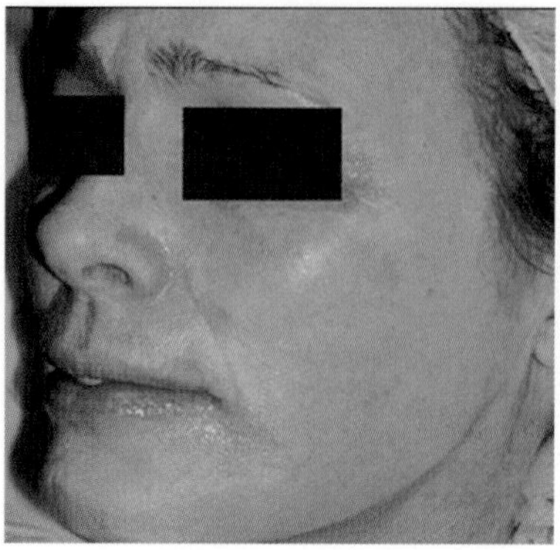

圖 8-4　換膚綜合症的臨床表現。

圖片來源：pinstake.com。

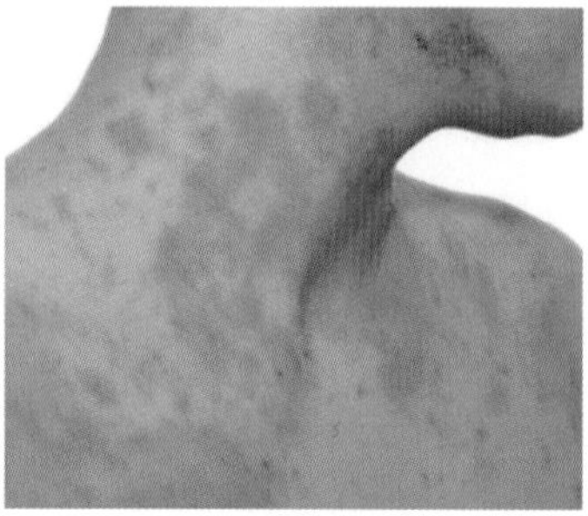

溼疹

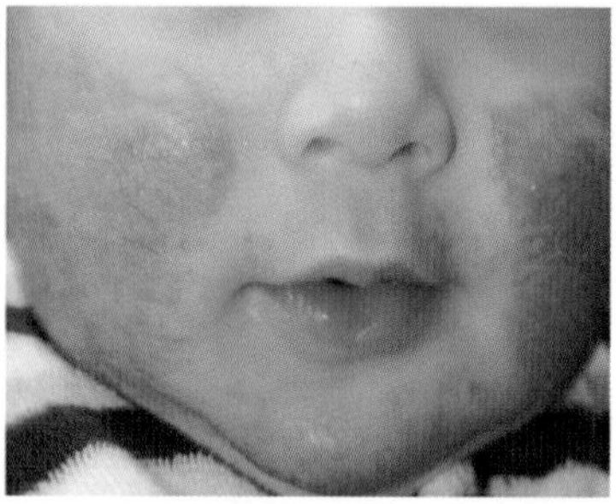

嬰兒溼疹

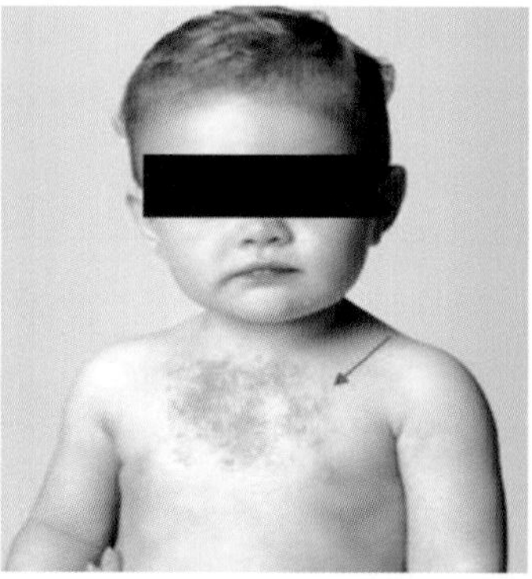

自身敏感性溼疹

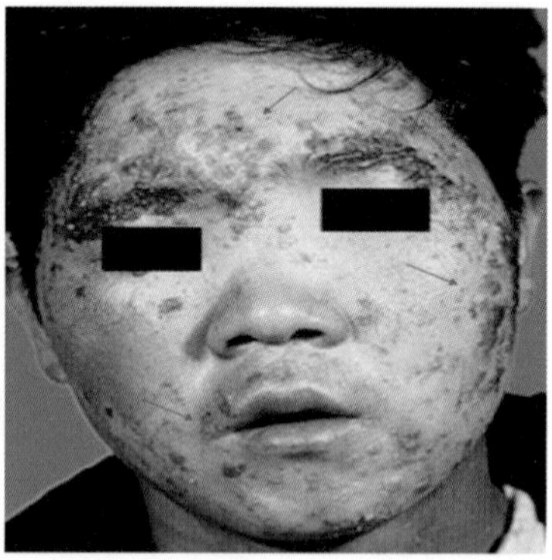

傳染性溼疹樣皮炎

圖 8-5　溼疹的臨床表現。

圖片來源：www.informationng.com、tnheathandwellness.com、jhbws.blog.sohu.com、www.med126.com。

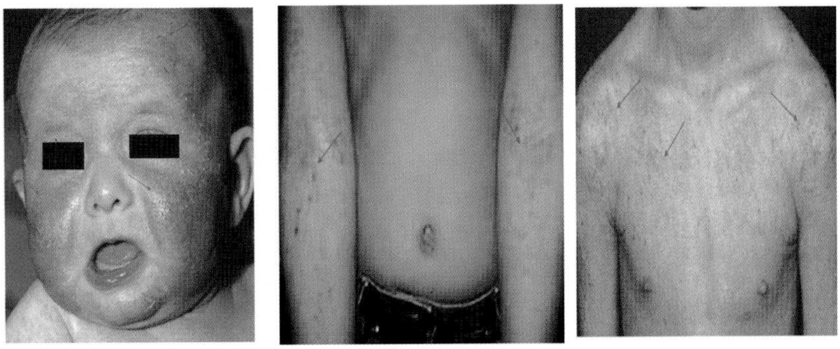

嬰兒期　　兒童期　　青年及成人期

圖 8-6　異位性皮炎的臨床特徵。

圖片來源：bbs.mychat.to、www.iskin.com.tw、mypaper.pchome.com.tw。

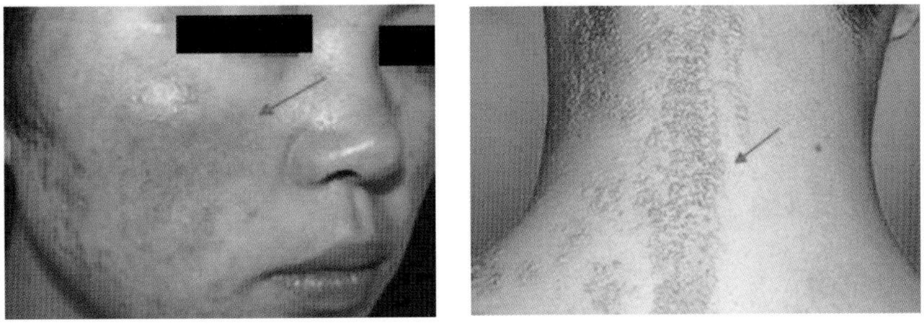

顏面　　頸部

圖 8-7　季節性皮炎的臨床表現。

圖片來源：www.ncdsyy.com/py/2016/0325/426.html、tupian.hudong.com。

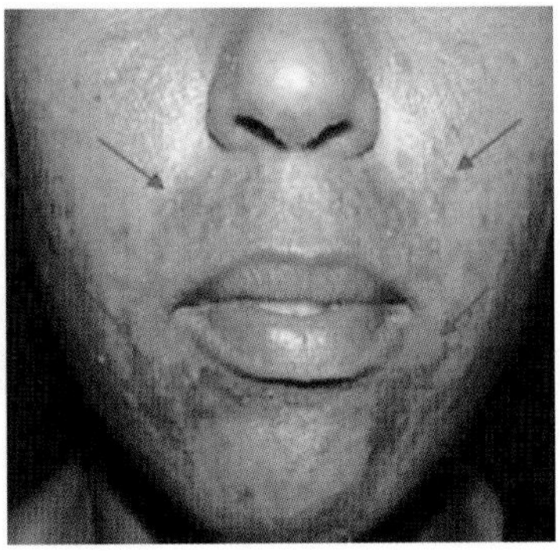

圖 8-8　口周皮炎的臨床特徵。

圖片來源：baike.sogou.com。

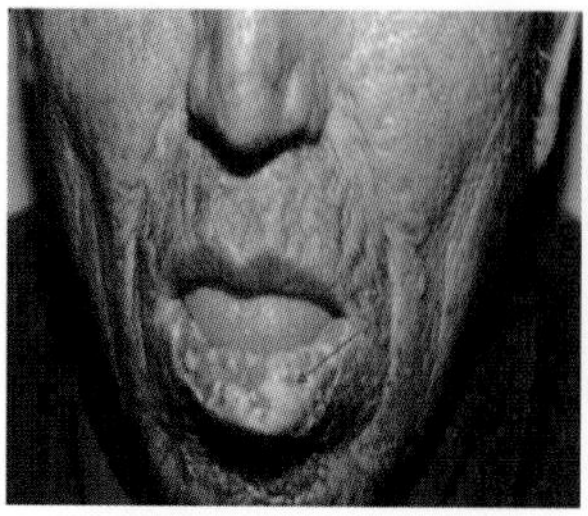

光化性唇炎

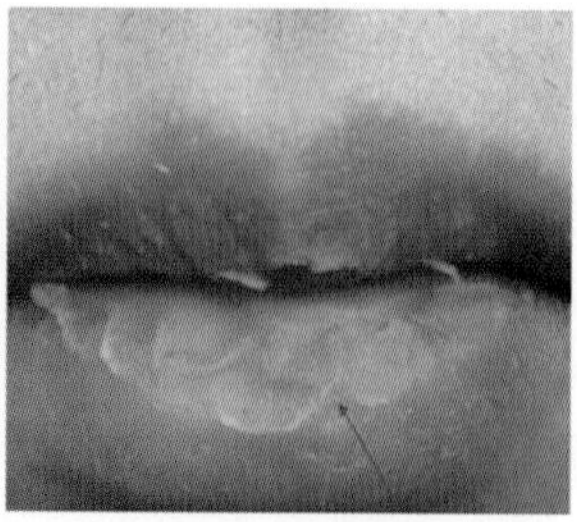

剝脫性唇炎

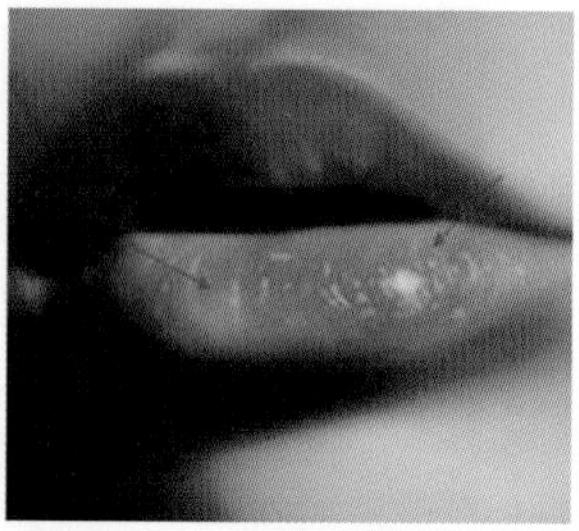

腺性唇炎

圖 8-9　唇炎的臨床特徵。

圖片來源：www.tspf120.com、jib.xywy.com、www.39yst.com。

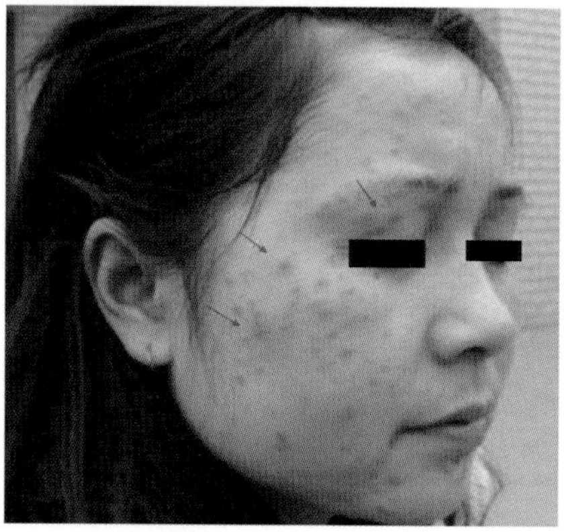

臉部出現紅斑

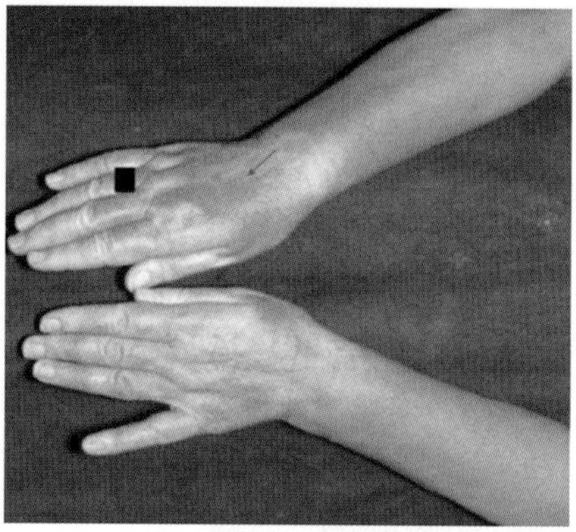

前臂出現紅斑

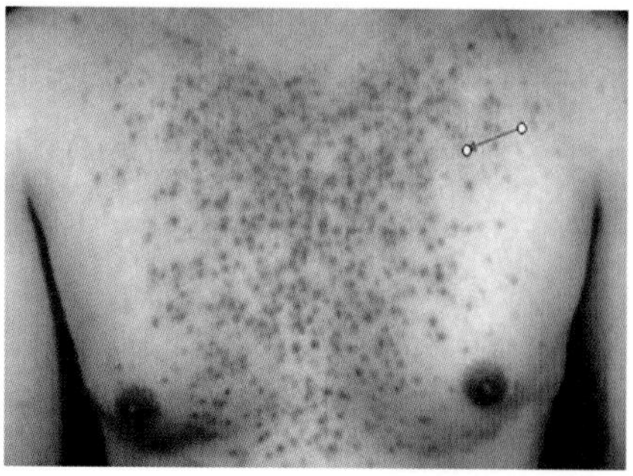

頸前 V 區出現紅斑

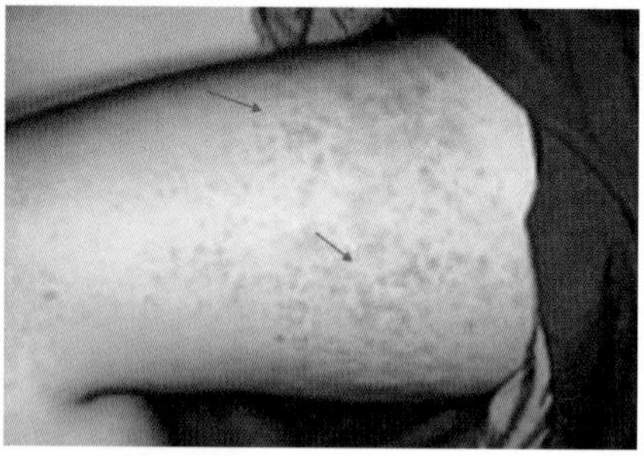

四肢出現紅斑

圖 9-1　多形性日光疹的臨床表現。

圖片來源：37ljz.com、www3.dermis.net、www.gzhy120.com、topofteview.pixnet. net。

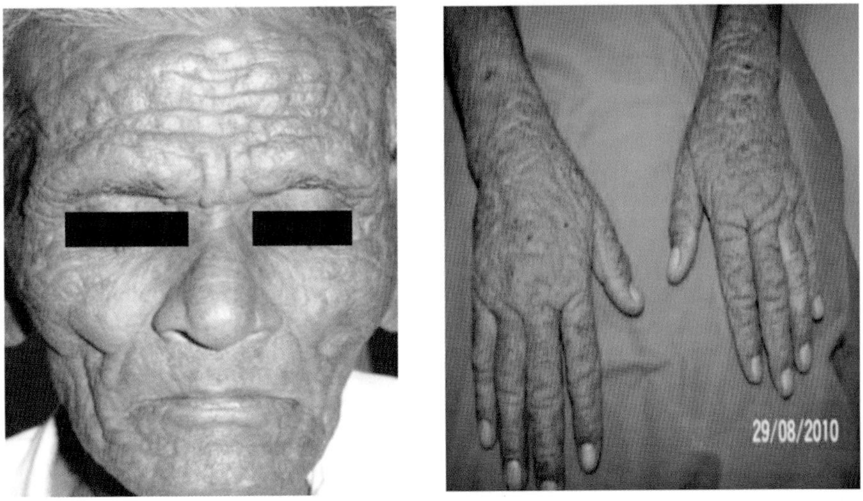


臉部　　　　　　　　　　　　　手部

圖 9-2　慢性光化性皮炎的臨床表現。

圖片來源：www.spdermacenter.com、www.dermrounds.com。

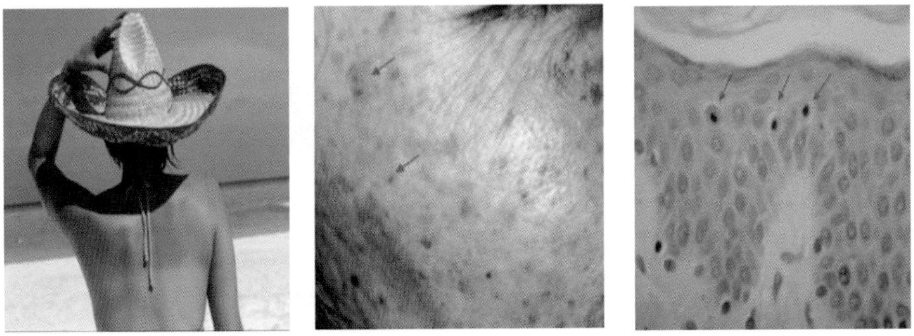

日曬傷　　　　　　　　曬斑　　　　　　　　曬斑細胞組織染色圖

圖 9-3　日曬傷的臨床表現。

圖片來源：stateschronicle.com、epaper.ntuh.gov.tw、Van Laethem A et al., 2005。

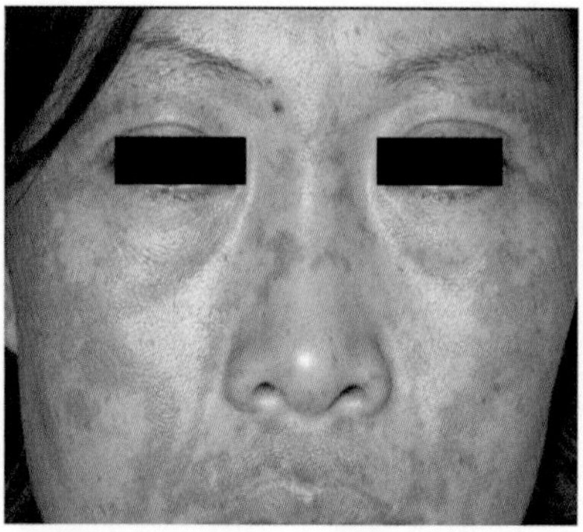

圖 10-1　黃褐斑的臨床特徵。

圖片來源：tjpf110.com。

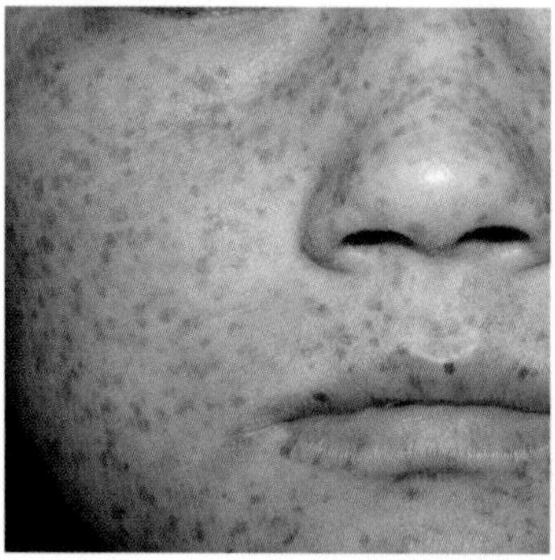

圖 10-2　雀斑的臨床特徵。

圖片來源：xltkwj.com。

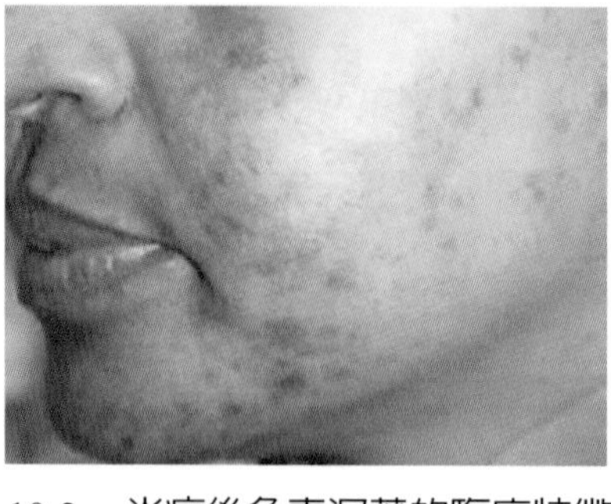

圖 10-3　炎症後色素沉著的臨床特徵。

圖片來源：www.360doc.com。

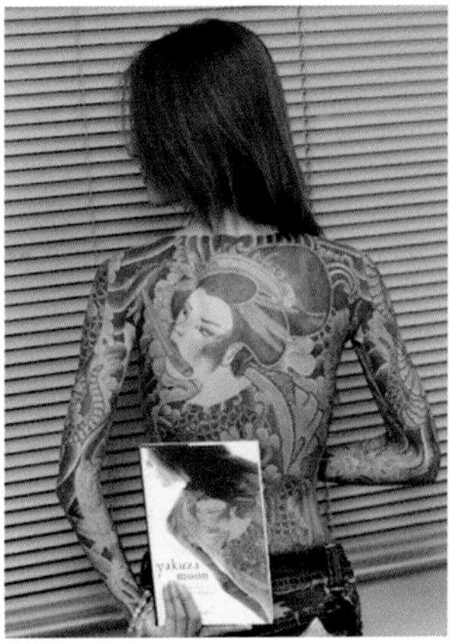


紋身

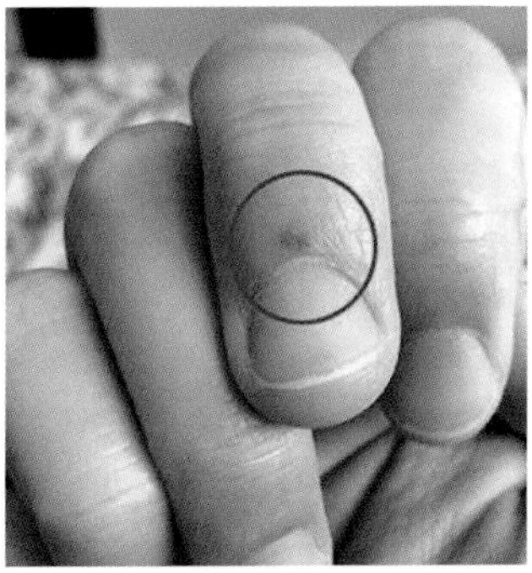

鉛筆芯沉著

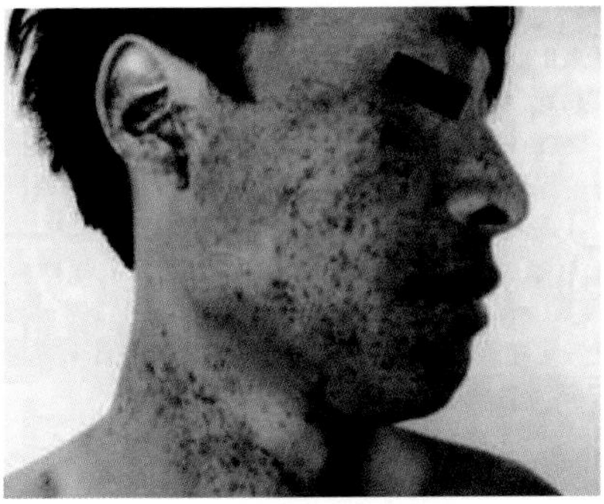

爆炸粉粒色素沉著症

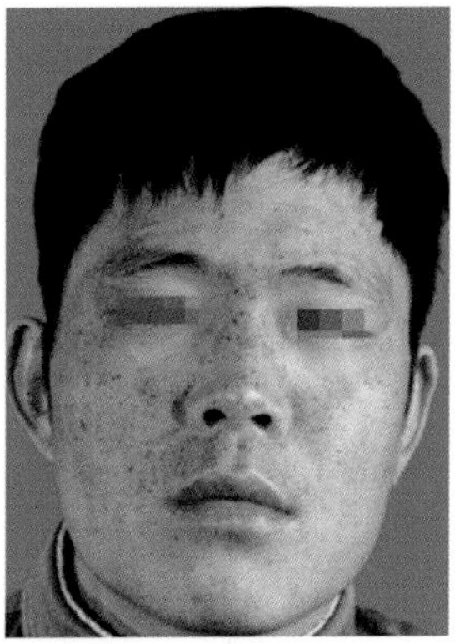

金屬性色素沉著症

圖 10-4　外源性色素沉著類型。

圖片來源：japanese.china.org.cn、爆廢公社、Li et al, 2008、www.med126.com。

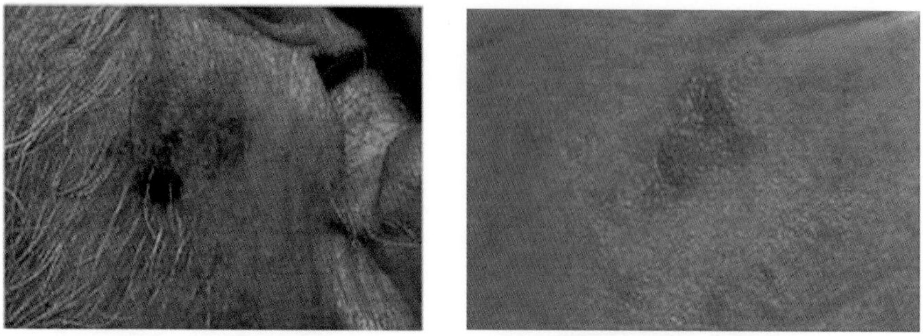

雀斑樣痣黑色素瘤　　無色素性雀斑樣痣

圖 10-5　雀斑樣痣型態。

圖片來源：www.jiankang.cn。

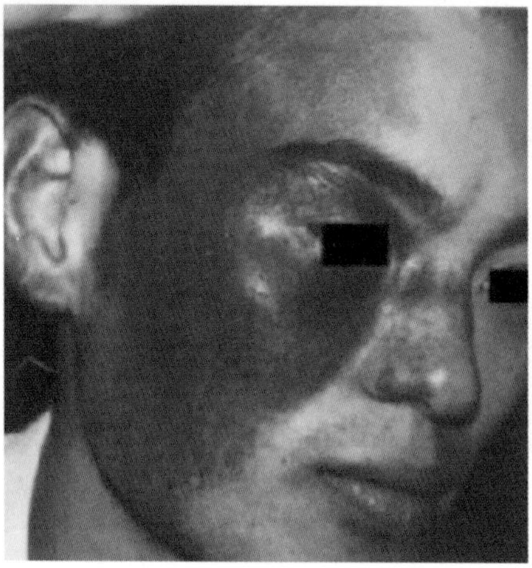

圖 10-6　太田痣的臨床特徵。

圖片來源：www.dayu.ccoo.cn。

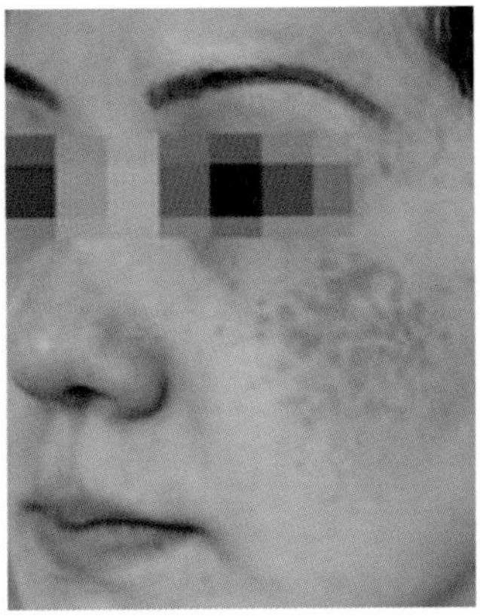

圖 10-7　顴部褐青色痣的臨床特徵。

圖片來源：toplaser.com.cn。

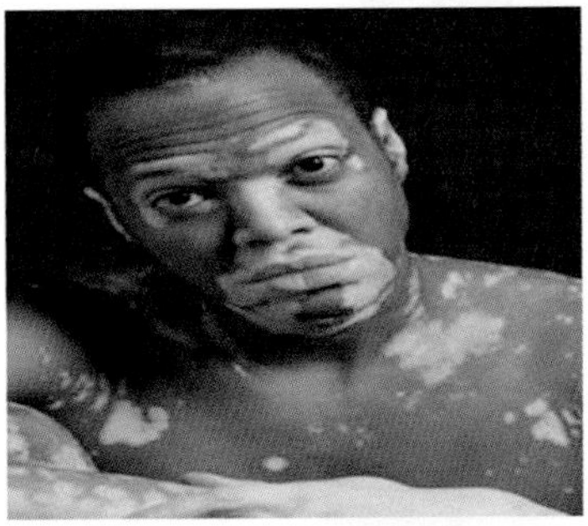

顏面部

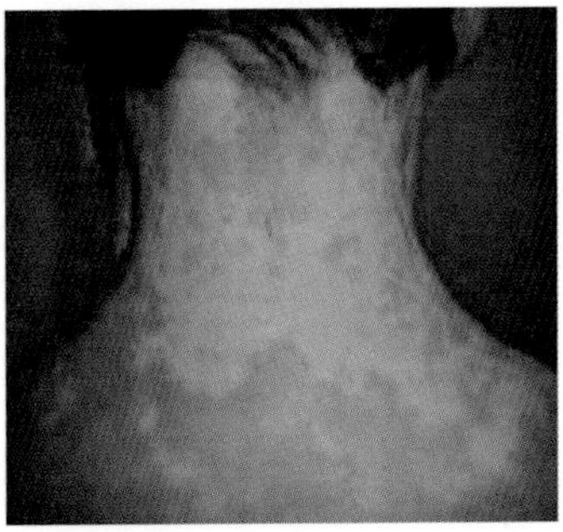

頸部

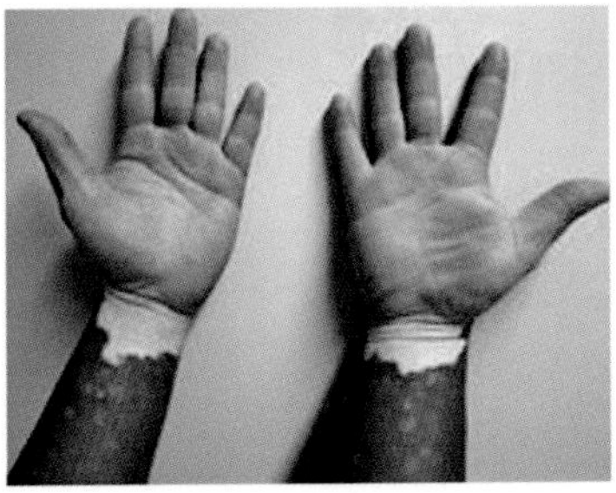

手掌背部

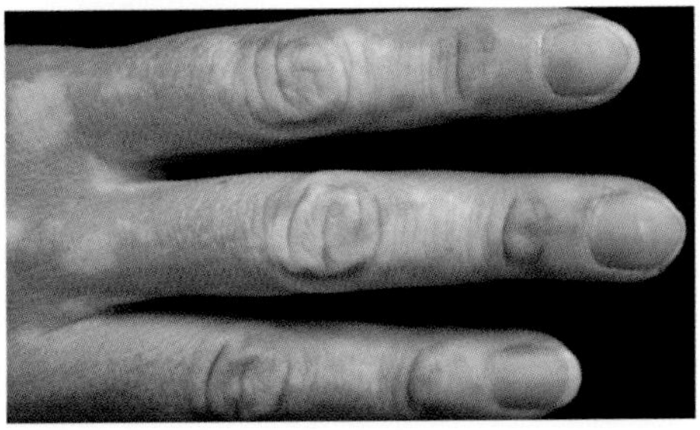

手指背部

圖 10-8　白癜風的臨床特徵。

圖片來源：vitiligotemcura.com、www.2tupian.com、zh.wikipedia.org、www.ilife.cn。

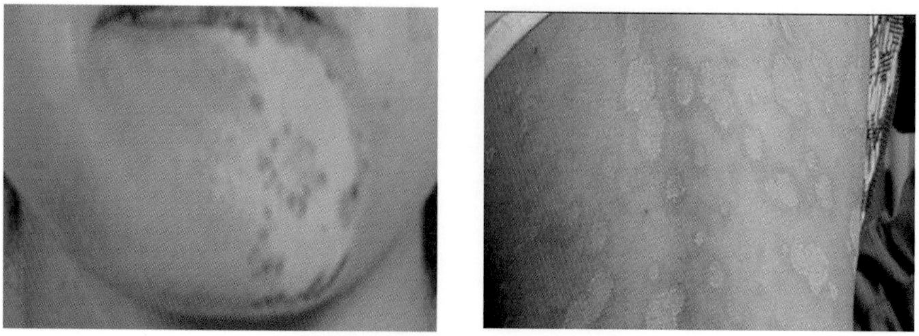

面部　　　　　　　　　　　　　　背部

圖 10-9　單純糠疹的臨床特徵。

圖片來源：bxyx.120v.cn、www.2tupian.com。

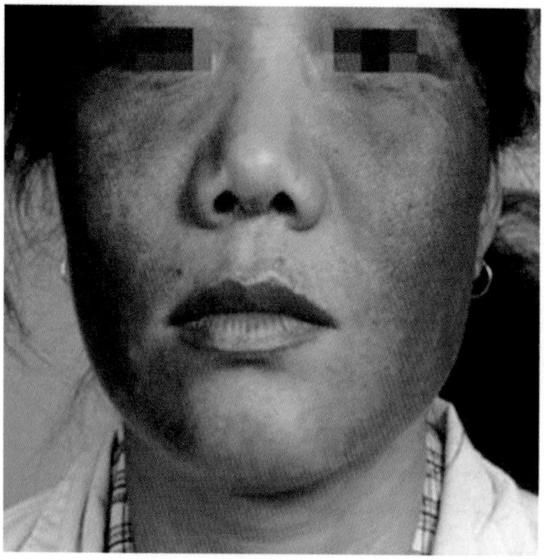

圖 10-10　瑞爾黑變病的臨床表現特徵。

圖片來源：pfkzhuanjia.blog.163.com。

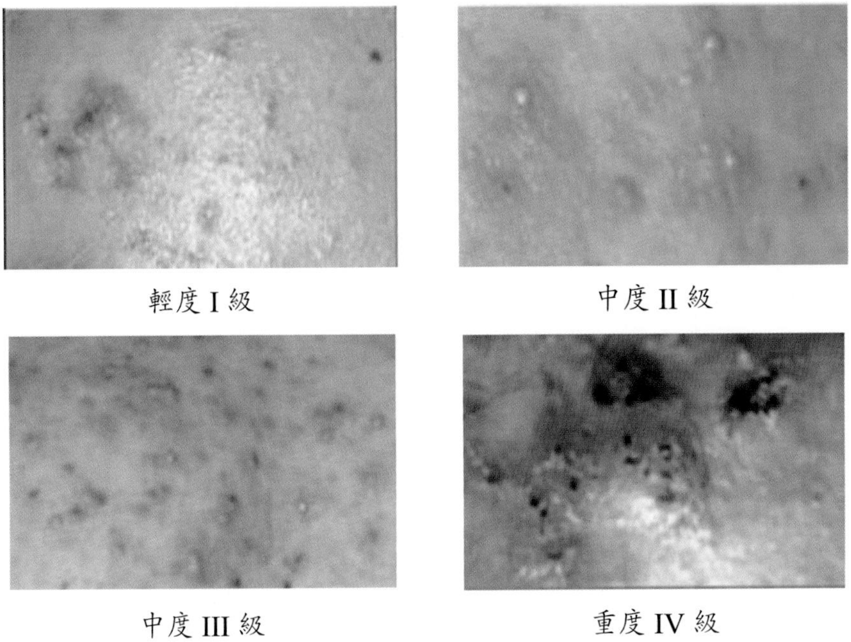


圖 11-1　Pillsbury 的 4 級分級法

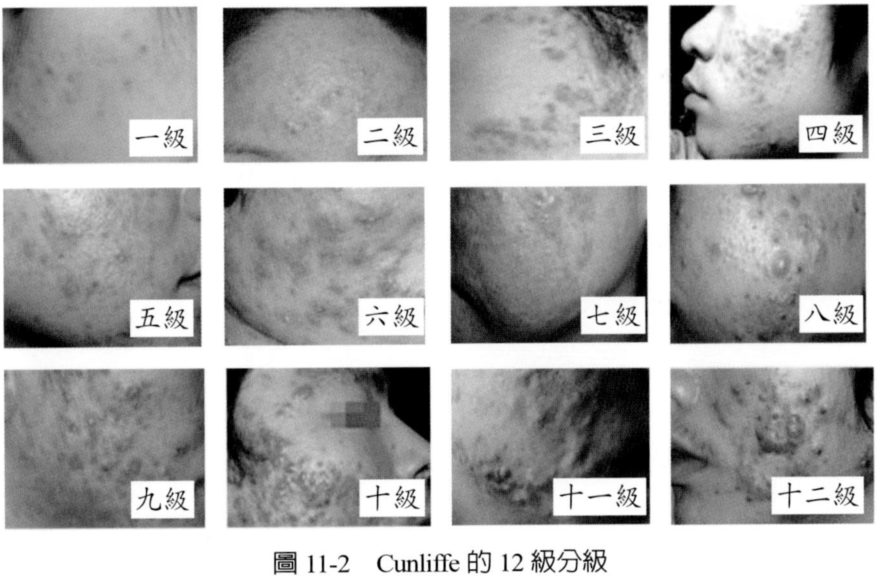


圖 11-2　Cunliffe 的 12 級分級

圖片來源：www.jyzkqd.ciom。

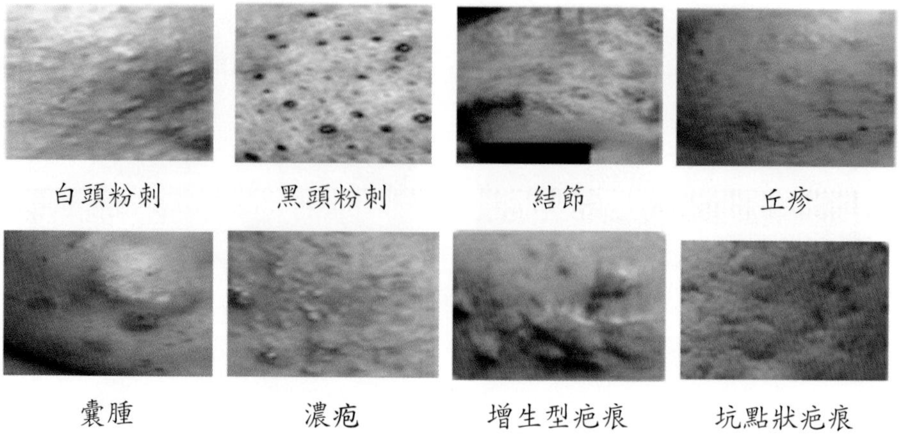


圖 11-3　常見面部痤瘡的型態

圖片來源：kk.news.cc。

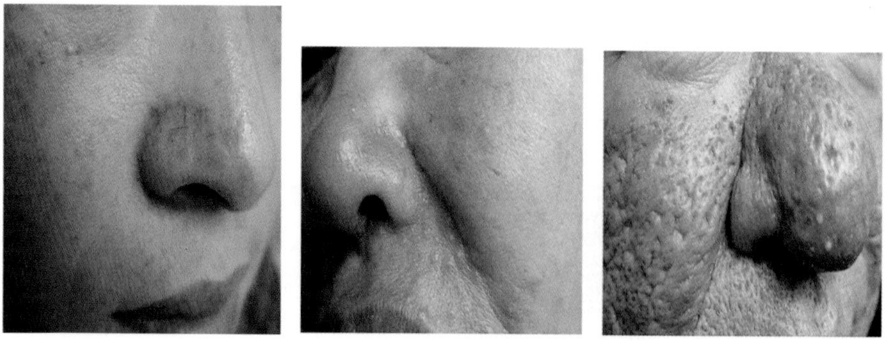

紅斑期　　丘疹濃疱期　　鼻贅期

圖 11-4　酒糟鼻的病情發展的三個階段。

圖片來源：wlkc.xjpfkjpkc.com。

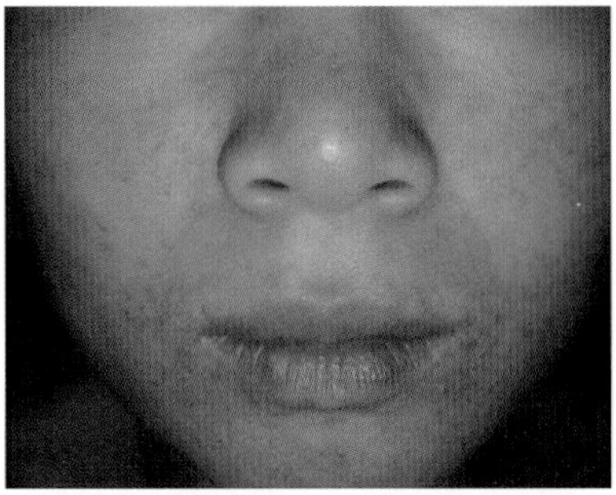

面部脂溢性皮炎

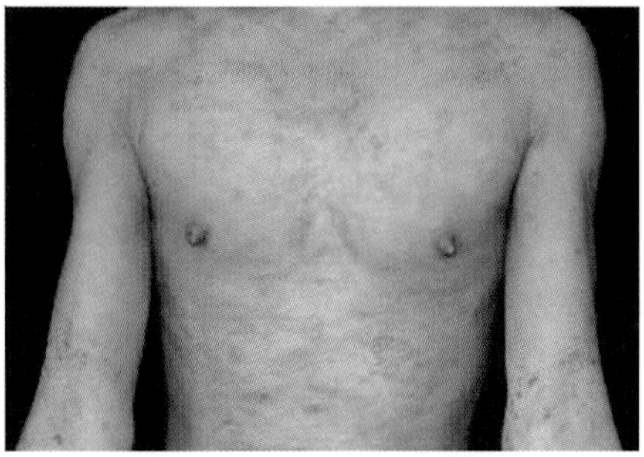

胸背脂溢性皮炎

圖 11-5　脂溢性皮炎。

圖片來源：www.tbxt.com 及 djbox.dj129.com。

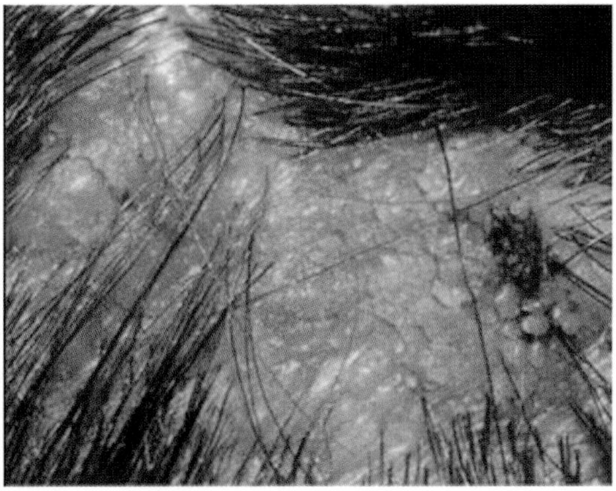

皮脂腺痣（nevussebaceus）

圖 11-6　皮脂腺痣。

圖片來源：www.jiankang.cn。

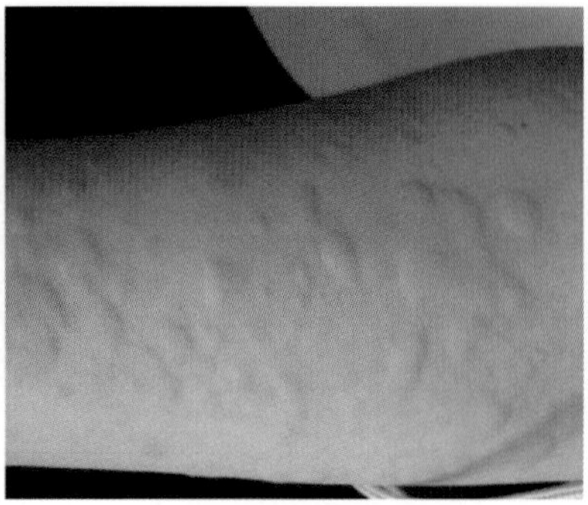

急性蕁麻疹

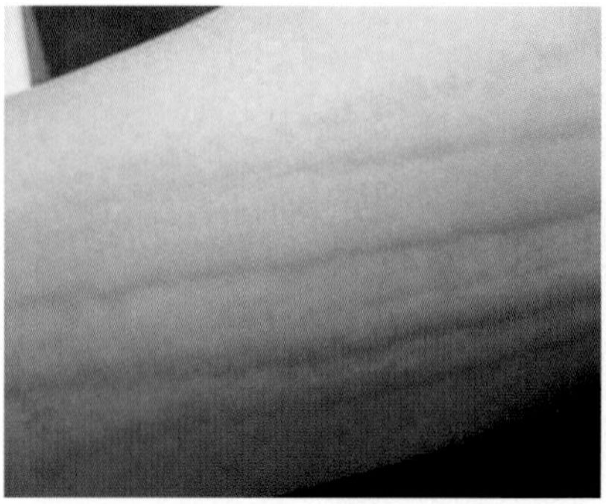

劃痕症

圖 12-1　蕁麻疹的臨床特徵。

圖片來源：baike.soso.com。

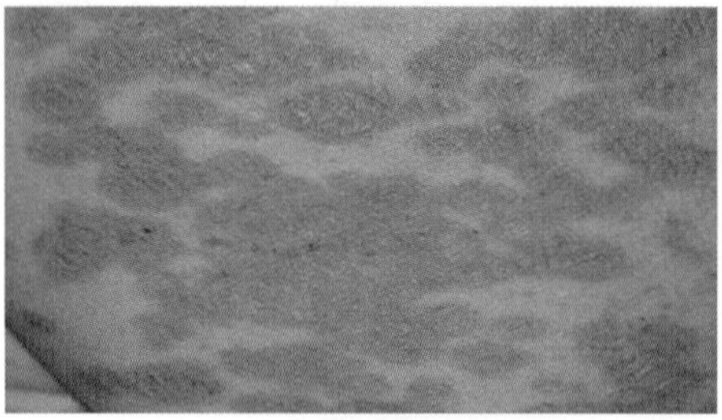

麻疹型或猩紅熱型藥疹

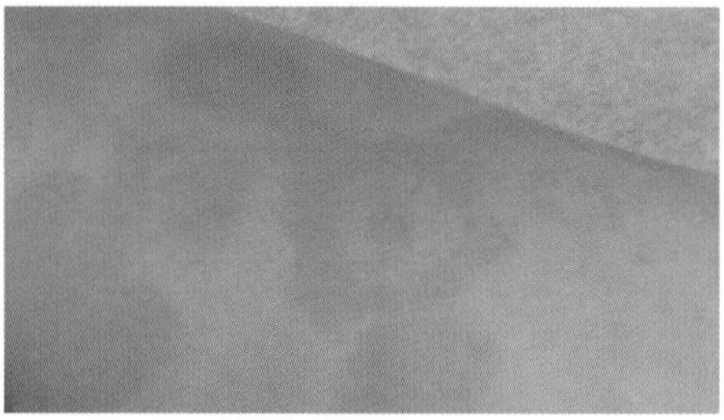

蕁麻疹型藥疹

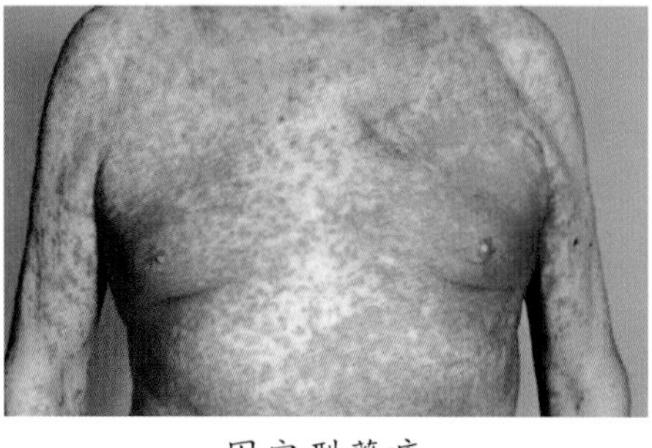

固定型藥疹

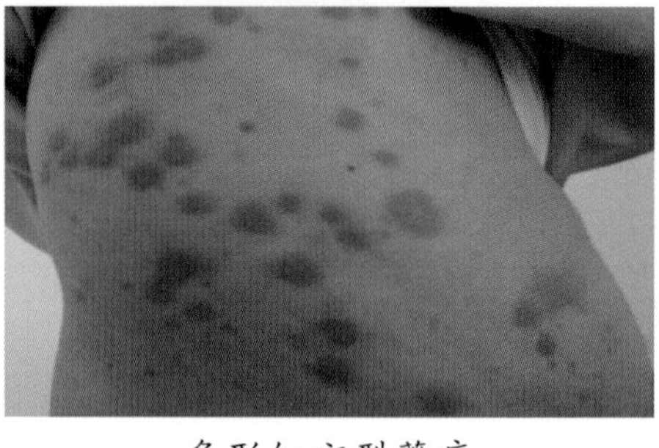

多形紅斑型藥疹

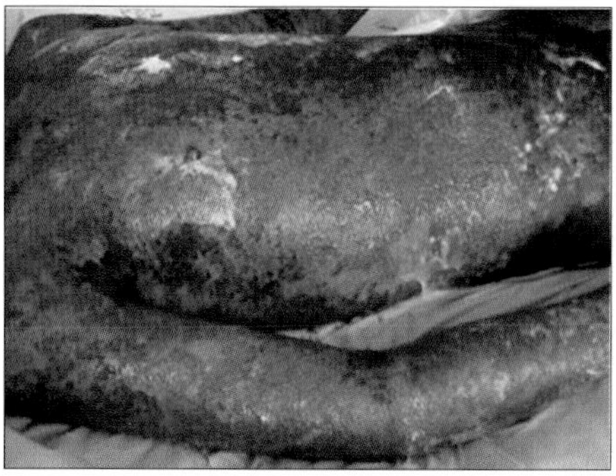

中毒性表皮壞死鬆解型藥疹

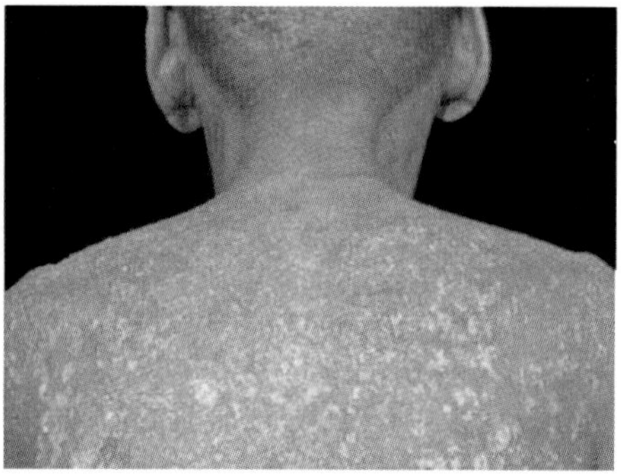

剝脫性皮炎型藥疹

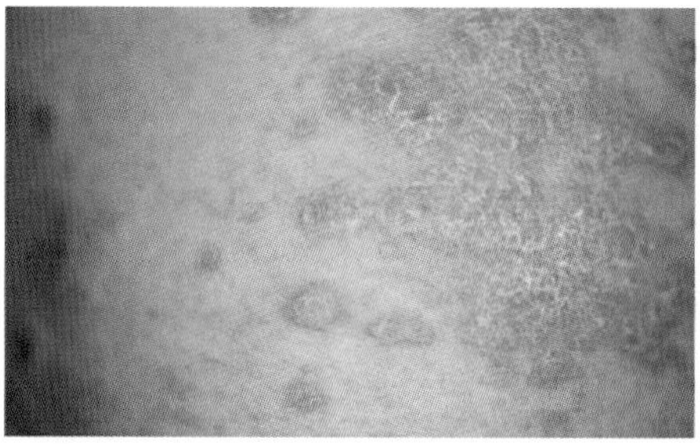

溼疹型藥疹

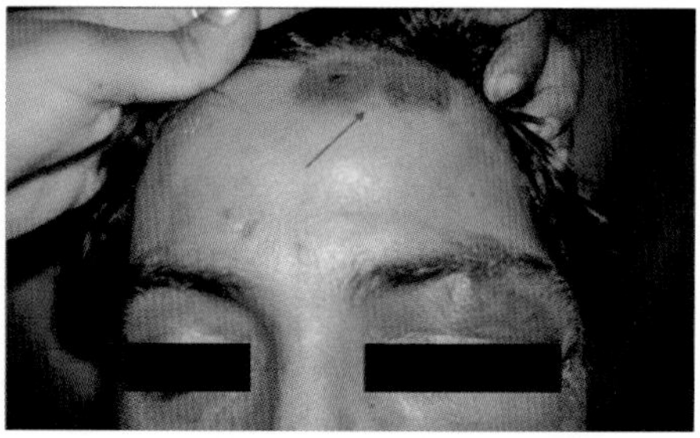

紫癜型藥疹

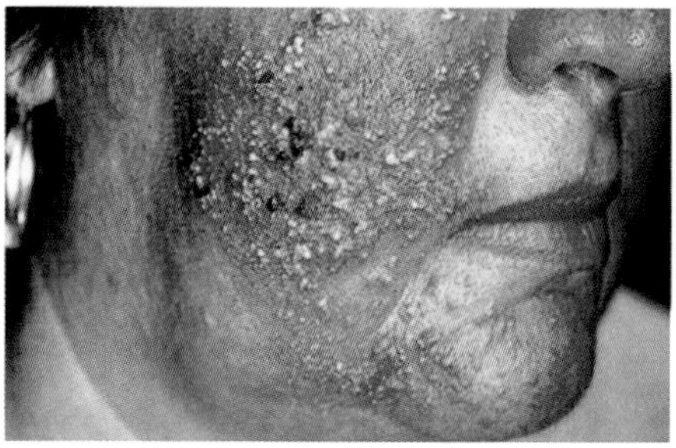

痤瘡樣型藥疹

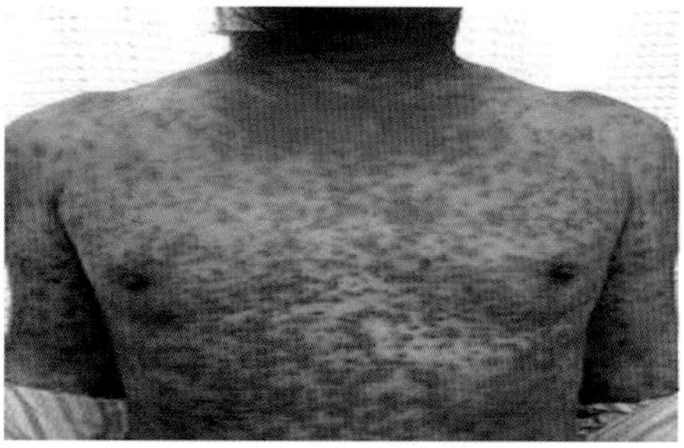

扁平苔癬樣藥疹

圖 12-2　藥疹的臨床表現。

圖片來源：diseaesehow.com、www.pediatriconsultantlive.com、www.medicalrealm.net、lookfordiagnosis.com、www.georgetownpharmacy.com.my、www.medicalrealm.net、www.songhosp.com、www.ijdvl.com、medical-photographs.com、www.medlinker.com/m/share/casem/30027331。

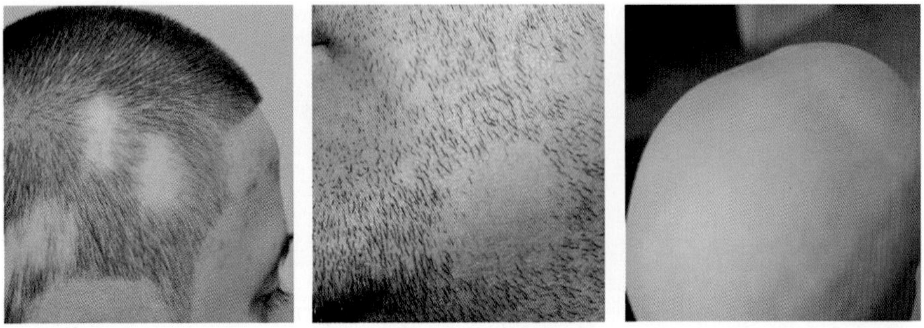

斑禿（alopecia areata） 普禿（alopecia universalis）全禿（alopecia totalis）

圖 13-1　斑禿、普禿及全禿。

圖片來源：http://www.tutoushe.com/post/1679.html。

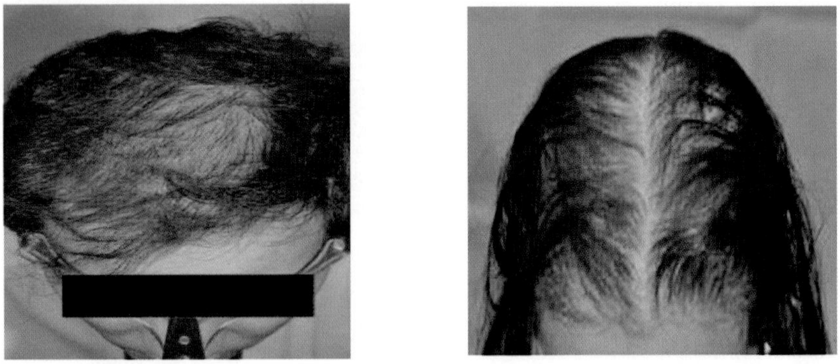

男性型雄性激素源性脫髮（AGA IV）　　女性型雄性激素源性脫髮

圖 13-2　雄性激素源性脫髮。

圖片來源：蔡及蔡，2008、Jimenez et al., 2014。

| | | |
|---|---|---|
| **第 I 型**<br>患者前額髮際線的兩側輕微向後退。男性前額有很高的髮線，不一定屬於髮線後退，只是遺傳和家族性而已。 | 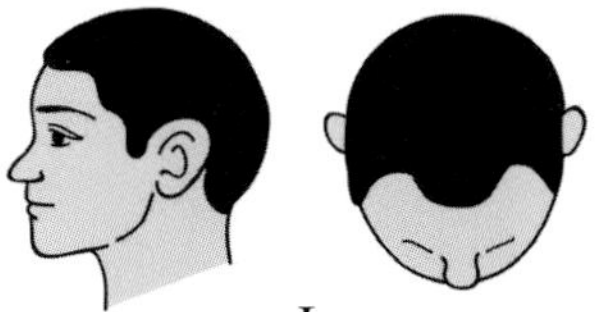<br>I | 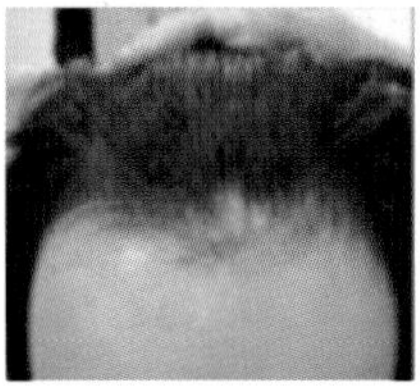 |
| **第 II 型**<br>三角形，通常對稱。右前額、顳部（太陽穴）髮線後退。 | 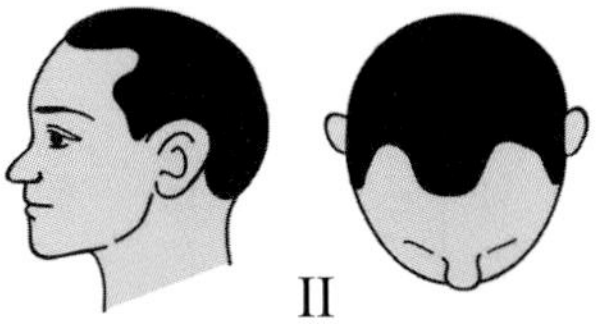<br>II | 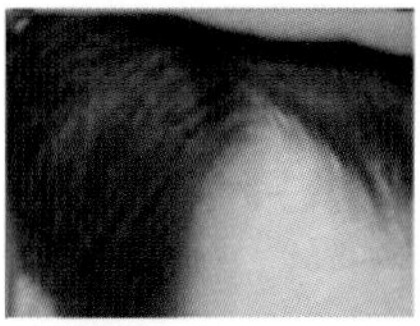 |
| **第 III 型**<br>在顳部（太陽穴）有深、對稱型後退，此處光禿或只有稀少頭髮覆蓋。 | 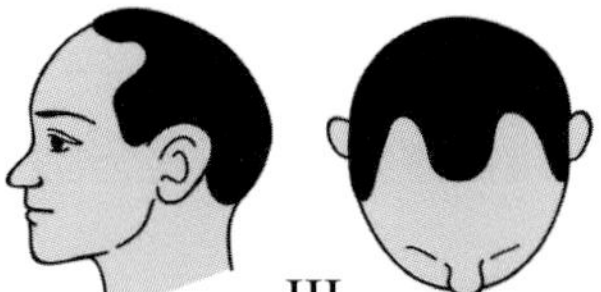<br>III | 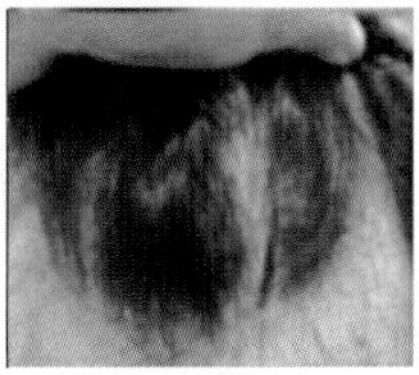 |
| 頂型：禿髮只發生在頂部、前額和顳部的髮線稍微後退，不超過III型。 | 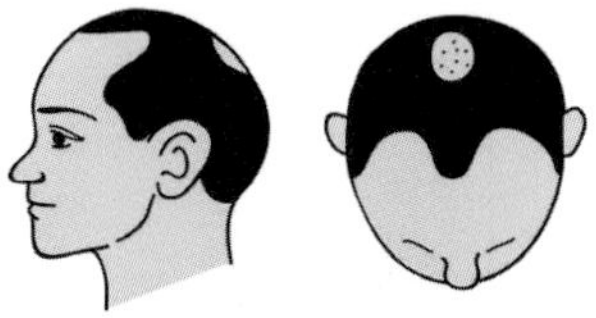<br>III Vertex | 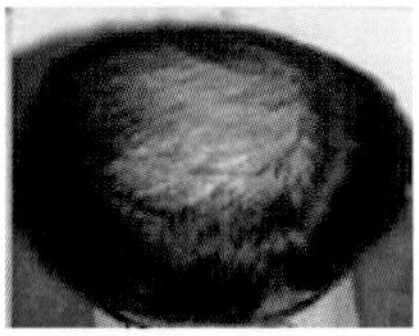 |
| **第 IV 型**<br>前額和顳部髮線後退比III型嚴重，頂部禿髮或頭髮稀少，這兩區被濃密的頭髮分隔開。 | 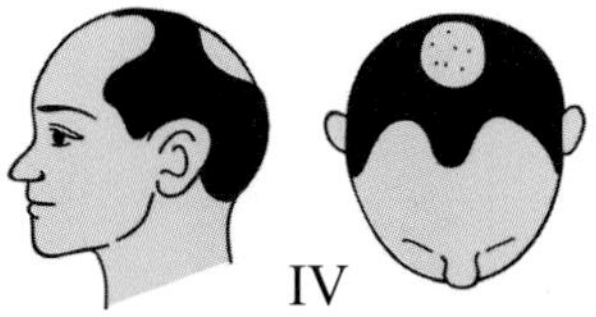<br>IV | 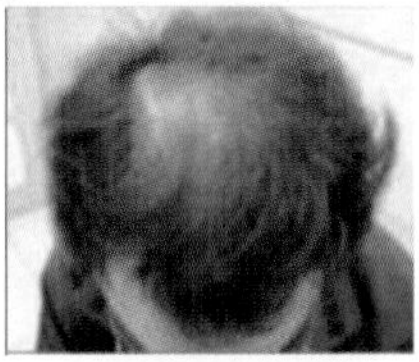 |
| **第 V 型**<br>頂部掉髮區與前額和顳部分開，但距離已減少，中間頭髮稀少，兩區範圍變大。 | 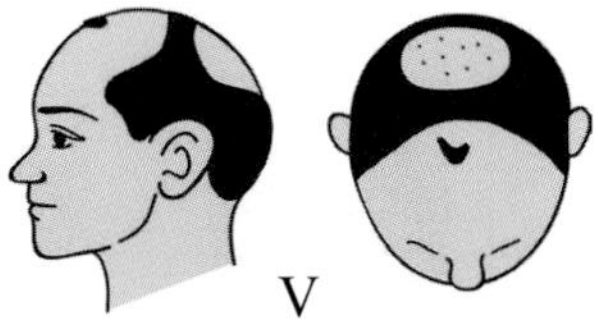<br>V | 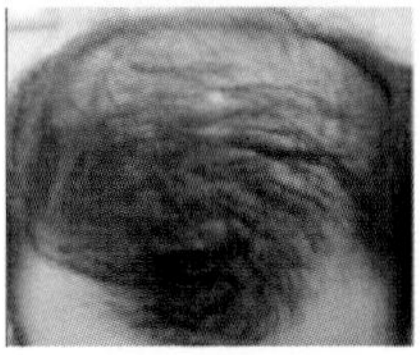 |

| | | |
|---|---|---|
| **第 VI 型** | 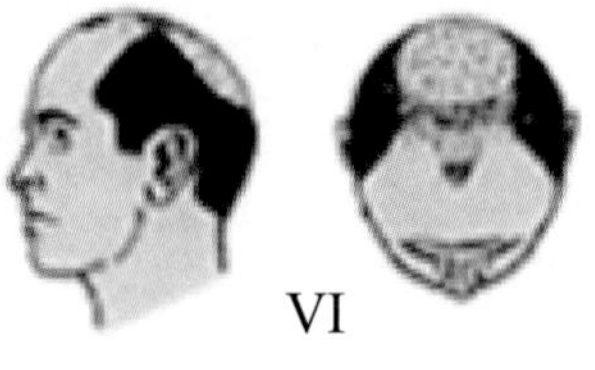 | 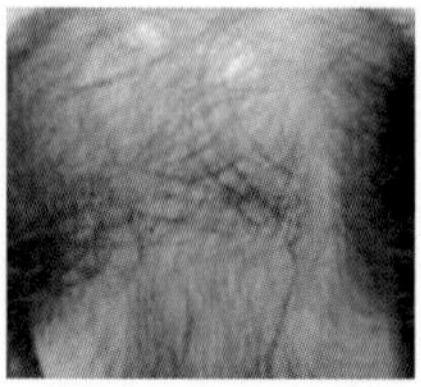 |
| 禿髮區域變大、前額和顳部與頂部掉髮區連接在一起，中間頭髮只剩下稀少的頭髮。 | | |
| **第 VII 型** | 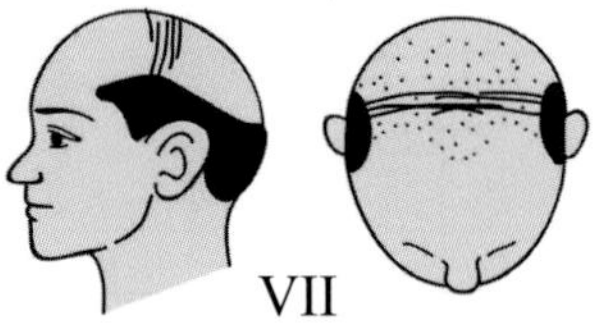 | 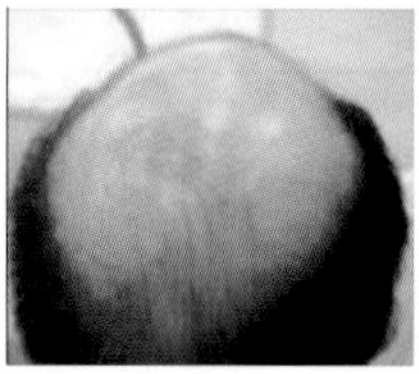 |
| 禿髮區異常擴大，馬蹄鐵狀的頭髮只剩兩側和後面，頭髮密度變少及變得纖細，頭髮殘留在凜兩耳上和後頭上處，形成一半圓。 | | |

圖 13-3　男性型雄性激素源性脫髮分型（Norwood-Hamilton）。

圖片來源：www.marker.com.tw。

| | | |
|---|---|---|
| **第一級** | 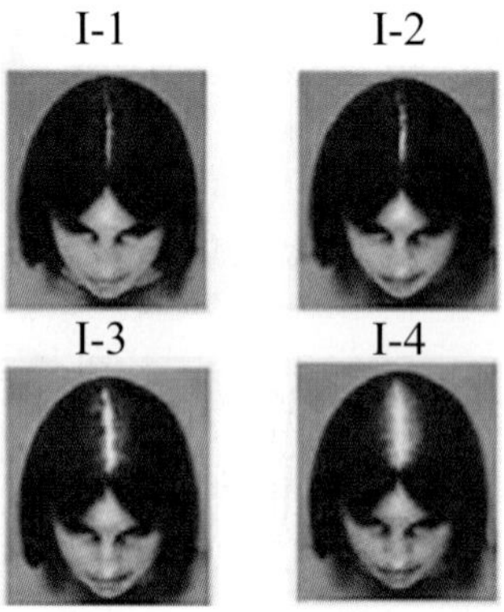 | 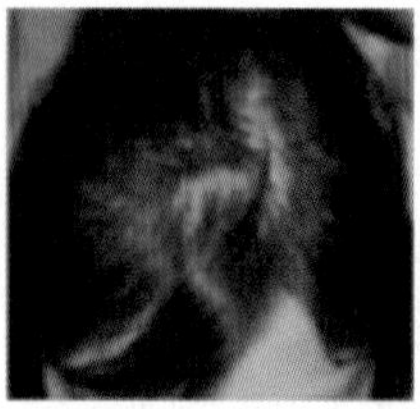 |
| 患者可以察覺頭皮冠狀區頭髮逐漸便稀，改變髮型可掩蓋前額頂部頭髮變稀，前額頂部中央區域脫髮，但前髮際線完整。 | | |
| **第二級** | 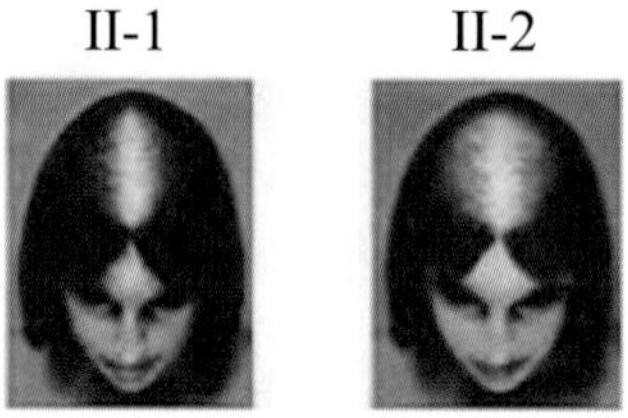 | 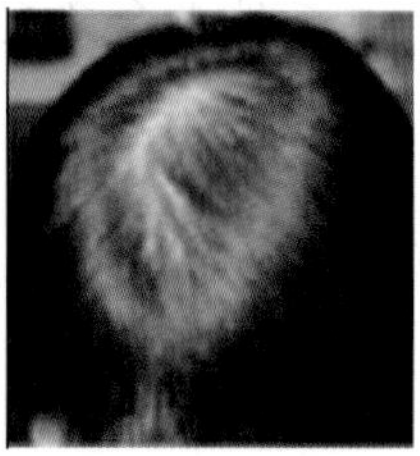 |
| 頭皮受累區域擴大，細而短的頭髮比例增加，冠狀區頭髮稀疏更加明顯，改變髮型不能掩蓋脫髮區域或掩蓋困難。 | | |

| 第三級 | 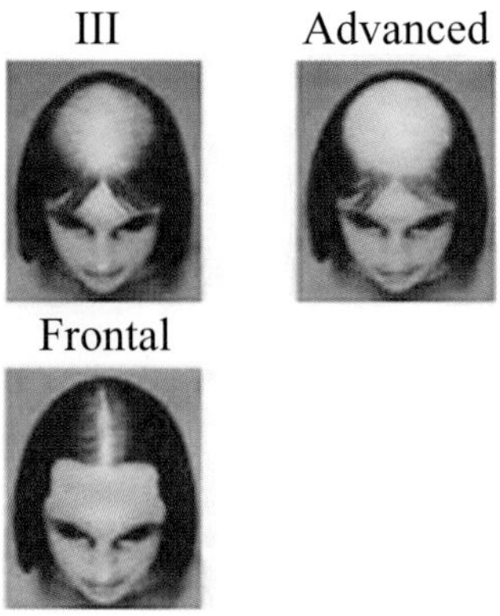 | 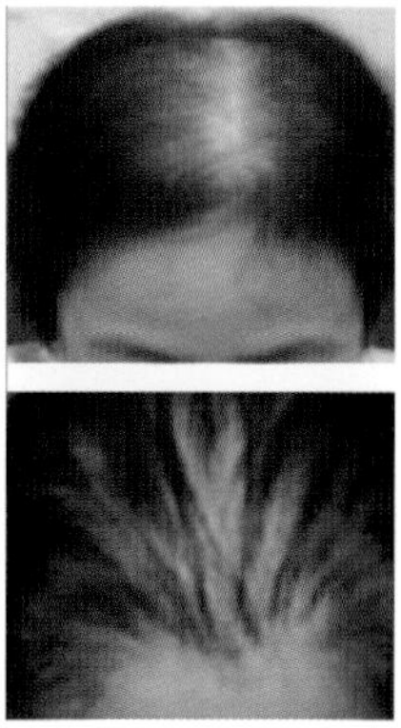 |
| --- | --- | --- |
| 頭頂部頭髮幾乎完全脫落，但前額髮際線仍保持完整，以前額或顳枕部頭髮遮掩仍可見脫髮區域。 | | |

圖 13-4　女性型雄性激素源性脫髮分型（Ludwig）。

圖片來源：http://kknews.cc/health/ze2q93.html。

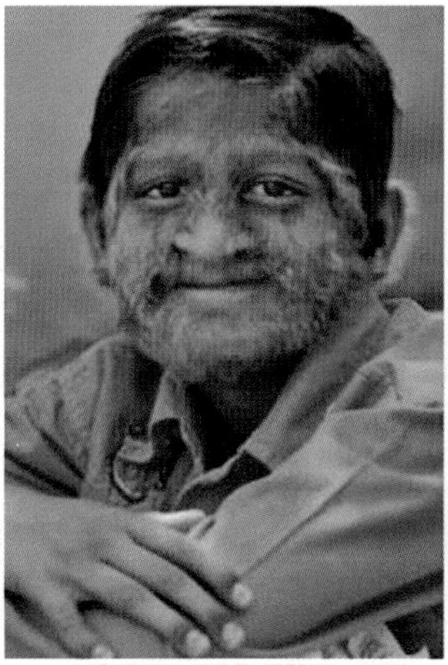

先天性全身多毛症

毛髮增多症

女性多毛症

圖 13-5　多毛症。

圖片來源：tc.wangchao.net.cn、http://upload.wikmedia.org/wikpedia/commons/6/68/petrusGonsal vus、http://en.wikipedia.org/wiki/File:Hirsutism-3.jpg。

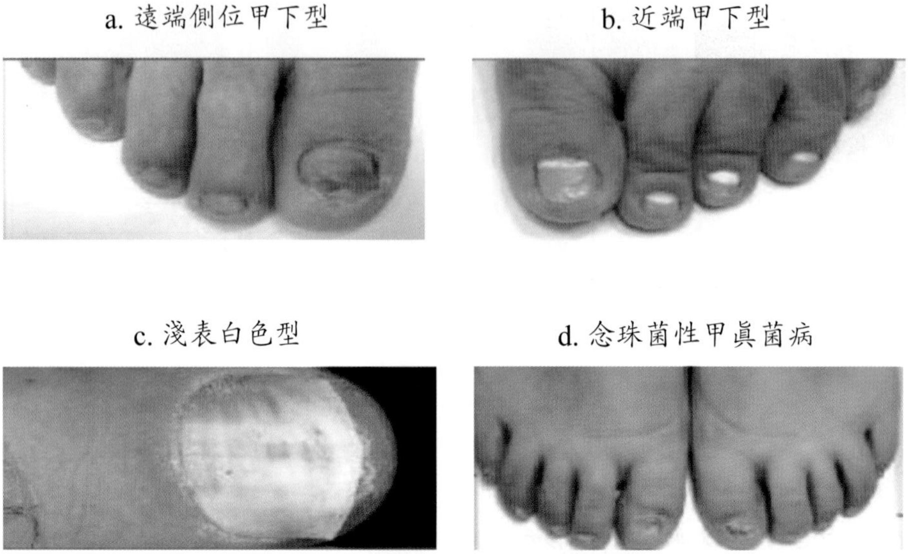


圖 14-1　甲真菌病的臨床表現分類。

圖片來源：https://shop.newskinhouse.com.tw/btpaper/a142/2.jpg。

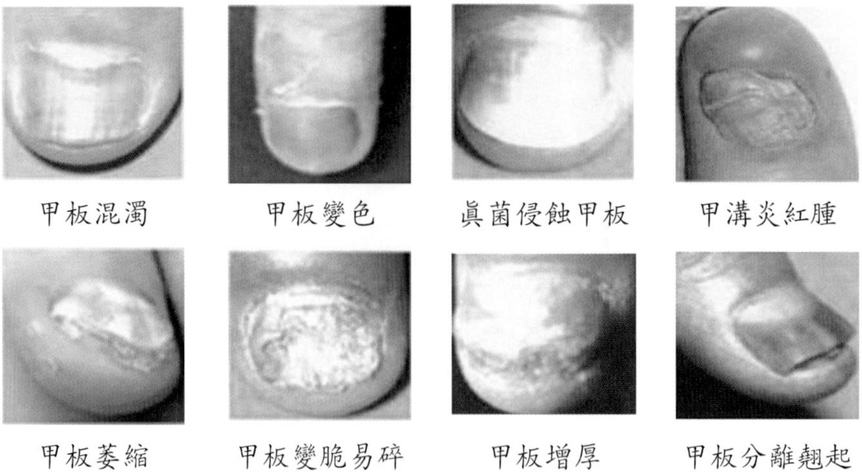

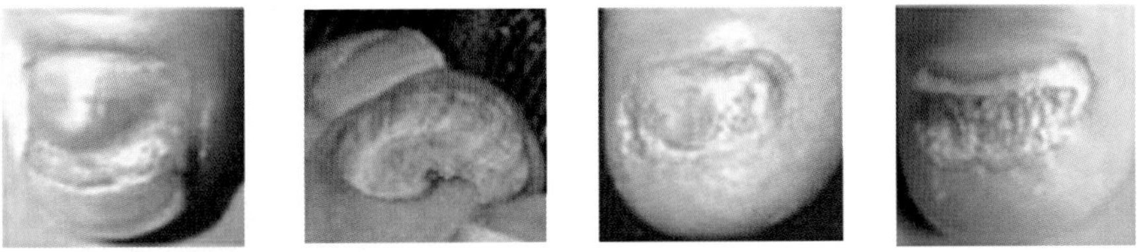


圖 14-2　常見的甲受損型態。

圖片來源：www.jjshzj.com、www.gypfb.com。

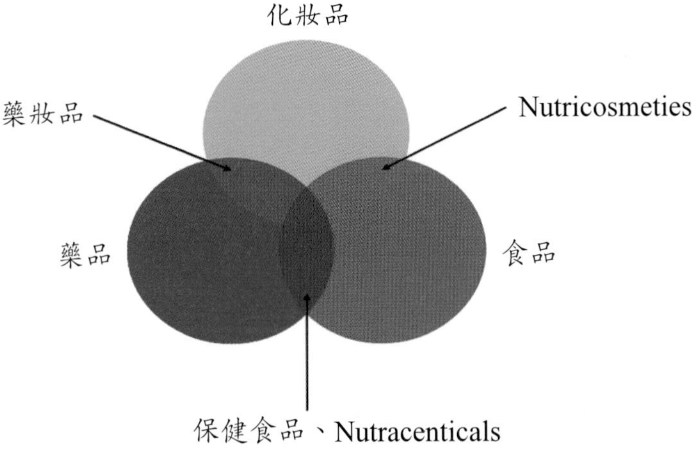


圖 15-1　食品、化妝品及藥品之關聯。

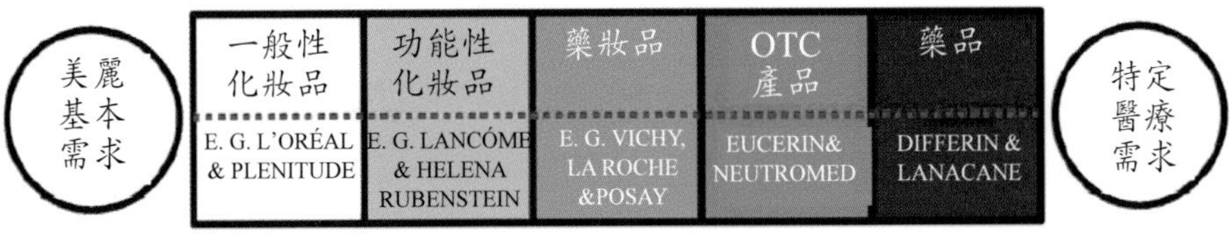


圖 15-2　化妝品、藥物及新興的藥妝範圍—皮膚保養品

（資料來源：徐雅芬、羅淑慧著：天然萃取物應用在保健品、化妝品及醫藥產業之發展契機，生物技術開發中心，2006。）

# 化妝品皮膚生理學

## The Skin Physiology of Cosmetics

張效銘 著

五南圖書出版公司 印行

# 作者序

追求「美麗」是人類的天性，化妝品與人們的生活自古就息息相關。依據我國「化妝品衛生管理條例」第 3 條對化妝品的定義，化妝品係指施於人體外部，以潤澤髮膚、刺激嗅覺、掩飾體臭或修飾容貌之物品。皮膚是人體最大的器官，覆於人的體表，是內外環境的分界面，也是抵禦外界不良因素侵擾的第一防線。化妝品是直接作用於皮膚的，正確使用化妝品確實可以幫助及改善皮膚的生理狀態，但若因爲化妝品中的成分、個人體質因素、生活習慣等因素，還是有可能會引起皮膚黏膜及其他附屬器官損害的皮膚疾病。

本書是針對化妝品相關科系設計的中高階課程，同時可以作爲高職、大學、成人教育之化妝品專業教材，亦可作爲美容護膚從業人員的參考用書。在本書編排架構上，共分「**化妝品與皮膚的關係**」、「**化妝品與皮膚的生理基礎**」、「**化妝品與皮膚疾病的關係**」及「**醫療等級化妝品在皮膚生理的應用**」等四個部分。首先針對化妝品、皮膚生理與皮膚病理之間的關係做明確界定。接著，介紹皮膚的解剖及組織結構，引導讀者理解皮膚生理與皮膚美容的關係，以利如何應用化妝品改善皮膚的生理。第三部分，針對數種因爲不當使用化妝品造成的皮膚疾病，進行分門別類的詳細介紹，引導讀者面對化妝品皮膚疾病時，該如何判斷及應對。最後，針對具有醫療功能的化妝品應用在緩解皮膚疾病症狀、減少藥物用量和減少復發等輔助治療上的原理，進行說明及實例介紹。本書中所採用的國內外網站之網頁、圖片，乃爲配合整體課文說明及版面編輯所需，其著作權均屬原各該公司所有，作者絕無侵權及刻意宣傳廠商之意圖，特此聲明。

科學日新月異，資料之取捨難免有遺漏，尚祈國內外專家學者不吝指正。最後，希望《化妝品皮膚生理學》一書提供讀者對於使用化妝品在改善皮膚的生理狀態作用與面對造成化妝品皮膚疾病的判斷及應對上，有全面性的了解！

張效銘

二〇一八年於臺北

# 目錄

# 第一篇 化妝品與皮膚的關係

依據我國「化妝品衛生管理條例」第 3 條對化妝品的定義，化妝品係指施於人體外部，以潤澤髮膚、刺激嗅覺、掩飾體臭或修飾容貌之物品。舉凡皮膚保養品、髮用製品、彩妝品、香水、男士用品、防曬用品、嬰兒用品及個人衛生用品等，都是屬於大家耳熟能詳的化妝產品。在日常生活中，正常使用化妝品確實可以幫助及改善皮膚的生理狀態，但若因為化妝品中的成分、個人體質因素、生活習慣等因素，還是有可能會引起皮膚黏膜及其他附屬器官損害的皮膚疾病。本篇主要介紹化妝品在皮膚上的作用、正確使用化妝品如何維護皮膚的正常生理及因不當使用、化妝品成分、個人體質等因素，致使使用化妝品導致產生皮膚疾病三者之間的關聯。

# 第一章 化妝品、皮膚生理與皮膚疾病

追求「美麗」是人類的天性，化妝品與人們的生活自古就息息相關。打從數千年前埃及的以牛奶沐浴，中國殷商時期燒製的「鉛白」等，均是早期人們使用化妝品的例子。進入二十一世紀的今日，化妝品已是結合科技與美學的高科技產業，也是低汙染、高附加價值、親和力最佳的產業。隨著科技進步，自 1980 年開始，化妝品更由奢侈品變成日常生活不可或缺的必需品，其發展與流行趨勢變化息息相關，對社會文化的影響亦日漸顯著。在日常生活中，正常使用化妝品確實可以幫助及改善皮膚的生理狀態，但若因爲化妝品中成分、個人體質因素、生活習慣等因素，還是有可能會引起皮膚黏膜及其他附屬器官損害的皮膚疾病。本章節主要介紹化妝品在皮膚上的作用、與皮膚生理的關係，以及與皮膚疾病之間的關聯。

## 第一節 化妝品的定義與作用

### 一、化妝品的定義

化妝品的定義，就廣義而言是指化妝用的物品。在希臘語中「化妝」的詞義是「裝飾的技巧」，意思是把人體自身的優點多加發揚，而把缺陷加以彌補。1923 年，美國哥倫比亞大學 C. P. Wimmer 概括化妝品的作用爲：「**使皮膚感到舒適和避免皮膚病；遮蓋某些缺陷；美化面容；使人清潔、整齊、增加神采**」。

我國對於化妝品的定義為，根據行政院於中華民國91年6月16日總統令修正公布的「化妝品衛生管理條例」第3條對於化妝品之定義為：**「本條例所稱化妝品，係指施於人體外部，以潤澤髮膚、刺激嗅覺、掩飾體臭或修飾容貌之物品；其範圍及種類，由中央衛生主管機關公告之」**。化妝品管理分為兩類，一為含有醫療及毒劇藥品化妝品（簡稱含藥化妝品），需要查驗登記；另一為未含有醫療及毒劇藥品化妝品（簡稱一般化妝品）。兩者的產品標示規範也不相同，如表1-1我國化妝品的分類與管理。

表1-1 我國化妝品的分類與管理

| 分類 | 一般化妝品 | 含藥化妝品（如染髮劑、防曬劑、止汗劑及牙齒美白劑） |
|---|---|---|
| 上市前管理 | 無須事先申請備查 | 須經查驗登記許可後，才能輸入或製造販售；<br>國產：衛署製字第000000號<br>輸入：衛署粧輸第000000號<br>衛署粧陸輸第000000號（大陸製） |
| 產品標示 | 產品名稱、製造廠商名稱及地址、國外產品進口商名稱及地址、內容物淨重或容量、全成分、用途、用法及保存期限 | 除一般化妝品應標示的項目外，還要包括許可證字號及使用注意事項等 |

世界各國家依照國情之不同，對化妝品的定義與分類與我國不完全相同。這些不相同的定義與分類，在各國衛生機構對產品的管理及各國化妝品工業的發展與貿易都產生重要影響，各國化妝品的分類與定義如表1-2所示。

表 1-2　各國化妝品的分類與定義

| 項目／國家 | 管理法規與主管機關 | 化妝品的分類 | 化妝品的定義 |
|---|---|---|---|
| 中華民國（臺灣） | 化妝品衛生管理條例<br>衛生福利部 | 1.一般化妝品<br>2.含藥化妝品 | 1.一般化妝品：施於人體外部，以潤澤髮膚、刺激嗅覺、掩飾體臭或修飾容貌之物品（「化妝品衛生管理條例」第 3 條）。<br>2.含藥化妝品：含有醫療或劇毒藥品之化妝品。 |
| 歐盟 | 歐盟化妝品指引 76/768/EEC<br>歐盟委員會各國主管當局 | 化妝品 | 化妝品：接觸於人體各外部器官（表皮、毛髮、指趾甲、口唇和外生殖器或口腔內的牙齒和口腔黏膜），以清潔、發出香味、改善外觀、改善身體氣味或保護身體使之保持良好狀態爲主要目的的物質和製劑。口腔衛生用品，包含含氟牙膏屬於化妝品，但是經口、吸入或注射途徑攝入體內的產品不屬於化妝品。 |
| 美國 | 1.聯邦食品、藥品及化妝品法<br>2.商品包裝和標籤法<br>食品暨藥物管理局 | 1.化妝品<br>2.Over the Counter 化妝品／藥品（OTC Cosmetic/ Drug Products） | 1.化妝品：預期用於塗抹、傾注、噴灑或噴霧、引注或塗敷於人體任何部位，以清潔、美化、增加魅力或改變容貌之商品，但不含肥皂。<br>2.OTC 化妝品／藥品：指預期用於診斷、治療、減緩人類或動物疾病並影響人體或動物生理結構與機能之物質。無須醫生處方即可買到的含有藥品成分的化妝品。 |

| 項目<br>國家 | 管理法規與<br>主管機關 | 化妝品的分類 | 化妝品的定義 |
| --- | --- | --- | --- |
| 日本 | 1.藥事法<br>2.厚生省執行法規<br>厚生勞動省 | 1.化妝品<br>2.醫藥部外品之「藥用化妝品」 | 1.化妝品：爲清潔、美化、增進魅力、修飾容貌或爲了維持肌膚、毛髮健康而塗抹、噴灑或以其他類似方法而溫和作用於人體之物品；乃指其對人體的作用緩和，不論是正常使用或不愼誤用，都不會危及人體，安全性無虞。<br>2.藥用化妝品：指具有固定用途，溫和作用於身體但不使用於診斷、治療、預防疾病及影響身體構造或機能之化妝產品。 |
| 中國 | 1.化妝品標示管理訂定<br>2.化妝品衛生監督條例<br>衛生部、國家食品藥品監督管理局 | 1.化妝品<br>2.特殊用途化妝品 | 1.化妝品：指以塗擦、噴灑或者其他類似的方法，散布於人體表面任何部位（皮膚、毛髮、口唇等），以達到清潔、消除不良氣味、護膚、美容和修飾目的的日用化學工業用品。<br>2.特殊用途化妝品：具有法定特殊用途之化妝品。 |
| 東協 | 東協化妝品指令 ACD<br>東協聯盟 | 化妝品 | 化妝品：採用與歐盟相同之化妝品定義。 |

綜上所述，化妝品的定義可做如下概述：「**化妝品是指以塗敷、揉擦、噴灑等不同方式，塗抹在人體皮膚、毛髮、指甲、口唇和口腔等處，發揮清潔、保護、美化、促進身心愉快等作用的日用化學工業產品**」。

化妝品製造產業是與美相關的產業，係結合科技與美學之特用化學品工業，也是低汙染、高附加價值、形象好、親和力佳的產業。隨著我國人們生活水準逐年提升，在經濟繁榮發展與高齡化社會來臨的趨勢下，化妝品使用的層面急速擴展，化妝品市場規模亦也逐年擴大。依據我國「化妝品衛生管理條例」第 3 條對化妝品的定義，化妝品係指施於人體外部，以潤澤髮膚、刺激嗅覺、掩飾體臭或修飾容貌之物品。舉凡皮膚保養品（skin care）、髮用製品（hair care）、彩妝品（color cosmetics or makeup）、香水（fragrances）、男士用品（Mens grooming products）、防曬用品（sun care）、嬰兒用品（baby care）及個人衛生用品（personal hygiene）等，都是屬於大家耳熟能詳的化妝產品。關於「化妝品的基礎概念」、「化妝品的基礎理論」、「化妝品原料」及「化妝品分類與實例」等介紹，讀者可以參見五南圖書公司所出版的《**化妝品概論**》一書有更詳細及深入的介紹。

## 二、使用化妝品在皮膚上的預期作用

使用化妝品在皮膚上的作用，可以分成如下五個層面：

1. **清潔作用（clean）**：用來去除皮膚、毛髮、口腔和牙齒上的髒汙，以及人體分泌與代謝過程中產生的不潔物質。例如，清潔霜、清潔乳、面膜、清潔用化妝水、沐浴乳、洗髮精、牙膏等。

2. **保護作用（protect）**：用來保護皮膚及毛髮等處，使其滋潤、柔軟、光滑、富有彈性，以抵禦寒風、烈日、紫外線輻射等損害，增加分泌機能活力，防止皮膚皺裂、毛髮斷裂。例如，雪花膏、冷霜、潤膚霜、防裂油膏、乳液、防曬霜、潤髮油、髮乳、護髮乳等。

3. **營養作用（nutrition）**：用來補充皮膚及毛髮營養、增加組織活力、保持皮膚角質層的含水量、減少皮膚皺紋、減緩皮膚衰老以及促進毛髮生理機能，防止脫髮。例如，人參霜、維生素霜、珍珠霜等各種營養霜、營養面膜、生髮水、藥性髮乳、藥性髮蠟等。

4. **美化作用（beautify）**：用來美化皮膚及毛髮，使之增加魅力或散發香氣。例如，粉底霜、粉餅、香粉、胭脂、唇膏、髮膠、慕絲、染髮劑、燙髮劑、眼影膏、眉筆、睫毛膏、香水等。

5. **防治作用（prevention）**：用來預防或治療皮膚、毛髮、口腔和牙齒等部位影響外表或功能的生理病理現象。例如，雀斑霜、粉刺霜、抑汗劑、除臭劑、生髮水、痱子粉、藥物牙膏等。

## 第二節 化妝品與皮膚生理的關係

世界衛生組織（WHO）認爲健康可分爲三種狀態，第一種爲眞正健康的狀態，這種人完全是健康的；第二種就是生病的狀態；第三種是介於兩者之間的狀態，稱爲亞健康（如圖 1-1 所示）。亞健康未必有一個公正的標準，它是介於完全健康，即未檢查出任何疾病，與一種眞正罹患疾病的兩者之間，即使透過各種現代醫學儀器進行檢查，表面的結果呈現正常無病，但是人體仍感覺到不舒服。

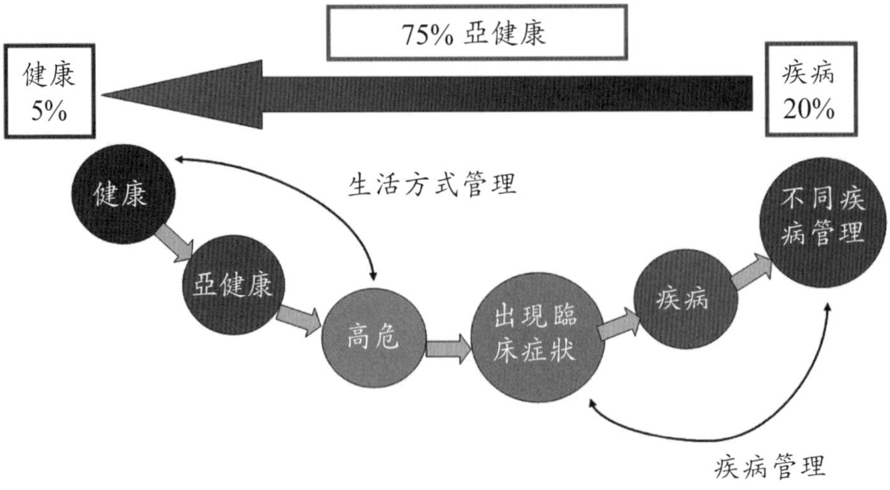


圖 1-1 健康、亞健康與疾病之間的關聯

皮膚是人體最大的器官，覆於人的體表，是內外環境的分界面，是抵禦外界不良因素侵擾的第一道防線。皮膚的外觀更是反映了人體的健康狀態，因此皮膚的生理狀態也可以區分成健康的皮膚狀態、疾病狀態的皮膚（即罹患皮膚疾病）及介於兩者之間的亞健康狀態的皮膚。

## 一、皮膚的健康標誌

皮膚的狀態是否屬於健康的狀態，可以從皮膚顏色、光潔度、紋理、彈性及溼潤度進行判斷，敘述如下：

1. **皮膚顏色**：皮膚的顏色主要由黑色素小體的種類、數量、大小及分布決定，也受皮膚血液循環狀態及皮膚表面光線反射影響，「**白裡透紅**」是亞洲人理想及健康的皮膚顏色。有肝膽疾病者的皮膚呈現黃色或橘黃色，有血液性疾病或心血管疾病者的皮膚或蒼白、或紫紅、或呈充血狀，有內分泌疾病者的皮膚有色素瀰漫性沉著或色斑，患有慢性及消耗性疾病者的皮膚則看起來晦暗。不良的生活習慣及精神神經因素，也會影響皮膚顏色。

2. **皮膚光潔度**：皮膚質地細膩有光澤爲年輕有活力的表現，皮膚角質層的厚薄、表面的光滑程度、溼度及有無鱗屑，都會直接影響皮膚的光潔度。

3. **皮膚紋理**：皮膚表現紋理細小、表淺且柔和，是青春美麗的皮膚外觀。隨著年齡的增加和環境因素的影響，皮膚紋理逐漸增粗增大，皺紋形成並逐漸加深。

4. **皮膚彈性**：健康皮膚眞皮膠原纖維豐富，彈性纖維、網狀纖維排列整齊，基質各種成分比例恰當，皮膚含水量適中，皮下脂肪厚度也適中，指壓平復快。

5. **皮膚溼潤度**：皮膚的代謝和分泌排泄功能正常，則皮膚滋潤、舒展且有光澤。

## 二、化妝品與皮膚生理與皮膚病理的關係

當皮膚的狀態是屬於健康的狀態時，是不需要使用化妝品。只需做好基本的清潔及保養，即可維持皮膚的正常生理功能。當皮膚是屬於生病的狀態，即罹患皮膚疾病或是產生皮膚疾病前的徵兆時，則需要專業皮膚科醫師診斷及治療。在術後（藥物或雷射手術等）仍需醫療等級化妝品進行緩解皮膚疾病症狀，減少藥物用量和減少復發等輔助治療（如圖 1-2 所示）。絕大部分人的皮膚是屬於亞健康狀態，當化妝品作用於皮膚上，提供清潔、保護、營養、防曬、吸收、保溼、美學、防治等作用。在正確及適當的使用下，可以改善皮膚的生理狀態，使皮膚的狀態由亞健康狀態朝健康狀態方向邁進（如圖 1-3 所示）。

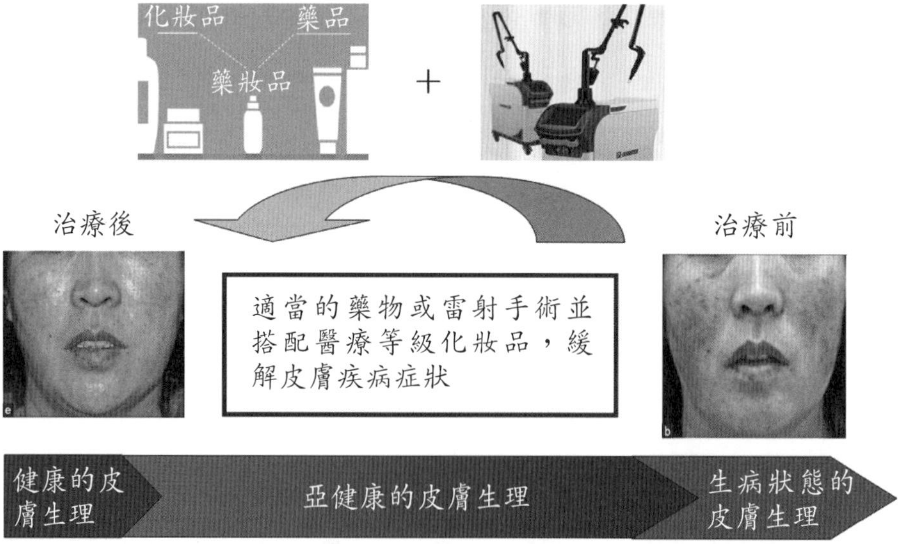


圖 1-2 生病狀態的皮膚，需適當藥物或雷射手術搭配醫療等級化妝品以緩解症狀

圖片來源：Luan, et al., 2014。

圖 1-3　正確及適當使用化妝品，改善亞健康的皮膚生理狀態

## 三、使用化妝品在皮膚生理功能上的訴求

1. **保護功能**：正常皮膚表面 pH 爲 4～6，微偏酸性。角質層細胞的致密結構與角蛋白、脂質緊密有序的排列，能築成一道天然屏障，以抵禦外界各種物理、化學和生物性有害因素對皮膚的侵襲。如果過度使用去角質產品或過度適用清潔劑改變皮膚弱酸性的環境，都會削弱皮膚的屏障功能。

2. **防曬功能**：皮膚角質層內的角質，形成細胞能吸收大量的短波紫外線（180～280 nm），而棘細胞層的角質形成細胞及基底層的黑色素細胞合成的黑色素小體，則能吸收長波紫外線，以此築成防曬的屏障。日曬會損傷角質層及干擾角質，形成細胞分解形成天然保溼因子，作用於絲蛋白酶，刺激膠原合成，增加膠原變性或斷裂及表皮細胞分裂。因此，防曬可延遲皮膚老化及降低皮膚癌發生率。

3. **吸收功能**：角質層是皮膚吸收外界物質的主要部位，占皮膚全部吸收能力的 90% 以上。由於角質層間隙以脂質爲主，角質層主要吸收脂溶性物質，因此研究開發皮膚科的外用藥物和美容化妝品大多是以乳劑和霜劑爲主。

4. **保溼功能**：正常角質層中的脂質、NMF 使角質層保持一定的含水量，穩定的水合狀態是維持角質層正常生理功能的必要條件。角質層能保持經皮失水量僅爲 2～5 g/(h · $cm^2$)，使皮膚光滑柔韌而有彈性。由於 3 種關鍵性脂質，即神經醯胺、膽固醇和脂肪酸，乃是皮膚保溼及屏障修復所必需的。因此開發以此 3 種關鍵性脂質按比例配製的保溼品，比非生理性脂質物質（如羊毛脂、凡士林）更能從病因上糾正相應疾病，例如異位性皮炎、魚鱗病的生化異常。

5. **美學功能**：光滑含水充足的皮膚經光線有規則的反射，皮膚外觀有光澤，豐滿充盈有彈性。若角質層正常的層數發生變化，或角質層的細胞出現角化異常，均會導致皮膚的顏色和光澤度改變。一些引起乾燥伴隨脫屑的皮膚病，例如魚鱗病、異位性皮炎，其角質層以非鏡面反射的形式反射光線，則使皮膚灰暗且無光澤。任何原因導致的角質層過厚，都會使皮膚出現粗糙、黯淡及無光澤。如果角質層太薄，例如過度「去死皮」、「換膚」或頻繁使用鹼性洗滌用品等，會使皮膚的屏障功能削弱，外界不良因素的侵害容易使皮膚產生敏感及色素異常，例如皮膚紅血絲、毛細血管擴張紅斑、色素沉著及皮膚老化，甚至引起皮膚疾病。

## 第三節　化妝品與皮膚疾病的關係

正確地使用及選用合格的化妝品產品，是不會造成皮膚疾病的。伴隨著化妝品品種繁多，所使用的活性添加劑層出不窮、劑型不斷創新或是因爲個人體質因素等，導致人們即使在日常生活中正常使用化妝品，還是有可能會引起皮膚黏膜及其他附屬器官的損害，在此稱爲**化妝品造成的皮**

**膚不良反應（adverse skin reactions induced by cosmetics）**。由於大多數皮膚不良反應臨床表現與一些皮膚病相似，故統稱為**化妝品皮膚疾病（skin diseases induced by cosmetics）**（如圖 1-4 所示）。完整的化妝品皮膚病的診斷，包括化妝品皮膚病的類型、病因和因果關係的評估。在診斷皮膚疾病是否是使用化妝品造成的，除了確認可疑的化妝品外，還需要詳細詢問病史、化妝品接觸史，認眞進行體格檢查，必要時透過皮膚試驗找出病因，方能確認。在此介紹數種因爲使用化妝品造成的化妝品皮膚疾病類型及化妝品造成的中毒及致敏現象。

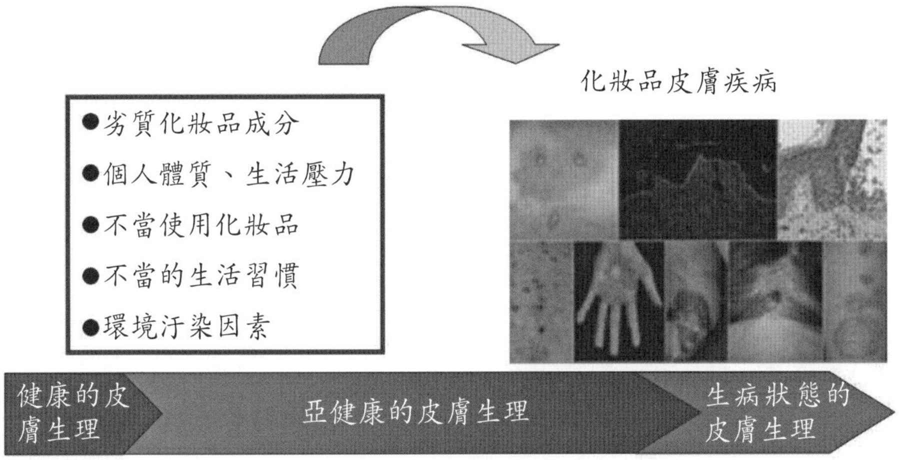


圖 1-4　使用化妝品造成的皮膚不良反應

## 一、化妝品皮膚疾病

### （一）因接觸、刺激及變應反應造成的皮炎症

因爲長期接觸化妝品導致皮膚產生敏感性、刺激性或變應性反應，造成在接觸部位皮膚或鄰近部位發生的炎症反應，在此稱爲化妝品接觸性皮膚發炎疾病，是占化妝品皮膚疾病的 70～80% 以上。因接觸、刺激及變

應反應產生的皮炎症，包括敏感性皮膚、接觸性皮炎、激素依賴性皮炎、異位性皮炎、口周皮炎及唇炎等。因不當使用化妝品或對化妝品中成分產生敏感性、刺激性或變應性反應等因素，只是導致或加重皮膚發炎疾病的原因之一，相關此類型皮膚發炎疾病的病因及發病機制、臨床表現、診斷及治療，請參見第八章的介紹。

1. **化妝品接觸性皮炎（contact dermatitis due to cosmetics）及季節性皮炎（sersonal dermatitis）**：化妝品接觸性皮炎是指接觸化妝品後，在接觸部位或鄰近部位發生的皮炎症。發病機制包括原發刺激和變態反應兩類。刺激性接觸皮炎是指外界物質經由非免疫性反應造成的皮膚侷限性表淺炎症，可能與化妝品對皮膚的刺激強度和皮膚的屏障功能是否完整有關。變應性型接觸性皮炎是指接觸變應原後，經由免疫反應引起的皮炎症反應。常見能夠引起化妝品變應性型接觸性皮炎的原料相當多，包括香料、防腐劑、乳化劑、抗氧化劑、防曬劑、植物添加劑等。最常見的是香料和防腐劑。季節性皮炎是一種季節性、反覆發作，由花粉、氣溫等引起的接觸性皮炎，容易發生於季節交替時期，多見於女性。

2. **化妝品敏感性皮膚（sensitive skin due to cosmetics）**：是一種特殊的皮膚類型，指皮膚在受到外界刺激時，易出現紅斑、丘疹、毛細血管擴張等客觀症狀，伴隨搔癢、刺痛、灼熱、緊繃感等主觀症狀。可能是生物體內在因素和外界因素相互作用，引起皮膚屏障功能受損，當皮膚受到刺激後，感覺神經訊號輸入增加、免疫反應增強，導致敏感性皮膚的產生。引起皮膚敏感的內在因素，主要包括種族、年齡、性別、皮膚類型、遺傳、內分泌及某些皮膚病。引起皮膚敏感的外在因素，例如大部分敏感性皮膚在塗抹普通化妝品及季節變化、日光或食物等影響下出現症狀。

3. **激素依賴性皮炎（hormone dependent dermatitis, HDD）、口**

**周皮炎（perioral dermatitis）及唇炎（cheilitis）**：激素依賴性皮炎是指由於較長時間持續或間斷地使用外用糖皮質激素或含有糖皮質激素的化妝品，某些原發皮膚疾病得到改善後，停用含糖皮質激素製劑，原發皮損惡化或在用藥部位出現急性、亞急性皮炎，伴有搔癢、灼痛等症狀。如再次使用糖皮質激素製劑時，上述症狀和特徵可快速改善，若再停藥皮炎再發，並可逐漸加重。患者不得不靠長期使用糖皮質激素製劑才能減輕痛苦。口周皮炎是發生於口周、鼻唇溝、鼻部等處的慢性皮炎症，多見於年輕女性。目前認為與光敏性有一定關係，一般認為與長期使用含氟糖皮質激素及氟化牙膏有關，其他因素有日光、感染、皮脂溢出、遺傳過敏性皮炎、化妝品、接觸過敏、內分泌改變、糖皮質激素等，均可引起本病。唇炎是一種以口唇乾臊、皺裂、脫屑為主要臨床表現的黏膜病。唇炎的病因不明，目前認為與日光、局部理化刺激、免疫失調、遺傳、精神因素等有關。

4. **溼疹（eczema）及異位性皮炎（atopicder matitis, AD）**：溼疹是一種常見由多種內外因素引起的表皮及眞皮淺層炎症性皮膚疾病，一般認為與變態反應有一定關係，皮損呈多型態，常對稱分布、有滲出傾向、易反覆發作、慢性病程、搔癢劇烈。異位性皮炎又稱**異位性溼疹（atopic eczema）**或遺傳過敏性溼疹，病因和發病機制目前尚未清楚。可能是遺傳因素、免疫因素、有缺陷的皮膚屏障功能以及環境因素共同作用的結果。

## （二）因光感性造成的皮膚疾病

化妝品光感性皮炎是指使用化妝品後，經過日光照射而引起的皮炎症。占化妝品皮膚病的 1～1.5%，係由化妝品中的光感物質引起皮膚黏膜的光毒性或光變態反應。化妝品中的光敏物質，可見於防腐劑中的氯化酚、苯甲酸、桂皮酸；香料中的檸檬油、檀香油，以及唇膏中的螢光物質等成分。防曬化妝品中的防曬劑，例如對氨基苯甲酸（PABA）及其脂類化合物，也可能引起光感性皮炎。一些植物也可能含有光敏物質，例如白芷中含有化妝品禁用物質歐前胡內酯，爲一種光敏性物質，在紫外線照射下，會引起皮膚產生光毒性或光敏感性皮炎。除了成分本身導致光感性皮炎，一些成分可能使皮膚對紫外線的敏感度增高，例如果酸中乳酸、清乙酸及其鹽或簡單酯類，如果連續接受質量分數較大、pH 值較低的產品，數星期後，就可以使皮膚的抗紫外線能力減小，較其他人更容易被陽光灼傷。

1. **光毒性反應（light toxicity）**：一般在日曬後數小時內發生，往往接受了較強的紫外線照射和使用了含較高濃度的光反應物質產品，表現爲日光曬傷樣反應，出現紅斑、水腫、水泡甚至大水泡，易留色素沉著，炎症消退過程中可出現脫屑。光毒性反應是一種直接的組織損傷，組織病理以角質形成細胞壞死爲特點。

2. **光變態反應（photoallergic）**：一般在日曬後數天、數週甚至數年才發生。在脫離光敏物質後，光過敏反應還可持續數年，對陽光非常敏感。臨床表現爲溼疹樣皮損，通常伴有搔癢，作用機制爲遲發型超敏反應，組織病理表現爲海綿水腫、眞皮淋巴細胞浸潤。UVB 和 UVA 的最小紅斑量低於正常平均值。

因爲光感性造成皮膚疾病，例如多形性日光疹（polymorphous light eruption）、慢性光化性皮炎（chrpnoc dermatitis, CAD）及日曬傷（sunburn）等，相關疾病的病因、發病機制、臨床表現、診斷及治療，請參見第九章介紹。

### （三）因皮膚色素異常造成的皮膚疾病

化妝品皮膚色素異常指應用化妝品引起的皮膚色素性增生或色素性減少，以色素性增生較爲常見，占化妝品皮膚病的 10～30%。

1. **皮膚色素性增生疾病（skin hyperpigmentation）**：臨床表現爲使用化妝品數週或數月後，逐漸出現淡褐色或褐色的密集斑片或斑點，多發生於面、頸部。可單獨發生，也可以和皮炎症同時存在，或發生在接觸性皮炎、光感性皮炎之後。部分色素性化妝品皮炎的特性與接觸性皮炎的特性相似，只不過在此類型皮炎中，炎症成分較輕的色素沉著之特點較爲顯著。很多這樣的患者實質上是長期反覆接觸小劑量變應原引起的化妝品過敏，致敏物主要是香料、煤焦油染料，光敏的作用較小。化妝品中的鉛、汞、砷、染料，均可通過干擾色素代謝增加皮膚色素。皮膚病理檢查可見基底層細胞液化變性、色素失調（incontinentia pigmenti）和輕微炎症。

2. **皮膚色素性減少疾病（skin hypopigmentation）**：大多數色素加深在半年至兩年內會逐漸減輕或完全恢復，但類似於白癜風的色素脫失卻很難恢復。且很難與原發性白癜風鑑別。化妝品引起的色素脫失機制並不清楚，但引起色素脫失的有髮用染料、漂洗劑中苄基乙醇和 *p*- 苯二胺。氫醌在 2% 濃度下是一種弱效的色素脫失劑，但在高濃度下或不同載體下，則是一種強效的色素脫失劑。

皮膚中的黑色素能將日光中的有害光線過濾，消除紫外線引起的自由基，防止彈性纖維變性所導致的皮膚老化，能保護 DNA ，使其免受有害因素引起的致突變效應，從而降低皮膚癌的發生率，具有抗衰老及防癌等功能。當皮膚中黑色素的生成及代謝發生異常時，就會導致色素增生性皮膚病（黃褐斑、雀斑等）和色素減少性皮膚病（白癜風、單純糠疹等）等皮膚色素異常的疾病發生，相關疾病的病因及發病機制、臨床表現、診斷及治療請參見第十章介紹。

### （四）因皮脂溢出造成的皮膚疾病

當皮脂腺分泌過度，可以導致毛囊皮脂腺導管角化、皮脂排出不順暢及微生物繁殖，引起炎症和免疫反應而發生脂溢性皮膚疾病。也可因化妝品對毛囊口的機械性阻塞引起，例如不恰當使用粉底霜、遮瑕膏、磨砂膏等，引起黑頭粉刺或加重已存在的痤瘡，造成毛囊炎症，稱爲**皮脂溢出性疾病**。其中，以化妝品痤瘡最常見，占化妝品皮膚病的 3.5～10% ，表現爲接觸部位出現密集性粉刺、丘疹、膿泡等。由於化妝品引起的痤瘡要符合以下條件：發病前有明確的化妝品接觸史、皮損發生於接觸部位。若原有尋常痤瘡，則可導致皮損加重。停用化妝品後，痤瘡樣皮損可以明顯改善或消退。

因皮脂分溢出所造成的化妝品脂溢性皮膚疾病，有痤瘡（acne）、脂溢性皮炎（seborrheic dermatitis）、酒糟鼻（rosacea）及皮脂腺痣（nevus sebaceus）等，相關疾病的病因及發病機制、臨床表現、診斷及治療，請參見第十一章介紹。

### （五）因接觸或服用造成的蕁麻疹

當接觸化妝品時，可能因化妝品中特定成分引起變態反應或非變態反應性機制，造成皮膚、黏膜在數分鐘至數小時內立即發生炎症反應，稱爲「**皮膚急性發炎症狀（skin acute inflammation）**」。這類型的皮膚急性症，包括使用化妝品產生造成的**接觸性蕁麻疹（acute urticaria）**，相關疾病的病因及發病機制、臨床表現、診斷及治療，請參見第十二章介紹。

1. **化妝品接觸性蕁麻疹（acute urticaria due to cosmetics）**：是指接觸化妝品後數分鐘至數小時內發生，通常在幾個小時內消退的皮膚黏膜紅斑、水腫和風團改變。蕁麻疹的發病機制包括變態反應性和非變態反應性兩類。變態反應性蕁麻疹多為 I 型變態反應，由 IgE 介導。非變態反應性蕁麻疹多由組織胺釋放劑所致，又稱為假變態反應性蕁麻疹，組織胺釋放劑有阿托品（Atropine）、奎寧（Quinine）、阿斯匹靈（Aspirin）、可待因（Codeine）等藥物，以及魚、蝦、蘑菇、茄子等食物。

### （六）因接觸造成的毛髮與指甲的損害

1. **化妝品毛髮損害（hair damaged due to cosmetic）**：是指使用髮用化妝品後，出現局部毛髮乾枯、鬆脆、斷裂、分叉、變形、變色或脫落等表現，但不包括脫毛化妝品引起的毛髮脫落。化妝品毛髮損害大部分傷及頭髮，一般有明確的髮用類化妝品接觸史，大部分在較長時間使用化妝品後出現，特別是染髮和燙髮類產品作用後更加容易出現。另外，洗髮或護髮時手法粗暴也是常見病因。毛髮損害的嚴重程度，與化妝品的使用量和使用頻率有關，一般停止使用該類髮用化妝品後，經過數月頭髮才能緩慢恢復正常。

化妝品可以對毛幹產生傷害，嚴重時也可導致毛囊正常結構和功能的破壞。原先被電燙、氧化型染料、漂白劑、過量日光暴露以及缺少油分的頭髮，更易受到損壞。化妝品毛髮損害的機制有物理因素，也有化學性損傷。物理性因素包括鹼性強的洗髮劑使頭髮失去光澤和彈性、變脆。冷燙劑中的硫基乙酸（$HSCH_2COOH$）可使頭髮脫色、易折斷。化學性損傷包括洗髮劑、染髮劑、髮膠、髮乳、生髮水等髮用化妝產品中的化學成分，包括染料、去汙劑、表面活性物質，均可造成毛髮損傷。

化妝品毛髮損傷及非化妝品引起的相關毛髮疾病的成因及發病機制、臨床表現、診斷及治療，請參見第十三章介紹。

2. **化妝品指（趾）甲損害（nail damage due to cosmetic）**：是指長期應用甲用化妝品導致甲部正常結構破壞，從而產生甲剝離、甲軟化、甲鬆脆和甲周圍軟組織皮炎等損傷。化妝品甲損害的主要原因是，指甲用化妝品的原料多數爲有機溶劑、合成樹脂、有機染料和色素，以及某些限用化合物，例如丙酮、氫氧化鉀、硝化纖維等。它們多數有一定的毒性，對指甲和皮膚有刺激性並有致敏性。指（趾）甲卸妝油中的有機溶劑，可引起甲板失去光澤、變脆、變形、縱裂等，美甲化妝品中的染料則可引起變態反應性甲周圍軟組織皮炎等。但診斷化妝品甲損害時，應注意和其他累及甲及甲周病變的疾病，如甲癬、甲營養不良（微量元素缺乏、內臟疾病、微循環不良）、物理摩擦、扁平苔癬等鑑別。

化妝品甲損傷及非化妝品引起的相關指甲疾病的成因及發病機制、臨床表現、診斷及治療，請參見第十四章介紹。

## 二、化妝品造成的中毒及致敏現象

合格的化妝品一般不會導致化妝品的中毒或致敏現象，但由於化妝品市場龐大，各類產品魚目混珠，個別不法廠商爲了獲得產品的短期療效，非法添加一些禁止且對人體不安全的原料，由此可能引起化妝品的中毒或致敏現象。關於化妝品的安全性評估介紹，讀者可以參見五南圖書公司所出版的《**化妝品有效性評估**》一書，有針對化妝品的毒理學與人體安全性試驗等項目做詳細介紹。

臨床以重金屬中毒最爲常見，但對某些可能出現的致癌致畸等不良反應的原料也要提高警覺。在化妝品衛生標準中，對化妝品中有害物質做了嚴格的限量規定。有害物質汞、鉛、砷及其化合物成分，不得添加於化妝品中。根據衛生福利部食品藥物管理署部授食字第 1021650418 號令，化妝品於製造過程中，如因所需使用原料或其他因素，且技術上無法排除，致含自然殘留微量之重金屬鉛、砷時，則其最終製品中所含不純物重金屬鉛、砷之殘留量，鉛不得超過 10 ppm，砷不得超過 3 ppm。

## （一）重金屬中毒

1. **鉛中毒**：鉛可以透過呼吸道、消化道和皮膚進入人體，主要由腎臟代謝，經尿液排出，任何原因造成體內含鉛體過高，均可引起鉛中毒。體內過量的鉛可以干擾骨髓細胞功能，抑制血紅蛋白的合成，導致肝功能異常，出現消化系統症狀。慢性鉛中毒可以導致慢性腎功能衰竭，降低神經傳導速度，影響生殖功能，影響體液免疫和細胞免疫。化妝品的鉛中毒多表現爲慢性鉛中毒，孕婦和哺乳期更爲敏感，可能引起流產、早產、死胎及嬰兒中毒。一旦疑診爲鉛中毒，應行血鉛檢查，確診後需停止使用含鉛的化妝品及避免其他鉛汙染，並進行驅鉛治療。

2. **砷中毒**：砷元素雖爲人體必需的元素，但由於不同價數砷的毒性差別很大，因此使用時應嚴格區分。一般而言，單質砷元素無毒性，但其化合物都有毒，尤其是三價砷的毒性最大。砷中毒常來源於含砷藥物、殺蟲劑、工業原料等，也可能來源自被砷汙染的環境。砷中毒可以導致皮膚改變和臟器損傷。皮膚損傷表現包括角化過度、色素沉著或脫失、感染、壞死、潰瘍、癌變等。臟器損害常見於肝臟損傷、肝硬化，還可以導致周圍神經病變，出現肢體麻木、運動障礙或肢體癱瘓等。疑診爲慢性砷中毒時，可以測定尿液、毛髮、指甲中的砷含量。確診後需停止使用可疑含砷的化妝品，避免其他含砷物質的攝入，並進行驅砷治療。

3. **汞中毒**：汞是有害金屬元素，汞及其化合物都能穿透皮膚，進入體內，對人體造成傷害。汞中毒可以分爲 4 級：

(1) **汞吸收量增加**：無明確的症狀特徵，但尿液中汞含量增加。

(2) **輕度汞中毒**：有輕度的神經系統症狀或腎功能改變、口腔黏膜發炎等。

(3) **中度汞中毒**：有明顯的情緒紊亂或性情異常、手指震顫或腎功能改變、口腔黏膜發炎等。

(4) **重度汞中毒**：有明顯精神症狀、突出的肢體震顫、中毒性腦病或中毒性腎病等表現。

汞中毒患者一般接觸含汞產品時間長，大多長達數月，臨床表現爲乏力、失眠多夢，並可逐漸出現頭暈、性情煩躁、記憶力減退等症狀。確診後需停止使用可疑含汞的化妝品，並避免其他含汞物質的攝入，並進行驅汞治療。

## （二）致癌致畸

1. **對苯二胺（para phenylene diamine, PPD）**：對苯二胺經氧化生成苯醌二並胺，是一種棕黑色不溶物質，是化妝品中應用最廣泛的一種染黑髮顯色劑。對苯二胺有較強的致敏性，對皮膚甚至對人體均可致敏，其致敏作用主要是由在體內生成的苯醌二並胺引起。依規定對苯二胺用作染髮用氧化著色劑最大允許濃度爲 6%（以自由基計算），並規定在化妝品之標籤仿單包裝上必須標識「**會引起過敏反應**」；含二胺類，不可用於染睫毛或眉毛使用。

2. **石綿（asbestos）**：石綿是致癌物，易導致石綿沉著病、間皮瘤、癌症等。化妝品一般不會添加石綿。但曾有案例在爽身粉中發現石綿，可能原因是含有石綿成分的蛇紋岩與滑石粉原料滑石共同埋在地底，因此導致滑石粉遭受石綿汙染。

3. **三氯生（triclosan）**：三氯生是一種防腐劑，防腐、抗菌作用較強。在皮膚用品中，可用於外用藥物及化妝品，化妝品中最大允許濃度爲

0.3%。三氯生與經氯消毒的水接觸後，會產生三氯甲烷，如果長期使用會透過皮膚進入人體，導致抑鬱、肝損傷，甚至可以致癌。在正常允許使用濃度下，化妝品中的三氯生以其生成的三氯甲烷均為微量，目前尚無明確數據證實在此濃度下之化妝品的致癌性。

## 習題

1. 請說明我國化妝品的定義及在皮膚上的作用。
2. 請說明化妝品與皮膚生理的關係。
3. 請說明不當使用化妝品所造成的皮膚疾病種類。

## 參考文獻


1. 衛生福利部食品藥物管理署，**福利部部授食字第 1021650418 號令**。
2. 張效銘著，化妝品概論，**五南圖書出版股份有限公司**，2015。
3. 張效銘著，化妝品有效性評估，**五南圖書出版股份有限公司**，2016。
4. Baumann L 原著，曾銘儀、葉育文譯，醫學美容皮膚科學：素人到達人，這一本通通都有，**合記圖書出版社**，2014。
5. Baumann L. Cosmetic dermatology. 2nd ed. New York: **McGraw-Hill**, 2008.
6. Baumann L. Cosmetic dermatology: principles and practice. 2nd ed. New York: **Springer**, 2008.
7. Burns T, Breathnach S, Cox N, Griffiths C. Rook s textbook of dermatology. 7th ed. Oxford: **Taylor & Franics**, 2005.
8. Frosch P J, Menne T, and Lepoittevin J P. Contact Dermatitis. 4th ed. **Springer**, 2006.
9. Rycroft R J G, and Richard J G. Textbook of contact dermatitis. New York:

**Springer**, 1992.

10. Wolff K, Goldsmith L A, Katz S I, Gilchrest B A, Paller A, Leffell D J, and Wolff K. Fitzpatrick's dermatology in general medicine. 8th ed. New York: **McGraw-Hill**, 2012.

11. Draelos Z D, and DiNardo J C. 2006. A re-evaluation of the comedogenicity concept. **J. Am. Acad Dermatol.**, 54(3):507-512.

12. Mills O H, and Kligman A M. 1982. A human model for assessing comedogenic substances. **Arch Dermatol.**, 118(1):903-905.

# 第二篇 化妝品與皮膚的生理基礎

皮膚（skin）是人體最大的器官，覆於人的體表，是內外環境的分界面，也是抵禦外界不良因素侵擾的第一防線。皮膚的外觀反映了生物體的健康狀態及年齡變化。化妝品是直接作用於皮膚的，藉由學習皮膚的解剖與組織結構，理解皮膚生理與皮膚美容的關係，對於化妝品的應用及如何維護皮膚的正常生理具有重要意義。本篇主要介紹皮膚的生理基礎，包括**「皮膚的特性與結構組成」**、**「皮膚及皮膚附屬器官的生理功能」**、**「皮膚的顏色及防護機制」**、**「皮膚的老化現象」**、**「頭髮的生長調控及保健」**。

# 第二章 皮膚的特性與結構組成

**皮膚（skin）**是人體最大的器官，覆於整個人體表面與外界環境直接接觸，即是生理學與解剖學上的重要器官，又是人體美的主要載體，也是人體抵禦外來刺激的第一道屏障。皮膚的外觀反映了生物體的健康狀態及年齡變化。皮膚由表皮、眞皮和皮下組織構成，除了毛髮、甲、汗腺、皮脂腺等皮膚附屬器官外，還有豐富的神經、血管、淋巴管及肌肉。皮膚除了可以保護體內的臟器和組織外，還有很多重要功能。本章節主要介紹皮膚的基本特性及皮膚的結構及組成。

## 第一節　皮膚的基本特性

成人皮膚體表總面積爲 1.5～2.0 $m^2$，表皮與眞皮的重量約占人體總重量的 5%，若包含皮下組織可達體重的 16%，皮膚的厚度、紋理隨年齡、部位而異。

### 一、皮膚的厚度

若不包括皮下組織，皮膚厚度爲 0.5～4 mm。表皮的厚度因部位而異，介於 0.04（眼瞼）～1.6 mm（足跖）之間，平均約爲 0.1 mm。眞皮厚度是表皮的 15～40 倍，爲 0.4～2.4 mm 不等。皮膚厚度因部位、性別和年齡的不同而異。就部位差異來說，以軀幹背部及臀部較厚，眼瞼和耳後的皮膚較薄。同一肢體，內側偏薄，外側較厚，同一部位的皮膚厚度，也隨年齡、性別、職業、工作性質而有差異。就性別差異來說，女性皮膚比男性薄。就年齡差異來說，老年人皮膚較年輕人薄，成人皮膚厚度爲新生兒的3.5倍，但至5歲時，兒童皮膚厚度基本與成人相同。人的表皮20歲時最厚，真皮在30歲時最厚，以後逐漸變薄並伴有萎縮。當皮膚過厚，特別是角質層和顆粒層過厚，透光性差，就會影響皮膚的顏色，導致皮膚變黃。而皮膚太薄，對外界環境的抵抗力減弱，則導致皮膚敏感性增加。

## 二、皮膚紋理系統

皮紋是皮膚紋理的簡稱，是指人體皮膚各部位由表皮和眞皮隆起的皮膚脊紋及皮溝所構成的紋理。目前，所謂的皮紋主要是掌（跖）及指（趾）紋。掌跖、指（趾）末端屈側面（flexor surface）皮溝和皮脊平行排列形成渦紋狀圖案，即**指紋（finger print）**，由遺傳因素決定，各不相同，可作爲法醫鑑定依據。皮膚表面有許多肉眼可見的細小溝紋稱爲**皮溝（sking roove）**，是由眞皮中纖維束的排列和牽拉所致，深淺走向不一，顏面、掌、陰囊及關節處較深。皮溝將皮膚劃分成大小不等的細長隆起稱爲**皮脊（skin ridge）**，因此皮溝深淺與皮膚細膩程度有關。較深的皮溝將皮膚表面分爲菱形或多角形微小區域，稱爲**皮野（skin field）**。

**皮膚張力線（lines of skin tension）**即爲**朗氏線（Langer's lines）**，是1861年Langer用圓錐形長釘隨意穿刺新鮮屍體皮膚時發現，皮膚菱形裂縫長軸在不同部分呈固定的方向排列，將其連接起來便成了張力線。皮膚具有一定的彈性，保持持續的張力，是因爲眞皮內有纏繞膠原纖維成束排列的彈性纖維，由於眞皮內彈性纖維的有序排列，不同部位的皮膚張力各有其固定的方向。面部由於表情肌運動而形成表情線，和頸部、軀幹、四肢由於屈伸運動而形成的皮膚鬆弛線，共同組成了皮膚最小張力線，在進行皮膚美容手術時，順著皮膚張力線的切口，癒合後皮膚的疤痕較小，能最大限度地保持皮膚的美容外觀。

Blaschko 線是 1901 年首先由 Blaschko 描述，正常皮膚上並不能尋找到這種排列線。某些皮膚疾病，例如疣狀痣等皮損在體表沿著一種特殊的線條排列，與神經，血管和淋巴管的排列都有關，反映了皮膚發育中的生長方式。許多存在的鑲嵌性遺傳性疾病皮膚損害都沿 Blaschko 線排列，例如色素失調症（incotinetia pigmenti），少汗性外胚層發育不良等。

## 三、皮膚的pH值

皮膚分泌的皮脂和汗液混合物在皮膚表面形成一層乳化的脂膜（皮脂膜）。它具有阻止皮膚水分過快蒸發、柔化角質層、防止皮膚乾裂等作用，在一定程度上有抑制細菌在皮膚表面生長、繁殖的作用。皮脂膜中主要含有乳酸、胺基酸、尿素、尿酸、鹽、中性脂肪及脂肪酸等。由於這層皮脂膜的存在，皮膚表面呈弱酸性，測得皮膚的 pH 值通常是在 4.5～6.5 之間，平均值為 5.75。

皮膚的 pH 值是將皮膚表面加少量純淨水測得的。人體皮膚的 pH 會因為各種因素而變化。例如人的年齡不同，皮膚的 pH 值也會不同，兒童的 pH 值略高於成人；性別不同，皮膚的 pH 值也不同，男性的 pH 值略低於女性。皮膚的 pH 值主要是由皮膚上的皮脂膜決定的。當皮膚呈弱酸性時，能夠抑制皮膚表面細菌和微生物的繁殖，進而達到殺菌和保護皮膚的目的。

## 四、皮膚的中和能

由於皮膚表面呈弱酸性，因而具有中和弱鹼的能力。即使在皮膚表面塗以鹼性溶液，皮膚表面的 pH 值也具有經過一定時間恢復到原有 pH 值的特性，這種性能稱為**皮膚的中和能（neutralization energy）**，或稱皮膚具有緩衝作用。如果在皮膚表面使用鹼性的清潔用品。皮膚表面會暫時呈鹼性，但是經過一段時間後，皮膚的表面又會恢復到原來的弱酸性。

皮膚具有的這種緩衝功能，是對來自外部侵害的一種生理上保護作用。對於皮膚的這種緩衝作用，一般認爲其主要因素是皮脂膜中的乳酸和胺基酸或作爲角質層成分的角朊在作用，以及皮膚因呼吸而在表皮生成的二氧化碳產生緩衝作用。因此，在化妝品中添加適當的緩衝劑，使皮膚能夠保持適宜的 pH 值，以減少由於化妝品中的酸性、鹼性物質而對皮膚的傷害。

皮脂膜中的游離脂肪酸及皮脂膜的弱酸性 pH 值，對皮膚表面的葡萄球菌、鏈球菌及白色念珠菌等有一定的抑制作用。青春期後皮脂分泌中的某些不飽和脂肪酸，例如十一碳烯酸增多，可抑制一些眞菌繁殖，故白癬到青春後期可自癒。

綜上所述，儘管皮膚自身具有一定的緩衝作用，在化妝品研究和生產中，還應特別注意化妝品本身的 pH 值，以及化妝品對正常的皮膚緩衝性的影響。研究證明，具有弱酸性且緩衝作用較強的化妝品，對皮膚（特別是緩衝性較弱的皮膚）是最合理的。另外，從皮膚營養的角度考慮，從構成皮脂的成分中，選擇皮膚所必需的組成成分來配製化妝品配方，使化妝品的成分與皮脂膜的組成相同，對皮膚而言，可謂最理想的營養化妝品。

## 五、皮膚的NMF

角質層保有 10～20% 水分時，皮膚富有彈性，是最爲理想的狀態。水分若變成 10% 以下時，皮膚即呈現乾燥及粗糙的狀態。角質層是由於阻礙層以妨礙和體內水分的交流，角質層的水分主要是由汗的水分或由外部之溼氣做補充的，是由存在於角質層之保溼性成分做保護，依皮脂膜等以抑制蒸發來維持的。含在角質中此自然的保溼因子（成分），稱爲 **NMF** （**natural moisturizing factor**）。NMF 是一種有吸附性的水溶性物質，能有效控制皮膚中的水分，減少水分蒸發，避免皮膚失水乾燥，保持皮膚柔軟光潤的作用。由於 NMF 能使皮膚保持水分和健康，使之豐滿並富有彈性，所以 NMF 是皮膚最理想的天然保溼劑。NMF 的組成比較復雜，主要是由胺基酸類、乳酸鹽、吡咯烷酮羧酸及尚未確認物等組成。組成成分如表 2-1 所示。

表 2-1　天然保溼因子（NMF）

| 成分 | 含量（%） |
|---|---|
| 胺基酸類（free amino acids） | 40.0 |
| 吡咯烷酮羧酸（pyrrolidonecarboxylic acid） | 12.0 |
| 乳酸鹽（lactate） | 12.0 |
| 尿素（urea） | 7.0 |
| 氨、尿素、葡糖胺、肌酸（$NH_3$, uricacid, glucosamine, creatinine） | 1.5 |
| 鈉（$Na^+$） | 5.0 |
| 鈣（$Ca^{2+}$） | 1.5 |
| 鉀（$K^+$） | 4.0 |
| 鎂（$Mg^{2+}$） | 1.5 |
| 磷酸鹽（phosphate） | 0.5 |
| 氯化物（chloride） | 6.0 |
| 檸檬酸（citrate） | 0.5 |
| 糖、有機酸、縮胺酸、未確認物質（unidentified） | 8.5 |

皮膚角質代謝過程所產生的成分，爲可溶於水的親水性的皮膚天然保溼因子。

- **乳酸（lactic acid）**：乳酸及其鈉鹽爲親水性物質，具有脫屑及吸溼作用，可使用於化妝品成分，具有皮膚保溼作用與給予皮膚青春感。

- **尿素（urea）**：尿素存在角質層中約 1.0～1.5% ，可爲皮膚的保溼劑，並可協助其他化妝品成分經皮膚吸收。
- **胺基酸（amino acid）**：於皮膚中游離的胺基酸有甘胺酸、丙胺酸、絲胺酸、蘇胺酸、精胺酸及組胺酸，爲角質層重要水合成分。
- **吡咯烷酮羧酸及其鈉鹽（PCA.Na）**：於角質層中約占 3 ～ 4% ，其 PCA 並非有親水性，但其鹽類 PCA.Na 具有較佳保溼效果，保溼能力也比甘油佳。

NMF 作爲一種低分子量水溶液的高效吸溼性分子化合物，不僅幫助角質細胞吸收水分，維持水合功能，還促進酶的代謝反應，有助於角質層分化成熟。但是，若過度使用清潔劑、相對溼度較低、紫外線照射、年齡增大等因素，則會使皮膚 NMF 的含量減少。

## 六、皮膚的顏色

人類皮膚表皮層因爲黑色素、原血紅素、葉紅素等色素沉著及皮膚厚度等所反映出的顏色，在不同地區及人群有不同的分布。尤其是黑色素在皮膚中的含量及分布狀態（顆粒狀或分散狀），對膚色有決定性的作用。黑色素集中在表皮發生層的細胞中及細胞間。眞皮層中一般沒有黑色素，但有色素時可穿透皮膚而呈青色，例如新生兒骶部及臀部灰青色的斑。此外，皮膚的顏色還與微血管中的血液、皮膚的粗糙程度及溼潤程度有關。身體在不同部位的顏色也常常不完全一樣，背部的顏色比胸部要深得多，四肢伸側比屈側的顏色要深些，顏色最深處是在會陰部及乳頭處。手掌和腳掌是全身顏色最淺的部位，甚至在色素極深的人群中，這些部位也明顯比其他部位淺，不同的生活條件也會造成皮膚顏色深淺的不同。

正常皮膚的顏色主要由三個因素決定：1. 皮膚內各種色素的含量與分布狀況。2. 皮膚血液內氧合血紅蛋白與還原血紅蛋白的含量。3. 皮膚的厚度及光線在皮膚表面的散射現象。皮膚的色素物質主要包括黑色素（真黑色和褐黑色素）、胡蘿蔔素等。皮膚中含有黑色素細胞，可以產生黑色素，黑色素是決定皮膚顏色的主要因素。不同種族的人群，色素沉積的程度是不同的，主要原因是產生各種黑色素的量不同，而不是黑色素細胞存在的數目。人類皮膚及頭髮的顏色不是取決於黑色素細胞的數量，而是取決於黑色素小體的數量、大小、分布及黑色素沉積的程度。不同種族的人類皮膚中，黑色素細胞的數目大致相同，黑種人皮膚中的黑色素小體數量最多，同時顆粒也較大，黑色素沉積程度最深，並且單獨分散於整個表皮，降解緩慢。白種人皮膚中，黑色素小體含量較少，顆粒較小，呈圓形，並傾向於聚集吞噬溶酶小體內，且多分布於表皮底層的基底層，易降解。黃種人則同時兼備兩者的性質特點（如圖 2-1）。

黑種人　黃種人　白種人

圖 2-1　根據人類色素含量區分人類主要的皮膚類型

圖片來源：Costin and Hearing, 2007。

## 第二節　皮膚的基本結構及組成

皮膚的組成可以分成皮膚的基本結構及皮膚附屬器官兩個部分，結構如圖 2-2 所示。皮膚的基本結構由外至內可以分成表皮、眞皮和皮下組織三層。皮膚的附屬器官包括毛髮、指甲和皮膚的腺體（包括皮脂腺和汗腺）等。此外，皮膚中還分布有神經、血管、淋巴管及肌肉等，將在第三節進行介紹。

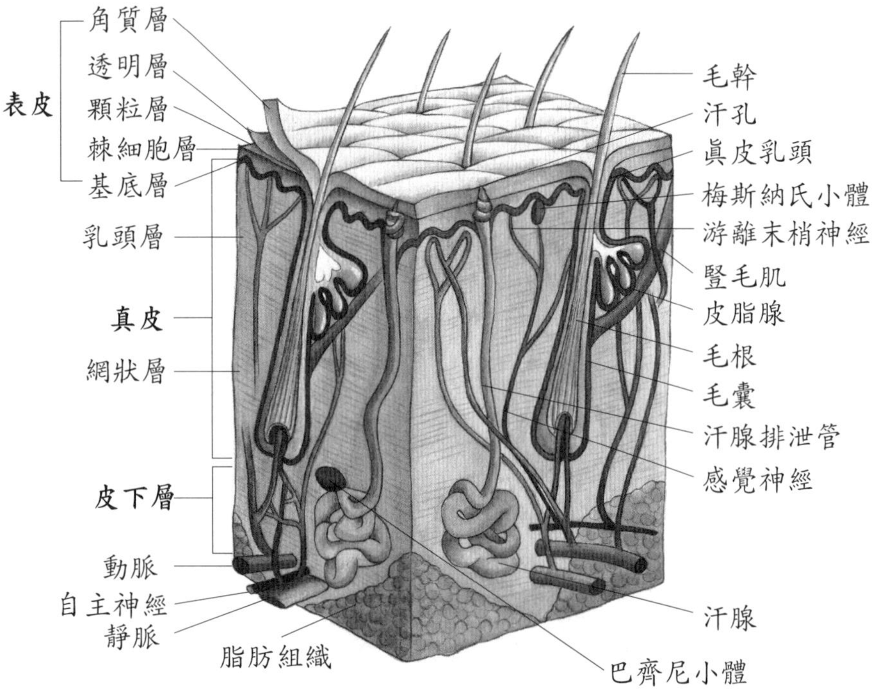


圖 2-2　皮膚的結構

# 一、皮膚的基本結構

## （一）表皮（epidermis）

表皮位於皮膚的表層，它與外界接觸最多並與化妝品直接接觸，但同時又可以抵禦外界對皮膚的刺激。表皮沒有血管但有許多細小的神經末梢，厚度一般不超過0.2 mm，表皮由外至內可分五層：角質層、透明層、顆粒層、棘細胞層和基底層，結構如圖 2-3 所示。新生的細胞逼入棘細胞層，然後上移到顆粒層，再通過角質層脫落下來。

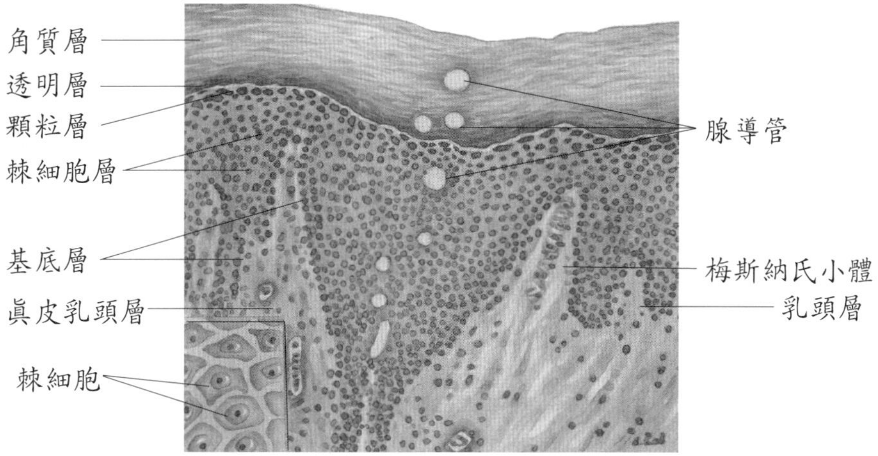


圖 2-3　表皮的結構

1. **角質層（corneum stratum）**：角質層是表皮的最外層，是由數層完全形化、嗜酸性染色無核細胞所組成。細胞內充滿了稱爲角蛋白的纖維蛋白質，是一種角化細胞。細胞經常成片脫落，形成鱗屑。角質層的厚度因部位而異，因受壓力與摩擦，掌、趾部及肘窩部的角質層較厚，角質層堅韌，對冷、熱、酸、鹼等刺激有一定的抵禦作用。角質層約含 10～20% 水分，手足多汗或者在水中浸泡時間過長，角質層的水分增加，皮膚就會變白起皺，這時的角質死細胞更易於去除。

2. **透明層（lucidum stratum）**：位於角質層之下，顆粒層之上。透明層是由處於角質層與顆粒層之間的 2～3 層透明、扁平、無核、緊密相連的細胞所構成。細胞中含角母蛋白，有防止水分、化學物質和電解質等通過的屏障作用。細胞在這一層開始衰老萎縮。但此層僅見於角質厚的部位，例如手掌和足跟等部位。

3. **顆粒層（granulosum stratum）**：在棘細胞層之上。顆粒層由 2～4 層扁平或紡錘狀細胞構成，細胞核已經退化，這些細胞中有透明質酸顆粒，對於向角質層轉化，產生所謂過渡層的作用。顆粒層細胞間隙中充滿了抗水的磷脂質，加強細胞間的連結，並成為一個防護屏障，使水分不易從體表滲入，致使角質層細胞的水分顯著減少，成為角質層細胞死亡的原因之一。此層細胞核雖已退化，但仍可從外部吸收物質，所以此層對化妝品的吸收仍有舉足輕重的作用。由於顆粒層細胞內含有許多由透明蛋白、角蛋白所構成的顆粒，因而叫顆粒層。角質層細胞的外周被角化，其中心部分充滿了脂類、蠟質和脂肪酸等物質，這些物質部分來自細胞內容物的水解作用，部分來自皮脂腺和汗腺分泌物。角蛋白是一種抵抗性的、不活躍的纖維蛋白，構成了皮膚保護屏障的重要部分。它是一道防水屏障，使水分不易滲入，同時也阻止表皮水分向角質層滲出。

4. **棘細胞層（spinosum stratum）**：棘細胞層由 4～8 層呈多邊形、有棘突的細胞構成，細胞自下而上漸趨扁平，是表皮最厚的一層。在棘細胞之間有大量被稱為橋粒的細胞間連接結構存在，讓細胞看起來就像是荊棘一樣，該細胞由此得名為棘細胞。在細胞間隙流著淋巴液，它連著真皮淋巴管，以它來供給營養，對皮膚美容和抗衰老產生重要作用。有人使用化妝品發生「**過敏反應**」，表現為皮膚發癢，出現丘疹，甚至局部紅腫，這種反應往往與這層細胞有關。最下層的棘細胞有分裂功能，參與傷口癒合過程，和基底細胞一起擔負修復皮膚的任務。

5. **基底層（basal cell layer）**：基底層是表皮的最下層，由一排圓柱狀細胞組成，與眞皮連接在一起。圓柱狀細胞中含有黑色素細胞，當受紫外線刺激時，黑色素細胞可分泌黑色素，是構成人體皮膚的主要色澤，使皮膚變黑。黑色素能過濾紫外線，抵禦紫外線對人體的傷害，防止紫外線透過體內。核層細胞與其上棘狀細胞間有橋粒連接，其下則與眞皮連接。此層細胞底部呈突起的微細鋸齒狀，使之能與眞皮緊密相連。此層從眞皮上部的毛細血管得到營養，以使細胞分裂，新生的細胞向其上層棘狀層增殖細胞，並漸移向上層，以補充表面角質層細胞脫落和修復表皮的缺損，所以此層又稱爲種子層。

一個新細胞從基底層細胞分裂後，向上推移到達顆粒層的最上層，大約需 14 天，再通過角質層到最後脫落，又需 14 天左右，此一週期稱爲細胞的更換期，共 28 天左右。掌握皮膚的更換期，對於化妝品確定有效期具有重要的意義。

## （二）真皮（dermis）

眞皮位於表皮之下，厚度約 3 mm ，比表皮厚 3～4 倍。眞皮與表皮接觸部分，互爲凹凸相吻合。表皮向下伸入眞皮的部分，稱爲表皮突或舒突，眞皮向上嵌在表皮突之間的部分叫乳頭體。乳頭體中有毛細血管網，爲無血液表皮提供營養來源，調節體溫，並兼排出廢物作用。眞皮分爲上、下兩層，上層叫乳頭層，下層（內部）叫網狀層，兩層並無明顯分界。

1. **乳頭層（nipple stratum）**：它在表皮的下方，是一層疏鬆結締組織，乳頭層中央有球狀的毛細血管和神經末稍，故與表皮的營養供給及體溫的調節有很大關係。例如臉部呈紅色或蒼白，係依此部分血液量的多少而定。幾乎所有皮膚的炎症，均侵犯乳頭層。

2. **網狀層（meshed stratum）**：此層是由較厚緻密結締組織所組成。眞皮結締組織纖維排列不規則，縱橫交錯成網狀，使皮膚富有彈性和韌性。結締組織是由**膠原纖維（collagen fibers）**、**網狀纖維（reticular fibers）**、**彈性纖維（elastic fibers）**三種纖維組成。其中，膠原纖維約占眞皮結締組織的 95% ，纖維粗細不等，大多成束，呈波紋狀走向。膠原纖維決定著眞皮的機械張力，主要具有支援功能。膠原纖維由膠原蛋白分子交聯形成，能抗拉、韌性大，但缺乏彈性（如圖 2-4 所示）。

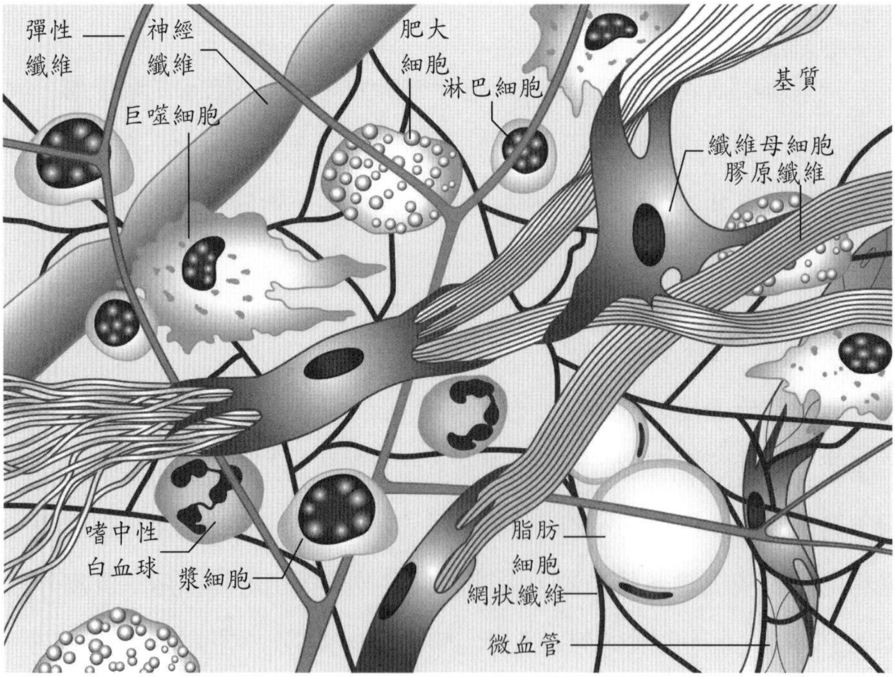


網狀結締組織

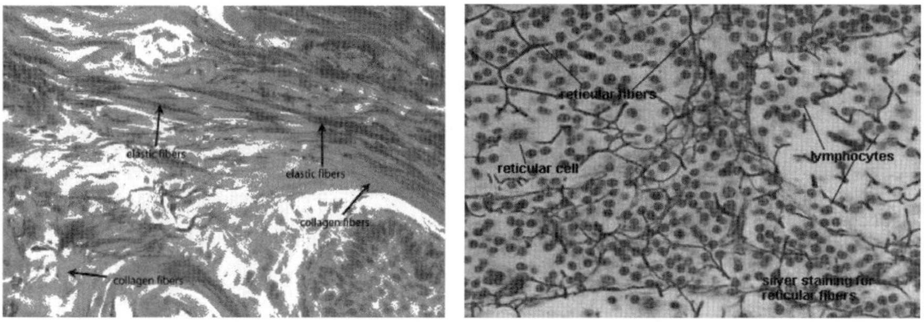


膠原纖維及彈力纖維　　　網狀纖維

圖 2-4　網狀層結締組織圖

圖片來源：www.slideshare.net、imgarcade.com、smallcollation.blogspot.com。

**膠原蛋白（collagen）**有保持大量水分的能力，其保持水分愈多，皮膚就愈細潤、光滑。當膠原蛋白保持水分的能力下降，甚至膠原蛋白分子發生交聯還會引起長度的縮短和機械張力的下降時，人體皮膚就會鬆弛，出現皺紋（如圖 2-5 所示）。網狀纖維是纖細的膠原纖維，柔軟、纖細、多分支，並互相連接成網，常見於毛囊、皮脂腺、小汗腺、神經、毛細血管及皮下脂肪細胞周圍。彈性纖維常圍繞著膠原纖維，相互交織成網，共同構成了眞皮中的彈性網絡，分布在血管、淋巴管壁上，使堅固的眞皮具有一定的彈性。彈性纖維由彈性蛋白組成，在皮膚的衰老過程中，表現出彈性蛋白含量的減少，從而使皮膚失去彈性。

**基質（ground substances）**爲塡充於纖維、纖維束間隙和細胞間的無定形物質，由多種結構性蛋白、蛋白多醣（proteoglycan）和糖胺聚糖（glycosaminoglycan）構成，占皮膚乾重的 0.1～0.3%。基質具有親水性，是各種水溶性物質、電解質等代謝物質的交換場所。基質不僅有支持和連接細胞的作用，而且還參與細胞型態變化、增殖、分化和遷移等多種

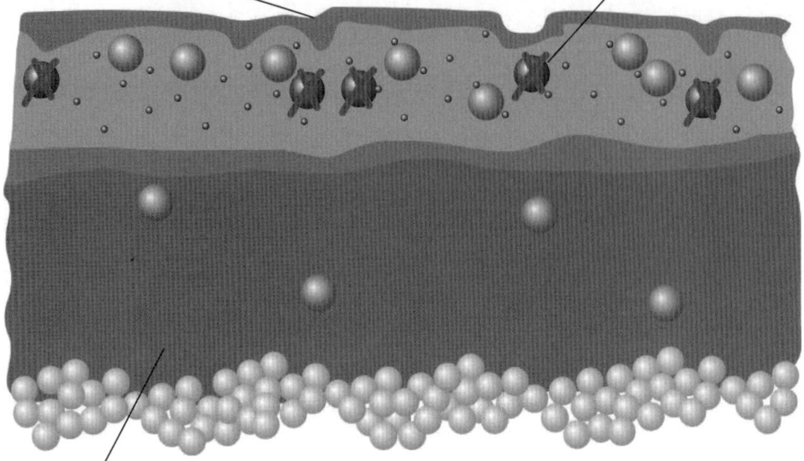


圖 2-5　缺乏膠原蛋白的皮膚出現皺紋

圖片來源：www.enhancementscometicsurgery.com。

生物學作用。基質中的蛋白多醣是蛋白質與胺基酸糖結合而成，皮膚中的糖胺聚醣，包括透明質酸（hyaluronan, HA）、硫酸軟骨素（chondroitin sulfate）、硫酸皮膚素（dermatan sulfate）、硫酸角質素（keratin sulfate）、肝素（heparin）等，對保持皮膚水分扮演著重要作用，每克糖胺聚醣可結合約 500 ml 水。

**透明質酸（hyaluronan, HA）**是唯一不含硫酸的成分，與皮膚美容保溼的關係最密切。廣泛存在於哺乳動物體內，甚至在某些細菌和雞冠中也有豐富的含量。皮膚所含的 HA 可達生物體總量的 50%，眞皮的含量爲 0.5 mg/g，表皮達 0.1 mg/g（溼組織重）。HA 是細胞外基質的主要成分，分子量約爲 7000 kDa，在細胞膜的胞質面合成，然後經過出胞作用分泌到細胞外間質中。透明質酸分子是隨機螺旋體，並互相交錯形成網絡，允許小分子物質通過，阻礙了一部分大分子。由於其巨大的保水能力和天然的彈性，所以隨著人的衰老，透明質酸的減少，是導致眞皮含水量減少的重要因素。

### （三）皮下組織（subcutaneous tissue）

皮下組織位於眞皮之下，兩者之間沒有明顯的分界線，是人體脂肪積貯之地，故亦稱皮下脂肪組織。皮下組織的主要成分是結締組織和脂肪組織，其中脂肪組織占絕大多數，大量的脂肪組織散布於疏鬆的結締組織中，其中含有大量血管、淋巴、神經、毛囊、汗腺等。皮下組織存在於眞皮、肌肉以及骨骼之間，便皮膚疏鬆地與深部組織相連，令皮膚具有一定的可動性。

皮下組織柔軟而疏鬆，具有緩衝外來的衝擊和壓力的作用，可以保護骨骼、肌肉和神經等免受外界力量的傷害，還能儲藏熱量，防止體溫的發散和供給人體熱能。皮下脂肪組織的厚薄因人而異，並隨著個人營養狀況、性別、年齡及部位不同而有較大差異。人體體形，即所謂曲線美，在很大程度上與皮下脂肪組織的多少及分布狀況有關係。一般來說，營養狀況良好，脂肪相對厚；女性的脂肪層要比男性厚；而腹部、臀部的脂肪層也比四肢厚。

## 二、皮膚的化學組成

皮膚的化學成分主要有蛋白質、脂肪、碳水化合物和水及電解質，現分別予以敘述。

### （一）蛋白質

皮膚中的蛋白質成分可按其空間結構和分子形狀分爲兩大類，即纖維（狀）蛋白和球（狀）蛋白，它們的化學與物理性質各不相同。

1. **纖維蛋白（fiber protein）**：分布在皮膚內的纖維蛋白有以下五種：

(1) **角蛋白（keratin）**：是皮膚角質化過程所產生的蛋白，故叫角蛋白，又稱角朊。角蛋白有軟質角蛋白與硬質角蛋白。表皮角質層蛋白爲軟質角蛋白，毛髮、指（趾）甲爲硬質角蛋白。

(2) **張力細絲（tonofilament）**：具有與角蛋白相似的堅韌性和彈性，以維護表皮與毛髮各層細胞間內外張力的平衡。也有人認爲張力細絲是角蛋白的前身。

(3) **膠原蛋白（collagen）**：是皮膚結締組織中的主要蛋白質，含有大量多種胺基酸。膠原蛋白堅韌、彈性小。

(4) **網狀蛋白（reticulate protein）**：網狀蛋白與膠原蛋白類似，其數量較少，對酸、鹼和消化酶的耐受性較大。

(5) **彈力蛋白（elastic fibers）**：水溶性物質，含有豐富離胺酸。

2. **球狀蛋白（globular protein）—核蛋白（nucleoprotein）**：皮膚的細胞成分與其他細胞組織的成分一樣，核蛋白（是由蛋白質與核酸結合而成）是細胞的一種重要組成成分，如核糖核酸（ribonucleic acid, RNA），在蛋白質合成中扮演著重要作用。

## （二）脂肪

皮膚脂肪有兩類，一類是沉積於細胞內的脂肪，作爲燃料貯備，主要是中性脂肪，另一類是類脂質。皮膚表面脂肪的黏稠與氣溫、皮脂熔點有關。一般皮脂熔點爲 33℃，與皮膚表面溫度很接近，高溫時爲液體，中等溫度爲半固體，低溫時爲固體。脂肪的黏稠度能對抗皮脂腺的壓力，黏稠度低時對抗力減小，皮脂排出就快，反之，就會減慢或停止，而抑止皮脂的排出。皮膚表面的皮脂乾燥時，擴散度小，潮溼時擴散度大。

## （三）碳水化合物

碳水化合物又稱爲糖，是構成人體的重要成分之一。植物的根、莖、葉、果實、種子等，大多含有葡萄糖、果糖、蔗糖、澱粉和纖維素等糖類物質。人體組織內糖的含量雖然不超過乾重的 2% ，但人體的生理活動如消化吸收、呼吸及勞動等所需要的能量，約 70% 以上是由糖供給，一部分糖類還是組成細胞結構的成分。

1. **醣類與葡萄糖（sugar and glucose）**：皮膚中細胞內的主要碳水化合物是醣類與葡萄糖，在酶的參與下，醣類和葡萄糖代謝產生細胞所需的能量。

2. **黏多糖（mucopolysaccharide）**：眞皮中的各種纖維、毛細血管、神經及皮膚附屬器官等，主要成分是含硫酸軟骨素和透明質酸等黏多糖和蛋白質的複合物，即蛋白多糖。透明質酸是一種酸性黏多糖，它的黏性很強，可塡充於細胞間的黏稠狀物質，可結成凝膠，將細胞緊密地黏合在一起，以保護組織不受病菌等物侵害。它能保持組織間的水分，並使皮膚具有一定的堅韌性、彈性和返回性，還能潤滑纖維素。

## （四）水與電解質

1. **水（water）**：皮膚是貯存水分的重要器官之一，貯水量僅次於肌肉，在正常情況下，皮膚之水分約占人體的 18～20% ，水分大部分貯存於眞皮內。女性皮膚的貯水量較男性多。

皮膚中的水分一方面不斷地通過毛細血管壁取自體內，另一方面也不斷地向外排出，除通過汗腺外，一部分水分可通過表皮失去，當水分尙未達到表皮時，即已變成蒸汽。這種蒸汽即使在顯微鏡下也不能見到，稱爲不自覺的失水。目前散失水分的機理還不十分清楚。有人認爲與表皮的角化過程有關，是表皮細胞的生理功能之一，如表皮角化過度加速時，表皮失水量減少，由表皮散失的水分與汗液不同的是，它不含鹽類。正常角質層含水量爲 10～20%，當外界相對溼度低於 60% 時，可降到 10% 以下，此時皮膚發乾、皺裂，外用任何天然油類，用以阻止水分蒸發，均不能改變其乾燥現象，只有預先給予水洗，再行外用，才能有效。

2. **電解質（electrolyte）**：皮膚是電解質的主要貯存器官，貯存在皮膚組織內的鹽類有許多種，例如氯、納、鉀、鈣、鎂、銅、鐵、硫、磷、鋅、鋁、硒、鈷、鎳、氮、碳、氟、碘等，總計爲皮膚總重量的 0.6～1%。主要的電解質如下：

(1) **氯與鈉（chloride and Sodium）**：皮膚中氯與納的比例爲 1.34：1，氯與鈉的一個主要功能是維持細胞內的水平衡、滲透壓及酸鹼平衡，氯化鈉可暫時貯存在皮膚內。

(2) **鉀（potassium）**：鉀較鈉容易滲入細胞內，也是調節細胞內滲透壓與酸鹼平衡的重要因素，表皮細胞毛囊上皮等細胞成分中的鉀含量較高。

(3) **鈣（calcium）**：表皮角質層及毛髮內鈣含量較高，皮脂腺、毛鱗片內也較多，細胞內的鈣與蛋白質結合可形成細胞黏合質。

(4) **銅（copper）**：人體內有許多含銅酶，如酪胺酸酶等，細胞色素氧化化酶及過氧化酶的合成，以及其活力的維持，均有賴於銅離子，而皮膚的生理活動如角化、形成黑色素等，均需上述含銅之酶類的催化。

(5) **鐵（iron）**：皮膚的許多生理活動也有賴於很多含鐵酶的催化，一天中經皮膚排出鐵的量不少於 0.2 mg，主要由表皮脫屑而散失，及汗腺的排泄。

(6) **硫（sulfer）**：皮膚內硫大部分存在於表皮、毛髮與指（趾）甲的角蛋白內，角質形成時，含硫氫基的胺基酸多分解，而再結合成具有雙硫鍵的胺基酸。

# 第三節　皮膚附屬器官的結構與組成

## 一、皮膚的附屬器官

皮膚的附屬器官主要包括毛髮、毛囊、皮脂腺、汗腺和指（趾）甲等。毛髮和指（趾）甲是角質化的皮膚，是由皮膚變化而來的。

### 1. 毛髮（hair）

(1) **毛髮的結構**：毛髮是由角化之表皮細胞構成的彈性絲狀物。除手掌、腳底、唇、黏膜、乳頭等處外，周身幾乎都被毛髮覆蓋，有保護皮膚、保持體溫之作用。毛髮可分為硬毛和纖毛兩種：硬毛又可分為長毛和短毛，長毛有頭髮、鬍鬚、腋毛、胸毛、陰毛等，長度約 50 mm 以上，短毛有眉毛、睫毛、鼻毛、耳毛等，長度約 15～50 mm；纖毛是人類特有極纖細的毛，生長在面部、頸、軀體、四肢等處，長度不超過 4 mm。

毛髮的結構由毛幹、毛根、毛囊和毛乳頭等組成，結構如圖2-6所示。

① **毛幹（hair shaft）**：毛髮露出皮膚表面的部分稱毛幹。毛幹是由無生命的角蛋白纖維組成的，毛幹在發育的過程中逐漸變硬，在離開表皮一段距離之後才完全變硬。因此，髮用化妝品會在距離表皮近的頭髮上發揮更大的作用，在使用和製作髮用化妝品時，這個問題是必須要解決的。在顯微鏡下觀察毛幹的結構，從外到裡可分為毛表皮、毛皮質、毛髓質三個部分，如圖 2-7 所示。

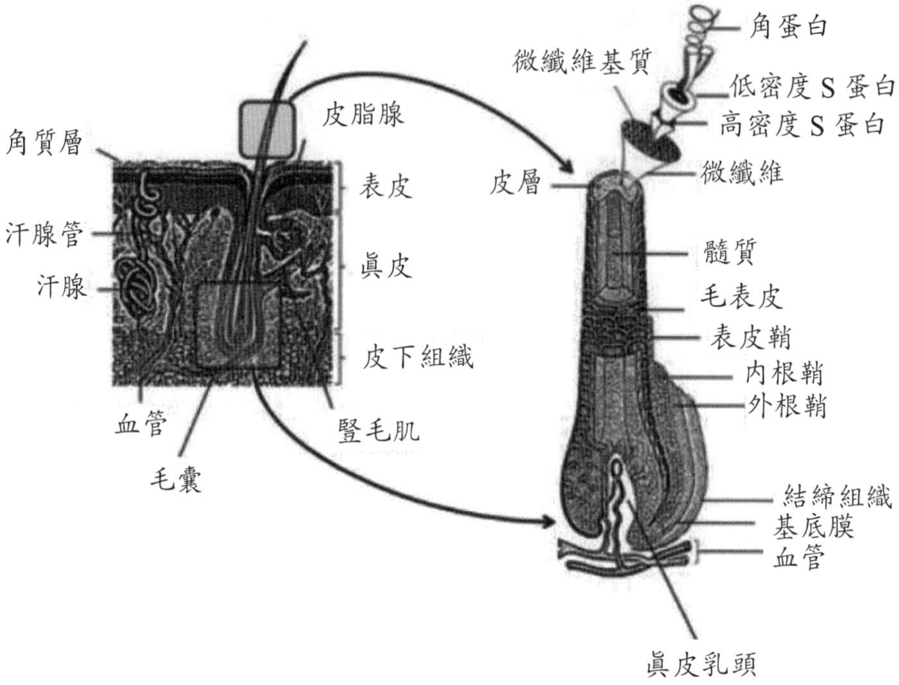


圖 2-6 毛髮結構

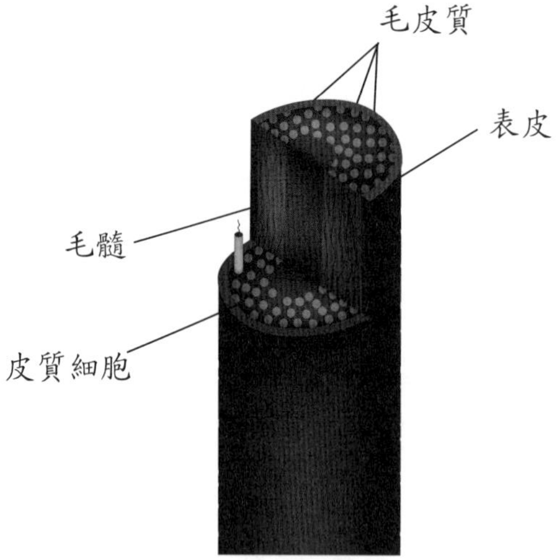


圖 2-7 毛幹的結構

A. **毛表皮（cuticle）**：毛表皮是由扁平透明狀無核細胞交錯重疊成魚鱗片狀，從毛根排列到毛梢，包裹著內部的皮質。這一層護膜雖然很薄，只占整個毛髮的很小比例，但卻具有獨特的結構和重要的特性，可以保護毛髮不受外界環境的影響，保持毛髮烏黑、光澤、柔軟。毛表皮由硬質角蛋白組成，有一定硬度但很脆，對摩擦的抵抗力差，在過分梳理和使用品質差的洗髮精時很容易受傷脫落，使頭髮變得乾燥無光澤。

B. **毛皮質（cortex）**：毛皮質又稱皮質，位於毛表皮的內側，是毛髮的主要組成部分，幾乎占毛髮總重量的 90% 以上，毛髮的粗細主要由皮質決定。皮質內含角質蛋白纖維，使毛髮有一定的抗拉力，並含有決定毛髮顏色的黑色素顆粒。

C. **毛髓質（medulla）**：毛髓質位於毛髮的中心，是空洞性的蜂窩狀細胞，它幾乎不增加毛髮的重量，但可以提高毛髮的強度和剛性，髓質較多的毛髮較硬，但並不是所有的毛髮都有髓質，在毛髮末端或一般細毛如汗毛、新生兒的毛髮中往往沒有毛髓質。

② **毛根（hair root）**：埋在皮膚下處於毛囊內的部分稱爲毛根，毛根深埋在表皮內的毛囊中，毛根的尖端稱爲毛球，它下面的部分是毛乳頭。

③ **毛囊（hair follicle）和毛乳頭（dermal papilla）**：毛根末端膨大的部分稱爲**毛球（hairbulb）**；毛乳頭位於毛球下方向內凹入部分，它包含有來自眞皮組織的神經末梢、毛細血管和結締組織，可向毛髮提供生長所需的營養，並使毛髮具有感覺作用。毛球由分裂活躍、代謝旺盛的上皮細胞組成，毛球下層與毛乳頭相對的部分爲毛基質，此部分細胞稱爲毛母細胞，是毛髮及毛囊的生長區，相當於基底層及棘細胞層，並有黑素細胞。毛球和毛根由

一下沉的囊所包繞，此囊被稱爲毛囊。毛囊是由內毛根鞘、外毛根鞘及最外的結締組織鞘構成，構造複雜，它是一個微小毛髮工廠，爲提供毛髮所需營養及染色物的來源。

頭髮的最外層護膜是呈魚鱗狀排列的無核透明細胞。它保護頭髮不受外界侵害，並賦予頭髮光澤。但是護膜層極易受到外界化學物質的破壞。

(2) **毛髮的組成**：頭髮的主要化學成分是**角蛋白（keratin）**，占頭髮的65～95%（根據頭髮含水量的不同而異）。另外，頭髮中還含有脂質（1～9%）、色素及一些微量元素如矽、鐵、銅、錳等。微量元素是與角蛋白的支鏈或脂肪酸結合的，不是游離態的。

角蛋白是胺基酸的聚合物，由十幾種胺基酸組成的（見表 2-2）。這些胺基酸中包含五種化學元素，分別是碳（50～51%）、氧（22～23%）、氮（17～18%）、氫（6～7%）和硫（3～5%）。存在於角蛋白鏈內和鏈間的各種化學鍵，具有賦予頭髮強度及維持形狀的作用。這些化學鍵包括，醯胺鍵（amide bond）、多胜肽鍵（peptide bond）、雙硫鍵（disulfide bond）、離子鍵（ion bond）、鹽鍵（salt bond）和氫鍵（hydrogen bond）。

表 2-2　頭髮角蛋白中胺基酸的含量分布

| 胺基酸 | 含量 % | 胺基酸 | 含量 % |
|---|---|---|---|
| 半胱胺酸（cysteine） | 11.7 | 天門冬胺酸（aspartic acid） | 5.0 |
| 絲胺酸（serine） | 11.1 | 丙胺酸（alanine） | 4.8 |
| 谷胺酸（glutamic acid） | 11.1 | 脯胺酸（proline） | 3.6 |
| 蘇胺酸（threonine） | 6.9 | 異白胺酸（isoleucine） | 2.7 |
| 甘胺酸（glycine） | 6.5 | 酪胺酸（tyrosine） | 1.9 |
| 白胺酸（leucine） | 6.9 | 苯丙胺酸（phenylalanine） | 1.4 |
| 纈胺酸（valine） | 5.9 | 組胺酸（histidine） | 0.8 |
| 精胺酸（arginine） | 5.6 | | |

頭髮的另一重要成分就是水。頭髮中水的含量受環境溼度影響（如圖 2-8 所示），通常占頭髮總質量的 6～15% ，最大時可達 35% 左右，水的存在具有降低角蛋白鏈間氫鍵形成程度的作用，從而使頭髮變得柔軟。

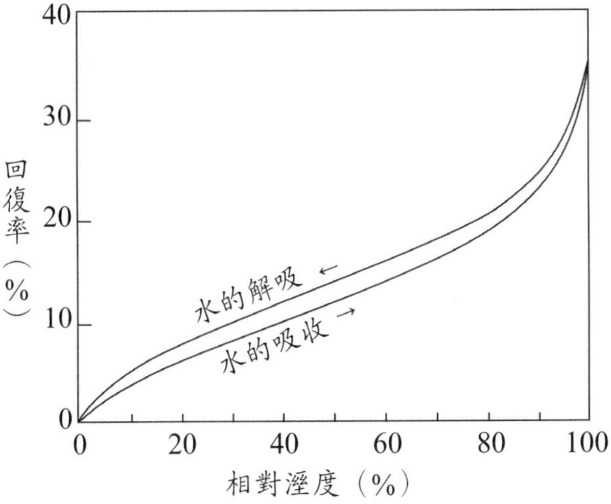


圖 2-8　頭髮在不同溼度下對水的吸收及解吸曲線

## 2. 皮脂腺（sebaceous gland）

皮脂腺位於眞皮內，靠近毛囊，除手掌和足跟外，遍布全身，而以頭皮、面部、胸部、肩腫間，尤其鼻、前額等處較多（例如圖 2-9）。皮脂腺是由腺體和排泄管構成。在腺體外層的細胞層內部充滿著皮脂細胞。皮脂細胞含有皮脂球，隨著細胞的陳舊，脂肪量愈增加，細胞核漸漸萎縮。細胞更新時，細胞膜便破裂，而與脂肪融合成皮脂充滿腺腔，再經由排泄管到達腺口而排出，同時與皮脂在一起的細胞殘屑亦被排出。經皮脂腺排出皮脂，主要原因係脂肪細胞之增殖壓力所致，故皮脂排出受皮膚表面脂性膜黏度的影響很大。

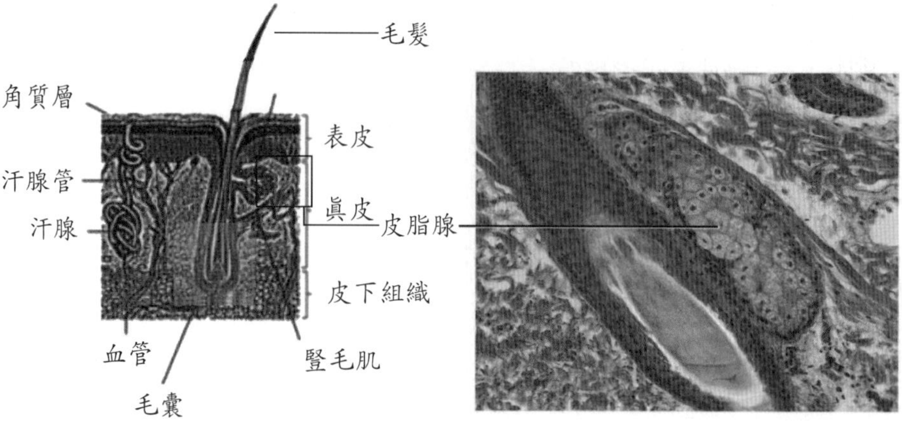


圖 2-9　皮脂腺結構

圖片來源：www.lookfordiagnosis.com。

(1) **皮脂的組成：皮脂（sebaceous）**是皮脂腺分泌和排泄的產物與表皮細胞產生的部分脂質組成的混合物。主要成分及含量見表 2-3 所示。

表 2-3　皮脂的組成

| 脂質 | 重量平均值 / % | 重量範圍 / % |
|---|---|---|
| 三酸甘油酯（Triglyceride） | 41.0 | 19.5～49.4 |
| 二酸甘油酯（Diglyceride） | 2.2 | 2.3～4.3 |
| 游離脂肪酸（Free fatty acid） | 16.4 | 7.9～39.0 |
| 角鯊烯（Squalane） | 12.0 | 10.1～13.9 |
| 膽固醇（Cholesterol） | 1.4 | 1.2～2.3 |
| 膽固醇脂（Cholesterol fat） | 2.1 | 1.5～2.6 |

皮脂經排洩管從腺口排出到皮膚表面則擴散，並與從汗腺及角質層排出的水分及其他物質進行乳化，形成了表面上的一層油脂面，稱爲皮表脂

質膜。皮質膜主要含有游離脂肪酸、角鯊烯、蠟、膽固醇、烴類、三酸甘油酯和二酸甘油酯。這乳化的脂質膜形成後對表皮構成反壓力，與皮脂排出的壓力形成動態平衡，可以調節皮脂的排出。

(2) **毛囊皮脂腺的結構**：多數皮脂腺開口於毛囊，皮脂腺分泌的脂質經由毛囊導管排到皮膚表面，由於兩者關係緊密，通常統稱爲毛囊皮脂腺單位。

① **面部的毛囊皮脂腺單位形態分類**：面部的毛囊皮脂腺單位根據形態可以分爲三類，即鬍鬚樣毛囊、毳毛毛囊和皮脂腺毛囊。

A. **鬍鬚樣毛囊**：是由終毛和皮脂腺組成，皮脂腺體積相對小，毛髮還可以幫助皮脂排出，防止阻塞，不易發生脂溢性皮膚疾病。

B. **毳毛毛囊**：是由毳毛和皮脂腺組成，皮脂腺的體積居中，也不易發生脂溢性皮膚疾病。

C. **皮脂腺毛囊（sebaceousfollicle）**：皮脂腺體積最大，表現爲毛孔粗大，容易出現脂溢性皮膚疾病。特點是：(A) 毛髮部分短，不能露出皮膚表面。(B) 管道比較長，在 2.5 mm 以上。(C) 有多個小葉和數個腺體導管，此腺體只分布在面部、軀幹上部和背部。額與頰部腺體最大，背部也大，較多的導管中充滿皮脂與細胞碎片是丙酸痤瘡桿菌的滋生地，也是可形成痤瘡的腺體。在此以介紹皮脂腺毛囊結構與生理爲主。

② **毛囊皮脂腺結構**：**毛囊皮脂腺單位（pilosebaceous）**可以分爲幾個亞單位，包括毛囊漏斗部、皮脂腺導管及皮脂腺，如圖 2-10 所示。

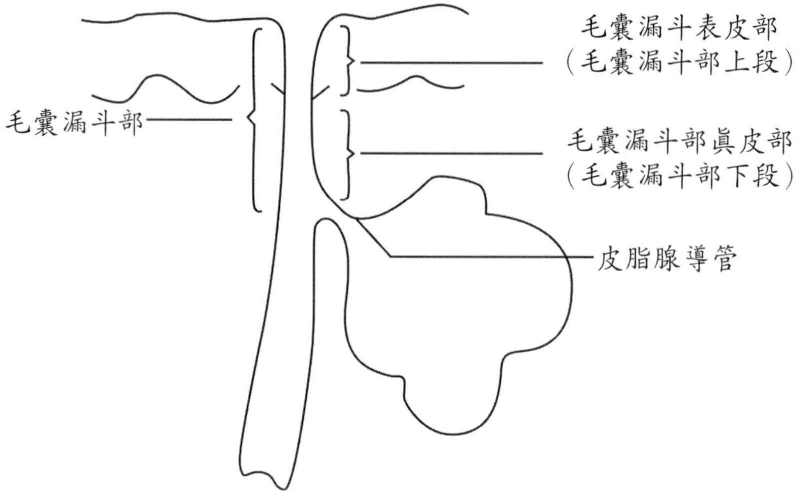


圖 2-10　毛囊皮脂腺單位示意圖

A. **毛囊漏斗部**：它的上皮和表皮相連，其上 1/5 和表皮結構相同，稱爲毛囊漏斗表皮部或**毛囊漏斗部上段（acroinfundibulum）**。其下 4/5 稱爲毛囊漏斗眞皮部或**毛囊漏斗部下段（infrainfundibulum）**，和脂溢性皮膚疾病關係密切。顆粒層不明顯，糖原（glycogen）豐富，膠質層薄，只有 2～3 層角質細胞鬆散地突向管腔內，很快出現脫屑。

B. **皮脂腺導管**：由複層鱗狀上皮組成，近管腔處爲薄層緊密排列的角質細胞，邊緣呈小圓齒狀、鋸齒或扇貝狀，伊紅染色（eosin stain）變深，顯示爲嗜酸性。下面由薄層含透明角質顆粒的角質形成細胞，結構和毛囊漏斗眞皮部類似。

C. **皮脂腺**：由皮脂腺體細胞組成。外層是生髮層細胞呈立方形或稍扁平，胞質嗜鹼性，沿著與表皮連續的基底膜排列。愈靠近腺體中心，細胞體積逐漸增大，變爲多角形或不規則形，胞漿中充滿脂質小滴（Lipid droplet），呈泡沫樣，細胞核受壓呈扇貝形位於細胞一側。皮脂腺是全漿分泌性腺體，腺體中心成熟的皮脂腺體細胞壁逐漸模糊，細胞崩解後，將脂質釋放到小的皮脂腺導管中。這些脂質向上運動，經由毛囊漏斗部，和漏斗部脫落的角質細胞、微生物一起到達皮膚表面。

### 3.汗腺（sweat gland）

汗腺分布全身，依分泌性質的不同，可分爲小汗腺和大汗腺兩種（如圖 2-11 所示）。

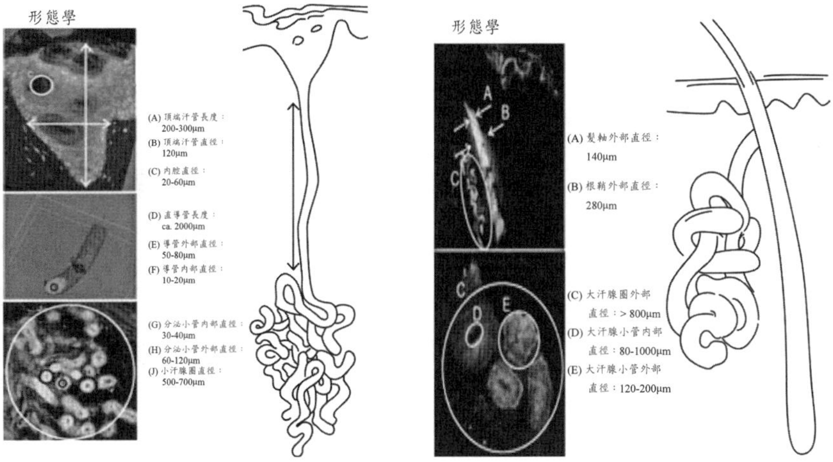


小汗腺　　　　大汗腺

圖 2-11　汗腺的結構及形態測量

圖片來源：Wilke et al., 2007。

(1) **小汗腺（eccrine sweat gland）**：除口唇紅色處，幾乎遍布於全身，尤以頭部、面部、手掌、足跟等處爲多。由腺體、導管和汗孔三部分組成。汗液就是由腺體內層細胞分泌到導管，再由導管輸至汗孔而排泄在表皮外的液體。排出的汗液是一種透明弱酸性物質，幾乎無色無臭，其成分中 99% 爲水，其他成分爲鹽分、乳酸、胺基酸和尿酸等，與尿液成分相似，汗液的成分見表 2-4。

表 2-4 汗液的成分

| 物質成分 | 含量 | 物質成分 | 含量 |
|---|---|---|---|
| 鹽分（salts） | 0.648～0.987 | 氨（ammonia） | 0.010～0.018 |
| 尿素（urea） | 0.086～0.173 | 尿酸（uric acid） | 0.0006～0.0015 |
| 乳酸（lactic acid） | 0.034～0.107 | 肌酸內醯胺（creatinelactam） | 0.0005～0.002 |
| 硫化物（sulfide） | 0.0006～0.025 | 胺基酸（amino acid） | 0.013～0.020 |

小汗腺的汗液分泌量平時較少，以肉眼看不見的蒸汽形式發散出來，可以防止皮膚乾燥，具保溼的作用，還有助於調節體溫。另外，體內新陳代謝的部分產物，也透過汗液排泄出去，因此汗腺還能代替腎臟的部分功能。

(2) **大汗腺（apocrines weat gland）**：僅存於腋窩、乳頭、臍窩、肛門、陰部等處。大汗腺導管短而直，開口位於毛囊處，在皮脂腺出口的上面。大汗腺的分泌物中，含有分泌細胞本身的一部分細胞質，其分泌物濃稠，含有鐵成分和蛋白質成分，如果沒有及時清除，經細菌分解作用後生成脂肪酸和氨，會散發出酸腐的氣味。大汗腺分泌汗液受神經刺激所支配，不受暑熱影響，故大汗腺沒有調節體溫的作用。其分泌物是弱鹼性物質。

### 4. 指（趾）甲（nail）

**指甲（nails）**是表皮的一部分，是由手指及腳趾尖端上的表皮角質化變硬形成。這些細胞形成半透明狀的固體，覆蓋在手指及腳趾末端的背面，附著於甲床上，其根部延伸到皮膚下面，如圖 2-12 所示。

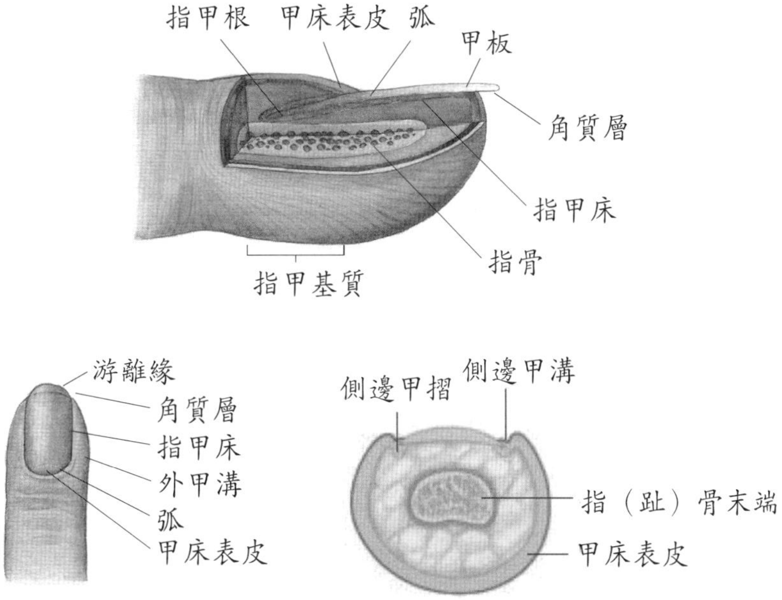


圖 2-12　指甲構造示意圖

指甲的根部有一新月形的蒼白帶稱爲「**新月區**」。指甲部細胞的生長使指甲變厚、變長。指甲主要由密實的乾性蛋白構成，大約含 5% 脂肪，含水量很低，因此指甲很堅硬。正常的指甲堅固而具彈性，此與軟角蛋白形成之皮膚不同，而與毛髮相同，皆爲硬蛋白形成，胱胺酸爲主要的胺基酸。

每片指甲由**指甲板（nail plate）**、游離緣、**指甲根（nail root）**所組成。健康的指甲，因指甲下的血管中之血流，透明時呈現美麗的桃紅色。指甲體近側端的微白色半月形區爲**指甲弧（lunula）**，因其底下的基底層較厚，沒有顯現血管組織，因此呈現微白色。**甲床表皮（eponychium）**是從指甲外側邊緣延伸的狹窄帶狀表皮，它位於指甲近端邊緣，由角質層形成。指甲下面的表皮構成**甲床（hyponychium）**，指甲床近側端的上皮組織稱爲**甲基質（nail matrix）**。指甲基質的功能是負責指甲的生長，生長過程是基質的表面細胞變形爲指甲細胞，促使指甲生長。指甲的功能是幫助我們握牢及操作小物品，並提供保護以預防指尖受傷。

1. **甲板（nail plate）**：即指甲體，與有棘細胞層上連接成橫向彎曲成圓弧形。正常指甲強固，有彈性。

2. **甲母（nail bed）**：甲母是指指甲之根部，指甲由此形成。每日長出約 0.1～0.15 毫米（mm）。甲母大部分被後爪廓皮膚所覆蓋，一部分以甲弧出現。

3. **甲弧（lunnla）**：指甲體近側端的微白色半月形區為甲弧，指甲新長出尚未充分角化之部分。微白色外表是因其底下的基底層較厚，使血管組織沒有顯現出來。一般成長旺盛之甲弧愈大且明顯。尤其是大拇指指甲之半月最大。全身營養不良時，甲弧之發育會延遲。

4. **指甲根（nail root）**：是指甲的基部，被皮膚所覆蓋之部分。

5. **指甲廊（nail wall）**：覆蓋指甲周圍的皮膚，覆蓋甲母之大部分，其中有一部分露出，露出部分即稱為指甲弧。

6. **指甲上皮（nail cuticle）**：指甲半月上覆蓋的皮膚，亦稱為指甲上皮。

指甲生長速度約每日 0.1 mm ，指甲的含水量為 7～12% ，脂肪含量為 0.15～0.75% 。

## 二、皮膚的神經、血管、淋巴管及肌肉

皮膚中分布有豐富的神經。游離神經末稍主要分布於表皮下和毛囊周圍，痛、癢和溫覺係由真皮乳頭層內無髓神經纖維末稍感知，低強度刺激產生癢感，高強度刺激則產生痛覺。皮膚的觸壓覺由梅斯納氏小體（Meissner's Corpuscles）和環層小體（法－帕二氏小體）（Vater-Pacinian Corpuscle）感知，它們主要分布於無毛皮膚如指趾末端。腎上腺激素能

調控皮脂腺。緊張或寒冷均可使交感神經興奮導致立肌豎立，形成「雞皮疙瘩」樣皮膚外觀。眞皮淺層有許多血管絲叢呈層狀分布（如圖 2-13），在四肢末端有較多球體，稱動－靜脈吻合（arteriovenous anastomoses），眞皮深層及皮下組織較大的動靜脈也多呈層狀分布，淺叢與深叢間有垂直走行的血管相通，皮膚血管在皮膚營養代謝和調節體溫方面發揮作用。淋巴管在眞皮形成由淺至深的淋巴管網，侵入皮膚的微生物、組織壞死物、炎症產物以及腫瘤細胞，在此被攔截、吞噬或被消滅。皮膚的肌肉主要是立毛肌，爲纖細胞的平滑肌纖維束，受寒冷或緊張影響，可收縮使毛髮直立。汗腺周圍的肌上皮細胞也具有平滑肌功能。

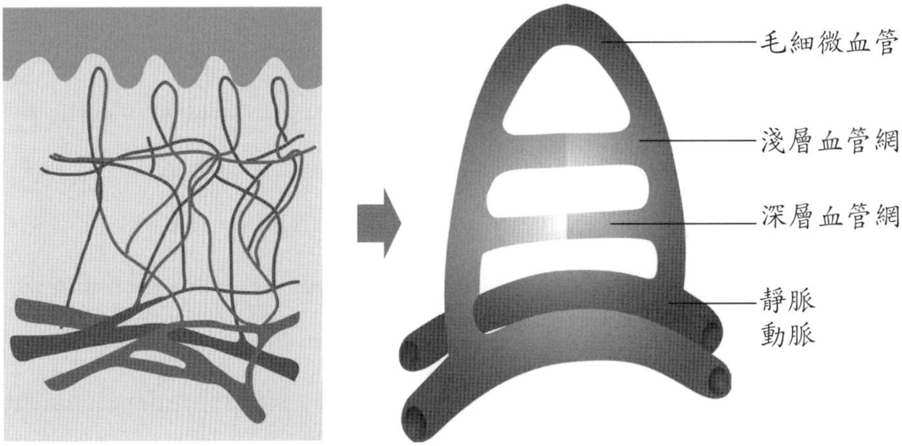


圖 2-13　皮膚血管網模式圖

## 習題

1. 請敘述皮膚的基本特性。
2. 請敘述皮膚的基本結構與組成。

3. 請敘述毛髮的結構與組成。
4. 請敘述毛囊皮脂腺的結構與組成。
5. 請敘述汗腺的種類與組成。
6. 請敘述指甲的結構與組成。

## 參考文獻


1. 臺大皮膚科，實用皮膚醫學第二版，**藝軒圖書出版社**，2006。
2. Agache P, and Humbert P, Measuring the skin. Berlin: **Springer**, 2004.
3. Johnson D H, Hair and hair care. New York: **Marcel Dekker**, 1997.
4. Graham-brown R, and Burns T 原著，孫培倫譯，皮膚科學，**藝軒圖書出社**，2004。
5. Costin G E, and Hearing V J. 2007. Human skin pigmentation: melanocytes modulate skin color in response to stress. **FASEB J.**, 21:976-994.
6. Fuchs E.1995. Keratins and the skin. **Annu. Rev. Cell Dev. Biol.**, 11:123-153.
7. Gregoriou S, Argyriou G, Larios G, and Rigopoulos D. 2008. Nail disorders and systemic disease: what the nails tell us. **J Fam Pract.**, 57(8):509-514.
8. Lu C, and Fuchs E. 2014. Sweat gland progenitors in development, homeostasis, and wound repair. **Cold Spring Harb Perspect. Med.**, 4(2): a015222.
9. Miranda-Vilela, A. L., A. J. Botelho, and L. A. Muehlmann. 2013. An overview of chemical straightening of human hair: technical aspects, potential risks to hair fibe and health and kegal issues. **Int. J. Comset. Sci.,** 1-10.
10. Romani N, Brunner P M, and Stingl G. 2012. Changing views of the role of langerhans cells. **J. Invest. Dermatol.**, 132:872-881.

11. Schneider M R. 2016. lipid droplets and associated proteins in sebocytes. **Exp. Cell Res.**, 340(2):205-208.

12. Selvan, K., S. Rajan, T. Suganya, G. Parameshwari, and M. Antonysamy. 2013. Immunocosmeceuticals: An emerging trend in repairing human hair damage. **Chronicles of Young Scientists,** 4:81-85.

13. Taylor S C. 2002. Skin of color: biology, structure, function, and implications for dermatologic disease. **J. Am. Acad Dermatol.**, 46 (2 suppl):S41-62.

# 第三章 皮膚及皮膚附屬器官的生理功能

皮膚是人體自然防禦體系的第一道防線，健康美麗的肌膚不僅使人顯得年輕，富有朝氣，而且能予人視覺上美的享受。健康美麗的皮膚應該是潔淨衛生、滋潤、柔滑、有光澤，張力佳而富有彈性，膚色自然、有生機。皮膚的組成可以分成基本結構及皮膚附屬器官〔毛髮、毛囊、汗腺、皮脂腺與指（趾）甲等〕，本章分別詳細介紹皮膚基本結構及皮膚附屬器官在生理上的意義及功能。

## 第一節　皮膚基本結構的生理與功用

皮膚基本結構的生理與功用，主要可以分為保護作用、感覺作用、調節體溫作用、分泌和排泄作用、吸收和代謝作用及參與免疫反應等。

### 一、保護作用

皮膚的保護作用即屏障功能，包括抵禦外界環境中物理性、化學性、生物性、機械性刺激對機體內組織器官損害，防止組織內的各種營養物質、電解質和水分流失。

1. **對物理性損害的防護**：角質層表面有一層脂質膜，可使皮膚柔潤，並阻止外界水分滲入皮膚，又可防止皮膚水分蒸發，乾燥的角質層表面是電的不良導體。角質層有反射光線及吸收波長較短的紫外線的作用，棘細胞、基底層細胞和黑素細胞可吸收波長較長的紫外線。黑素顆粒還有反射和遮蔽光線的作用，可減輕光線對細胞的損傷。適量的日光照射可促進黑素細胞產生黑素，以增強皮膚對日光照射的耐受性。不同的民族、種族，皮膚中的色素含量不同，白種人的皮膚對日光照射耐受特性，不及黃種人和黑種人。

2. **對化學物質損傷的防護作用**：皮膚表面呈弱酸性，有中和弱鹼的能力。角質層細胞排列緊密，可防止化學物質及水分的侵入。實驗證明化學物質滲透和通過角質層需要較長時間，一旦通過了角質層，則較快穿透表皮。角質層的厚薄與皮膚對化學物質的防護作用成正比。手掌及腳底的皮膚角質層最厚，屏障作用最強。

3. **對微生物的防禦作用**：乾燥的皮膚表面以及它的弱酸性不利於細菌生長繁殖。正常皮膚表面寄生的細菌主要為棒狀桿菌、腸道桿菌科、小球菌等。棒狀桿菌常寄生在皮脂腺中，將皮脂腺中的三酸甘油酯分解成游離脂肪酸，對皮膚表面的葡萄球菌、鏈球菌有一定的抑制作用。青春期後，皮脂分泌的十一烯酸（undecylenic acid）等不飽和脂肪酸增多，可抑制某些眞菌的繁殖。

4. **對機械性刺激的防護**：柔韌而緻密的角質層能防護機械性刺激對皮膚的損害。經常受摩擦和壓迫的部位，例如掌蹠及四肢伸側，角質層增厚，增強了對刺激的耐受性。眞皮中的膠質纖維及彈性纖維使皮膚有抗拉性及較好的彈性。皮膚受損後的裂口或潰瘍面，可由纖維細胞及表皮新面癒合。皮下脂肪層的軟墊有減輕外界衝擊而保護內臟器管的作用。

## 二、感覺作用

分布在皮膚中的各種神經末梢和神經纖維網，將外界刺激引起的神經衝動傳至大腦皮層而產生感覺。包括產生觸覺、痛覺、冷覺、溫覺、壓覺、癢覺等單一感覺和乾溼、潮溼、粗糙、堅硬、柔韌等複合感覺，使生物體能夠感受外界的多種變化，以免各種損傷。

**搔癢（pruritus）**，也可以「瘙癢」或「痓癢」表示，在醫學上稱作搔癢症，被定義爲**「引起對搔抓的欲望或反射的令人不愉快的皮膚感覺」**。搔癢是皮膚、黏膜（鼻黏膜、眼結膜等）的一種特殊感覺，常伴有搔抓反應。癢感在皮膚表面呈點狀分布。不同部位對搔癢的敏感程度不同。外耳道、鼻黏膜、外陰部等處較爲敏感。物理化學性刺激、生物性刺激、變態反應等均可引起搔癢。

## 三、調節體溫作用

皮膚是熱的不良導體，既可防止過多的體內熱外散，又可防止過高的體外熱傳入，在保持人體正常體溫以維持機體正常功能方面，皮膚的作用功不可沒。皮膚可經由輻射、對流、蒸發、傳導四種方式散熱、調節體溫。當外界氣溫較高時，皮膚的毛細血管擴張、血流增加、散熱加速，可使體溫不致過度升高。當外界溫度降低時，皮膚的毛細血管收縮，同時小部分動脈血液不通過毛細血管，而由動靜脈吻合（arteriovenous anastomoses）直接回到靜脈，這樣皮膚的血流主要流向內臟，被散失的熱量減少。由於立毛肌收縮及分布於皮膚表面的皮脂，阻滯了熱量的輻射與蒸發，添加衣服可減少對流和傳導，防止體溫過度降低。

汗液蒸發可帶走較多熱量。每毫升汗液的蒸發，約需 2.43 kJ 熱量。以人體每晝夜排汗 700 ml 計算，需要消耗 1672 kJ 熱量，故可藉由排汗來調節體溫。夏季出汗多，可防止體溫升高，冬季出汗減少，可減少熱量的消耗，防止體溫降低。陰雨潮溼、氣溫較高的季節，汗液蒸發減少，不利散熱，令人感覺悶熱不適。有些營養性的化妝品具有促進皮膚血液循環、改善皮膚生理機能的作用，這不僅能增進皮膚健康，也有益於皮膚調節人體的正常體溫。

## 四、分泌和排泄作用

皮膚具有分泌和排泄功能。汗腺分泌汗液，皮脂腺分泌皮脂，對整個人體都是極爲重要的。

1. **汗液的分泌**：汗液分泌是受視丘下部溫度調節中樞控制的。正常室溫下，只有少數小汗腺有分泌活動，排出汗液少，無出汗的感覺，不易被人所察覺。氣溫高於 30℃時，活動性小汗腺增加，排汗明顯。汗液分泌量的多少，能夠影響汗的成分。小汗腺的汗液含 99～99.5% 水，0.5～1.0% 無機鹽和有機物質。無機鹽主要有氯化鈉，有機物質主要是尿素、胺基酸、乳酸等。正常情況下汗液呈弱酸性，pH 値約爲 4.5～5.0，大量排汗時，pH 値可達 7.0。汗液排出後與皮脂混合，形成乳狀的脂膜，可使角質層柔軟、潤澤、防止乾裂。同時汗液使皮膚帶有酸性，可抑制一些細菌的生長。另外，汗液排出少量尿素，還有輔助腎臟的作用。但大量排汗可使角質層吸收水分而膨脹，汗孔變窄，排汗困難，容易長痱子。

大汗腺分泌物由其細胞遠端破碎而成。爲有螢光的奶狀蛋白液體，也有細胞碎屑，除水分外，還有脂肪酸、膽固醇和類脂質。正常時汗液無味，排出皮膚表面迅即乾燥，如有細菌感染，則可散發特殊的臭味。某些人的大汗腺常分泌一些有色物質（脂褐素）而呈黃色、棕色或黑色，可見於腋部、腹股溝等處，久之可使衣服染色。大汗腺分泌於晨間較高，夜間較低。

2. **皮脂的分泌和排泄**：皮脂主要是由皮脂腺體分泌的，小部分是表皮角化過程中角質層細胞供給的角質脂肪。皮脂腺多數生長在毛囊附近，分泌的皮脂有潤澤毛髮、防止皮膚乾裂及一定的抑制細菌在皮膚表面繁殖之作用。皮脂腺中未發現神經末梢，分泌不受神經支配。分泌的皮脂在腺體內積存，使排泄管內的壓力增加，而從毛囊口排出。皮脂排到皮膚表面，與該處的汗液和水乳化後，形成一層乳狀脂膜，根據此膜的厚度及皮脂的黏稠度，可產生一種抵抗皮脂排出的反壓力。上述兩種壓力的相互作用，調節著皮脂的排出量。用脂溶劑除去脂膜後，皮脂分泌增加，約 30 分鐘後，皮膚表面皮脂即可恢復原狀。

皮脂中含有較多的三酸甘油酯（50% 以上）、蠟類（26%）、固醇類（4.3%）等。皮脂分泌受年齡與性別的影響，自青春期後至壯年期較旺盛，至老年則漸減少。雄性激素使皮脂腺增大、分泌增多，雌激素有抑制皮脂腺的功能。皮脂腺中寄生的痤瘡棒狀桿菌和卵圓糠批孢子菌的酶，可將三酸甘油酯分解爲游離脂肪酸。若游離脂肪酸排泄不順暢，則可刺激毛囊及其周圍組織，引起發炎症狀。

## 五、吸收作用

皮膚具有防止外界異物侵入體內的作用，但皮膚仍有一定的滲透能力和吸收作用，因爲它不是絕對嚴密而無通透性的屏障，故某些物質可以透過表皮而被眞皮吸收，影響局部或全身。完整的皮膚能吸收脂溶性物質，而對水溶性物質吸收能力較小。皮膚損傷或發炎時，吸收力顯著增強。例如常用的腎上腺皮脂激素、性激素、維生素 A、D、E 等，在局部外用時，均可經皮膚吸收，產生全身作用。某些外用藥如酚類，當皮膚大量吸收後，即可引起中毒，甚至造成死亡。

日常生活中所接觸的各種物質，一般是不可透過表皮或被吸收的。化妝品的基質一般不被皮膚吸收，例如凡士林、液體石蠟、矽酮油等礦物油類，完全或幾乎不能被皮膚吸收。豬油、羊毛脂、橄欖油等動植物油類，則能進入皮膚層、毛囊和皮脂腺。當基質中存有表面活性劑時，表皮細胞膜的滲透性將增大，吸收量也將增加。能否吸收取決於皮膚的狀態、物質特性以及混有該物質的基劑。吸收量則取決於物質量、接觸時間、部位和塗敷面積等。

皮膚吸收的主要途徑是滲透經由角質層細胞膜進入角質層細胞，然後通過表皮其他各層而進入眞皮；其次是少量脂溶性及水溶性物質，或不易滲透的大分子物質，透過毛囊、皮脂腺和汗腺導管而被吸收；僅極少量經由角質層細胞間隙進入皮膚內。在正常狀況下，角質層吸收外物的能力很弱，但如使其軟化，某些物質則可滲透過角質層細胞膜而進入角質層細胞，然後透過表皮各層而被吸收。例如皮膚被水浸潤後，則吸收能力加強，故可採用包敷的方法使汗液蒸發減少，皮膚的水分增加，因而皮膚的吸收作用加強。皮膚充血時吸收力也會加強。化妝品面膜就是基於這個道理而達到滋養面部皮膚的目的。

綜上所述，供皮膚收斂、殺菌、增白等用途的化妝品，採用水溶性藥劑爲宜，以免皮膚過度吸收，造成傷害；從皮膚表面吸收到達體內產生營養作用的化妝品，以脂溶性藥劑爲宜。爲了促進皮膚對化妝品營養成分的吸收，在塗抹化妝品前，先用皮膚清潔劑脫除皮脂（最好用溫水），然後再抹用化妝品，並配以適當的按摩等，均會收到良好的效果。

## 六、代謝作用

皮膚表面細胞分裂與分化形成角質層，毛髮和指（趾）甲的生長、色素細胞的形成、汗液的皮脂形成、分泌等，都要經過一系列的生化過程才能完成，這即是皮膚的代謝功能，對皮膚和肌體達到保護的作用。

1. **糖代謝（sugar metabolism）**：糖原（glyoogen）和葡萄糖是細胞

中的主要糖類。正常表皮的葡萄糖含量約為 0.08%。糖尿病患者皮膚中的葡萄糖含量增加，故易受細菌及眞菌感染。表皮、毛囊、汗腺中均含有酸性黏多糖。眞皮基質中也有較多的酸性多糖蛋白，它們對水鹽代謝有重要影響。黏多糖類有較高的黏稠度，它們和膠原纖維以靜電結合形成網狀結構，除對眞皮及皮下組織中的組織成分具有支持、固定作用外，還有抗局部壓力作用。

2. **蛋白質代謝（protein metabolism）**：皮膚內的蛋白質可分為三類，即纖維蛋白、非纖維蛋白及球蛋白。

(1) **纖維蛋白**：主要包括表皮細胞中的張力微絲和角質層中的角質蛋白纖維，眞皮中的膠原纖維、彈性纖維和網狀纖維。張力微絲和角質蛋白纖維可使表皮細胞保持一定的形狀，形成比較堅韌的角質層。當角化完成時，細胞核和細胞器均消失，細胞中的水分大大減少，胞漿內含有密集的角質蛋白纖維，細胞膜增厚，一個良好的保護層即可形成。彈性纖維富有彈性。膠原纖維是構成眞皮的主要成分之一，使皮膚具有韌性和抗張力作用。

(2) **非纖維蛋白**：包括控制遺傳特性的核蛋白、調節細胞代謝的各種酶、眞皮的基質。

(3) **球蛋白**：為細胞不可缺少的組成部分，也是基底細胞中 RNA 核蛋白和 DNA 核蛋白的主要成分。

3. **脂類代謝（fat metabolism）**：皮膚表面的脂膜中含有脂類、游離脂肪酸、甘油酯、固醇類等，大多為皮脂腺的分泌物，少量來自於表皮的角質層。表皮內含有 7- 脫氫膽固醇，經紫外線照射後可生成維生素 D，被吸收後可防軟骨病的發生。皮膚的脂類代謝與表皮細胞的分化及能量供應有密切關係。

4. **水的代謝（water metabolism）**：皮膚中的水分主要儲於眞皮內，對於整體的水分具有調節作用，同時是皮膚的各種生理作用的重要內環境。皮膚是人體水分排泄的主要途徑之一，每日從皮膚擴散的水分約爲 500 g。皮膚有發炎症狀時，水分的蒸發量顯著增多。生物體脫水時，皮膚可提供其水分的 5～7%，以補充血液循環中的水分。

5. **電解質代謝（electrolyte metabolism）**：皮膚中的電解質以氯化鈉及氯化鉀的含量最多，還有微量的鈣、鎂、銅、磷等。

- **氯化鈉（sodium chloride）**：主要在細胞外液中，對維持滲透壓及酸鹼平衡有一定作用。
- **氯化鉀（potassium chloride）**：主要在細胞漿內，對於細胞外的鈉離子（$Na^+$）具有拮抗作用，可調節細胞內的滲透壓及酸鹼平衡。當皮膚有炎症時，應限制鹽的攝入，因爲皮膚受損傷時，鉀含量降低，鈉和水分含量增加。
- **鈣（calcium）**：主要存在於細胞內，對細胞膜的通透性及細胞間的黏性有一定作用。
- **鎂（magnesium）**：與某些酶的活性有關。
- **銅（copper）**：在皮膚中的含量較少，作用卻不小。銅參與角朊蛋白的形成過程，銅缺乏可造成角質形成不良，出現角化不全及毛髮捲曲。銅是酪胺酸酶的主要成分之一，參與色素形成過程。在有氧條件下，酪胺酸酶可以將酪胺酸轉化成多巴，多巴被酪胺酸酶進一步氧化成多巴醌，聚合作用後，形成黑色素小體。
- **磷（phosphorous）**：是細胞內許多代謝物質和酶的主要成分，參與能量儲存及轉換。

另外，表皮角質層及指（趾）甲有較多的硫，參加角質蛋白纖維的合成。

# 第二節　皮膚附屬器官的生理與功能

皮膚附屬器官（cutaneous appendages）包括毛髮（hair）、毛囊（hair follicles）、汗腺（sweat gland）、皮脂腺（sebaceous glands）與指（趾）甲（nail）等。

## 一、毛髮的生理與功用

### （一）頭髮的功用

從廣義層面來說，頭髮的現狀是人類在進化過程中，爲了適應自然環境而顯現的生理性選擇。在遠古時期，人類祖先猿人的頭髮和普通動物的毛髮完全相同，但隨著人類的進化，頭部的重要性逐漸顯現。人類的頭部成爲有別於其他動物的最大特徵，爲了更好地保護頭部，人類的頭髮才得以區別於其他動物的毛髮，成爲現在的樣子。整體而言，頭髮的最主要作用是保護頭部。例如，保護頭部不受到陽光的直接照射，緩衝外界對於頭部的衝撞。頭髮除了對人體的健康十分重要之外，其更重要的作用就是可以把人裝飾得美麗多姿。

### （二）頭髮的生理

頭髮主要是由角蛋白構成的，蛋白質的角質化過程，也就是頭髮的生長過程。皮膚內的毛細血管不斷地提供營養，毛母細胞不斷地分裂生長，推動舊細胞的上升，這就是頭髮逐漸生長的過程。頭髮的生長速度非常緩慢，大約爲每天 0.2～0.5 mm ，但其生長的速度也受到多種因素影響。例如青壯年人比老年人的生長速度要快；女性比男性的生長速度要快；春夏季節比秋冬季節要快。個人體質、健康狀況及人體的內分泌，對頭髮的生理有一定的影響。其中，以人體的內分泌影響最大。但毛髮的生長速度與剪髮頻率的快慢等機械性刺激則沒有任何關係。

## （三）頭髮的脫落

每根頭髮的壽命大約平均為 2～7 年，之後會自然脫落，再經過一段時間又會重新長出新髮，此一過程就是頭髮的生長週期。由於人的頭髮有許許多多，並非同時脫落，而且正常情況下的脫髮和新長的頭髮保持一定平衡，即使每天都有頭髮脫落，也不會造成禿髮。頭髮的生長期大約為 2～7 年，此後大約有 2～4 週的停止期，然後轉入 3～4 個月的休止期，這個時候頭髮停止生長，並開始脫落，同時毛囊開始生長出新的頭髮，開始下一個生長週期。頭髮在生長過程中，約有 85% 處於生長期，其餘毛囊處於休止期。

女性成年期都要經歷一個分布均勻的頭髮悄悄變得稀疏的過程，這是自然現象，沒有什麼值得驚慌的。當然，過多的脫髮（每天超過百根）則是不正常的。據統計，有 25% 的女性患者發生在 40 歲以前，也可能在青春期後即已出現。脂溢性脫髮是造成這種現象的一個主要原因，脂溢性脫髮大致有兩種表現，頭皮出現較多灰白色、細小糠秕狀鱗屑，瀰漫分布，用手搔抓則如雪花飄落；另一種表現為頭皮皮脂腺分泌旺盛，頭皮異常油膩，頭髮光亮，好似抹了油。這兩種情況出現一段時間後，可出現頭髮從頂部開始逐漸脫落；脫髮量時多時少，多時會搔癢劇烈、頭皮屑增多。

脂溢性脫髮的發生可能與遺傳、雄性激素、禿髮局部、雄性激素代謝有關的酶活性較高等因素有關，後者導致禿髮部位的睪丸酮轉變為活性更強的二氫睪酮。這種雄性激素對禿髮區的皮脂腺、毛囊細胞引起了脂溢性脫髮的有關症狀。而精神壓力、課業負擔等都可使雄性激素增多。脂溢性脫髮甚難治療，但經糾正可能的內分泌異常（如甲狀腺功能減退）、貧血、代謝紊亂等，及伴發的皮脂溢出症、頭皮屑，則對治療有必要和幫助。治療藥物包括內服各種維生素、穀維素、胱胺酸等，並根據病情分期、表現，服用異維生素A酸、安體舒通等西藥及養血生髮膠囊、龍膽瀉肝丸等中藥；洗髮劑以中性硫磺皂，或藥物洗髮精爲佳。

### （四）頭髮的生長與激素之相關

人體內的許多激素都會影響毛髮生長，如腦下垂體分泌的生長激素可促進頭髮的生長，而生長激素的缺乏則會使頭髮的生長速度相對變慢；雄激素和雌激素是控制毛髮生長的主要因素，它們對身體不同部位的毛髮生長具有特定的刺激或抑制作用，性激素還會影響毛髮的健美，雌性激素使頭髮柔軟而富有光澤，雄性激素則會使頭髮變得粗硬，一旦體內性激素失去平衡，就可能出現毛髮異常；甲狀腺素分泌量也與頭髮的優劣有關，甲狀腺功能亢進時，頭髮較細軟，功能減退時則頭髮乾燥且無光澤。在這些激素中，對男性頭髮生長影響最大的就是雄性激素了。雄性激素能促進男性身體各部分毛髮的生長，但對於頭髮卻是例外，年輕男性體內過多的雄性激素能抑制毛囊代謝，往往會造成脫髮，我們常稱之爲早禿，在醫學上被命名爲男性型脫髮或雄性脫髮。對於這種脫髮僅採用外用藥物刺激毛囊往往不會有什麼明顯效果，唯有使用內服抗雄性激素如首烏延壽（生髮）片才會有效。事實也證明，抗雄激素藥物對抗早禿有著最好的療效。

## 二、毛囊皮脂腺的生理與功用

皮膚表面的脂質少量來自於表皮代謝產物，多數來自於毛囊皮脂腺，而面部、前胸和上背部的皮脂腺數量多，代謝旺盛。皮脂腺分泌過度，可以導致毛囊皮脂腺導管角化、皮脂排出不順暢、微生物繁殖，引起炎症和免疫反應而發生脂溢性皮膚疾病，稱爲「**皮脂溢出性疾病**」。

### （一）皮脂與皮脂分泌

皮膚表面脂質是由皮脂腺分泌的皮脂和脫落角質形成細胞崩解所產

生的表皮皮質共同組成。皮脂腺的脂類稱為**內源性皮脂（endogenous sebum）**，主要包括三酸甘油酯、蠟酯、角鯊烯，還有少量的膽固醇。向上移動到毛囊皮質導管部位，由痤瘡丙酸桿菌產生的脂質溶解酶將三酸甘油酯轉化成游離脂肪酸，而表皮葡萄球菌將膽固醇酯化。當脂質到達皮膚表面，角鯊烯被氧化。因此皮脂腺分泌的脂質在到達皮膚表面和剛分泌時相比，三酸甘油酯減少，而單酯、二酯或游離脂肪酸增多。

不同年齡階段、不同環境皮膚表面的皮脂成分也不同。青春期前皮脂中很少有角鯊烯、蠟酯，而主要是膽固醇和膽固醇酯，這是因為此期主要是表皮脂質而不是皮脂。自青春期後，在皮脂腺豐富的部位，如頭皮、前額和上背部，皮脂腺來源的皮脂占 90% 以上，所以可以忽略表皮來源的皮質（角質層細胞崩解產生的脂質），可直接用皮膚表面的脂質來反映皮脂腺的分泌情況。每個人的皮脂腺構成在一生中相對穩定，不同個體間在游離脂肪酸方面有很大差異，而角鯊烯、蠟酯、膽固醇和膽固醇酯基本相似。

## （二）皮脂膜

皮脂腺分泌的內源性皮脂和表皮細胞崩解產生的外源性皮脂，以及表皮水分、汗液經過乳化作用，在皮膚表面形成一層脂質膜，稱為**皮脂膜（sebum membrane）**。皮脂膜是美容化妝品中的一重要概念，它主要成分為角鯊烯（17%）、蠟酯（16%）、不飽和脂肪酸（65%）等。皮脂膜在保護皮膚表面水分、調節皮膚 pH 值、保持表皮完整、促進局部外用藥物和化妝品吸收等方面扮演重要作用。很多損容性皮膚病都伴有皮脂膜的缺失或破壞，例如面部皮炎、痤瘡、溼疹等。重建與修復皮脂膜，是重新建立皮膚屏障功能的第一步。

## （三）皮脂膜的生理功能

皮脂膜對皮膚乃至整個生物體，有著重要的生理功能，主要表現在以下幾個方面：

1. **屏障作用**：皮脂膜能夠防止皮膚水分的過度蒸發，並能防止外界水分及某些物質大量滲入，便皮膚的含水量保持正常狀態。

2. **滋潤皮膚**：皮脂膜是由皮脂和水分乳化而成，其脂質部分可使皮膚柔韌、滑潤、富有光澤；皮脂膜中的水分使皮膚保持一定的溼度，防止乾裂。

3. **抗感染作用**：皮脂膜中的一些游離脂肪酸能夠抑制某些疾病性微生物的生長，例如化膿性菌、口癬菌的繁殖，對皮膚產生自我淨化作用。青春期皮脂分泌旺盛，故口癬患者到青春期多可自癒。

4. **中和作用**：皮脂膜是皮脂與汗的混合物，它對皮膚酸鹼度有一定的緩衝作用。在表皮塗以鹼性溶液，則 pH 值升高，但由於皮脂膜的存在，經過一定時間後又逐漸得以緩衝中和，並使 pH 值恢復到原有狀態。

皮脂膜對維持皮膚的正常生理狀態具有重要作用，人們皮膚最理想的保護劑莫過於皮脂，皮脂將皮膚表面覆蓋，既能防止皮膚乾燥，又能賦予皮膚柔軟的彈性。因此，要想保護皮膚，首先要注意保護覆蓋皮膚的皮脂膜，不要用鹼性過大的洗滌用品洗臉、洗頭或洗澡，以防止皮脂大量流失。老年人皮脂腺萎縮，皮脂分泌量減少，不能形成有效的皮脂膜，因此容易導致皮膚乾裂、脫屑，並且易患感染性皮膚疾病。

## （四）影響皮脂腺分泌的因素

1. **性別**：男性普遍較女性皮脂腺分泌旺盛，油性皮膚比率高，毛孔粗大發生率高，更易患痤瘡、脂溢性皮炎等與皮脂腺分泌相關的疾病。

2. **年齡**：皮脂腺的分泌功能在出生時很強，6 個月降到很低，並保持較低的表現量，直到青春期前（7～8 歲）。從青春期前開始，無論男女，皮脂腺的分泌逐漸增加，16～20 歲達到高峰，以後保持該表現量，女性在 40 歲／男性在 50 歲後，皮脂腺開始分泌減少。整體而言，男性**皮脂分泌率（sebum secretion rate, SSR）**要高於女性。這種皮脂分泌隨年齡變化的情況不能完全用雄性激素來解釋，其他激素也有調節皮脂腺的作用，同時個體皮脂腺對雄性激素的代謝差異也有關。例如，脫氫表雄酮在血清中濃度比睪固酮高很多時，有刺激皮脂腺分泌的作用，而且有性別的差異，並隨年齡而下降。垂體分泌的一些激素對於皮脂腺的影響也不能忽視。

3. **部位**：身體不同部位，皮脂腺密度、大小不同，分泌強度也不同。頭皮、面部皮脂腺數量多，是痤瘡、脂溢性皮炎容易發生的部位。其次爲胸部、背部。掌跖皮膚、眼瞼無皮脂腺分布，則不會發生脂溢性皮炎。

4. **內分泌**：皮脂腺的分泌受內分泌影響，主要是雄性激素。

(1) **雄性激素**：皮脂腺是雄性激素的一個靶器官。睪固酮使皮脂腺體積增大、分泌增加。腎上腺分泌的**脫氫表雄酮（DHEA）**和**雄（甾）烯二酮（androstenedione）**也有刺激皮脂腺分泌的作用。3 個月的嬰兒皮脂腺分泌相當量的脂質，這是因爲受到源自母體的雄性激素的刺激，6 個月以後的嬰兒，皮脂腺基本不分泌，直到青春期發育期前。這段時間，由於缺乏皮脂潤澤皮膚，所以皮膚乾燥，經常容易發生面部單純糠疹。毛髮無皮脂潤澤，顯得乾燥、不亮澤、不柔軟。7～8 歲後性腺的雄激素增加，尤其是腎上腺產生的脫氫表雄酮（DHEA）的量增加，導致脂質分泌增加。作用機制是循環中的睪固酮主要是和性激素結合球蛋白（sex hormone-binding globulin, SHBG）相結合，只有1～2%是游離的，這部分游離的睪固酮影響皮脂腺功能。睪固酮進入毛囊皮脂腺細胞內，被I型5-$\alpha$還原酶轉化為5-$\alpha$二氫睪固酮（5-$\alpha$ DHT），然後5-$\alpha$ DHT和細胞漿中的類固醇激素受體蛋白（steroid hormone receptor protein）相結合，進入細胞核，和染色質結合，影響DNA轉錄，從而控制皮脂的合成。I型5-$\alpha$還原酶存在於皮脂腺和毛囊皮脂腺導管中，在會陰部和痤瘡部位的皮膚中更活躍，因此產生更多的DHT。

(2) **垂體對於控制雄性激素的合成具有重要作用，並且和雄性激素有協同作用**：垂體前葉分泌的生長激素、促甲狀腺素、促腎上腺皮質激素作用在腎上腺。促性腺激素作用於睪丸／卵巢。垂體分泌的激素MSH有人認為也有促進皮脂分泌的作用，例如在孕婦、帕金森氏症（parkinson's disease）病患中皮脂的分泌增加。帕金森氏症，尤其是後腦型（postencephalitic）帕金森氏症，皮脂腺分泌明顯增加，用L-DOPA治療後可以減少，但和神經症狀改善不平行，說明MSH有刺激皮脂腺分泌的作用。另一方面，由於帕金森氏症病患活動減少，皮脂在毛囊皮脂腺導管中堆積，也可以造成測量的皮脂分泌率（SSR）偏高。但不支持MSH刺激皮脂分泌的特徵是，在愛迪生氏病（Addison's disease）和庫興氏症（Cushing's disease）中皮脂腺的分泌沒有變化。

5. **月經週期**：隨著女性月經週期的變化，雄性激素表現量增高，引起局部痤瘡加重。部分女性月經週期後，尤其月經前期，易患痤瘡或原有痤瘡加重，臨床需配合激素表現量調節治療。

6. **飲食**：飲食對皮脂腺的影響目前還有爭議，有實驗證明，只有在嚴格不給熱量的實驗室條件下，發現小鼠皮脂腺分泌的三酸甘油酯、辣酯減少，而角鯊烯的合成沒有改變。也有實驗發現，低熱量的食物可以快速降低皮脂分泌率，同時皮脂的構成也發生變化，角鯊烯的比例升高，而其他成分比例降低。當肥胖的成人吃低熱量的食物，尿液中 DHEA 和睪固酮的表現量會下降。因此飲食變化會影響皮脂腺的功能。

7. **季節與環境**：皮脂腺的分泌不隨季節變化，只是天氣熱時，由於皮膚表面有汗，皮脂在一層汗液形成的膜上更容易分布，因此皮膚顯得更油。而汙染嚴重、粉塵多的環境，易阻塞皮脂腺的導管，使皮脂排泄不順暢，導致痤瘡的發生。

8. **神經內分泌因素**：皮脂腺不受神經控制，皮脂的釋放不受乙醯膽鹼、腎上腺素等影響。

9. **紫外線**：紫外線照射使皮膚腺分泌加速，還會使導管異常角化，加重痤瘡皮損。

10. **清潔力度**：皮膚表面的皮脂膜是一個微生態平衡系統，過度清潔使皮脂膜脫失，皮膚乾燥，皮膚自身的反饋調節使皮脂膜過度分泌，導致愈洗愈油，形成惡性循環。

## 三、汗腺生理及功能

皮膚的分泌功能主要是通過**汗腺（sweat gland）**進行的。汗腺可以分為小汗腺（或稱外分泌汗腺）和大汗腺（或稱頂分泌汗腺）兩種，它們都有各自的生理活動、分泌和排泄功能。

1. **小汗腺的生理與功能**：小汗腺分布於全身，除了口唇、龜頭、包皮內層、陰蒂外，它們直接開口於皮膚表面，在不同的部位，它們的密度也不同，一般以掌跖、腋下最多，屈側比伸側多，成人皮膚上的小汗腺共200～500萬個，平均密度爲143～339個／$cm^2$，它因人種、年齡、性別及部位等因素而有所不同。這些小汗腺按其生理活動狀態，可以分爲活動狀態小汗腺及休息狀態小汗腺。小汗腺腺體的分泌活動與活動狀態小汗腺的數目有關係。在常溫條件下，只有少數小汗腺有分泌活動，多數處於休息狀態。當氣溫高於31～32℃時，則全身皮膚可見到或多或少的突然出汗，一般爲顯性出汗。當氣溫低於31～32℃時，汗腺分泌只能在顯微鏡下可見，肉眼是看不見的。這不僅是汗珠太小，而是剛出表皮即被蒸發，這通常稱爲不顯性出汗。小汗腺的活動受到溫度、精神、某些藥物、飲食等因素影響。汗液的組成因人、時間、部位而有較大變化，主要有鈉、氯、尿素、乳酸鹽、微量丙酮酸鹽和葡萄糖等。

2. **大汗腺的生理與功能**：大汗腺是皮膚中的一種特別腺體，產生特別的分泌物，分泌部的直徑較小汗腺約大10倍。只見於少數部位，成人主要分布在腋部、乳暈、肚臍周圍、會陰部及肛門周圍、包皮、陰囊、陰蒂和小陰唇。另外，外耳道的耵聹腺、眼瞼的麥氏腺以及乳暈的乳輪腺則屬於頂分泌汗腺的變形。開口於毛囊的大汗腺爲毛囊大汗腺。直接開口於皮膚表皮上的大汗腺則稱爲外毛囊大汗腺。大汗腺分泌部位在青春期才發育完全並發揮作用。大汗腺的活動是不一致的，也是不規則的，早晨有一陣分泌活動高潮，晚上則活動減少。大汗腺分泌的大汗液可以分爲液體和固體兩部分，前者主要是水分，後者主要包括鐵、脂質、螢光物質、有臭物質和有色物質。

## 四、指甲的生理與功用

指甲是甲母細胞分裂而形成，不斷的持續成長。一般成人的第二指，每日約成長 0.1 mm，幼兒及高齡者較爲緩慢，約 0.08 mm。夏天生長慢，冬天生長快。生長的速度也受荷爾蒙、健康狀況、營養和年齡因素影響。

指甲的長短因人而異，約 15～18 mm，指甲較長者，其指甲生長得較快。新置換整個指甲，約需 6 個月時間。足部的指甲生長速度較慢，約爲手指甲的 1/2。指甲的厚度與向前生長的速度有密切關係，即與指甲成長的方向有關。後甲廊前端的位置變化時，指甲即向上呈長方狀，指甲會較厚。甲母中形成指甲之質量是一定的，指甲較厚，則向前生長之速度緩慢。

## 習題

1. 請敘述皮膚的生理與功用爲何？
2. 請敘述毛髮的生理與功用爲何？
3. 請敘述毛囊皮脂腺的生理與功用爲何？
4. 請敘述汗腺的生理與功用爲何？
5. 請敘述指甲的生理與功用爲何？

## 參考文獻

1. 臺大皮膚科，實用皮膚醫學第二版，藝軒圖書出版社，2006。
2. 趙坤山、張效銘著，李慶國校訂，化妝品化學第二版，五南圖書出版股份有限公司，2016。
3. 張效銘、趙坤山著，化妝品原料學第二版，滄海圖書資訊股份有限公司，2015。

4. Agache P, and Humbert P, Measuring the skin. Berlin: **Springer**, 2004.
5. Johnson D H, Hair and hair care. New York: **Marcel Dekker**, 1997.
6. Graham-brown R, and Burns T 原著，孫培倫譯，皮膚科學，**藝軒圖書出社**，2004。
7. Coderch L, Lopez O, de la Maza A, and Parra J L. 2003. Ceramides and skin function. **Am. J. Clin. Dermtaol.**, 4(2):107-129.
8. Elias P M. 2008. Skin barrier function. **Curr. Allergy Asthma Rep.**, 8(4):299-305.
9. Nakanishi M, Niida H, Murakami H, and Shimada M. 2009. DNA damage response in skin biology-implications in tumor prevention and ageing acceleration. **J. Dermatol. Sci.**, 56(2):76-81.
10. Shimada S, and Katz S I. 1988. The skin as an immunologic organ. **Arch. Pathol. Lab. Med.**, 112(3):231-234.

# 第四章　皮膚的顏色及防護機制

皮膚的顏色因人而異，在同一個人身上的各個部位皮膚顏色也不同，皮膚顏色取決於皮膚裡含黑色素的多少和血流的快慢。被太陽曬後的皮膚內黑色素增多，皮膚逐漸變黑。運動後因爲毛細血管擴張，血液加快，皮膚會發紅。足跟的皮膚角質層較厚，所含黃色的胡蘿蔔素較多，故這些部位的皮膚看上去帶有黃色，健康的皮膚柔潤光滑，有良好的彈性，表面呈弱酸性反應，pH 値在 4.5～6.5 之間，顯示皮膚的健康膚色。皮膚中的黑色素能將日光中的有害光線過濾，消除紫外線引起的自由基、防止彈性纖維變性所導致的皮膚老化，也能保護 DNA ，使其免受有害因素引起的致突變效應，從而降低皮膚癌的發生率，具有抗衰老及防癌等功能。本章節針對皮膚色素的功用、皮膚的分類及紫外線造成皮膚的生物損害類型等內容將進行詳細介紹。

## 第一節　皮膚色素與功用

人類皮膚的顏色涉及皮膚內的各種色素含量及分布情況，包括內源性黑色素與外源性胡蘿蔔素，皮膚血液中的氧合血紅蛋白與還原血紅蛋白含量，以及皮膚厚度、光線在皮膚表面的散射現象。

### 一、黑色素細胞與黑色素

皮膚色素的產生，主要由**黑色素（melanin）**沉積所造成。黑色素是由**黑色素細胞（melanocyte）**產生，是決定皮膚顏色的主要因素。成熟的黑色素細胞位於表皮基底層，是一種樹枝狀細胞。每一個黑色素細胞連接大約 36 個角質形成細胞，構成一個**表皮黑色素單元（epidermal melanin unit）**。黑色素細胞分布廣泛，最常見於表皮、毛囊、眞皮、眼、血管周圍、外周神經脊、交感神經幹等。在人體不同的部位，但無論人種、性別、膚色如何，表皮中黑色素細胞的數量是相同的。不同的是黑色素細胞所合成的**黑色素小體（melanosome）**數量、大小、分布、運轉及降解方式，正是它們決定膚色的差別。目前認爲，在多種外界環境因素和生理因素，如紫外線照射、炎症反應、皮膚老化的影響下，表皮細胞會產生自分泌和旁分泌激素或細胞因子，在局部形成自分泌、旁分泌網絡而達到調節皮膚色素沉著的作用。不同個體黑色素小體生成、運轉、再分布和降解的能力各不相同，因此臨床上就形成個體間膚色的差異。

## 二、胡蘿蔔素與血紅蛋白

胡蘿蔔素呈黃色，大部分存在於眞皮和皮下組織內，同樣影響皮膚的顏色。在人體中，胡蘿蔔素在面部的分布較少，而胸腹部和臀部較多。血紅蛋白呈粉紅色，而氧合血紅蛋白呈鮮紅色，還原血紅蛋白呈暗紅色。因此，各種血紅蛋白含量及比例的變化也將影響皮膚的顏色。

## 三、皮膚厚度及光線

皮膚不同部位的厚度會影響膚色。若角質層厚，則皮膚偏黃。若顆粒層和透明層厚，則皮膚偏白。光線在皮膚表面的散射現象，也會影響皮膚的顏色，皮膚較薄處的光線透過率大，可看出下面組織的顏色。在皮膚較厚處光線透過率小，只能看出角質層內的胡蘿蔔素，因此皮膚呈黃色。老年人的皮膚由於眞皮的彈力纖維變形斷裂、彈性下降，加上血液運轉較差而呈黃色。

## 四、黑色素代謝過程

黑色素小體在黑色素細胞內組裝完成，從核周向樹突運轉移至鄰近角質形成細胞。黑色素小體在角質形成細胞內再分布、降解，完成色素代謝的全過程。

### 1.黑色素小體的組裝和黑色素的合成

(1) **黑色素小體**：黑色素小體是由黑色素細胞進行黑色素合成的場所，根據其分化過程在電子顯微鏡下可分為 4 期：I 期黑色素小體是一種來源於高基氏體的球形小泡，含有無定形的蛋白及一些微泡。II 期黑色素小體變圓，含有許多黑色素細絲和板層狀物質。I、II 期的黑色素小體均無酪胺酸酶活性，即無黑色素合成能力，稱為前黑色素小體。III 期以上黑色素小體則有黑色素合成能力，稱為成熟的黑色素小體。III 期黑色素小體可在板層上開始進行黑色素合成，由於黑色素沉積，III 期黑色素小體的結構已模糊不清。到 IV 期，黑色素小體中已充滿黑色素，電子密度較高。黑色素小體源於核周的高基氏體囊泡，隨著囊泡的不斷分化，多種黑色素合成相關酶，相繼組裝入囊泡內並被有步驟的活化，從而使得黑色素小體逐漸具有黑色素合成的能力，合成黑色素是黑色素細胞最重要的功能及分化特徵。

(2) **黑色素**：人體中有 2 種不同顏色的黑色素，即黃紅色的**褐黑色素（pheomelanin）**以及棕褐色的**真黑色素（eumelanin）**。褐黑色素又稱為脫黑素，溶於鹼性溶液，含有氮、硫，由半胱胺醯 -5- 多巴經過若干中間反應而合成，在皮膚中功能尚未清楚。真黑色素不溶於水，通過 5, 6- 二羥基吲哚（DHI）氧化聚合而成，是決定皮膚顏色的主要黑色素。不同人種有不同的膚色，也是因為其黑色素種類及黑色素的大小、數量不同所致。例如，黑色人種會製造眞黑色素小體較多，它們凝聚在一起形成成熟的黑色素，並呈細橢圓形囤積於角質，形成細胞的胞質中，所以黑人的膚色較深。相反地，白色人種會製造眞黑色素小體較少，但有較多的褐黑色素，能形成黃紅色的黑色素小體，它們始終呈小球狀，被胞膜包裹在角質形成細胞中，可以小碎塊的形態四散，所以白人的膚色較淺。黃種人同時兼備兩者的性質特點。

(3) **黑色素的合成**：黑色素主要是由黑色素細胞內的**酪胺酸酶（tyrosinase）**所催化合成，爲一速率限制酵素（rate-limited enzyme），生化路徑形成過程也可稱爲「**Raper-Mason pathway**」。黑色素的生合成反應是由酪胺酸（tyrosine）開始，經由酪胺酸酶催化形成多巴（dihydroxyphenylalanine, Dopa），再由酪胺酸酶催化形成多巴胺（dopaquinone），之後如果遇到含硫的胺基酸，例如半胱胺酸（cysteine）或甲硫胺酸（methionine），則會形成苯并唑衍生物（benzothiazine intermediates），之後再聚合形成類黑色素（phaeomelanins）；如果沒遇到含硫胺基酸，多巴便會產生自發性的化學反應，轉變爲無色多巴色素（leucodopachrome）再迅速轉變成多巴色素（dopachrome），最後變成對苯二酮（quinones），之後就聚合成爲眞黑色素（eumelanins），形成混合型之黑色素（mix type melanin）（如圖 4-1）。可以藉由酪胺酸酶抑制劑，抑制酪胺酸酶的活性，來減少黑色素的產生，達到美白、去斑的功效。若是刺激酪胺酸酶的活性，就會促使黑色素大量製造，使皮膚變黑、長斑。除了紫外線會增加酪胺酸酶的活性外，高溫也同樣會提高酪胺酸酶的活性。

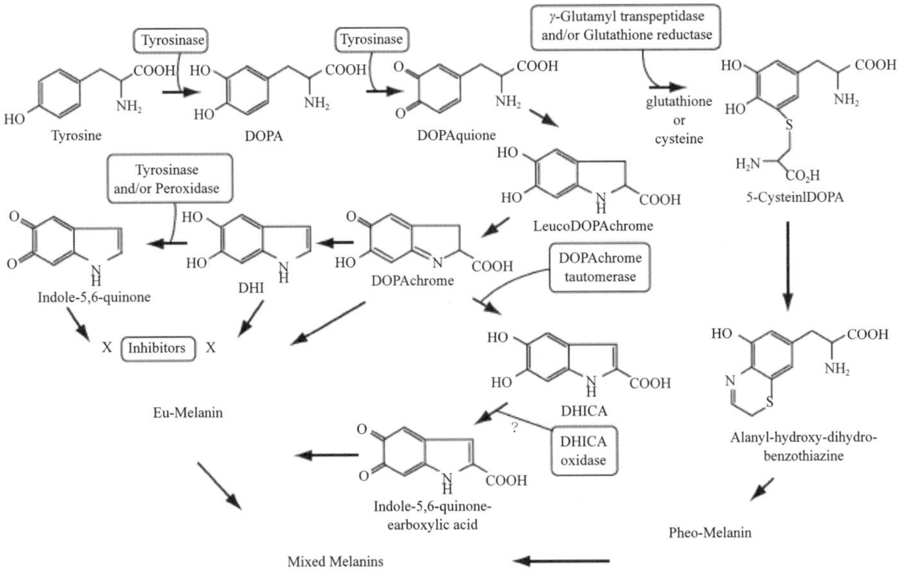


圖 4-1　酪胺酸轉化成黑色素之過程

除此之外，多巴色素轉變酶（dopachrome tautomerase TRP-2）和 5, 6-二羥基吲哚 -2- 羧酸氧化酶（dHICA oxidase TRP-1）也會影響。多巴色素異構酶又稱爲 TRP-2，是與酪胺酸酶有關的蛋白質，作用機制爲促使所作用的底物發生重排，生成底物的某一同分異構物，最終生成另一黑色素。即由多巴色素自發脫羧重排生成 5, 6- 二羥基吲哚（DHI）的同時，黑色素細胞內部的分多巴色素，正是由多巴色素異構酶的存在而發生重排，生成 5, 6- 二羥基吲哚 -2- 羧酸。因此，該酶主要調節 5, 6- 二羥基吲哚 -2- 羧酸（DHICA）的生成速率，從而影響所生成的黑色素分子大小結構和種類。TRP-1 在黑色素合成過程中的作用是穩定酪胺酸酶的活性。

## 2. 黑色素小體向樹突遠端轉移

黑色素細胞內成熟的黑色素小體沿著細胞樹突伸展方向，向樹突遠端轉移，並傳遞至周圍的角質形成細胞內，從而發揮調節皮膚顏色和防護紫外線輻射的作用。細胞骨架成分在促進黑色素小體的轉移中發揮重要作用。黑色素顆粒在向樹突邊緣轉移時爲雙向運動模式，這種雙向的運動模式以微管爲基礎。微管蛋白依賴的這種長距離快速運動，是驅動蛋白和動力蛋白綜合作用的結果。驅動蛋白促使黑色素小體向微管的正方向運動，動力蛋白則推動黑色素小體向相反方向運動。這兩種動力相互協調黑色素小體到達微管陽性頭端，一旦黑色素小體與樹突遠端富集的肌球蛋白 Va 結合，雙向長距離運動就立刻終止。黑色素小體被限定於樹突遠端區，並做短距離的局部運動。

### 3. 黑色素小體向角質形成細胞內傳遞

黑色素小體由核周轉移到樹突遠端後，脫離黑色素細胞並進入周圍的角質形成細胞內。參與此過程的具體機制尚未清楚，目前有四種假說：

(1) 黑色素細胞直接將黑色素小體植入角質形成細胞內。

(2) 黑色素細胞和角質形成細胞胞膜融合，形成連續的孔道，使得黑色素小體得以通過。

(3) 黑色素細胞以胞吐的方式釋放黑色素小體，繼而被周圍的角質形成細胞吞入胞內。

(4) 角質形成細胞透過活躍的吞噬作用，吞噬黑色素細胞的遠端樹突，進而將吞噬的樹突融合入胞體。

### 4. 黑色素小體在角質形成細胞內的再分布和降解

黑色素小體一旦傳遞進入角質形成細胞內，就會有選擇性向角質形成細胞的表皮側移位，這樣有利於角質形成細胞吸收滲入皮膚中的紫外線，保護其下的細胞核不發生突變損傷。細胞骨架成分和微管相關動力蛋白參與了黑色素小體可被酸性水解酶不斷降解。最終，當角質形成細胞達到角質層，黑色素小體結構也消失，隨著角質層脫落排出體外，而角質層下的黑色素小體中的胺基酸、脂類及糖類可被重新吸收，參與表皮的代謝過程。

## 五、黑色素細胞調控的訊號傳導途徑

與黑色素細胞增殖和黑色素生成有關的 4 條訊號傳導途徑分述如下：

1. **二脂醯甘油／蛋白激酶 C 途徑**：蛋白激酶 C 主要透過對酪胺酸酶磷酸化或改變酪胺酸酶和酪胺酸相關蛋白 -1 的表現來影響黑色素生成。在生理狀態下，蛋白激酶 C 活化是短暫的，這是因爲二脂醯甘油自細胞膜產生後數秒或數分種內即消失。隨著蛋白激酶 C 活性喪失的同時，對酪胺酸酶活性也隨之下降。

2. **一氧化氮／環磷酸鳥苷／蛋白激酶 G 途徑**：一氧化氮合成酶在催化 L- 精胺酸轉變成 L- 瓜胺酸的過程中，釋放產生一氧化氮，它透過活化可溶性鳥苷酸環化酶，導致胞內環磷酸鳥苷表現量升高，使蛋白激酶 G 活化，蛋白激酶 G 透過磷酸化來改變酪胺酸酶活性而發揮不同調節功能。

3. **絲裂原激活的蛋白酶級聯途徑**：大多數能刺激受體型酪胺酸激酶的絲裂原肽，均能促進體外正常人黑色素細胞增殖。絲裂原激活的蛋白激酶 2 和轉錄因子 $Ca^{2+}$/cAMP 相應元件結合蛋白，在不同時期，藉由表現不同含量之絲裂原激活的蛋白激酶（mitogen-activated protein kinases, MAPKs），並透過一系列絲裂原激活的蛋白激酶交聯反應，使停滯在 $G_1$ 期的黑色素細胞進入 S 期，促進黑色素細胞合成黑色素。

4. **環磷酸腺苷／蛋白激酶 A 途徑**：能提高胞內環磷酸腺苷表現量的物質，例如霍亂毒素、雙丁基環磷酸腺苷、8- 溴 - 環磷酸鳥苷、異丁基甲基黃嘌呤和毛喉素（forskolin）添加到培養基中，能促使黑色素細胞分裂，誘導黑色素合成。毛喉素爲腺苷酸環化酶的活化劑，另外 4 種則爲蛋白激酶 A 活化劑，它們都透過不同方式激活環磷酸腺苷／蛋白激酶 A 訊號途徑，誘導黑色素生成。

## 六、影響黑色素代謝的因素

在黑色素代謝過程中，受到激素、紫外線、內分泌、精神因素、維生素等因素的影響（如圖 4-2）。此外，發現黑色素合成可能是由多個基因產物共同參與調控作用。至少有 4 個酪胺酸酶基因家族成員，即 albino、brown、slaty 和 pmel-17 參與黑色素的合成，這些黑色素生成蛋白可能與黑色素小體膜同一多酶複合體中，彼此相互作用，共同調控黑色素合成。影響黑色素生合成的因素：

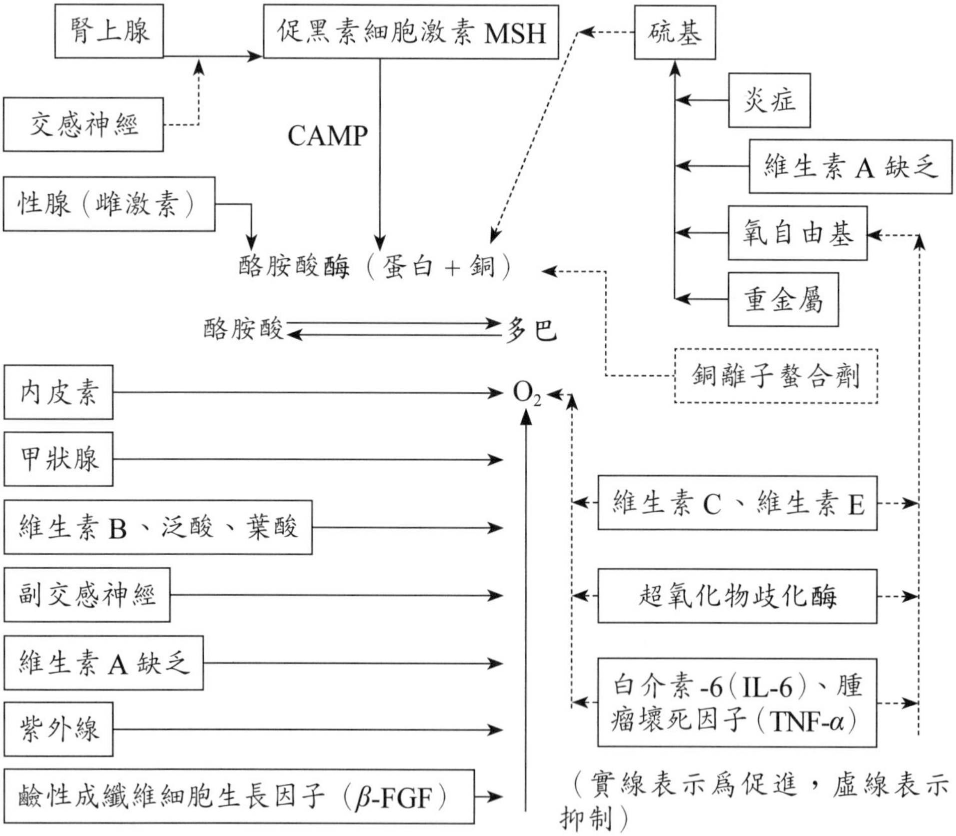


圖 4-2 影響黑色素代謝的因素

1. **激素的調節作用**：具有調節作用的激素，主要包括促黑色素細胞激素、促腎上腺皮質激素和雌激素。

(1) **促黑色素激素（melanocyte-stimulating hormone, MSH）**：主要由垂體分泌，皮膚中的角質形成細胞也能產生，是調節黑色素合成的主要激素。受下丘腦**促黑色素激素釋放因子（melanocyte-stimulating hormone releasing factor, MRF）**調控。MSH 與黑色素細胞膜受體結合後，經交聯反應促進黑色素增殖、黑色素合成。MSH 能增加細胞內環化苷酸含量，增強酪胺酸酶活性，促進黑色素顆粒的合成。還能增加血清銅含量或減少皮膚內硫基的含量，從多個途徑影響黑色素的合成代謝。

(2) **促腎上腺皮質激素（adrenocorticotropic hormone, ACTH）**：可抑制垂體 MSH 的分泌，但如果含量較高，又會反饋刺激垂體 MSH 的分泌，使黑色素增加。

(3) **雌激素（estrogen）**：性激素能解除谷胱甘肽對酪胺酸酶的抑制作用，尤其是雌性激素可使皮膚酪胺酸增加，還能刺激黑色素細胞分泌黑色素小體。孕激素促使黑色素小體運轉擴散，雌性、孕激素的聯合作用更加明顯。從更年期開始，女性黃褐斑患者皮損顏色逐漸變淡，直到消失，女性激素減少是其主要原因。

2. **細胞因子的調節作用**：生物體中許多細胞因子對黑色素細胞的增殖分化都有影響。能促進黑色素細胞生長、存活的因子有：鹼性成纖維細胞生長因子（bFGF）、內皮素（endothelin ET 1）、神經細胞生長因子（NGF）等，抑制黑色素細胞增殖，使酪胺酸酶活性降低的有：細胞激素 -1a（IL-1a）、細胞激素 -6（IL-6）、腫瘤壞死因子等。此外，幹細胞生長因子（SCF）能促進黑色素細胞分化及黑色素合成。干擾素（IFN）在一定條件下，能使黑色素細胞型態改變、生長抑制。炎症介質白三烯素 C4（LTC4）是人類黑色素細胞的促分裂原，能引起黑色素細胞的快速增生，並對黑色素細胞具有趨化作用。

3. **紫外線對黑色素細胞的影響**：紫外線是人體長期接觸的一個外界刺激因素，它可以直接刺激黑色素細胞，使黑色素細胞樹突增多，酪胺酸酶活性升高，細胞內黑色素總量增加。但是，照射劑量過大，可使黑色素細胞增殖下降，甚至停止。紫外線也可以透過角原細胞分泌細胞因子來影響黑色素細胞的增殖、分化及黑色素合成。

4. **微量元素和重金屬**：微量元素在黑色素代謝中扮演著促進酶的作用。其中，銅離子和鋅離子較爲重要，特別是銅離子，含量愈高，酪胺酸酶的活性愈強，合成的黑色素也就愈多。某些重金屬如砷、鉍、銀以及鉛、汞等，可與皮膚硫基結合，減少硫基含量，激活酪胺酸酶，使黑色素生成增加。

5. **維生素及胺基酸**：維生素 A 缺乏可導致毛囊過度角化而使硫基減少，從而解除硫基對酪胺酸酶的抑制作用，產生色素沉著。維生素 C 缺乏減弱其對黑色素代謝中間產物還原作用。使黑色素增加。菸鹼酸缺乏可增加對光敏感而出現色素沉著。

6. **精神因素**：副交感神經興奮可刺激垂體促黑色素細胞激素的分泌，使黑色素增多。相反的，交感神經興奮產生黑色素抑制因子，拮抗促黑色素細胞激素的分泌，使黑色素減少。

## 七、黑色素的生物學作用

在動物體內，黑色素的種類和含量不同，皮膚的顏色有所不同。此外，眞黑色素和褐色素兩者均能吸收紫外線，有防曬、保護和減輕日光造成之生物學損害的作用。皮膚中的黑色素能將日光中的有害光線過濾，消除紫外線引起的自由基，防止彈性纖維變性所導致的皮膚老化，能保護 DNA ，使其免受有害因素引起的致突變效應，從而降低皮膚癌的發生率，具有抗衰老及防癌等功能。因此，黑色素對人體具有一定的生理保護功能。皮膚顏色是人類「**適者生存**」自然選擇的結果。位於不同地域的人受陽光照射強度的差異，使今日人類皮膚保留了不同黑色素含量。因此，無論是何種膚色，只要是均勻、富有光澤且無疾病的皮膚，就應該被認爲是健康美麗的皮膚。爲追求白皙皮膚而過度去除黑色素是不恰當的行爲。美白去斑產品所要去除的，僅僅是疾病狀態下不均勻的色素斑點，或要改變的是晦暗無光澤的病態膚色。

當皮膚中黑色素的生成及代謝發生異常時，就會導致色素性皮膚疾病，包括色素增生性皮膚病（黃褐斑、雀斑等）和色素減少性皮膚病（白癜風、單純糠疹等），將在第十章做詳細介紹。

## 第二節　皮膚的分類

皮膚的類型主要由遺傳決定，但後天因素，例如地理、氣候、環境、不良刺激等也有影響。皮膚的分類方式有很多種，例如**傳統皮膚分類**、**Fitzpatrick-pathak 日光反應皮膚分類（sun reactive skin typing）**及**包曼皮膚分類法（Baumann skin typing）**，分類方法並不統一，但對皮膚類型的主要判斷，則是依據皮膚的油一水平衡。隨著皮膚美容的發展，在臨床工作中，除了以皮膚的油一水平衡爲主要參數外，還應綜合考慮皮膚色素、皮膚敏感、皮膚皺紋和皮膚光反應作爲次分類參數，才能全面反映皮膚健康與美學狀況。故想要達到美容保健，應該根據皮膚類型進行設計及選擇適當的方法，才能事半功倍。

## 一、皮膚分類主標準

**傳統皮膚分類（traditional skin typing）**根據皮膚角質層含水量和皮脂分泌量，皮膚對外界刺激的反應性及皮膚的細膩程度等，可以將皮膚分爲五種類型：

1. **中性皮膚（neutral skin）**：屬於理想的皮膚狀態。中性皮膚的角質層含水量在 20% 左右，皮脂分泌適中，pH 值爲 4.5～6.6，皮膚緊緻，光滑細膩且富含彈性，毛孔細小且不油膩，對環境不良刺激耐受性較好。中性皮膚受季節影響不大，冬季稍乾，夏季偏油。這類型皮膚多見於青春期前的人，隨著年齡的增長所患皮膚疾病及環境因素的影響，中性皮膚可能會轉變爲乾性，油性皮膚，甚至處於敏感性狀態。因此，正確持續護膚是必要的。

2. **乾性皮膚（dry skin）**：乾性皮膚的角質層含水量小於 10% ，皮脂分泌少，pH 值 > 6.5，面部皮膚皮紋細小及乾燥脫屑，膚質細膩但膚色灰暗，洗臉後緊繃感明顯，嚴重乾燥時有破碎瓷器樣裂紋，對環境不良刺激耐受性差，容易皮膚老化出現皺紋、色斑等。典型的乾性皮膚缺乏皮脂，難以保持水分，故缺水又缺油。許多遺傳性或先生性皮膚病患者的皮膚類型都爲乾性皮膚，老年人的皮膚也都爲此類型。年輕人的乾性皮膚主要是缺水，皮脂含量可以正常、過多或略低。無論任何原因導致出現乾性皮膚的表現，功能損害和乾燥感覺都可以透過恰當的功效性護膚品得以改善。

3. **油性皮膚（oil skin）**：最常見於青春期及一些體內伴有雄性激素表現量高或具有雄性激素高敏感受體的人群。油性皮膚皮脂分泌旺盛，其與含水量（< 20%）不平衡，pH 值 < 4.5，皮膚看起來油光發亮、毛孔粗大，膚色暗且無透明感，但皮膚彈性好。這類型皮膚對日曬和環境不良刺激的耐受性較好，皺紋產生較晚且爲粗大皺紋。油性皮膚容易遭受微生物

侵擾，例如痤瘡丙酸桿菌（*Propionibacterium acnes*）、葡萄球菌（*Staphylococcus*）及糠秕孢子菌（*Microsporon furfur*）發生痤瘡，毛囊炎及脂溢性皮炎等皮膚病。油性皮膚應注意清潔、控油及適當使用收斂毛孔的爽膚水。但過度使用控油類產品或長期使用含有皮膚刺激的藥物，例如過氧化苯甲醯或維 A 酸（tretinoin），可導致皮膚屏障的損害，經表皮水分散失增加，皮膚缺水變得乾燥，降低對日光和外界刺激的耐受性。

4. **混合性皮膚（mix skin）**：混合性皮膚兼具油性皮膚和乾性皮膚的特點，即面中部（前額、鼻部、下頸部）爲油性皮膚，而雙面頰和雙顳部爲乾性皮膚。選擇護膚品須根據不同部位對症下藥，不同皮膚類型有針對性的護理。

5. **敏感性皮膚（sensitive skin）**：多見於具有敏感體質的個體，長期使用劣質的化妝品或不正確使用外用藥物，例如化學剝脫、糖皮質激素，均可導致皮膚耐受性降低。敏感性皮膚對外界輕微刺激，例如風吹日曬、冷熱刺激、化妝品等均不能耐受，常搔癢或刺痛，皮膚可見灼熱、潮紅。這類型皮膚的護理應選擇弱酸性、不含香精、無刺激性及具有修復皮膚屏障功能的化妝品。

## 二、次分類及判定標準

除了主分類外，皮膚隨年齡的增長還會出現其他問題，需要進一步對面部皮膚**色素（pigmentation, P）**、**敏感（sensitivity, S）**、**皺紋（wrinkles, W）**及**光反應（sun-reaction, SR）**作爲次分類。

### （一）皮膚色素

根據色素斑點占面部皮膚的比例，可以分爲四級：

1. **無色素沉著（P0）**：面部膚色均勻，無明顯色素沉著斑。

2. **輕度色素沉著（P1）**：色素沉著少於面部1/4，呈淺褐色，炎症及外傷後不易留色素沉著。

3. **中度色素沉著（P2）**：色素沉著大於面部1/4，小於1/3，呈淺褐色到深褐色，炎症及外傷後可留色素沉著，消失較慢。

4. **重度色素沉著（P3）**：色素沉著大於面部1/3，呈深褐色。炎症及外傷後易留色素沉著，且不易消失。

## （二）皮膚敏感

皮膚遇到外界刺激（冷、熱、化妝品、酒精及藥物等），容易出現紅斑、丘疹、毛細血管擴張伴隨搔癢、刺痛、灼熱、緊繃等，對普通化妝品耐受性差。根據皮膚對外界刺激及乳酸試驗反應，可分為四個等級：

1. **不敏感（S0）**：皮膚對外界刺激無反應。乳酸刺激試驗0分。

2. **輕度敏感（S1）**：皮膚對外界刺激敏感，可耐受，短期自癒。乳酸刺激試驗1分。

3. **中度敏感（S2）**：皮膚對外界刺激敏感，不可耐受，短期不可自癒，但很少發生溼疹等變態反應性疾病。乳酸刺激試驗2分。

4. **高度敏感（S3）**：皮膚對外界刺激反應明顯，容易發生接觸性皮炎、溼疹等變態反應性疾病。乳酸刺激試驗3分以上。

## （三）皮膚皺紋

面部皺紋按產生的原理，可分為動力性和靜止性皺紋。動力性皺紋是指面部表情肌附著部位由表情肌收縮引起，例如額紋、魚尾紋、下瞼皺紋、眉間垂直紋、鼻根橫紋、口周垂直紋等。靜止性皺紋又稱為重力性皺紋，為皮下組織與肌肉萎縮，並加上重力作用所致，主要分布於眼眶周圍、顴弓（頰骨）、下頜區和頸部。

1. **無皺紋（W0）**：沒有皺紋，皮膚彈性和緊緻度正常。

2. **輕度皺紋（W1）**：靜止無皺紋，面部運動時有少許線條皺紋。皮膚彈性和緊緻度略有減低。

3. **中度皺紋（W2）**：靜止有淺細皺紋，面部運動有明顯線條皺紋。皮膚鬆弛，彈性下降。

4. **明顯皺紋（W3）**：靜止可見深且明顯粗大皺紋。皮膚明顯鬆弛，缺乏彈性。

### （四）皮膚日光反應

根據初夏上午日曬 1 小時後，皮膚出現曬紅或曬黑反應分類。

1. **日光反應弱（SR0）**：皮膚日曬後既不易曬紅也不易曬黑。

2. **易曬黑（SR1）**：皮膚日曬後容易出現紅斑，不易曬黑，基礎膚色偏淺。

3. **易曬紅和曬黑（SR2）**：皮膚日曬後既容易出現紅斑又會曬黑，基礎膚色偏淺褐色。

4. **易曬黑（SR3）**：皮膚日曬後容易曬黑，不易出現紅斑，基礎膚色偏深。

## 二、日光反應性皮膚分類

**日光反應性皮膚分類（sun-reactive skin typing）**又稱爲皮膚光生物型。最早由美國哈佛醫學院皮膚科醫生 Fitzpatrick 在 1975 年提出，根據皮膚經一定劑量日光照射後產生紅斑或色素及其程度，可以區分爲四種類型皮膚，後來 Pathak 在此基礎上做了修改補充，形成沿用至今的 Fitzpatrick-Pathak 日光反應性皮膚分型，即分爲 6 種皮膚類型，如表 4-1 所示。此種分類方法有助於判斷光化學療法劑量的確定、美容雷射激光治療方案和手術後護理的選擇，預測日光對皮膚的損傷是更容易發生紅斑，還是更容易出現皮膚黑化，以引導消費者對防曬劑強度的選擇，以及對防曬產品功能評價方案的設計，如表 4-2 所示。

表 4-1 日光反應性皮膚分類

| 皮膚類型 | 日曬紅斑 | 日曬黑化 | 未曝光區皮膚 |
|---|---|---|---|
| I | 極易發生 | 從不發生 | 白色 |
| II | 容易發生 | 輕微曬黑 | 白色 |
| III | 有時發生 | 有些曬黑 | 白色 |
| IV | 很少發生 | 中度曬黑 | 白色 |
| V | 罕見發生 | 呈深棕色 | 棕色 |
| VI | 從不發生 | 呈黑色 | 黑色 |

表 4-2 根據皮膚類型給予美容雷射激光治療及護膚品強度選擇

| Fitzpatrick 分類 | 皮膚類型 I | 皮膚類型 II | 皮膚類型 III | 皮膚類型 IV | 皮膚類型 V |
|---|---|---|---|---|---|
| | 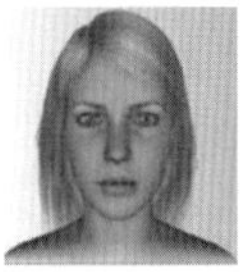 | 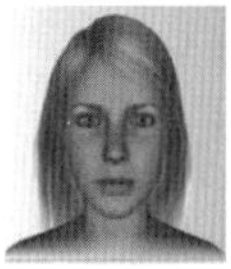 | 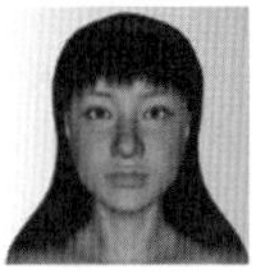 | 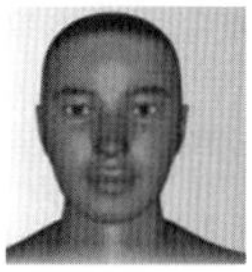 | 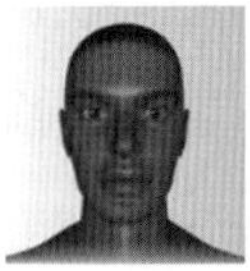 |
| 顏色 | 全白皮膚 | 白皮膚 | 白黃皮膚 | 黃皮膚 | 淺／深黑色 |
| 雀斑機會 | 十分高 | 高 | 偏高 | 正常 | 少 |
| 對太陽反應 | 極度敏感，非常容易曬傷 | 敏感，通常曬傷 | 敏感，適度曬傷 | 適度敏感，輕度曬傷 | 不敏感，不易曬傷 |
| 雷射激光治療反應 | 能承受較強治療而不受損 | 能承受較強治療而不受損 | 可以承受一般治療而不受損 | 可以承受一般治療而不受損 | 特別處理下，可以承受一般治療而不受損 |
| 護膚品建議 | 多用抗氧化及高度防曬用品 | 需要抗氧化及高度防曬用品 | 需要抗氧化及高度防曬用品 | 需要抗氧化及高度防曬用品 | 需要保溼及普通防曬用品 |

## 三、包曼皮膚分類

美國著名皮膚科醫生包曼（Leslie Baumann M.D.）在 2006 年出版的暢銷書《*The Skin Type Solution*》中，提出了一套新的皮膚分類系統，稱爲**包曼皮膚分類（Baumann skin typing）**，並設計了一份自測問卷（詳細問卷內容請參見附錄一）。透過四個部分的問答方式評分，包括：1. 油性（oily skin）或乾性皮膚（dry skin）問卷。2. 敏感性（sensitive skin）或耐受性皮膚（resistant skin）問卷。3. 色素性（pigmented skin）或非色素性皮膚（non-pigmented skin）問卷。4. 皺紋性（wrinkled skin）或緊緻性皮膚（tight skin）問卷。

綜合以上 4 個部分的得分情況，你最終的皮膚分類爲：

我的皮膚是油 / 乾（O/D）測試得分爲________，屬於________型。

我的皮膚是敏 / 耐（S/R）測試得分爲________，屬於________型。

我的皮膚是色 / 非（P/N）測試得分爲________，屬於________型。

我的皮膚是皺 / 緊（W/T）測試得分爲________，屬於________型。

累計各問卷總分達某一範圍，可以得出 16 種不同的排列組合，如表 4-3 所示。問卷沒有考慮皮膚對日光的反應特性，該方法通過對患者或消費者提問的方式進行判別，儘管比較粗略，但在基層醫院及美容院有一定的可操作性。

表 4-3 包曼皮膚十六型分類

| | 油性（O），色素性（P） | 油性（O），非色素性（N） | 乾性（D），色素性（P） | 乾性（D），非色素性（N） | |
|---|---|---|---|---|---|
| 敏感性（S） | OSPW | OSNW | DSPW | DSNW | 皺紋性（W） |
| 敏感性（S） | OSPT | OSNT | DSPT | DSNT | 緊緻性（T） |
| 耐受性（R） | ORPW | ORNW | DRPW | DRNW | 皺紋性（W） |
| 耐受性（R） | ORPT | ORNT | DRPT | DRNT | 緊緻性（T） |

# 第三節 紫外線輻射與皮膚的生物損害

皮膚中的黑色素能將日光中的有害光線過濾，消除紫外線引起的自由基，防止彈性纖維變性所導致的皮膚老化，能保護 DNA ，使其免受有害因素引起的致突變效應，從而降低皮膚癌的發生率，具有抗衰老及防癌等功能。此節主要介紹紫外線輻射所造成的皮膚生物損害。

## 一、紫外線與皮膚

臭氧層分布於地面上 10～50 km 的平流層內，濃度的重心約在 20～25 km 處。臭氧的大量耗損會導致陽光中紫外線輻射含量增強。紫外線是太陽光光譜中波長 200～400 nm 的部分，在太陽光中約占 6.1%，如圖 4-3 所示。依據波長長短，一般將紫外線分爲三個區段：1. 200～280 nm 稱爲短波紫外線 UVC 段，又稱殺菌區段，透射能力只到皮膚的角質層，絕大部分被大氣層阻留，不會對人體皮膚產生危害；2. 290～320 nm 稱爲中波紫外線 UVB 段，又稱曬紅區段，透射能力可達表皮層，能引起皮膚紅斑，是人們防止曬傷的主要波段；3. 320～400 nm 稱爲長波紫外線 UVA 段，又稱曬黑區段，透射能力可達眞皮層，能使皮膚曬黑。

由圖 4-4 可以看出，UVB 區中波紫外線絕大部分被表皮吸收，少量

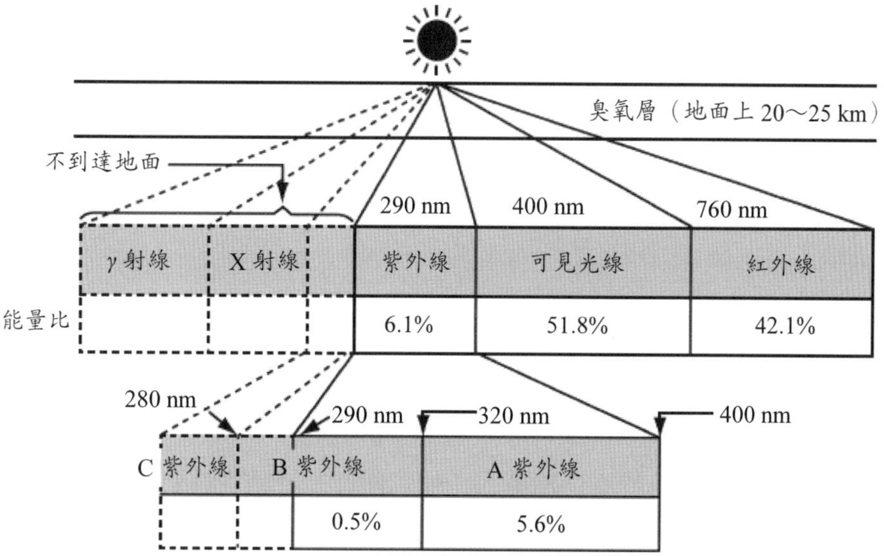


圖 4-3　太陽光光譜

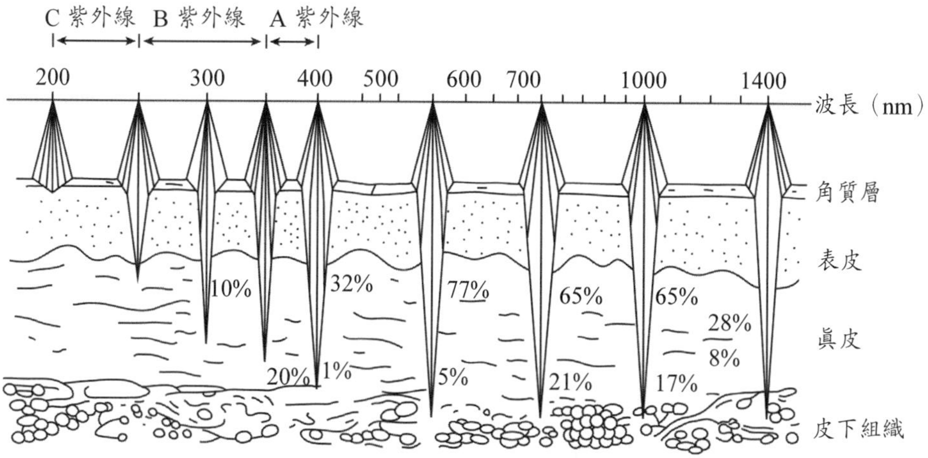


圖 4-4　皮膚對光穿透波長的依賴關係

會透過眞皮，被照射部位可產生急性紅斑效應；UVA 區紫外線輻射占紫外線總能量的 98%，引起紅斑的可能性僅爲 UVB 的千分之一，但其對人體表皮具有很強的穿透力，能夠穿透人體皮膚的角質層、表皮層以及眞皮層，還會殃及皮下組織。雖然 UVA 對人體皮膚的作用較 UVB 緩慢，但其作用具有累積性且爲不可逆的。它可以引起難以控制的損傷，增加 UVB 對皮膚的損害作用，甚至引起癌變。

中波紫外線 UVB 隨著海拔高度的增加而增加，在一天中的中午前後強度最大，而在日出和日落時則強度成倍降低。在冬季地球的遠日點，其到達地面的強度只有夏季近日點的幾分之一。雲霧和地面蒸發所產生的水汽能夠部分吸收和散射中波紫外線。但長波紫外線 UVA 卻受天氣、節氣以及太陽與地球的水平夾角影響很小，所造成的皮膚危害則是相當嚴重和持久性的，特別是對於東亞地區的黃種人而言，抵禦長波紫外線 UVA 所產生的危害，要遠比中波紫外線 UVB 更爲迫切。故良好的防曬產品，必須具備防 UVB 及 UVA。

## 二、紫外線對人類皮膚的基本損害

### （一）皮膚日曬紅斑

皮膚日曬紅斑，即日曬傷，又稱爲皮膚日光灼傷、紫外線紅斑等。皮膚日曬紅斑是紫外線照射後，局部引起的一種**急性光毒性反應（phototoxic reaction）**。臨床上表現爲肉眼可見、邊界清晰的斑疹，顏色可爲淡紅色、鮮紅色或深紅色，可有輕重不一的水腫，重者可出現水泡。依照射面積大小不同，患者有不同症狀，例如灼熱、刺痛或出現乏力、不適等輕度全身症狀。紅斑數日內逐漸消退，可出現脫屑以及繼發性色素沉著。

經紫外線照射皮膚或黏膜出現紅斑，是生物體對紫外線輻射的重要反應之一。紫外線紅斑的本質是一種非特異的急性炎症反應，其中眞皮內血管反應是產生紅斑的基礎。動物和正常人體皮膚接受紫外線照射實驗證明，在照射後出現紅斑的早期，眞皮乳頭層毛細血管擴張、數量增多、血液內細胞成分增加、內皮間隙增寬，導致血管通透性增強，白血球細胞流出，體液滲出。進一步發展可出現毛細血管內皮損傷，血管周圍出現淋巴細胞及多形核白血球細胞浸潤等炎症反應。同時，表皮基底層可出現液化變性，棘細胞層部分細胞可表現爲胞漿均匀一致，嗜酸性染色、核皺縮、深染，即所謂「**曬斑細胞（sunburn cell）**」。這種變性細胞周圍可有海綿樣水腫、空泡形成，並伴有炎性細胞浸潤。炎性滲出吸收消退後，可出現表皮基底層增生活躍，棘細胞層黑色素顆粒增多、表皮增厚、角化過度等現象。有人將上述過程分爲炎性滲出期和增生期兩個階段。不同波段紫外線照射引起的皮膚組織學變化有所不同，UVB 和 UVC 主要引起表皮層的病變，例如出現曬斑細胞、海綿樣水腫、基底細胞液化變性等。而 UVA 則主要引起眞皮層的改變，例如血管損傷及周圍炎性細胞浸潤。

紫外線照射後皮膚紅斑的形成是體液因素和複雜的神經血管反射調節結果。這種反射弧的起點是紫外線照射部位皮膚黏膜的神經末梢，在接受光量子的刺激後，透過傳入神經進入脊髓，逐級到達大腦皮質。神經反射弧是多層次的，例如周圍神經軸索反射、透過脊髓的體節反射以及在腦幹、皮質下中樞和大腦皮層的高級控制。高級反射對低級反射產生調節和抑制作用。控制血管舒縮的神經衝動透過上述複雜的神經網絡到達皮膚的血管壁上，最終引起血管擴張，出現紅斑。在上述神經傳導的每一環節，體液因素中的一系列炎症介質都在局部發揮重要作用。

影響皮膚紅斑反應周圍的因素很多，例如照射劑量、波長、人體皮膚對紫外線照射的反應性，即皮膚類型、不同部位的皮膚、膚色以及被照射者生理與病理狀態的影響等。

### （二）皮膚曬黑

皮膚曬黑，即日曬黑，指日光或紫外線照射後引起的皮膚黑化作用。

通常限於光照部位，臨床上表現爲邊界清晰的瀰漫性灰黑色色素沉著，無自覺症狀。皮膚曬黑是光線對黑色素細胞直接的生物學影響。皮炎症後色素沉著也可引起膚色加深，但一般侷限於炎症部位的皮膚，色素分布不均，從發生機制上來看，主要是一系列炎症介質，如白三烯 $C_4$、$D_4$ 等和黑色素細胞的相互作用所致。

經紫外線照射皮膚或黏膜直接出現黑化或色素沉著，是人類皮膚對紫外線輻射另一種肉眼可見的反應，反應類型可分爲：

1. **即時性黑化（instant pigmentation）**：照射後立即發生或照射過程中即可發生的一種色素沉著。通常表現爲灰黑色，侷限於照射部位，色素沉著消退很快，一般可持續數分鐘至數小時不等。

2. **持續性黑化（persistent pigmentation）**：隨著紫外線照射劑量的增加，色素沉著可持續數小時至數天不消退，可與延遲性紅斑反應重疊發生，一般表現爲暫時性灰黑色或深棕色。

3. **延遲性黑化（delayed pigmentation）**：照射後數天內發生，色素可持續數天至數月不等。持發性黑化常伴發於皮膚經紫外線輻射後出現的延遲性紅斑，並涉及炎症後色素沉著的機制。

關於皮膚曬黑的發生有很多機制參與。就即時性黑化而言，目前認爲是由於紫外線照射引起黑色素前體氧化的結果。黑色素前體在黑色素細胞內合成後，處於顏色較淺的還原狀態，在紫外線照射下，還原型黑色素前體吸收光輻射能而發生氧化反應，產生一種不穩定、顏色較深的半醌樣氧化型結構。這一反應是可逆的，但隨著輻射劑量的增加或輻射時間的延長，這種半醌樣氧化型結構經多次氧化、聚合反應而轉變爲成熟的黑色素，皮膚黑化持續的時間也相應延長，直到進入持續性黑化反應或延遲性黑化反應過程。而後者則涉及黑色素細胞增殖、合成黑色素體功能變化及黑色素體在角質形成細胞內的重新分布等一系列複雜的光生物學過程。

與紫外線紅斑一樣，由日曬所引起的皮膚黑化反應也存在著類似的影響因素，例如照射劑量、紫外線波長、人體皮膚對紫外線照射的反應性、生物體生理及病理狀態影響等。

### （三）皮膚光老化

**皮膚光老化（photoaging）**是指由於長期日光照射，導致皮膚衰老或加速衰老的現象。衰老是生物界最基本的自然規律，皮膚衰老作爲生物體整體衰老的一部分，具有突出的心理學和社會學意義，因爲生物體衰老在皮膚上表現得最清楚、最直觀，而皮膚的特徵變化也常被視爲估計一個人年齡的重要標誌。人們通常把由遺傳及不可抗拒的因素（例如地心引力、生物體重要器官的生理功能減退等）引起的皮膚**內在性衰老（intrinsic aging）**稱爲自然老化。由環境因素，例如紫外線輻射、吸菸、風吹及接觸有害化學物質引起的皮膚衰老，稱爲外源性老化。而由於日光中紫外線輻射是環境因素中導致皮膚老化的主要因素，所以通常所說的外源性皮膚老化即指皮膚光老化。

### （四）皮膚光敏感和光敏感性皮膚

上述皮膚曬傷、曬黑以及光老化等，均是皮膚對紫外線照射的正常反應，在一定條件下，幾乎所有個體均可發生。而皮膚光敏感則屬於皮膚對紫外線照射的異常反應，它只發生在一小部分人群，特點是在光敏感性物質的介導下，皮膚對紫外線的耐受性降低或感受性增高，從而引發皮膚光毒性反應或光變態反應，並導致一系列相關疾病。

## 三、紫外線造成的皮膚疾病

日光作用於生物體所引起的異常反應，包括**光毒性反應**和**光變態反應**，兩者的區別如表 4-4 所示。

表 4-4 光毒性反應和光變態反應的區別

| | 光毒性反應 | 光變態反應 |
|---|---|---|
| 發病率 | 高，任何人均可發生 | 只發生在少數過去已被致敏的患者 |
| 致敏期 | 無 | 有 |
| 首次接觸光照 | 即可發生反應 | 較少發生反應 |
| 對光照反應的時間 | 重複光照後，反應時間不縮短 | 重複光照後，反應時間縮短 |
| 發診的部位 | 非光照部位無皮疹 | 非光照部位偶見皮疹 |
| 病程 | 短，避免光照後不久皮疹消失 | 長，皮疹常持續數月或更長時間 |
| 色素沉著 | 顯著 | 輕或無 |

### （一）光毒性反應（light toxicity）

光毒性反應是一種非免疫性反應，發病機制不清楚，可能與光化反應誘導生成的反應性氧離子損傷細胞膜和 DNA 有關。急性光毒性反應通常發生在皮膚組織中存有足量發色基團（chromophore）的部位，可發生於任何個體的曝曬部位。臨床表現為在曝曬局部發生邊緣及界限清楚的紅斑、水腫、水泡，伴有燒灼感和觸痛感，癒合後留有色素沉著和脫屑，局部皮膚在暴露後數分鐘至數小時發生反應，至數日達高峰。慢性光毒性反應是長期反覆遭受日光曝曬的部位發生改變，例如皮膚皺摺、鬆弛、乾燥、粗糙或萎縮、皮紋明顯，有時可能出現毛細血管擴張、角質增生等表現，

### （二）光變態反應（photoallergic）

光變態反應是日光導致抗原形成的一種免疫性反應。光敏物質在光能作用下，可形成半抗原，進一步與皮膚蛋白結合形成完全抗原，後者刺激生物體發生變態反應。首次接觸光敏物質和被日光照射後，一般需要1～2日或更久才會發生炎症反應，再次接觸日光照射，則發生炎症的速度會更快。皮疹不僅會發生在光照部位，也可能發生在未被照射的部位。

### （三）光線性皮膚病的分類

光線性皮膚病的分類尚有爭論，一般認為可以分為下列數種：

1. 受強烈的日光照射引起，例如日曬傷。

2. 由光敏感物質引起，例如泥螺－日光性皮炎、植物－日光性皮炎。也可由化妝品或藥物局部或系統引起，例如化妝品或內服四環黴素、磺胺類藥物、喹諾酮類藥物等。

3. 常期日光照射引起的皮膚慢性損傷。

4. 與遺傳缺陷有關，例如種痘樣水泡病（hydroa vacciniforme）。

5. 與代謝異常相關，例如菸鹼酸缺乏症。

6. 由日光照射促發或加重，例如盤狀紅斑性狼瘡、毛囊角化病。

## 習題

1. 請簡述黑色素的生合成途徑。
2. 請簡述黑色素細胞調控的訊號傳導途徑。
3. 影響黑色素代謝的因素有哪些？
4. 你（妳）認為黑色素的生物學作用為何？
5. 皮膚的類型可以區分哪幾類？
6. 皮膚曬黑的類型有哪些？
7. 請比較光毒性反應及光變態反應的差異。

## 參考文獻

1. 張效銘、趙坤山著，化妝品原料學第二版，滄海圖書資訊股份有限公司，2015。
2. Baumann L. The skin type solution. New York: **Bantam Dell**, 2006.
3. Ando H, Londoh H, Lchihashi M, and Vincent J H. 2007. Approaches to identify of melanin biosynthesis via the quality control of tyrpsinase. **J. Invest. Dermatol.,** 127:751-761.
4. Aroca P. 1992. Regulation of the final phase of mammalian melanogenesis. **Eur. J. Biochem.,** 208:155-163.
5. Boissy S E. 2003. Melanosome transfer to and translocation in the keratinocyte. **Exp. Dermatol.**, 12 suppl 2:5-12.
6. Carrascosa A. 1997. Variations in SPF and waterproofing effect in relation to emulsifier and emollient type. **Cie.ne. Pharm.**, 7(2):73-78.
7. Costin G E, and Hearing V J. 2007. Human skin pigmentation: melanocytes modulate skin color in response to stress. **FASEB J.**, 21:976-994.
8. Decraene D, Agostinis P, Pupe A, de Haes P, and Garmyn M. 2001. Acute response of human to solar radition: regulation and function of the p53 protein. **J. Photochem. Photobiol. B,** 63(1-3):78-83.
9. Frederick Urback. 2001. The historical aspects of sunscreens. **J. Phototchem. Photobiol. B: Biol**., 64:99-104.
10. Gies P H, Roy C P, Toomey S, and Mclennan A. 1998. Protection against solar ultraviolet radiation. **Mutat. Res.,** 422(1):15-22.
11. Hara M, Year M, Byers H R, Goukassian D, Fine R E, Gonsalves J, and Gilchrest B A. 2000. Kinesin participates in melanosomal movement along

melanocyte dendrites. **J. Invest. Dermatol.**, 114:438-443.

12. Jablonski N G, and Chaplin G. 2000. The evolution of human skin coloration. **J. Hum. Evol.**, 39:57-106.

13. Jablonski N G, and Chaplin G. 2013. Epidermal pigmentation in the human lineage is an adaptation to ultraviolet radiation. **Hum. Evol.,** 65:671-675.

14. Jimbow K, Luo D, and Chen H. 1994. Coordinated mRNA and protein expression of human LAMP-1 in induction of melanogenesis after UV-Bexposure and co-transfection of human tyrosine and TRP-I cDNA. **Pigment Cell Res.,** 7:311-319.

15. Kushimoto T, Valencia J C, Costin G E, Toyofuku K, Watabe H, Yasumoto K, Rouzaud F, Vieira W D, and Hearing V J. 2003. The Seiji memorial lecture: the melanosome : an ideal model to study cellular differentation. **Pigment Cell Res.**, 16:237-244.

16. Mokawa G. 2004. Autocrine and paracrine regulation of melanocytes in human skin and in pigmentary disorders. **Pigment Cell. Res.**, 17:96-110.

17. Muthusamy Y, and Piva T J. 2010. The UV response of the skin: a review of the MAPK, NF $\kappa$ B and TNF$\alpha$ signal transduction pathways. **Arch. Dermatol. Res.**, 302:5-17.

18. Nordlund J, Boissy S E, Hearing V J, King R, and Ortonne J P. 1998. The pigmentary system. Oxford: **Oxford University Press**, p531.

19. Ortinne J P. 2002. Photoprotective properties of skin melanin. **Br. J. Dermatol.**, 146 S61:7-10.

20. Potts J F. 1990. Sunlight, sunburn, and sunscreens. Preventing and remedying problems form too much fun in the sun. **Postgrad. Med.**, 87(8):52-55, 59-60, 63.

21. Roberts W E. 2009. Skin type classification systems old and new. **Dermatol. Clin.**, 27(4):529-533.

22. Seiberg M. 2001. Keratinocyte-melanocyte interactions during melanosome transfer. **Pigment Cell Res.**, 14:236-242.

23. Soter N A. 1990. Acute effects of ultraviolet radiation on the skin. **Semin. Dermatol.**, 9(1):11-15.

24. Takiwaki H. 1998. Measurement of skin color: practical application and theoretical considerations. **J. Med. Invest**., 44(3-4): 121-126.

25. Vincent J H. 2000. The melanosome: the perfect model for cellular responses to the environment. **Pigment Cell Res.,** 13:23-24.

26. Wu X, Bowers B, Rao K, Wei Q, and Hammer III J A. 1998. Visulization of melanosme dynamics within wild-type and dilute melanocytes suggests a paradigm for myosin V function in vivo. **J. Cell Biol.**, 143:1899-1918.

# 第五章　皮膚的老化與護理

生物體都要經過生長、成熟、老化、死亡的過程。老化是指隨著時間改變，所有個體發生功能性和器官衰退的漸進過程。人類老化的主要特徵是皮膚變薄、出現皺紋、皮膚彈性降低、色素沉澱、毛髮粗糙、脫髮變白、肌肉萎縮、關節僵硬等。老化是生物體的自然現象，牽涉許多因素（如內在因素、外在因素及環境因素）所造成。皮膚爲人體的重要器官，老化的發生也反映在皮膚上。本章針對皮膚老化的現象、皮膚老化的原因與機制、皮膚皺紋形成的原因及類型、皮膚老化的預防與護理等內容做詳細介紹。

## 第一節　皮膚老化的現象

人類皮膚從 20～25 歲開始進入自然老化狀態，大約 35～40 歲之後逐漸出現較明顯的衰老變化。皮膚的老化現象可以從皮膚組織、生理功能及整體外觀等三個層面的變化來判斷。

### 一、皮膚組織衰退

皮膚的厚度隨著年齡的增加而有明顯改變。人的表皮 20 歲時最厚，以後逐漸變薄，到老年期顆粒層可萎縮甚至消失，棘細胞生存期縮短。表皮細胞核分裂增加，故黑色素亦增多，以致老年人的膚色多爲棕黑色。由於老化細胞附著於表皮角質層，使皮膚表面變硬、失去光澤。眞皮在 30 歲時最厚，以後逐漸變薄並伴有萎縮。皮下脂肪減少並由於彈力纖維與膠原纖維發生變化而逐漸失去皮膚彈性和張力，更進一步導致皮膚鬆弛與皺紋產生。

皮膚組織的退化的現象可以從表皮層（epidermis）及眞皮層（dermis）的改變來觀察。

## （一）表皮層的改變

表皮隨年齡增長，顆粒層（stratum granulosum）和棘細胞層（stratum spinosum）的細胞個體及群體變小，角原細胞（keratinocyte）增殖速度下降，使表皮變薄。表皮變薄是一個緩慢的過程，從 20～80 歲，表皮的厚度約減少 1/3。表皮變薄時，細胞間質的天然保溼因子含量下降，造成皮膚水合性下降，皮膚乾燥，失去光澤。表皮內的黑色素細胞及郎格漢斯細胞（langerhans cell）的密度隨著皮膚老化而變薄。陽光暴露部位（如顏面、手背和前臂伸側面（extensor surface）），黑色素細胞增加，導致這些部位常出現**老年斑（old age spots）**。郎格漢斯細胞量下降，可能會引起免疫反應降低。

## （二）真皮層的改變

眞皮層由較厚、緻密的結締組織組成，排列不規則，縱橫交錯呈網狀，使皮膚有彈性和韌性。結締組織是由膠原纖維、網狀纖維、彈性纖維等三種纖維組成。膠原纖維（主要是 I 型和 III 型膠原纖維）占皮膚蛋白乾重的 70%、彈性蛋白只占 1～3% ，其餘是黏蛋白和結構糖蛋白。膠原纖維粗細不等，大多成束，呈波紋狀走向。膠原纖維決定著眞皮的機械張力，在皮膚老化過程中，首先是膠原纖維的組成發生改變。第 III 型膠原與第 I 型膠原的比值隨增齡而增加，是造成老化時皮膚變薄的原因之一。其次，膠原纖維間的交聯作用，增加對膠原酶的抵抗能力，能抗拉、韌性大、缺乏彈性，同時形成皺紋（如圖 5-1）。

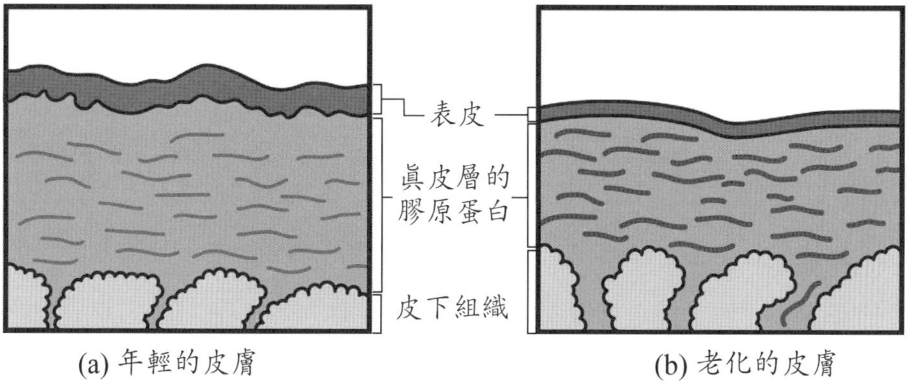


圖 5-1　老化皮膚的膠原纖維不斷地被分解

彈性蛋白是維持皮膚彈性的重要成分，含量下降或變性會導致皮膚彈性下降與皺紋形成。彈性蛋白在眞皮乳頭層（nipple stratum）是垂直的網絡狀結構，在眞皮網狀層（meshed stratum）是與皮膚平行的結構。隨著年齡增長，彈性蛋白受到彈性蛋白酶的分解，使得乳頭層的垂直彈性蛋白纖維網絡結構消失，並呈碎段狀，分布密度下降。網狀層中，平行彈性纖維的密度、表面積、長度及寬度隨著年齡而增加（如圖 5-2）。

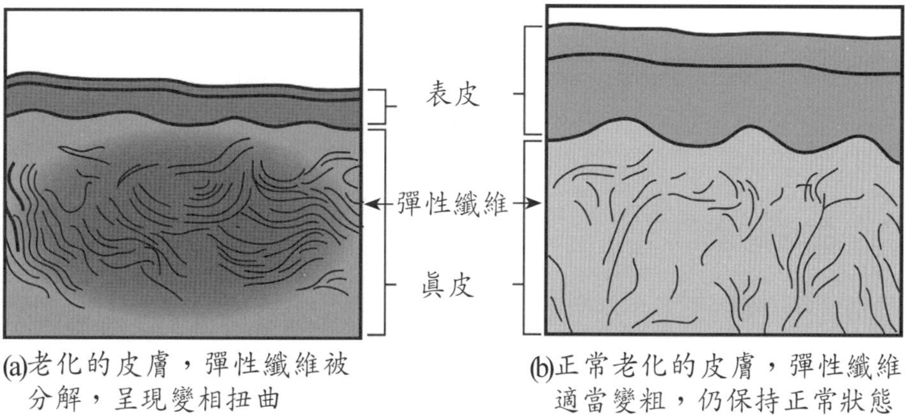


圖 5-2　皮膚彈性纖維的改變

眞皮層中富含糖類大分子，例如醣蛋白（proteoglycans）或胺基葡聚糖（透明質酸），是皮膚水合作用的基礎。皮膚衰老時，受到透明質酸酶的分解作用，透明質酸的含量下降。纖維連接蛋白（fibronectins）在皮膚衰老時，合成增加。眞皮內的血管數量隨著年齡增加與皮膚衰老而減少，加上動脈硬化、血管壁增厚、管腔變窄，血液循環受影響，皮膚血液的供給不能達到表層。使得皮膚萎縮變薄，眞皮內結締組織變性，對皮膚內血管支持力減小，老年人的皮膚可見毛細血管擴張及小靜脈曲張現象（如圖5-3）。

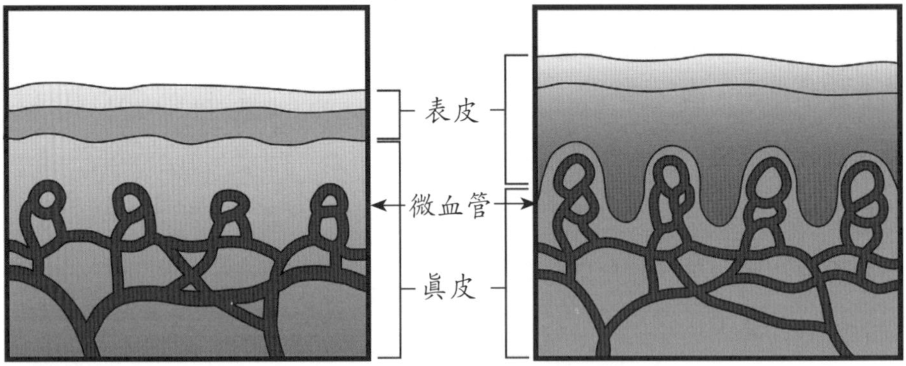


(a)老化的皮膚，血液供給無法到達表皮

(b)正常的皮膚，血液供給可以到達表皮

圖 5-3 正常皮膚與老化皮膚的血液循環

## 二、生理功能低下

隨著年齡的增長，皮膚附屬附器官——汗腺（sweat gland）和皮脂腺（sebaceous gland）的改變較爲明顯。汗腺的數量減少、功能不全，造成汗液分泌降低。皮脂腺萎縮，分泌也減少，且成分也發生改變，造成皮膚乾燥失去光澤，出現鱗屑。皮膚的皮下脂肪組織減少，皮脂分泌量減少，角質細胞間（脂）質也減少，水分保持力降低，皮膚的水分屏障功能逐步衰退，**水分經皮失散率（transepidermal water loss, TEWL）值**上升。因爲皮脂腺、汗腺功能衰退，汗腺與皮脂腺排除減少，皮膚逐漸失去昔日光澤而變得乾燥。血液循環功能衰退，難以補充皮膚必要的營養。因此，老年人皮膚傷口難以癒合。

## 三、影響外觀

皮膚和其他器官一樣，隨著年齡不斷增加都逐漸趨向衰老。皮膚的衰老是一種正常現象，從我們出生開始，皮膚老化的現象就一直存在，皮膚老化的結果，除了使皮膚的生理功能減退外，最重要的是，使人的外貌發生了變化。人們往往透過皮膚及頭髮的一些外在特徵來判斷一個人的年齡、身分和地位。人人都希望保持外貌年輕、青春永駐，而衰老使人美貌減色。因此，衰老的外貌會對人的心理產生負面效應。預防和延緩皮膚衰老是美容皮膚科學的重要課題。相較其他器官，更多地受到外源性刺激因素影響。因此，皮膚衰老是內源性因素和外源性因素共同的作用結果。

整體而言，皮膚老化的現象，總納爲下列數點表徵：

1. 自然老化時，角質層水分減少、汗腺和皮脂腺分泌功能下降，出現皮狀乾燥、脫屑。

2. 表皮細胞分化能力降低、表皮恢復速率減慢、角質化功能衰退、角質層變薄、表皮萎縮產生細小皺紋。

3. 眞皮中，膠質細胞總數減少，部分膠質細胞又因過氧化脂質的作用，導致交聯度增加，產生不溶性膠原，降低皮膚彈性。

4. 眞皮結締組織的基本成分——透明質酸，也隨年齡增加而減少，眞皮水分減少，產生較深的皺紋。

5. 皮膚組織代謝分解過程超過合成過程，使得眞皮呈束狀的膠原纖維和彈性纖維的組成改變、含量下降、纖維變性、異常交聯增加、彈性降低，對表皮層的支撐和血液循環能力減弱。

## 第二節　皮膚老化的原因與機制

影響皮膚老化的原因，可以分成內在因素、外在因素及環境因素等三方面進行介紹。

### 一、內在因素

係指年齡的老化、自然的生理老化，一般是指機能的降低與萎縮性的變化，即爲**自然老化（natural aging）**。就皮膚而言，自然老化是指皮膚的細胞數目減少、厚度變薄。皮膚中的膠原蛋白、彈力蛋白、細胞間質等，因年齡的增加而減少，新陳代謝的能力減弱，與人種、皮膚特性及體內荷爾蒙的變化都有關係。造成皮膚自然老化的原因及機制很多，例如遺傳基因、體細胞突變、蛋白質合成錯誤、環境中毒、內分泌功能退化、免疫功能下降、交聯反應傷害及自由基傷害等。以下列舉數種造成皮膚老化的機制與原因：

#### 1.遺傳基因對皮膚老化的意義

皮膚自然老化與遺傳有關，老化的過程中，受多種特異性基因影響，包括影響老化的基因及間接導致老化的原因：

(1) **影響老化的基因**：一般哺乳動物影響老化的基因有三種類型，如：①細胞不可逆抑制 DNA 的合成；②細胞凋亡的抵抗；③不同功能表現變化。

(2) **間接導致老化的原因**：基本轉錄調節因子表現量降低也會間接導致老化，此類型基本轉錄因子有：① c-Fos（屬於核內轉錄因子類的原癌基因）；② basic helix-loop-helix（bHLH）轉錄因子的抑制劑 Id1 及 Id2；③ E2F（與細胞分裂的蛋白有關）。當蛋白激酶的抑制劑（P2I）表現量過高，導致 E2F 爲非活化態，即使 E2F 成分被修復，也不能使老化的細胞合成 DNA ，導致老化現象發生。此外，各種生物內基因的單核酸多型性也會影響個體在各年齡層的老化速度。

## 2. 自由基對皮膚傷害的意義

造成皮膚老化的自由基，此學說主要認爲，隨著年齡增大的老化現象是由於自由基的副作用所引起的。在正常情況下，生物體內自由基的產生與消失是處於動態平衡。自由基及活性氧在正常細胞新陳代謝中不斷地產生，並參與了正常生物體內各種防禦作用、特殊生理活性物質的合成等作用。在生物體生長發育階段或正常運轉階段，即使某種自由基的產生多了一些，也會被生物體內的各種自由基清除機制所清除。例如，超氧化物歧化酶（SOD）、過氧化氫酶等酵素和維生素 A、維生素 E、維生素 C 等抗氧化物。當生物體衰老時，體內清除自由基的能力減弱，則會破壞原本的平衡。過多的自由基會破壞構成組織細胞的大分子化學結構、正常組織型態和功能的完整性。當傷害的程度超過修復或喪失其代謝能力時，組織器官的機能就會逐漸發生問題，產生老化現象（如圖 5-4）。老化是一個極爲複雜的過程，自由基學說只能解釋其部分現象，但自由基促使衰老過程加快的作用是確切的。

隨著年齡的增加及各種疾病的影響，使得人體內活性氧自由基增加，加上外部原因，如紫外線的照射、溫度、溼度的變化，都可使人體內產生活性氧自由基。活性氧可以引發人體內脂質中的不飽和脂肪酸氧化，產生脂質過氧化自由基 R・、RO・、ROO・ 與 ROOH。這些反應爲

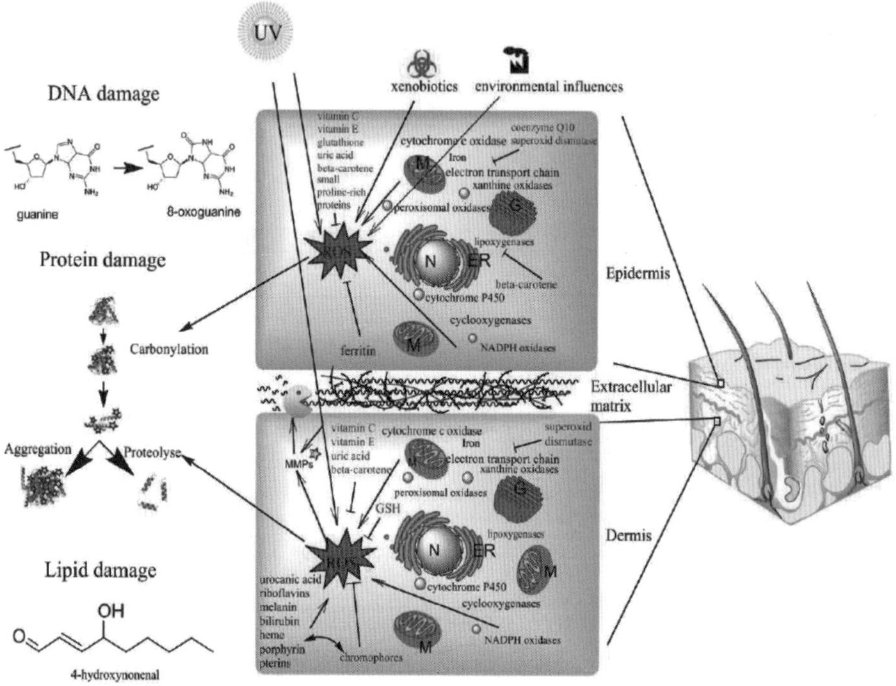


圖 5-4　紫外線傷害會造成表皮及真皮內的活性氧傷害

圖片來源：Rinnerthaler et al., 2015。

$$RH + \cdot OH \longrightarrow R + H_2O$$

$$R \cdot + O_2 \longrightarrow ROO \cdot$$

$$ROO \cdot + RH \longrightarrow ROOH + R \cdot$$

上述反應是產生脂質過氧化物的鏈式反應，ROOH 與 R· 反應導致鏈分裂，得到脂質過氧化最終產物之一的**丙二醛（malonaldehyde）**。丙二醛是不飽和脂質過氧化作用的產物，與蛋白質反應形成了一種螢光產物——**希夫鹼（Schiffbase）**。丙二醛與核酸上氨基或磷脂三乙醇胺（phosphatidyl triethanolamine）反應產生類似的螢光產物——脂褐素，即老年斑，是皮膚老化的一種現象。

人體細胞膜是由脂質和蛋白質組成，正常的細胞膜其膜蛋白質在不斷地進行著締合（association）和解離過程。當活性氧自由基的增多引起的脂質過氧化作用，導致膜蛋白質處於永久性的締合狀態，阻礙了蛋白複合體恢復到原有的分布狀態，嚴重地損害了生物膜的功能。脂質的過氧化作用，使膜的不飽和脂肪酸減少，膜的飽和脂肪酸相對增多，會使膜變爲剛性狀態。缺乏不飽和脂肪酸，則可使膜的流動柔軟性降低。另一方面，脂類過氧化作用所產生的自由基，可對膜上的蛋白質或膜結合酶產生作用，使膜結構產生變化，導致膜功能異常，而使生物體更加處於不正常狀態，表現在皮膚上則出現乾燥、產生皺紋等老化現象。

### 3. 交聯反應對皮膚傷害的意義

生物體內，交聯反應有兩大類：(1) 在細胞核 DNA 的雙股結構間交聯反應；(2) 在細胞外蛋白膠原纖維之間的交聯反應。兩者均會造成生物體嚴重傷害，引起生物體的老化與死亡。

(1) **在細胞核 DNA 雙股結構間的交聯反應**：在正常情況下，交聯劑（主要是甲醛、重金屬離子、自由基）在體內的生成和消除是平衡的，維持著生理的平衡。隨著內、外因素的改變，平衡的機制被破壞。交聯劑的化學結構就容易與 DNA 的雙股結構發生交聯反應。首先，交聯劑的一端先鍵結至 DNA 雙股螺旋的一股上，若生物體的防禦機制無法切除這股帶有交聯的結構，則交聯劑的另一端又會鍵結至 DNA 的第二股上，形成無法解開的 Y 形結構。DNA 不能正常被修復，也無法完成分裂，導致細胞的老化與死亡。

(2) **在細胞外蛋白——膠原纖維之間的交聯反應**：膠原纖維是由纖維細胞產生，集聚成束。這種纖維大多位於組織的眞皮層，具有很大的韌性且彈性小，抗牽引力強。隨著年齡增長，體內的膠原增多。這種成熟的膠原纖維一般是由幾個膠原纖維交聯成膠原纖維的多聚體。在交聯反應中，除原有膠原纖維緊密交聯外，還牽涉葡萄糖、甘露醇等糖蛋白分子及膠原分子內部脯胺酸、賴胺酸膠原分子的螺旋鍵之間發生交聯反應。這些交聯反應產生的結構不易鬆解，難溶解於各種緩衝液，對抗分解酶的作用，水合力降低，對某些溶劑的膨脹現象消失。造成結構組織的張力、延伸性及彈性等發生變化，不能實施正常的黏合、連接、支撐和負重功能，導致人的型態和外貌的老化，妨礙體液成分和營養物質的供給，阻礙代謝產物排出，且威脅細胞正常代謝和生存，導致組織老化和死亡。

## 二、外在因素

因爲紫外線輻射造成暴露部位的皮膚老化，稱之爲**光老化（photo-aging）**。紫外線是指波長比可見光波較短的一部分光線，大致分爲 UVC（200～290 nm）、UVB（290～320 nm）和 UVA（320～400 nm）三部分。紫外線的短波部分即 UVC 區段，由於大氣臭氧層的阻隔不能到達地面，皮膚接收到的紫外線主要是指 UVB 段和 UVA 段的照射。由於氟氯碳化物對臭氧層不斷破壞，減少了大氣臭氧層的過濾效果，短波長的紫外線也更多地照射到地面，使紫外線輻射的危害不斷增加。紫外線照射會使皮膚中的自由基含量增加，自由基會損害生物膜，促使彈性纖維發生交聯與聚合。中性粒細胞中的彈性蛋白酶對彈性蛋白、膠原、黏蛋白和免疫球蛋白等有很強的降解作用（如圖 5-5），當皮膚遭受紫外線照射時，會引起血管擴張、紅斑及組織充血發炎症狀，並造成彈性蛋白酶對彈性蛋白的片狀降解，彈性纖維含量降低（如圖 5-6）。

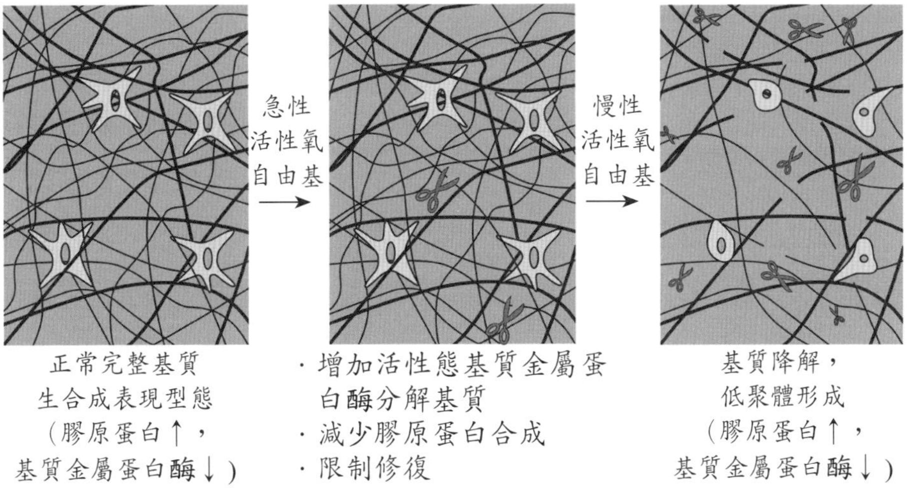


圖 5-5　紫外線傷害造成皮膚細胞基質的組成產生降解

圖片來源：Rittie and Fisher, 2014。

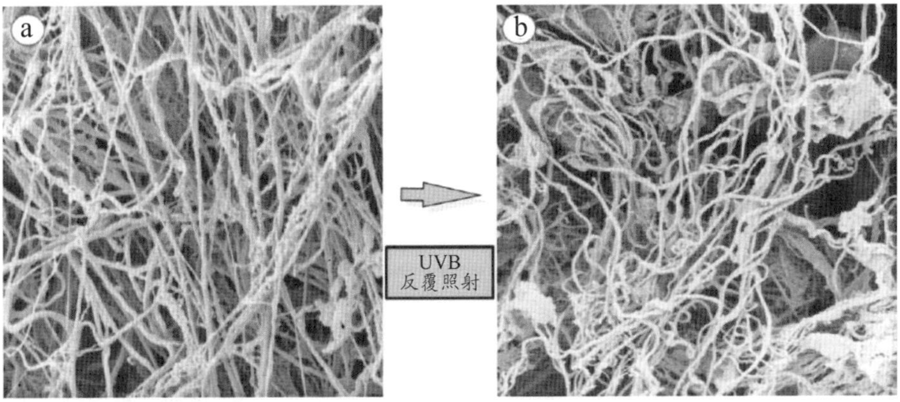


圖 5-6　彈力蛋白纖維經 UVB 反覆照射後產生降解現象

圖片來源：Imokawa and Ishida, 2015。

在紫外線照射下，皮膚中會產生活性氧和過氧化脂質。過氧化脂質使膠原蛋白交聯，皮膚失去彈性，產生皺紋。過氧化脂質在氧化酶作用不分解成丙二醛等物質，與蛋白質反應，形成褐素斑。過度日光照射會使人體皮膚表皮細胞內的核糖核酸變性，使皮膚角質化過度、表皮角質層變厚，形成皮膚變粗糙、缺乏彈性、鬆弛、皺紋等衰老現象。

### 三、環境因素

環境汙染也會造成皮膚損害，尤其是汽機車排放的廢氣（揮發性有機化合物、一氧化碳、氧化氮及硫化物）和抽菸會造成皮膚的傷害。這些皮膚損害的表現往往以過敏性增加爲主，反覆的過敏性反應會加速皮膚衰老的過程。低溫潮溼和血液循環差、生活的壓力、生活不規律、睡眠不足，易造成皮膚老化。皮膚清潔不徹底、缺乏水分，也易使皮膚細胞衰老。

## 第三節　皮膚皺紋形成的原因與類型

皮膚**皺紋（Wrinkle）**的形成及皮膚的緊實與彈性，主要由眞皮決定（如圖 5-7）。最主要的是纖維結締組織，包括**膠原纖維（collagenous fiber）**、**彈性纖維（elastic fiber）**和**網狀纖維（reticular fiber）**三種。眞皮網狀層內的膠原纖維集合成束，縱橫交錯與皮膚表面平行排列，有一定的伸縮性。彈性纖維纏繞在膠原纖維束之間，走向與膠原纖維相應，富有彈性。因而這些纖維排列方向不同，加上其牽引力的影響，在皮膚表面形成無數細小的溝紋。這些溝紋與纖維束走向一致，也與皮膚彈性張力方向一致，而這些溝紋就是潛在皺紋。

眞皮是皮膚的支撐組織，纖維細胞負責膠原與彈性蛋白纖維的形成。膠原纖維會形成一個密集的網狀結構，以維護皮膚組織及抵抗力，更細的彈性纖維使皮膚柔軟有彈性，其數量隨皮膚老化而減少，在 45 歲後，完全消失。這些纖維在含有透明質酸的凝膠中，可以把水分鎖在分子裡，是保護皮膚滋潤的重要一環。

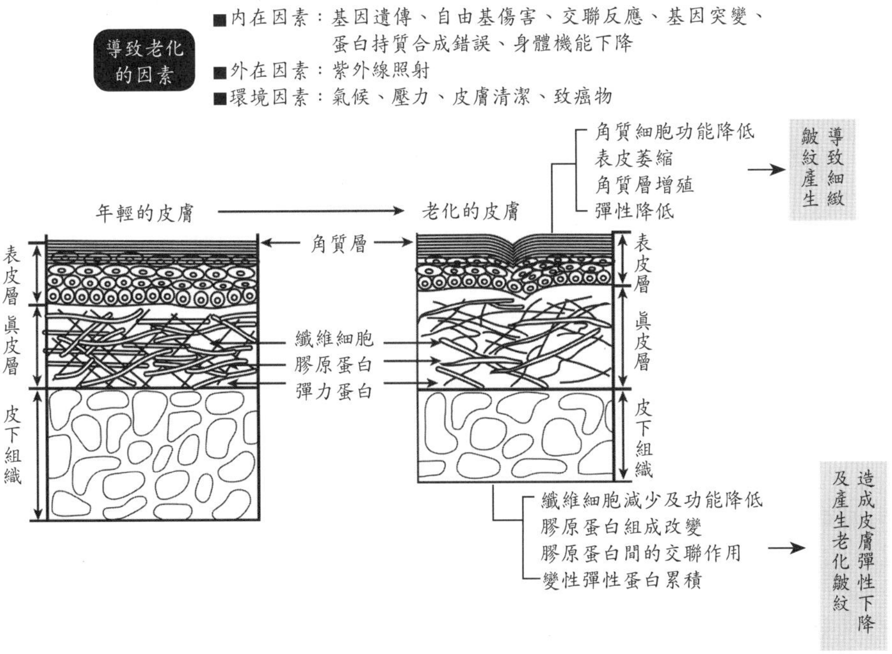


圖 5-7　老化皮膚的組織改變及原因

## 一、皺紋形成的原因

皺紋的發生有許多原因，主要是自然老化、地心引力、陽光紫外線光老化（photoaging）及光損傷（photodamage）、面部表情過多的收縮（muscles of expression）等。

### 1. 自然老化與皺紋

眞皮纖維細胞數量逐漸減少，合成膠原能力降低，蛋白酶釋放量增加，使膠原分解增加。彈性纖維束含量未見減少，但彈性纖維網發生捲曲鬆弛，失去彈性。眞皮乳頭層的彈性纖維網減少，甚至消失，引起表皮層鬆弛並形成細小皺紋。纖維束變粗，也會使皺紋的深度加重，因爲皮下脂肪減少，使皮下組織中連接眞皮網狀層下部的纖維性支柱失去支撐作用，導致皮膚拉伸後彈性回復力減弱。

### 2. 紫外線與皺紋

膠原纖維束是眞皮中最主要的結構物質。在自然老化中，膠原纖維會逐漸退化。紫外線輻射也會引起膠原纖維束的退化，使皮膚彈性受損、皺紋增加。日光中紫外線照射使彈性纖維變形，纖維變粗、扭轉和分叉，日積月累會使變性的彈性纖維束呈團塊狀堆積，彈性和順應性隨之喪失，皮膚出現鬆弛，過度伸展後出現皺紋，此顯示了紫外線對膠原纖維退化的影響比自然老化更大。

### 3. 面部表情與皺紋

眼部皮膚非常脆弱，和臉部其他皮膚的厚度（2 mm）相比，眼部皮膚厚度只有 0.5 mm ，皮膚乾燥速度比其他部位快 2 倍，支持的眞皮通常也比其他部位薄。眼部周圍只有 22 塊肌肉，每天眨動 1 萬次，因此這部分肌肉不停的在運動，最容易發生皺紋和細紋等老化的現象。嘴唇周圍皮膚缺乏皮脂線，也特別薄，因而異常脆弱，每天嘴唇不停運動，包括大笑、微笑、噘嘴、拉下臉及扮鬼臉等，這些運動都會導致皺紋發生。此外，長期地心引力也會出現眼袋、雙下巴等。

## 二、皺紋形成的類型

根據上述原因，把皺紋分成四種類型：

1. **固有型皺紋（orthostatic wrinkle）**。
2. **重力型皺紋（gravitational wrinkle）**。
3. **光化型皺紋（actinic wrinkle）**。
4. **動力型皺紋（hyperdynamic wrinkle）**。

根據皺紋性質，可分成兩類型：第一種爲持久型，位於面頸等曝光部位的深皺紋，繃緊皮膚並不能使之消失；第二種爲細而淺的皺紋，位於腹、臀等非曝光部位，繃緊皮膚可使之消失。一般女性 30～35 歲開始出現皺紋，男性在 35～40 歲開始出現皺紋。最早出現皺紋的部位是面部上 1/3 處。第一個出現皺紋的部位是眼眶外側的魚尾紋，其次是額頭紋和眉間紋，再其次爲面部下的鼻唇溝紋和唇上紋，最後出現的頸部伸側的頸闊肌紋（俗稱老人頸）。

## 第四節　皮膚老化的預防與護理

### 一、皮膚老化的預防

#### （一）清除過量自由基

根據衰老的自由基學說，過量的自由基會引起生物體損傷導致衰老。因此，清除過量的自由基成爲抵抗衰老的重要手段。擁有清除過量自由基功能的活性原料主要以維生素 C、維生素 E、泛醌爲代表。植物萃取物的原料中，也有很好的自由基清除劑，例如石榴、綠茶、咖啡果萃取物等。目前，清除過量自由基已是被大家證實抗衰老的有效途徑。

#### （二）防禦紫外線

皮膚的光老化是指由於長期日照導致皮膚衰老或加速衰老的現象。日光中的紫外線可引起皮膚紅斑和延遲性黑色素沉著，破壞皮膚的保溼能力，使皮膚變得粗糙、皺紋增多。目前一些大品牌在抗衰老化妝品中添加紫外線散射劑和吸收劑等防曬成分，保護皮膚免受紫外線損害。

#### （三）促進皮膚細胞新陳代謝

根據代謝失調衰老學說，生物體代謝障礙可引起細胞衰老，而導致生物體衰老，因此改善生物體的代謝功能，促進細胞的新陳代謝，可大大延緩衰老生成。這方面的功能性原料有維生素 A、異黃酮素等，能夠活化細胞再生能力，促進細胞新陳代謝，使肌膚平滑細緻。

### （四）補充膠原蛋白和彈性蛋白

膠原蛋白和彈性蛋白作爲一種結構性蛋白，廣泛地存在於動物的皮膚、肌腱及其他結締組織中，富含膠原蛋白的組織很容易表現出一些與年齡相關的生理變化。衰老的皮膚中，由於膠原蛋白和彈性蛋白的流失，導致皮膚彈性下降、鬆弛、皺紋增多。因此，補充皮膚中的膠原蛋白和彈性蛋白是抗衰老的重要途徑之一。

### （五）保溼和修復皮膚的屏障功能

乾燥是衰老皮膚的一項重要特徵，實驗證明保持皮膚中的水分可以緩解皮膚衰老問題。因此，修復皮膚的屏障功能，鎖住皮膚中的水分，便成爲抗衰老的重要途徑。

### （六）強化肌膚防禦和免疫系統

衰老的皮膚中郎格漢斯細胞減少，免疫能力下降，易罹患感染性疾病，導致皮膚衰老。因此，抗衰老化妝品已經開始把修復免疫系統、提高防禦能力作爲解決皮膚衰老問題的新一途徑。

## 二、皮膚老化的護理

### （一）補充水分

平時要注意皮膚的溼潤，尤其是秋天到來後，由於空氣開始變得非常乾燥，加上早晚溫差大，天氣逐漸變冷，引起皮膚毛孔收縮，皮膚表面的皮脂腺與汗腺分泌減少，從而使得皮膚表面很容易喪失水分。皮膚衰老的最大原因正是水分不足，加上秋季皮膚新陳代謝緩慢，所以秋風一起，許多人的臉上便起皺紋或色斑、粉刺，原有的花斑、褐斑也會加深，皮膚變得乾燥，皮下脂肪增厚，皮膚緊繃甚至起皮掉屑。因此，秋季護養肌膚要注意合理飲水，彌補夏季喪失的水分，並防止乾燥對體液的消耗。每天都要飲用足夠的水，使之滲透於組織細胞間，維護人體的酸鹼平衡。保證生物體新陳代謝的正常運行，並有效地將人體皮膚廢物排出體外，從而保持皮膚的清潔與活力。一般來說，每天飲水6～8杯水即足夠皮膚內部所需。

## （二）均衡營養

營養不良會使人的皮膚乾、粗、皺、硬。若過多地攝取動物脂肪，則皮膚表現油亮或脫屑，這樣易發生痤瘡等皮膚病。因此，平時應注意飲食的多樣性、營養的合理性，多吃能轉化皮膚角質層、使皮膚光滑的維生素A（動物的肝、腎、心、瘦肉等），多吃新鮮的蔬菜、水果，少吃含飽和脂肪酸較高的動物性食物。此外，天氣乾燥，嘴唇易裂，既影響美觀又增加不適感。要解決這個問題，除了用溫水洗唇，塗上護唇油外，平時應多吃富含維生素的食物，例如動物肝、牛奶、雞蛋、紅白蘿蔔、蘋果、香蕉和梨等。

## （三）合理護膚

1. **儘量避免日曬**：儘量避免上午十點到下午兩點在陽光下日曬，外出時，應帶好防曬工具和防曬用品。

2. **注重潔膚**：即時清除皮膚表面的代謝產物，清水是最好的美容劑，從頭到腳依序輕柔的搓、擦、按摩，促進皮膚的新陳代謝，提高生物體的抵抗力。給皮膚提供足夠的營養和水分是皮膚健美的基礎。皮膚獲取營養主要有兩個途徑：一是從人體內攝取，透過飲食獲取皮膚所需的營養成分。二是從外界獲取，主要是透過擦抹護膚品來增加皮膚所需營養成分，因此要選擇適合自己膚質的日常護膚品。尤其是乾燥的季節，角質層大量脫落，皮膚也會乾燥、粗糙，空氣中汙染物極易阻塞毛孔，如不及時清除易引起皮膚疾病。

3. **養成良好的生活習慣**：保持飲食平衡，生活有規律，保證充足的睡眠時間，堅持鍛鍊身體，保持心情舒暢，減少嗜菸酒等不良嗜好。改變大笑、皺鼻、皺眉、瞇眼等不良動作。

4. **合理應用藥物治療**：合理選用遮光劑、抗衰老藥物，減輕日光對皮膚的損害，改善皮膚的血液循環，增強皮膚的代謝功能，延緩皮膚的老化。

## 習題

1. 請說明皮膚老化的現象有哪些？
2. 請說明造成衰老機制有哪些？
3. 請說明造成皮膚皺紋的原因有哪些？
4. 請舉例說明皮膚老化的預防與護理策略？

## 參考文獻


1. 張效銘、趙坤山著，化妝品原料學第二版，**滄海圖書資訊股份有限公司**，2015。
2. Baumann L. 2007. Skin aging and its treatment. **J. Pathol.**, 211(2):241-251.
3. Betz P. 1995. Immunohistochemical parameters for the age estimation of human skin wounds, a review. **Am. J. Forensic. Med. Pathol.**, 16(3):203-209.
4. Bolognia J L. 1995. Aging skin. **Am. J. Med.,** 98:99-103s.
5. Bonina F, Saija A., Tomaino A, Cascio R L, Rapisarda P, and Dederen J C. 1998. In vitro antioxidant activity and in vivo photoprotective effect of a red orange extract. **Int. J. Cosm. Sci.,** 20:331-342.

6. Boyer R F, and McCleary C J. 1987. Superoxide ion as a primary reductant in ascorbate-mediated ferritin iron release. **Free Radic. Biol. Med.,** 3:389-395.
7. Callaghan T M, and Wilhelm K P. 2008. A review of ageing and examination of clinical methods in the assessment of ageing skin. Part I: cellular and molecular perspectives of skin ageing. **Int. J. Cosmetic Sci.**, 30:313-322.
8. Clark A, and Hessler J L. 2015. Skin care. **Facial Plast. Surg. Clin. North Am.**, 23(3):285-295.
9. Gay M, and Miller E J. 1978. Collagen in the Physiology and Pathology of Connective Tissue, 110 pages. Publisher: **Gustav Fischer Verlas**, Stuttgart.
10. Gilchrest B A. 1996. A review of skin aging and its medical therapy. **Brit. J. Dermatol.,** 135:867-875.
11. Gloqua R G. 1996. Aesthetic and anatomic analysis of the aging skin. **Semin. Cutan. Med. Surg.**, 15(3):134-138.
12. Helfrich Y R, Sachs D L, and Voorhees J J. 2008. Overiew of skin aging and photoaging. **Dermatol. Nurs.**, 20(3):177-183.
13. Imokawa G, and Ishida K. 2015. Biological mechanisms underly the ultraviolet radiation-induced formatior skin wrinking and sagging I: reduced skin elasticity, high associated with enhances dermal elastase activity, triggers wrinking and staging. **Int. J. Mol. Sci.**, 16(4):7753-7775.
14. Kaidbey K H, and Kligman A M. 1979. Acute effect of long wave ultraviolet irradiation on human skin. **J. Invest. Dermatol.,** 72:253-256.
15. Khavkin J, and Ellis D A. 2011. Aging skin: histology, physiology, and pathology. **Facial Plast. Surg. Clin. North Am.**, 19(2):229-234.
16. Kohl E, Steinbauer J, Landthaler M, and Szeimies R M. 2011. Skin aging. **J. Eur. Dermatol. Venereol.**, 25(8):873-884.

17.Lee D H, Oh J H, and Chung J H. 2016. Glycosaminoglycan and proteoglycan in skin aging. **J. Dermatol. Sci.**, 83(3):174-181.

18.McCullough J L, and Kelly K M. 2006. Prevention and treatment of skin aging. **Ann. N. Y. Acad Sci.**, 1067:323-331.

19.Newton V L, Mcconnell J C, Hibbert S A, Graham H K, and Watson R E. 2015. Skin aging: molecular pathology, dermal remodeling and the imaging revolution. **G. Ital. Dermatol. Venverol.**, 150(6):665-674.

20.Ramose-da-Costa A P. 2013. Anti-aging cosmetics: facts and controversies. **Clin. Dermatol.**, 31(6):750-758.

21.Rinnerthaler M, Bischof J, Streubel M K, Trost A, and Richter K. 2015. Oxidative stress in aging human skin. **Biomolecules,** 5(2):545-589.

22.Rittie L, and Fisher G J. 2015. Natural and sun-induced aging of human skin. **Cold Spring Harb Perspect Med.**, 5(1):a015370.

23.Robert L, Labat-Robert J, and Robert A M. 2009. Physiology of skin aging. **Pathol. Bio(Paris).**, 57(4):226-341.

24.Sanches-Silveria J E, and Myaki-Pedrosn D M. 2014. UV light and skin aging. **Rev. Environ. Health,** 29(3):243-254.

25.Tundis R, Loizzo M R, Bonesi M, and Menichini F. 2015. Potential role of natural compounds against skin aging. **Curr. Med. Chem.**, 22(12):1515-1538.

26.Verdier-Sevrain S, Bonte F, and Gilchrest B. 2005. Biology of estrogens in skin: implications for skin aging. **Exp. Dermatol.**, 15:83-94.

27.Yannas I V. 1992. Tissue regeneration by use of collagen-glycosaminoglycan copolymers. **Clin. Mater.**, 9(3-4):179-187.

# 第六章　頭髮的生理與保健

頭髮的現狀是人類在進化過程中，為了適應自然環境而顯現的生理性選擇。在遠古時期，人類祖先猿人的頭髮和普通動物的毛髮完全相同，但隨著人類的進化，頭部的重要性逐漸顯現。人類的頭部成為有別於其他動物的最大特徵，為了更好地保護頭部，人類的頭髮才成為現在的樣子。整體而言，頭髮的最主要作用是保護頭部不受到陽光的直接照射，緩衝外界對於頭部的衝撞。頭髮是人體不可缺少的一個組成部分，對人的身體健康和美化效果十分重要，但是人們在生活中，許多事情會對頭髮造成傷害（物理性、化學性、遺傳性脫髮等），因此日常生活中的頭髮保健是相當重要的。本章節將針對頭髮的組成與特性、造成頭髮損傷原因、頭髮的生長調控及頭髮的保健進行詳細介紹。

## 第一節　頭髮的組成與特性

### 一、頭髮的結構特點

1. **頭髮的基本構成物質**：頭髮的基本構成物質是蛋白質，其餘還有黑色素（一般認為小於 3%）、微量元素（銅、鋅、錳、鈣、鎂、磷、硫等，約占 0.55～0.94%）、脂質（約占 1～9%）和水分（在 25℃，相對溼度 65% 情況下，含水分 12～13%）。

2. **頭髮的組織結構**：頭髮從外到內由三個部分組成，分別是**毛表皮（cuticle）**、**毛皮質（coretx）**和**毛髓質（medulla）**。頭髮的組織結構圖示及組成說明，請參見第二章第三節「皮膚附屬器官——毛髮」的結構。

3. **頭髮的直徑**：西方人的頭髮直徑平均為 55 μm ，東方人的頭髮直徑平均為 80 μm 左右。

## 二、頭髮的組成與鍵結

1. **頭髮的化學組成**：頭髮主要是由角蛋白組成，從元素角度來說，含有碳、氫、氧、氮和少量的硫元素（大約 4%），硫元素的含量雖然很少，但是它的作用卻不可忽視，生活中的燙髮和染髮都要依靠這種元素的大力支持。如果將頭髮放入鹽酸中水解後，可以得到十多種胺基酸，分別是半胱胺酸（cysteine）、絲胺酸（serine）、谷胺酸（glutamic acid）、蘇胺酸（threonine）、甘胺酸（glycine）、白胺酸（leucine）、纈胺酸（valine）、精胺酸（arginine）、天門冬胺酸（aspartic acid）、丙胺酸（alanine）、脯胺酸（proline）、異白胺酸（isoleucine）、酪胺酸（tyrosine）、苯丙胺酸（phenylalanine）及組胺酸（histidine）。這些胺基酸中，含量最高的是半胱胺酸，大約 17% 左右。胱胺酸含有雙硫鍵（S－S 鍵），雙硫鍵可使兩條多胜肽鏈交連在一起，形成網狀結構，增強了角蛋白的強度，從而賦予頭髮特有的堅韌性。在多胜肽鏈的結構上還會形成一些大小不等的肽環結構。這種結構對頭髮的變型扮演著重要作用。

此外，頭髮中黑色素含量在 3% 以下。微量元素（銅、鋅、鈣、鎂、磷、矽）占 0.55～0.94%。頭髮還具有吸收水分的性質，受環境的影響，所含水量不同。

2. **頭髮的化學鍵結**：頭髮中的各蛋白質之間存在著化學鍵，頭髮依靠這些化學鍵來保持原有的形狀，它們之間存在的結構見圖 6-1 所示。頭髮依靠這些化學鍵的連接來保持形狀，頭髮的化學性質和這些鍵的斷裂有關。頭髮的多肽鏈交聯結構中，共有 5 種連接形式：凡得瓦爾力、胜肽

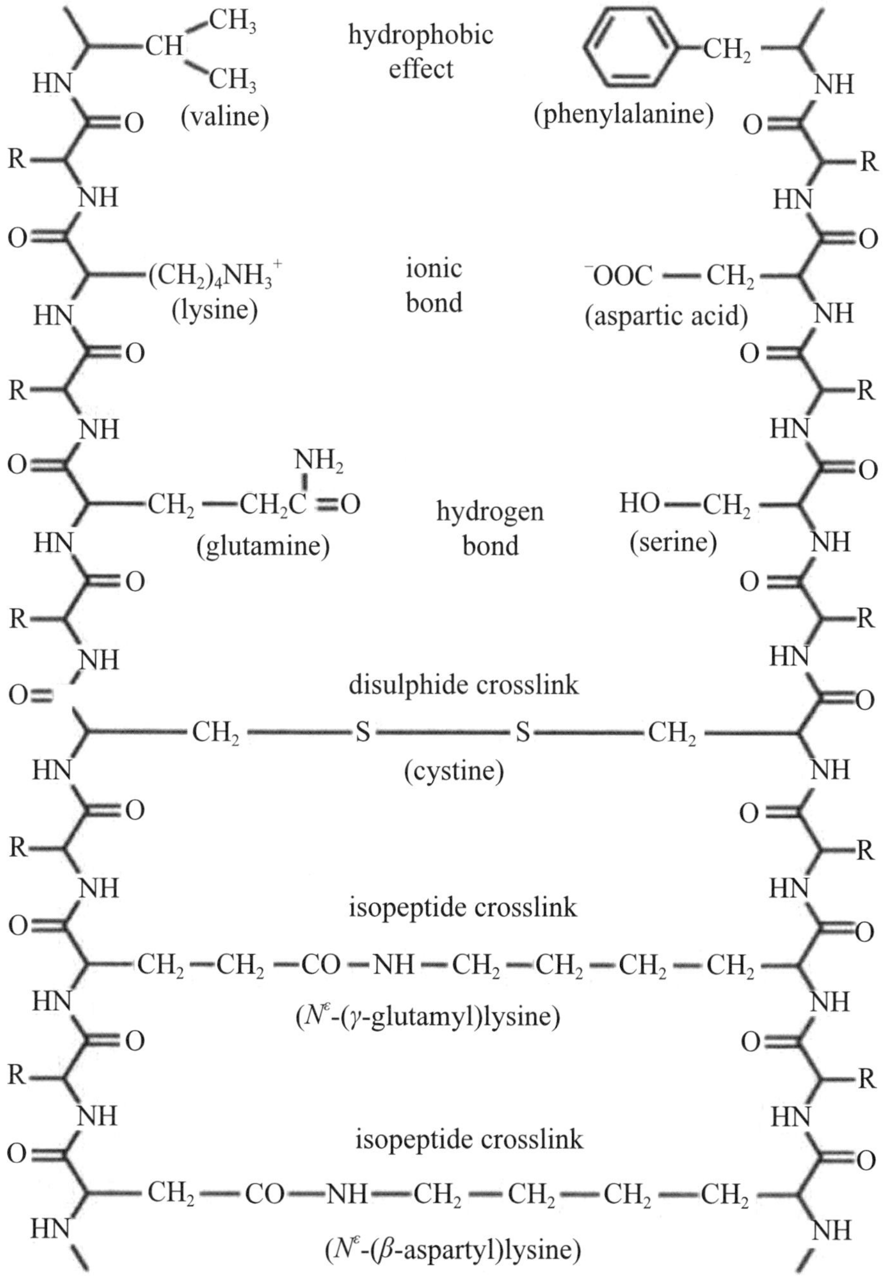
hydrophobic effect
(valine)
(phenylalanine)
ionic bond
(lysine)
(aspartic acid)
hydrogen bond
(glutamine)
(serine)
disulphide crosslink
(cystine)
isopeptide crosslink
(Nε-(γ-glutamyl)lysine)
isopeptide crosslink
(Nε-(β-aspartyl)lysine)

圖 6-1　頭髮內的化學鍵

鍵、氫鍵、離子鍵以及雙硫鍵。

(1) **凡得瓦爾力（vanderwaals force）**：凡得瓦爾力是分子間的引力作用，其數值非常小，通常可忽略不計。

(2) **胜肽鍵（peptide bond）**：兩個胺基酸分子之間，以一個胺基酸的 $\alpha$- 羧基和另一個胺基酸的 $\alpha$- 胺基（或者是脯胺酸的亞胺基）脫水縮合把兩個胺基酸分子連結在一起所形成的醯胺鍵，即胜肽鍵。但是它在強鹼性溶液或是強酸性溶液中會分解。

(3) **氫鍵（hydrogen bond）**：原理是由於胺基酸分子中的氫原子與其他的胺基酸中的氫原子之間相互吸引形成的化學鍵。氫鍵的吸引力很弱，極易斷裂，但是氫鍵可以延展，主要是用來固定多胜肽鍵。水可以使氫鍵斷裂。

(4) **離子鍵（ion bond）**：離子鍵又叫鹽鍵，它是蛋白質分子中帶正電荷基團和帶負電荷基團之間靜電吸引所形成的化學鍵。離子鍵遇酸鹼會斷裂，但洗後可以恢復。

(5) **雙硫鍵（disulfur bond）**：雙硫鍵是所有化學鍵中對於美髮產品最重要的一種物質，染髮、燙髮等用品都要和雙硫鍵發生作用。雙硫鍵非常堅固，只有經由化學變化才能被打斷，胱胺酸分子既有－NH 基，又存在－COOH 基，可以形成兩個多肽鍵，在頭髮的角蛋白中，每一個胱胺酸分子都各有一部分在兩條多肽鏈中，這兩條多肽鏈是透過胱胺酸分子內的兩個硫原子連接在一起的，這兩個硫原子之間的交聯叫做雙硫鍵。燙髮就是利用斷裂雙硫鍵，並又有序地重新排列雙硫鍵，使頭髮的形狀有所改變。

## 三、頭髮的物理性質

頭髮的物理特性，很大程度受生長的部位、年齡及性別等影響。當然，頭髮的粗細和形狀也直接左右其物理性質。一般來說，亞洲人的頭髮粗而直，橫切面為圓形；白種人的頭髮較細，橫切面為橢圓形；非洲人的頭髮是捲的，橫切面呈三角形。日本科學家透過對 6 個國家和地區的 20 萬名女性的頭髮進行測定，發現美國和德國女性的頭髮平均直徑為 50～55 μm；墨西哥為 5～70 μm；泰國為 70～75 μm；日本與我國地區為 80 μm 左右。

1. **力學特性**：頭髮是天然纖維中最富彈性的一種，當拉伸一根健康未受損的溼頭髮時，它可以伸長 30% ，且能在乾燥後恢復原來的長度。因為彈性，頭髮能抗拒外力而保持外形、長度不變。頭髮的拉伸強度強，斷裂應力可達 150 g。頭髮的典型拉伸應力—應變關係如圖 6-2 所示。很明顯伸長曲線出現三個不同的區域，即**前屈服區（pre-yield region）**、**屈服區（yield region）**和**後屈服區（post-yield region）**。在前屈服區，伸長與應力成正比；在屈服區，伸長迅速增加而應力無明顯變化；在後屈服區，伸長與應力再次成正比，然後髮就會斷掉。頭髮的這三種區域抗張行為，是對頭髮中角蛋白空間結構變化的反應。在前屈服區，角蛋白取 $\alpha$-螺旋狀（$\alpha$-helix）的結構；屈服區是 $\alpha$- 角蛋白重新排列變成摺疊形 $\beta$- 角蛋白（$\beta$-plated sheet）的過程；在後屈服區，$\beta$- 角蛋白為優勢形式。實際上，只有第一個區域最重要，因為它代表日常生活中頭髮的應力—應變行為，影響頭髮負載伸長的因素，包括頭髮中水分含量、頭髮的直徑、溫度、化學處理等所造成的損傷等。

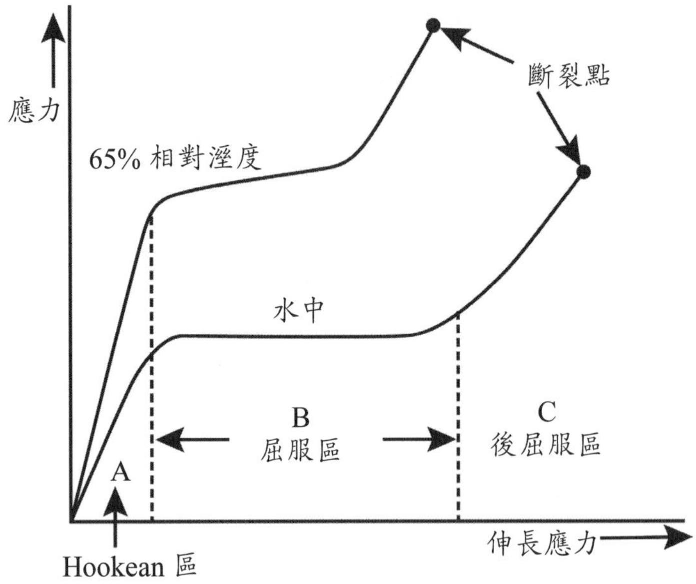


圖 6-2 頭髮在 65% 相對溼度和水中的拉伸應力—應變曲線

2. **摩擦作用**：頭髮的**摩擦係數（fraction coefficient）**較合成纖維要高。這是由頭髮表面毛鱗片排列的特殊結構造成的。頭髮的摩擦係數隨著髮齡及頭髮的受損而增大，而護髮素等護髮產品中的有效成分如聚矽氧烷（poly silcoxanes）等，具有減少頭髮表面摩擦係數的作用。另外，頭髮溼摩擦作用比乾摩擦作用高，並隨著相對溼度的增加而增大。頭髮的摩擦作用具有方向性，即由髮根至髮尖方向的摩擦作用較由髮尖至髮根的方向小。這是由毛鱗片排列方向性決定的。

3. **靜電作用**：頭髮具有摩擦起電的特性，摩擦乾燥的頭髮，例如刷或梳理時，在頭髮上可形成靜電。這種現象在乾燥的氣候裡，尤其容易觀察到。靜電使頭髮相互排斥而不能平整地排列在一起，導致頭髮豎立、飄浮（flyaway）、蓬開。頭髮的帶靜電性受三個因素控制，一是髮表面的狀態，一是髮中水分的含量，另一是溫度。當頭髮表面覆蓋有充分的護髮成分如陽離子表面活性劑時，一般不會發生摩擦起電的現象。當頭髮較爲溼潤時，也很少發生摩擦起靜電的現象。另外，頭髮角蛋白纖維的電阻隨溫度的升高而下降，大約每升高 10℃，電阻下降 5 倍。溫度高時，一般不會出現靜電。

4. **光澤**：頭髮的光澤對美觀有很重要的作用。不發光物質的光澤是由於反射發光物質的光線形成的。反射表面愈平坦，則反射效果愈好，即愈顯得有光澤。因此當頭髮整體排列有序、髮表層相對平坦時，頭髮就顯得有光澤。相反地，當頭髮表面受損而變得粗糙時，會很大程度上引起光散射，使頭髮失去光澤（如圖 6-3 所示）。

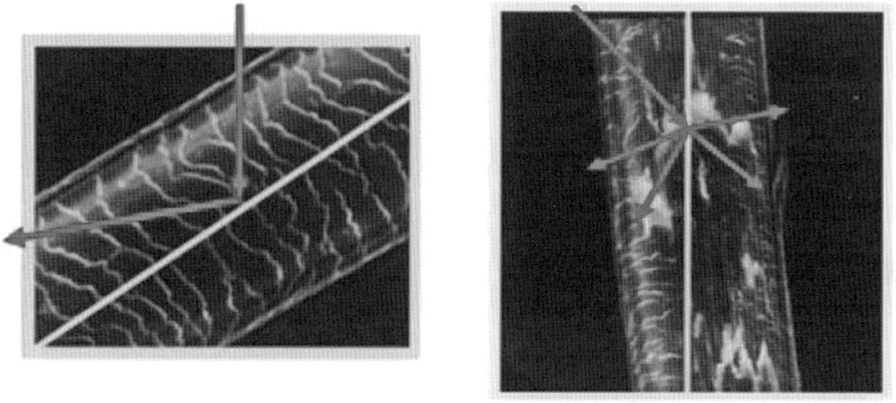

圖 6-3　頭髮表面平滑度對光反射的影響

## 四、毛髮的化學特性

毛髮主要由硬質蛋白組成，化學特性比較穩定。但在熱水、酸、鹼、氧化劑和還原劑的作用下，仍會發生一些化學反應，控制不好會損壞毛髮。頭髮依靠這些化學鍵的連接來保持形狀，頭髮的化學性質和這些鍵的斷裂有關。但在一定條件下，可以利用這些反應來改變頭髮的特性，達到美髮、護髮等目的。在此僅介紹與燙髮、染髮以及護髮等相關的一些化學特性。

1. **水解作用**：毛髮不溶解於冷水。但由於它的胺基酸長鏈分子中含有眾多不同的親水性基團（例如$-NH_2$、$-COOH$、$-OH$、$-CONH-$等），能和水分子形成氫鍵，且纖維素—水鍵的鍵能大於水—水鍵的鍵能。

$$\rangle C=O \text{------} H-N \langle \quad + \quad \overset{H}{\underset{\underset{H}{O}}{O}} \text{------} H \quad \longrightarrow \quad \rangle C=O \text{------} H-O \langle \quad + \quad \overset{H}{\underset{H}{O}} \text{------} H-N \langle$$

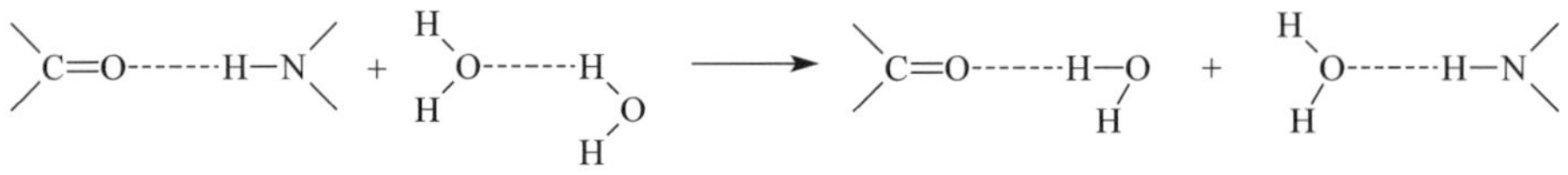

因此，毛髮具有良好的吸溼性，毛髮在水中的最大吸水量可達30.8%。水分子進入毛髮纖維內部，使纖維發生膨化而變得柔軟。

當毛髮在水中加熱到100℃以下時，除了氫鍵的斷裂，還會發生如下的水解反應，有少量雙硫鍵的斷裂：

$$-CH_2-S-S-CH_2- \quad + \quad H_2O \quad \longrightarrow \quad -CH_2-SH \quad + \quad -HOS-CH_2-$$

如果溫度超過100℃時，即在加壓下加熱，將會有硫元素的損失，反應如下：

$$-CH_2-SOH- \quad \longrightarrow \quad -\overset{O}{\underset{H}{C}} \quad + \quad H_2S-$$

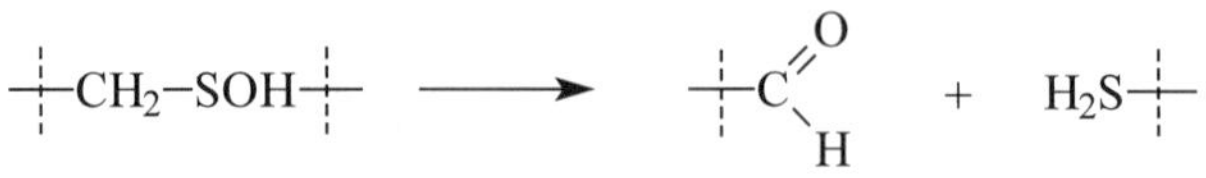

如果用鹼液處理頭髮，除了離子鍵的斷裂，雙硫鍵的破壞也變得比較容易，同時伴有硫元素的損失，反應式如下：

$$\begin{array}{c}\mid\\-CH-CH_2-S-S-CH_2-CH\end{array} + H_2O \xrightarrow{\text{NaOH}}$$

$$\begin{array}{c}\mid\\-CH-CH_2-SOH\end{array} + \begin{array}{c}\mid\\SH-CH_2-CH\end{array} \xrightarrow[-S]{-H_2O}$$

$$\begin{array}{c}\mid\\C=CH_2\end{array} + \begin{array}{c}\mid\\HS-CH_2-CH\end{array} \longrightarrow \begin{array}{c}\mid\\CH-CH_2-S-CH_2-CH\end{array}$$

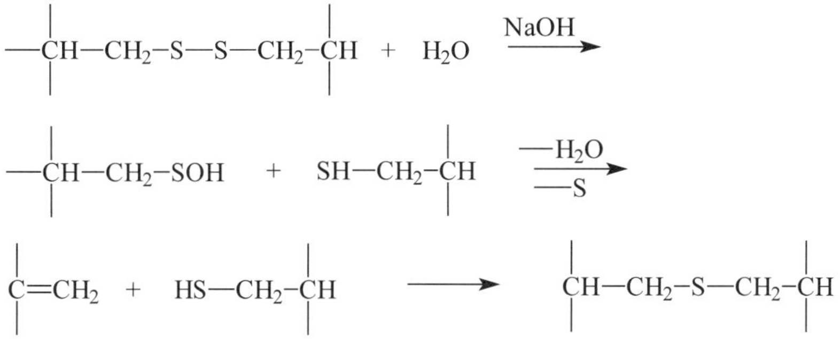

美髮使用熱（電）燙的方法，就是依據上述頭髮的水解反應而產生的。先將頭髮抹上鹼性藥水，利用捲髮器將頭髮捲曲，以改變頭髮中角蛋白分子的形態，然後對頭髮進行加熱，受熱後的燙髮藥水發生水解作用，毛髮中的雙硫鍵斷裂，生成硫基和亞磺酸基：

$$R-S-S-R' + H_2O \xrightarrow[\text{壓力}]{\text{高溫}} RSH + R'SOH$$

透過化學變化產生新的硫化鍵，將頭髮形成的波紋固定下來，燙髮完成。

2. **加熱作用**：毛髮在高溫（例如 $100\sim105°C$）下烘乾時，由於纖維失去水分會變得粗糙，強度及彈性受損。若將乾燥後的毛髮纖維再置於潮溼空氣中或浸入水中，則會重新吸收水分而恢復其柔軟性和強度。但是長時間的烘乾或在更高溫度下加熱，則會引起雙硫鍵或碳—氮鍵和碳—硫鍵的斷裂而使毛髮纖維受到破壞，並放出 $H_2S$ 和 $NH_3$。因此，經常或長時間對頭髮進行吹風定型，不利於頭髮的健康。

3. **還原作用**：毛髮中的雙硫鍵對某些還原劑非常敏感，常用的還原劑有 $NaHSO_3$、$N_2SO_3$、$Na_2S$、$HSCH_2COOH$（硫基乙酸）及其鹽（為化學冷燙劑的主要成分）等。以亞硫酸鈉還原雙硫鍵時，反應如下：

$$R—S—R + Na_2SO_3 \longrightarrow R—S—SO_3^- + RS^-$$

以硫基化合物（如硫基乙醇）還原雙硫鍵時，反應如下：

$$R—S—R + 2HS—R' \longrightarrow 2R—SH + R'—S—S—R'$$

上述反應使毛髮中的雙硫鍵被切斷，而形成賦予毛髮可塑性的硫基化合物，使毛髮變得柔軟易於彎曲，但若作用過強，雙硫鍵完全被破壞，則毛髮將發生斷裂。

上述反應生成的硫基在酸性條件下比較穩定，大氣中的氧氣不容易使其氧化成雙硫鍵。而在鹼性條件下，則比較容易被氧化成雙硫鍵，反應式如下：

$$2RSH + \frac{1}{2}O_2 \longrightarrow R—S—S—R + H_2O$$

此反應在金屬離子如鐵、錳、銅等存在時，將大大加快硫基轉化成雙硫鍵的反應速度。

4. **氧化作用**：氧化劑對毛髮纖維的影響比較顯著。毛髮中的黑色素可被某些氧化劑氧化生成無色的物質。依據這個特性，可用於頭髮的漂白。常用的氧化劑爲過氧化氫（$H_2O_2$）。若在過氧化氫中加入氨水作爲催化劑，可迅速而有效地漂白頭髮。同時使用熱風或熱蒸汽也可加速黑色素的氧化過程。用過氧化氫漂白頭髮時，金屬鐵與鉻具有強烈的催化作用，應予以注意。經冷燙精處理過的頭髮，在氧化劑的作用下，部分半胱胺酸又氧化成胱胺酸，使頭髮恢復剛韌性，可以長久保持波紋的捲曲狀態。

5. **日光作用**：如前所述，毛髮角蛋白分子中的主鏈結構是由眾多醯胺鍵（胜肽鍵）連接起來的，而 C－N 鍵的離解能比較低，約為 306 kJ/mol，日光下波長小於 400 nm 的紫外線能量就足以使它發生裂解；另外，主鏈中的碳基（C ＝ O）對波長為 280～320 nm 的光線有強吸收力。所以主鏈中的醯胺鍵在日光中紫外線的作用下顯得很不穩定。再者，日光的照射還能引起角蛋白分子中雙硫鍵的開裂。因此，毛髮纖維受到持久強烈的日光照射時，能引起質髮的變化，毛髮變得粗硬、強度降低、缺少光澤、易折斷等。

## 第二節　造成頭髮損傷原因

隨著時間的推移，頭髮不可避免地受到外界因素造成的損傷，從而發生物理化學性質上的變化。當用同等的力來拉相同數量的頭髮時，拉斷遠離髮根 31～40 cm 處的頭髮，所需要時間只是新髮（1～10 cm 處）的 30% 左右。可見頭髮的**拉伸強度（tensile strength）**隨著髮齡而明顯減弱。

頭髮損傷的表現還不僅止於此，造成頭髮損傷的外界因素也是各式各樣的。大致可以分成下列幾種類型：

1. **物理損傷**：物理損傷是指外力對頭髮造成的損傷，造成頭髮的外力之一是梳理頭髮時，梳子帶來的牽引力和梳齒造成的摩擦力。雖然頭髮很強韌，但在過度梳理或梳理不當時，以及當頭髮溼並有不同程度纏結時梳理，仍會損傷頭髮。當頭髮表面很不光滑而不易梳理時，尤其容易發生這種損傷。另外，使用密齒金屬梳子也會增加梳理損傷的機會。逆向梳理更是有害，由於它是逆著毛小鱗排列方向梳理，而這些鱗片都像屋頂上的瓦片，沿髮幹（毛幹）向髮尖排列，一旦頭髮被倒梳時，這些層疊的鱗片會上翹（如圖 6-4(a) 所示）；而進一步透過這些鱗片時，它們就會被剝落

（如圖 6-4(b) 所示）。

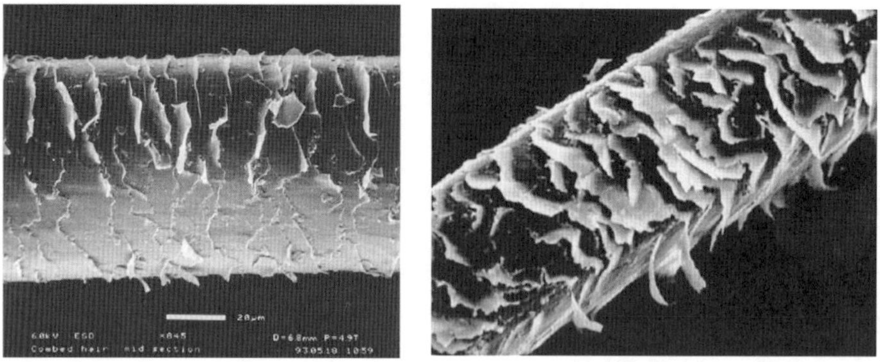

(a) 因逆梳理而翹起的毛鱗片　　(b) 毛鱗片部分剝落的頭髮

圖 6-4　因逆梳理造成頭髮的物理性傷害

造成物理損傷的外力，還包括尖物引起的削割力，例如用剃刀刮髮或用鈍的剪刀剪髮等，都會使毛鱗片受損甚至剝落。用鈍剪刀剪出的頭髮，往往有著長長的鋸齒狀邊緣，這種頭髮的毛鱗片非常容易被進一步損壞。這就是爲什麼理髮師一定要用質量極好的鋼剪刀。

2. **化學損傷**：化學損傷是指由發生在頭髮的化學反應中，引起組成頭髮的角蛋白結構變化而造成的損傷。事實上，在日常的美髮過程中，燙髮、漂白和染髮都在一定程度上損傷頭髮。引起化學反應的物質包括燙髮劑（permanent wavong agent）、直髮劑（hair straightener）、染髮劑（hair dye）和漂白劑（hair bleacher）等。這些化學物質都是透過穿透毛鱗片進入毛皮質而起作用的，毛鱗片會首當其衝地受到損傷。毛鱗片最外層的疏水性保護膜──脂肪酸層（F-layer）首先被分解而脫離，繼而毛鱗片出現許多微小的空洞，最終毛鱗片變得粗糙並容易出現剝蝕。化學損傷後，頭髮因失去了最外層的疏水性保護膜，表面變得比較親水，所以頭髮上水珠迅速消失（圖 6-5）。

(a)健康頭髮是疏水性，頭髮上的水珠不易滲透

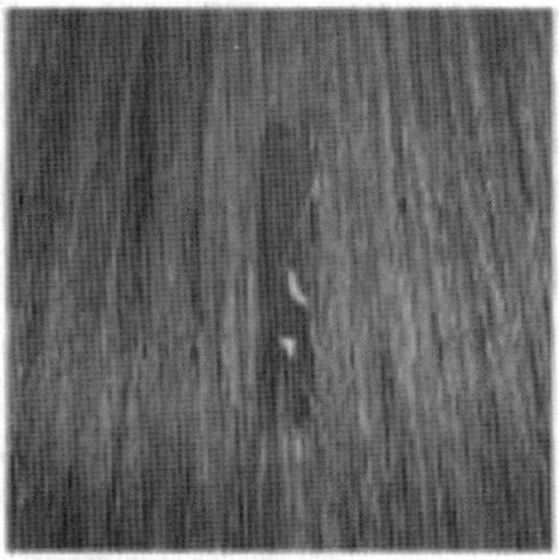

(b)漂白後的人類頭髮是親水性，頭髮上的水珠迅速消失

圖 6-5 化學處理對頭髮疏水保護層的影響

除此之外，這些化學處理都不可避免地會改變毛髮表面及內部的結構，例如引起頭髮中蛋白質流失、結晶度下降等。就燙髮和直髮而言，爲了改變頭髮的形態，先用還原劑打破頭髮角蛋白結構中自然鏈接的雙硫鍵，然後再通過過氧化劑將其在新的位置上重新組合，從而造成頭髮強度和彈性的下降。漂白和染髮也會改變頭髮的結構，因爲染髮劑和漂髮劑必須透過毛鱗片進入毛皮質，在毛皮質中發揮作用，一定程度的化學損傷就不可避免了。永久性染髮是透過將氧化染料滲透到頭髮內部，並在氧化劑的作用下發生氧化聚合，生成高分子色素而染色。脫色也是通過將漂白劑與頭髮中的黑色素發生氧化反應而完成。這些化學反應都同樣不可避免地會改變毛髮的內部結構，從而損傷頭髮。圖 6-6 的電顯圖顯示反覆燙髮而造成的毛鱗片損傷。漂染後的頭髮有含水量降低、拉伸強度下降、彈性和韌性下降等物理特性的改變。化學損傷可以使頭髮中的蛋白質更易流失，如表 6-1 所示。

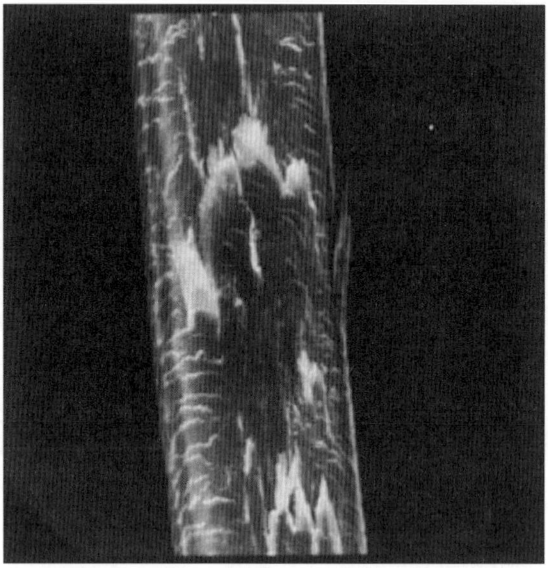

圖 6-6 過度燙髮造成的毛鱗片的損傷

表 6-1 化學處理對頭髮中蛋白質流失的影響

| 處理方法 | 蛋白質流失＊<br>/（mg/g 頭髮） | 處理方法 | 蛋白質流失＊<br>/（mg/g 頭髮） |
|---|---|---|---|
| 無處理（比較組） | 2.62±0.19 | 脫色 | 6.65±0.81 |
| 燙髮 | 6.24±0.41 | 燙髮加脫色 | 9.00±0.74 |

＊：將 200 mg 頭髮在 10 ml 蒸餾水中搖晃 4 小時，重複 3 次取平均值。

3. **熱損傷**：熱損傷是熱吹風或電燙時溫度過高而引起的頭髮損傷。頭髮所含水分的多少，對頭髮健康狀況是十分重要的。高溫首先可以使頭髮中水分揮發，使頭髮乾燥脆弱、易斷裂。電吹風和其他加熱裝置可以使頭髮的角蛋白變軟，過高溫度下的熱處理還可以使髮內形成水蒸氣，以至於頭髮發生膨脹，甚至形成**泡沫狀髮（bubble hair）**。這時的毛髮是很脆弱的，很容易斷裂。

4. **日光損傷及氣候老化**：日光中的紫外線輻射也可引起頭髮結構的

變化和**光降解（photodegradation）**。頭髮暴露於紫外線輻射後，黑色素會因受到氧化而發生褪色現象，這是陽光的漂白作用。日光還可使角蛋白中的胱胺酸、酪胺酸和色胺酸等基團發生降解，結果頭髮逐漸脆弱變乾。雖然陽光能打斷胺基酸組間的化學連接，特別是碳原子和硫原子間的連接，但是不會影響雙硫鍵和氫鍵的連接，因此髮型在陽光下基本不受影響。

除日光外，其他環境因素如雨和潮溼、海水和汗液中的鹽類、游泳池中的化學物質、空氣汙染等，都可能對頭髮造成一定程度的損傷。這類型因素引起的頭髮損傷，統稱「**頭髮的氣候老化**」。

受過損傷的頭髮摸上去感覺「**髮硬**」、「**粗糙**」、「**沒有彈性**」、「**不易梳理**」、「**易斷髮**」等，這些都是頭髮物理化學特性的外在變化現象。實際上，受損傷的頭髮出現含水量降低、拉伸強度下降、彈性及韌性下降、顏色和光澤損失、表面紋理變得粗糙，等物理特性的變化。由圖 6-7 曲線可以看出，物理和化學損傷的頭髮，含水量明顯低於未受損的頭髮。乾燥、缺乏水分又會進一步促使頭髮的剝蝕，形成惡性循環。頭髮受損後光澤度的下降，主要是由於髮表面變得粗糙，對光的反射程度降低而造成的。

通常頭髮損傷的發生是一步步逐漸產生的，由頭髮變得脆弱、毛鱗片局部脫落，到毛鱗片完全脫落、毛皮質裸露（圖 6-8(a)），進一步發展成髮幹分叉（圖 6-8(b)）、頭髮斷裂（圖 6-8(c)）、髮梢分叉裂開（圖 6-8(d)）等。

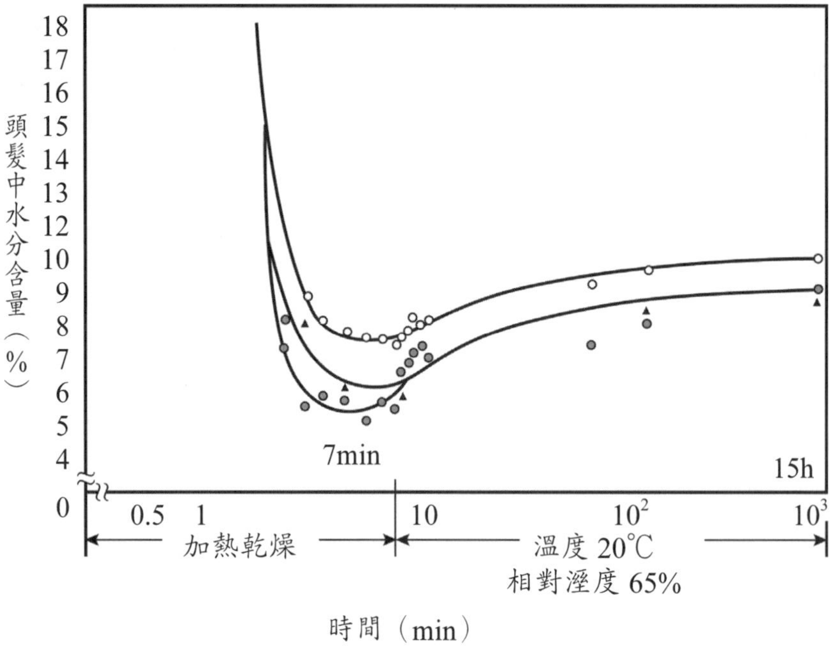


圖 6-7　加熱過程中頭髮水分的變化比較

○未受損的頭髮；▲由梳理受損的頭髮；●由脫色而受損的頭髮

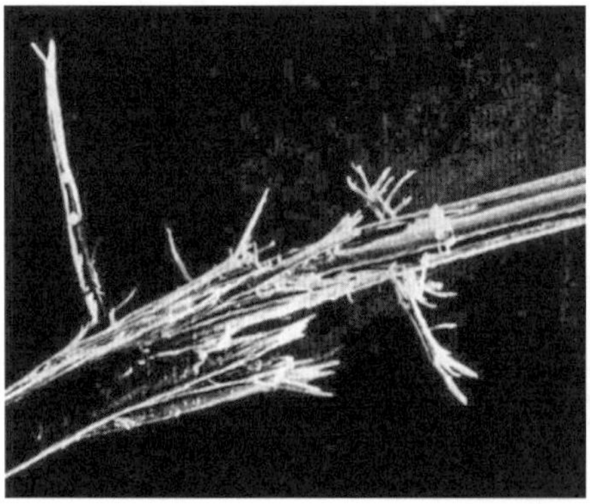

(a) 毛鱗片脫落、毛皮質裸露的頭髮

(b) 因受損而分叉的頭髮

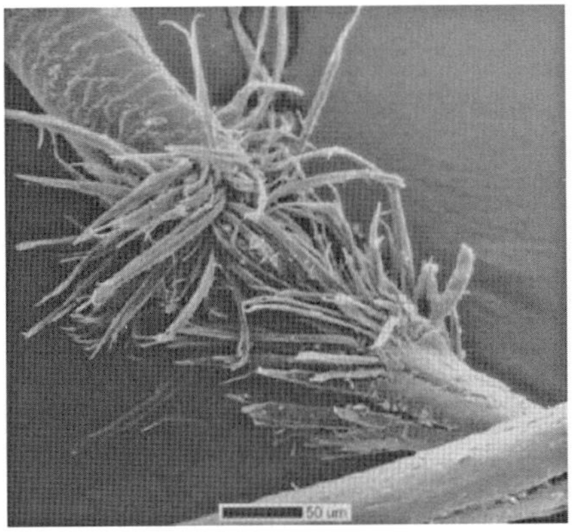

(c) 因受損而斷裂的頭髮

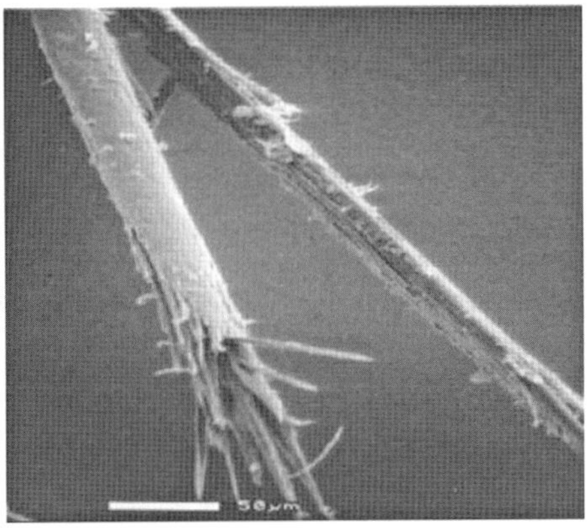

(d) 分叉裂開的髮梢

圖 6-8　各種頭髮損傷圖像

# 第三節　頭髮生長與調控

**脫髮（alopecia）**是每個人在人常生活中常有的事，每天脫落幾根至幾十根頭髮是正常的生理現象。每根頭髮都有它生長發展至衰退的過程。正常情況下，老化的頭髮脫落和新生的頭髮生長保持一定平衡，若脫落的多於新生的就會產生脫髮。過度的脫髮也是對頭髮的一種損傷，嚴重時可能導致頭髮全部掉光，失去保護頭部不受到陽光的直接照射、緩衝外界對於頭部的衝撞等生理意義。造成脫髮的原因很多，既有先天性或遺傳性的因素，也有後天性的、生理性的和病理性的原因。

## 一、頭髮的生長與壽命

毛髮的生長可以分爲生長期（anagen, 5～6 年）、退化期（catagen, 2～3 星期）、休止期（telogen, 2～3 個月），即毛髮反覆地生長、脫落和新生（如圖 6-9）。頭髮的生長期約 3～5 年，少數可達十年以上，休止期可能不超過 2～3 個月，退行期約 1～2 個月。眉毛、睫毛的生長期爲 2 個月，休止期可長達 9 個月。毛髮生長的速度受性別、年齡、部位和季節等因素影響。頭髮每天生長約 0.3～0.4 毫米（mm），腋毛則爲 0.2～0.38 毫米（mm）。毛髮生長以 15～30 歲時最旺盛，毛髮一天生長 0.2～0.5 毫米（mm），白天比晚上生長快，最快可達 1.5 毫米（mm），頭髮生長最旺盛時期，男性在 20 歲左右，女性在 25 歲左右。各季節、晝夜生長速度不同。長毛髮的壽命 2～3 年，短毛髮壽命只有 4～9 個月。休止期的頭髮，由於新一代生長期的頭髮伸長而被頂出，自然脫落。在正常健康情況下，每天自然脫髮 50～120 根。

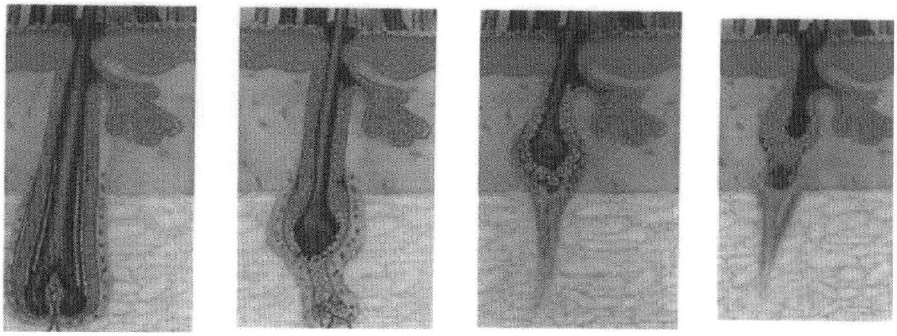


圖 6-9 毛髮的生長週期

## 二、毛髮的生長週期

毛髮並不是一生中持續生長，一根一根的毛髮都有獨自的壽命，反覆地成長、脫落和新生，這種情形稱爲「**毛髮的壽命**」（圖 6-10）。毛囊在胚胎期形成，生成後不再增加。毛髮生長週期一般可以分爲 3 個階段，即生長期、退行期和休止期。各種毛髮生長週期持續時間不同，頭髮最長生長期平均爲 5～7 年，有的長達 25 年，退行期與休止期僅有 8 個月。眉毛

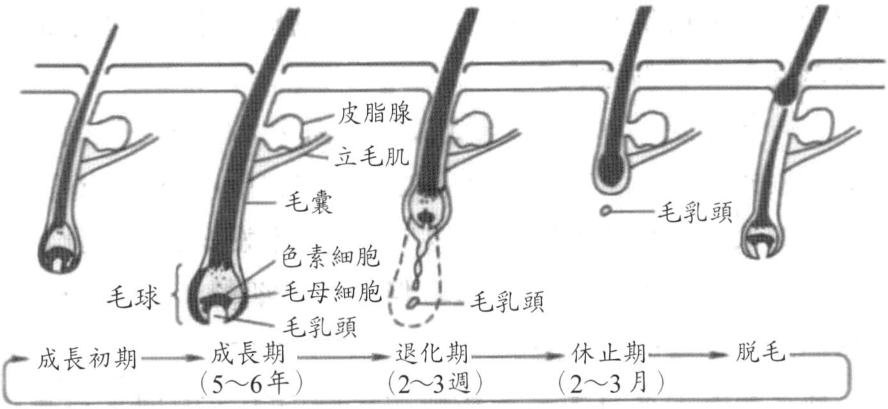


圖 6-10　毛髮的壽命

生長週期約爲 105 天。以頭髮爲例，簡述其週期變化。

1. **生長期（anagen）**：毛髮僅在生長期產生，此期間毛球膨脹，毛乳頭增大，毛母質細胞分裂加速、增生活躍，毛髮伸長，向眞皮深處生長，且毛囊可深入皮下組織，形成毛幹與內毛根鞘；此期外觀色深，毛幹粗、毛根柔軟、溼潤，周圍有白色透明鞘包繞。一旦生長停止，毛囊則開始退化。生長期母質細胞分裂旺盛，毛髮生長活躍、毛根直徑普遍相等，或根部增寬，被毛根鞘緊密包裹並具有稜角。在近於生長期末，黑色素細胞停止產生、輸送黑色素，毛根部色素累積減淡。

2. **退化期（catagen）**：退化期的最初特徵是毛球部停止產生黑色素，緊接著毛母細胞減少增殖並停止分裂，毛球向上移行，毛球逐漸角化，體積縮小，整個毛髮形成棍棒狀，毛根縮短，外圍外毛根鞘圍繞形成薄膜狀上皮囊，毛乳頭仍留在原處，在乳頭與毛球間有未分化的上皮細胞柱；上皮柱進行性退縮，至休止期幾乎消失。此期約 2～4 週。之後，隨著毛囊外的大部分細胞被吞噬細胞消化而收縮，毛根縮回到立毛肌起始部的下部（長度爲生長期的 1/2～1/3），而進入休止期。休止期的毛囊前端附著球狀的毛乳頭。

3. **休止期（telogen）**：毛根繼續向上，與立毛肌間的距離日益縮短，最後至立毛肌附著處，上皮細胞柱極短，薄膜狀上皮囊的底部有結節細胞團，約 3 個月後毛髮即脫落。此期外觀色淡、乾燥、毛根長度縮短，僅有生長期的 1/2～1/3，毛根周圍為白色透明鞘包繞。

4. **衰老毛囊（agingfollicle）**：衰老毛囊即毛囊退化，毛囊退化首先出現終毛變小為毫毛，在此過程中發生黑色素喪失和變小的頭髮纖維顯得更細、更短及色澤更淡。灰髮是部分或全部喪失成熟的黑色素小體，而白髮則是絕對喪失黑色素細胞。

休止期的頭髮由於新一代生長期的頭髮伸長而被頂出，自然脫落。自然脫髮的數量每天約 70～120 根。毛髮的生長期為 5～6 年，退化期 2～3 週，休止期 2～3 個月。

## 三、頭髮生長與調控

頭髮生長調節主要依靠毛囊周圍的血管和神經內分泌系統。每個正常毛囊的基底部分或乳頭部分，均有各自數量不等的血管伸入毛球，這些血管和毛囊下部周圍的血管分支相互交通，構成向乳頭部的毛細血管網，而毛囊兩側乳頭下的毛細血管網，以及毛囊結締組織層的毛細血管網，又形成豐富的血管叢，血液通過這些血管網和血管叢，提供頭髮生長所需要的物質營養。頭髮生長除依靠毛囊周圍的血液迴圈供給營養以外，還靠神經及內分泌控制和調節。內分泌對毛髮的影響明顯，男性激素對毛囊鞘有一定的促進作用。內分泌包括垂體、性腺、甲狀腺、腎上腺等。

關於調控頭髮的基因與調控還不是很清楚，遺傳、營養、激素及一些細胞因子和相應的受體等，都與頭髮的生長與調控有關，並構成一個非常複雜的關係網。一般情況下，頭髮的生長在遺傳基因的作用下，透過體內各種激素的作用，有充足的營養供給，具體在許多細胞因子的作用下，完成頭髮生長的全部過程，並顯示出不同的種族特性。其中任何一個環節出現問題，均可在頭髮的生長或形態的變化上表現出來。因此，頭髮的異常也常常反映出人體某些遺傳性和代謝性疾病，或者反映出生物體損傷和中毒等疾病。

1. **垂體激素**：腦垂體分泌生長激素（growth hormone, GH）、褪黑激素（melatonin）和促腎上皮質激素。人類生長素（human growth hormone, HGH）影響著人的皮膚和頭髮的生長，頭髮新生率為 38%；褪黑激素可促進冬季頭髮生長而抑制夏季頭髮生長。促腎上腺皮質激素影響腎上腺皮質的作用，影響頭髮的生長，當腎上腺皮質雄性激素分泌過多時，可引起女子多毛症。女子妊娠發生多毛症的機制也與腦垂體有關，當腦垂體功能低下時毛髮減少。

2. **甲狀腺素**：甲狀腺功能降低時，頭髮減少，頭髮的直徑減小，顏色灰白，脫髮的區域主要以枕部和頭頂最明顯，當甲狀腺機能恢復後，頭髮又可恢復正常。

3. **雌性激素**：雌性激素對頭髮有刺激生長的作用。婦女產後體內雌性激素表現量下降時，頭髮的生長期與休止期比例迅速下降，故產後 4～6 個月時容易出現脫髮。

4. **雄性激素**：雄性激素對頭頂頭髮主要表現為下調作用。例如雄性激素受體亞單位的聚集量增加和 5$\alpha$- 還原酶活性增強，二氫睪固酮增多，並與其他細胞因子，如特異性磷酸激酶和硫基還原酶的作用下，特異性核內受體蛋白與雄性激素受體結合，從而產生「**活化**」的激素—受體複合物，異常情況時將引起雄性激素脫髮。睪固酮可透過誘導毛乳頭細胞中的抑制因子和觸發毛囊上皮產生抑制物的生長因子來抑制毛囊上皮細胞，從而影響頭髮生長。雄性激素刺激皮脂腺增生，分泌增多，再加上毛囊皮脂腺管中受體表現量升高或比例失調，角原細胞增殖角化異常，管腔狹緊或閉鎖，皮脂排泄不順暢而滯留，引發感染而發生雄性激素性脫髮。

5. **促進毛髮生長細胞因子**：毛囊及其周圍組織通過自分泌和旁分泌途徑產生一些特異性可溶性因子，對毛囊的生長發育及生長週期發揮作用。成纖維細胞生長因子（fibroblast growth factor, FGF）家族中，角質形成細胞生長因子（keratinocyte growth factor, KGF）、胰島素樣生長因子 -1（insulin-like growth factor, IGF-1）及神經內分泌胜肽可促進毛囊生長發育和生長週期；胰島素樣生長因子（insulin-like growth factor, IGF）家族的基本成員是 IGF-I 和 IGF-II ，它們透過與細胞膜上表面的高親和力受體結合發揮作用，對毛囊的上皮和眞皮成分均有促進繁殖的作用；肝細胞生長因子（hepatocyte growth factor, HGF）體外實驗對毛囊的生長有很強的促進作用；血管內皮細胞生長因子（vascular endothelical growth factor, VEGF）對血管內皮細胞和角質形成細胞具有很強的促分裂作用；血小板源性生長因子（platelet derived growth factor, PDGF）AA 、BB 、AB 三個成員，能刺激毛囊上皮和眞皮細胞的生長。肝細胞生長因子（HGF）或播散因子（SF）是一種具有多種功能的生長因子，在毛囊器官培養模型中，HGF 促進毛髮生長的效果是濃度依賴（concentration-dependent），即 HGF 濃度愈高，促進毛髮生長的效果愈好。表皮生長因子（epidermal growth factor, EGF）在體外能促進異源性毛囊眞皮源性細胞的增殖。

6. **抑制毛髮生長細胞因子**：頭髮生長抑制因子嚴格控制著頭髮在正常週期中生長。成纖維細胞生長因子（FGF）包括酸性、鹼性成纖維細胞生長因子（aFGF、bFGF），動物實驗顯示，可抑制毛囊生長發育和生長週期，bFGF 能誘導毛乳頭細胞和眞皮鞘成纖維細胞的增生，尤其是在毛囊發育過程中，aFGF 和 bFGF 分布於眞皮連接處，顯示它們在毛囊發生過程中扮演重要作用。表皮生長因子（EGF）及 EGF 的另一成員轉化生長因子 $\alpha$（TGT-$\alpha$）可以抑制毛囊生長速度，在毛囊發育的早期階段，EGF 和 TGT-$\alpha$ 可完全抑制毛囊形成，但該抑制作用是可逆的，且具有階段特異性。

7. **雙向調節細胞因子**：Amphiregulin 是 EGF 家族中的另一成員，是細胞生長的雙向調節劑，也是肝素結合的生長因子，能刺激某些細胞的增殖而對另一些細胞卻有抑制作用；轉化生長因子家族（TGF$\beta$ 至少有三個成員，它們抑制上皮細胞的生長，又可促進成纖維細胞和其他間質細胞的增殖，促進細胞外基質的沉積，調節基質金屬蛋白酶（matrix metalloproteinase, MMPs）和金屬蛋白酶組織抑制因子（inhibitors of metalloproteinase, TIMPs）的合成；神經生長因子（nerve growth factor, NGF）在皮膚器官培養中，外源性 NGF 能促進靜止期毛囊的上皮細胞增殖，但對生長期毛囊上皮細胞確有抑制作用。

8. **細胞激素**：細胞激素（interleukin, IL）類包括多種細胞激素分子，參與了毛囊生長的調控。毛囊培養和轉基因鼠研究顯示，IL-1$\alpha$、IL-1$\beta$ 等透過影響毛乳頭的細胞外基質和細胞內的 cAMP 表現量，對毛囊和毛髮纖維的生長產生抑制作用，可引起生長期毛囊營養不良，組織學上可見毛乳頭收縮、變形、毛母質細胞空泡形成、毛球部和內根鞘異常角化以及毛乳頭細胞內出現黑色素顆粒等。

9. **毛髮生長的相關受體**：毛髮生長相關的受體主要存在於毛母質、毛根鞘、毛囊上皮、毛乳頭等位置，毛球或眞皮乳頭細胞是受體最集中的部位，受體透過對以上各種細胞因子的結合調控頭髮的生長。

10.**毛髮生長相關的生物合成酶**：毛囊和皮脂腺中，存在數量不一的雄性激素合成酶，並能合成少量的雄性激素，可將脫氫表雄酮（dehydroepiandrosterone）和4-表烯二酮（4-androstendione）轉化爲睪固酮和二氫睪固酮，其中I類類固醇5$\alpha$-還原酶與頭髮脫髮密切關係。與此相反，在毛根鞘處存在一種芳香細胞色素P-450酶，可將4-表烯二酮和睪固酮分別轉化爲雌酮（estrone）和雌二醇（estradiol），此酶在平衡毛囊組織中雄性激素表現量具有重要作用，婦女頭皮毛囊組織中細胞色素P-450酶的濃度明顯高於男性，因此婦女出現雄性激素脫髮者明顯少於男性。

## 第四節　頭髮的保健

頭髮是人體不可缺少的一個組成部分，對人的身體健康和美化效果十分重要，但是生活中的許多事情會對頭髮造成傷害，因此日常生活中的頭髮保健是相當重要的。要了解如何對頭髮實施行之有效的保護，首先應該了解到底什麼是傷害頭髮的原因。一般來說，日常生活對頭髮造成傷害的主要因素，包括陽光中的紫外線、燙髮、染髮、過於頻繁的洗頭或是很長時間不洗頭、游泳時海水或是游泳池內的消毒劑成分、洗頭時的姿勢不合理、過多使用吹風機等。

綜合這些對頭髮造成傷害的原因，大致可分爲四大類型：

### 一、第一類是自身保護不當引起的傷害

這一類傷害最容易解決，只要糾正不正確的行爲就可以了。例如調整洗頭的次數，一般2～3天洗一次較好，如果頭髮特別的油膩或是天氣很炎熱，可以適當縮短洗頭時間；又如洗頭時不要過於用力的搓揉頭髮，也不要在洗頭時梳理頭髮，洗後的頭髮應用於毛巾吸乾而不是胡亂搓擦。

## 二、第二類傷害是來自於大自然不可避免的傷害

例如陽光的照射。紫外線會破壞存在於頭髮皮質層中的黑色素和頭髮纖維中的蛋白質，使頭髮褪色變黃並且老化。這類傷害可以透過使用一些保養品如防曬劑來進行抵禦和保護。

## 三、第三類傷害是來自於用品的化學成分

例如燙髮和染髮方面的化學用劑，兩者都是要在鹼性的化學條件下進行，頭髮中的離子鍵和雙硫鍵都會斷裂，並且不可能全部都重新還原，這樣對頭髮會造成損傷，使頭髮變脆、變乾。對於這一類的傷害只能儘量的少燙髮和染髮，並且使用品質良好的產品，以減少對頭髮的傷害。

## 四、第四類傷害來自各種脫髮因素

除上述三種造成頭髮傷害的原因外，脫髮可能受自身免疫性、炎症性、非疤痕性毛髮脫落或受激素依賴性的遺傳性脫髮，例如斑禿（alopecia areata）或雄性激素源性脫髮（androgenetic alopecia）。可以選用一些有效的活性成分研製多種育髮化妝品，例如洗髮精、護髮素、生髮、防脫髮類毛髮產品。防止脫髮或育髮的對策及途徑，主要是採用含有天然活性成分的育髮品，以改善血液循環、促進毛囊生長、抑制微生物生長、消除炎症、抑制皮脂、抑制雄性激素，提供頭髮生長等活性成分，以達防脫落、助生長的目的。相關保健及育髮策略，整理如下：

### 1.生物學反應調節劑

(1)**米諾地爾（minoxidil）**：能促進毛髮生長，直接刺激毛囊，促進毛囊上皮生長。對於雄性激素依賴和非依賴的禿髮都能誘導毛髮生長。米諾地爾可刺激眞皮毛乳頭細胞超量表現米諾地爾血管內

皮生長因子（vascular endothelial growth factor, VEGF），通過直接對VEGF基因的轉錄，向上調控VEGF mRNA及VEGF蛋白表現，對直接影響 VEGF 合成的其他細胞因子或生長因子還有間接刺激作用。米諾地爾可以減輕表皮生長因子誘導的生長抑制，使毛髮生長更快。米諾地爾對於雄性激素脫髮患者頭髮再生且能阻止脫髮，2% 適用於輕型患者，5% 米諾地爾療效最好。

(2) **維 A 酸類**：可通過影響細胞膜的流動性和脂質組成增加米諾地爾的經皮吸收，提高谷氨醯胺轉胺酶（transglutaminase, TGase）活性使基底層細胞分化和角質層形成減少，還可上調在毛囊生長的髮生分化和抑制中關鍵作用的生長因子，外用脫髮劑量爲 0.025%，每日一次，與 0.5% 米諾地爾聯合使用有協同效應。

2. **5α-還原酶抑制劑**：例如 RU58841 爲法國 Roussel Uclaf 公司生產的局部抑制雄性激素受體活性阻滯劑，是一種新型非類固醇抗雄性激素藥物。該藥物作用於頭皮局部毛囊，對其他標靶組織或性器官基本無副作用。該藥物可以引起毛髮週期重新啓動，毛髮生長速率顯著提升。

3. **改善毛囊能量代謝：十五酸單甘油酯（monopentadecanoyl-glycerol, PDG）**，是含 15 個碳原子的脂肪酸單甘油酯，有促進奇數碳鏈長的脂肪酸代謝的特性，經氧化最後生成丙醯輔酶 A，經轉化成甲基丙二酸單醯輔酶 A，在轉變成琥珀醯輔酶 A，進入 TCA 循環轉變成琥珀酸，並促進 ATP 的生成，提供毛囊能量，使男性型脫髮症患者受到抵制的毛囊活化，從而發揮優良的生髮作用。

4. **促進毛髮生長劑**：毛髮生長週期包括生長期、退行期和靜止期，延長生長期或增加毛母質體積可以促進毛髮生長。近年來，透過控制細胞週期及終毛向微縮毛的轉換，開發出許多有效促毛髮生長藥物。例如，**辣**

**椒酊、生姜酊、泛酸及其衍生物。**

5. **改善毛囊周圍血液循環劑**：例如當歸浸膏，主要成分是當歸素、異當歸素等，可使皮膚微血管擴張、血液循環旺盛，供給毛母細胞能量，皮膚氧化還原能力亢進；又如頂花防風鹼，主要分成是生物鹼，具有血管擴張的作用；維生素 E 及其衍生物則具有顯著的生髮、養髮效果。

6. **營養劑**：毛乳頭及毛囊周圍的毛細血管出現循環障礙時，可以引起毛母細胞的營養障礙，可配合補充維生素（維生素 A、維生素 $B_1$、$B_2$、$B_6$、泛素和生物素）和胺基酸（胱胺酸、半胱胺酸、蛋胺酸、絲胺酸、亮胺酸、色胺酸及胺基酸酯）等營養成分，改善營養障礙。

7. **激素**：例如，雌二醇、乙炔雌二醇等，可刺激毛髮生長，但濃度需低於 0.001%。**鬆弛胜肽（relaxin）**可用於雄性激素分泌增多引起的脫髮，防止皮膚老化。**赤黴素（gibberellins）**能刺激細胞分裂和延長壽命。

## 習題

1. 你（妳）認爲頭髮的功用爲何？
2. 參與頭髮鍵結的化學作用力有哪些？
3. 造成頭髮的傷害有哪些？
4. 請簡述頭髮生長週期爲何？
5. 你（妳）認爲該如何保護頭髮？

## 參考文獻

1. 張效銘著，化妝品有效性評估，五南圖書出版股份有限公司，2016。
2. 趙坤山、張效銘著，李慶國校訂，化妝品化學第二版，五南圖書出版股份有限公司，2016。

3. Reich C, Su D, and Kozubal C. Hair conditioners. pp:407-425, **Handbook of Cosmetic Science and Technology**, 3rd edition, 2009.
4. Akiyama M, Smith L T, and Holbrook K A. 1996. Growth factor and growth factor receptor localization in the hair follicle bulge and associated tissue in human fetus. **J. Invest. Dermatol.,** 106:391-396.
5. Bergfeld W F. 1998. Retinoids and hair growth. **J. Am. Acad. Dermatol.,** 39:S86-S89.
6. Collins J D, and Chalk M. 1965. The stress-strain behavior of dimension and structurally. **Text. Res. J.,** 35:777.
7. Dibianca S P. 1973. Innovative scanning electron microscopic techniques for evaluating hair care products. **J. Soc. Cosmet. Chem.,** 24:609-622.
8. Hebert J M, Rosenquist T, Gotz J, and Martin G R. 1994. FGF5 as a regulator of the hair growth cycle: Evidence from targeted and spontaneous mutations. **Cell,** 78: 1017-1025.
9. Hodging M B, Choudhry R, Parker G, Oliver R F, Jahoda C A B, Wothers A P, Brinkmann A O, van der Kwast T H, Boersma W J A, Lammers K K, Wong T K, Wawrzyniak C J, and Warren R. 1991. Androgen receptors in dermal papilla cell of scalp hair follicles in male pattern baldness. **Ann. N. Y. Acad. Sci.,** 642:448-451.
10. Lachgar S. 1998. Minoxidil upregulates the expression of vascular endothelial growth factor in human hair dermal papilla cell. **Br. J. Dermatol.,** 138(3):407-411.
11. Liang T, Hoyer S, Yu R, Soltanik K, Lorincz A L, Hipakka R A, and Liao R. 1993. Immunocytochemical localization of androgen receptors in human

skin using monoclonal antibodies against the androgen receptors. **J. Invest. Dermatol.,** 100:663-666.

12. Murata K, Noguchi K, Kondo M, Onishi M, Watanabe N, Okamura K, and Matsuda H. 2012. Inhibitory activities of puerariae flos against testosterone 5α-reductase and its hair growth promotion activities. **J. Nat. Med.,** 66:15-165.

13. Obana N, Chang C, and Uno H. 1997. Imhibition of hair growth by testosterone in the presence of dermal papilla cells from the frontal bald scalp of the postpubertal stumptailed macaque. **Endocrinol.,** 138(1):356-361.

14. Omi T, and Kawana S. 2013. Adverse effects of permanent waving and hair relaxation- assessment by scanning electron microscopy (SEM). **J. Cosmet. Dermatol. Sci. Appl.,** 3:45-48.

15. Price V H. 1996. Quantitative estimation of hair growth in weight and hair count with 5% and 2% minoxidil, placebo and no treatment. **Int. Congr. Ser.,** 1111:67-71.

16. Selvan K, Rajan S, Suganya T, Parameshwari G, and Antonysamy M. 2013. Immunocosmeceuticals: An emerging trend in repairing human hair damage. **Chronicles of Young Scientists,** 4:81-85.

17. Shapiro J, and Price V H. 1998. Hair regrowth. Therapeutic agents. **Dermatol. Clin.**, 16(2):341-356.

18. Stenn K S, and Paus R. 2001. Control of hair follicle cycling. **Phys. Rev.,** 81:449-494.

# 第三篇 化妝品與皮膚疾病的關係

正確地使用及選用合格的化妝品產品，是不會造成皮膚疾病的。伴隨著化妝品品種繁多，所使用的活性添加劑層出不窮，劑型不斷創新或是因爲個人體質因素等，導致人們即使在日常生活中正常使用化妝品，還是有可能會引起皮膚黏膜及其他附屬器官的損害，在此稱爲**化妝品造成的皮膚不良反應（adverse skin reactions induced by cosmetics）**。由於大多數皮膚不良反應臨床表現與一些皮膚病相似，故統稱爲**化妝品皮膚疾病（skin diseases induced by cosmetics）**。本篇主要針對因化妝品造成的相關皮膚疾病進行介紹，包括如何判斷是因化妝品造成的皮膚疾病——「**化妝品皮膚疾病的診斷**」及數種因化妝品造成的皮膚疾病：「**因接觸、刺激及變應反應造成的皮炎症**」、「**因光感性造成的皮膚疾病**」、「**因皮膚色素異常造成的皮膚疾病**」、「**因皮脂溢出造成的皮膚疾病**」、「**因接觸造成的蕁麻疹**」及「**因接觸造成的毛髮與指甲的損害**」。

若讀者或消費者有疑似使用化妝品導致化妝品疾病時，請第一時間停止使用任何有疑慮的化妝品，並立即就醫，詢求皮膚科專業醫師協助。本書所提供相關症狀判斷及應對對策，僅爲上課教學參考。請勿依內容自行判斷，以免耽誤最佳治療時機，特此聲明。

# 第七章 化妝品皮膚疾病的診斷

皮膚疾病的診斷非常重要，正確的診斷是防治皮膚疾病的關鍵。皮膚病的診斷與其他臨床科學一樣，也必須根據系統的病史、全面的體格檢查、皮膚黏膜檢查、必要的物理檢查和實驗室檢查以及組織組織病理檢查，並對所獲得的資料進行綜合分析，才能做出正確的診斷。在本章節針對**皮膚疾病的診斷程序**、**皮膚疾病症狀的判斷依據（自覺症狀及他覺症狀）**及**常見的皮膚診斷試驗**進行詳細介紹，以供讀者了解不當使用化妝品造成皮膚疾病時的判斷程序及判斷依據。

## 第一節 化妝品皮膚疾病的診斷程序

### 一、病史

詢問病史時應仔細而耐心、態度和藹。病史包括如下內容：

#### （一）一般項目

包括患者姓名、性別、年齡、種族、地址及聯繫方式等，這些屬於一般項目，但對疾病的分析、診斷具有不可或缺的價值。

1. **年齡**：不同年齡患者的生理特點常與疾病的發生有一定的關係，例如嬰兒和兒童易發生異位性皮炎。青少年時期，由於第二性徵發育和內源性激素的表現量不平衡，可出現皮脂溢出症、痤瘡、毛囊炎、膿疱或結節。中年及老年時期，皮膚附屬器官開始衰退，始見由於器官功能不足或皮膚神經營養障礙而引發的生理及病理的變化，例如皮膚色澤改變、色素加深或色素減退斑以及皮膚老化、皺紋、老年斑或其他皮膚疾病。

2. **性別**：性別與疾病的種類也有一定關係，例如女性較男性容易發生紅斑性狼瘡（lupus erythematosus）與黃褐斑（chloasma），早禿（alopecia premature）以男性較多，鬚瘡（sycosis）主要發生於男性。

3. **種族**：黃種人皮脂腺及頂泌汗腺分泌功能較白種人低，腋臭的發病機率較低，病情較輕微。

4. **地址及聯絡方式**：正確的地址和聯絡方式有助於對患者進行病情追蹤及隨訪。

### （二）主要的病因

即患者就診的原因，包括皮損部位、特性、自覺症狀及持續時間等。

### （三）現在的病史

應詳細記錄患者發病的全過程，包括疾病的原因或誘因，如有無光暴露情況，化妝品、藥物、化學物質接觸史及感染等；初發皮疹的部位、型態、類型、大小、數目以及發生的次序、進展速度和演變情況等；全身和局部的自覺症狀及其程度；病情與季節、氣候、飲食、環境、職業及精神狀態有無關係；診治經過、療效及不良反應等。

### （四）過往的病史

曾經患過何種疾病，尤其是和現在罹患皮膚疾病有關的疾病。有無各系統疾病，有無光敏物質暴露史，化妝品、藥物、化學物質、植物等過敏史，及其治療情況、療效、不良反應等。與內部器官組織疾病有一定關係，例如白癜風患者可伴有甲狀腺功能紊亂。肝病、腎病、膽囊疾病的患者可能有全身劇烈搔癢。內分泌系統對於美容的影響更為明顯，例如甲狀腺功能亢進時引起突眼、皮膚潮溼、多汗。甲狀腺功能低下時皮膚乾燥或失去光澤，且常有頭髮稀疏、乾燥和萎黃。內分泌紊亂引起黃褐斑及痤瘡。

### （五）個人的病史

包括出生地與長期居住地、生活及飲食習慣、菸酒嗜好、職業、環境、婚姻情況，月經、妊娠和生育史及性交史等。

- 講究個人衛生者不易染上疥瘡、虱病、淺部眞菌病及化膿性皮膚病。大多數接觸性皮炎都是由於接觸化學物質，如染料、化工原料及家用化學物品（如洗滌劑、染髮劑、化妝護膚用品）等引起的。
- 長期接觸媒焦油、石蠟、機油時，易患職業性痤瘡。化學工業從業人員容易發生化學性接觸性皮炎。從事高溫、溼度高的工作，容易使人手足角質浸漬性剝脫。農業勞動者易發生稻田皮炎、手足皮膚皺裂等。

### （六）家族的病史

皮膚病中遺傳因素很多，宜詳細詢問家族成員中，以及遠親和近親中有無罹患類似疾病與超敏反應性疾病、有無光敏家族史等。皮膚病中受遺傳因素影響的比較多見，例如遺傳過敏性皮炎、魚鱗病、白化病、雀斑、著色性乾皮病等。

## 二、體格檢查

### （一）全身檢查

不少皮膚病常伴有內臟或全身性疾病，故應注意有無全身症狀。全身性檢查要求基本同內科檢查一樣。

## （二）皮膚黏膜檢查

爲了精確地反映皮膚、黏膜的損害，應注意如下事項：1. 應在充足的自然光線下檢查，因爲人工光線或強烈的日光均可影響皮膚的觀察效果。2. 診察室溫度應適宜，過冷可引起毛細血管收縮，使紅斑顏色變淡或發生手足發乾，甚至使患者受寒而致病。檢查皮損時，除檢查患者主要病因部位及有關部位外，還需要對全身皮膚、黏膜或指（趾）甲、毛髮等皮膚附屬器官進行全面檢查。某些皮損需從不同角度和距離進行觀察，才能發現其眞實型態。檢查皮損常需視診與觸診並用，有些皮損還需採用某些特殊的檢查方法，例如斑貼試驗、光斑貼試驗等。

### 1. 視診

(1) **部位與分布**：皮損的部位與分布常是診斷皮膚病的重要依據之一，也是在檢查時應先注意的問題。如皮損暴露部位與日光照射關係，是否與接觸部位有關。是伸側面、屈側面或摩擦的皮膚表面（間擦部位），還是多汗、多脂或與黏膜交接部位。是全身性、泛發性、播散性還是侷限性。是對稱性、雙側性還是單側性。是否沿神經、血管分布等。

(2) **性質**：應明確判斷屬於何種皮膚類型及皮損，是原發性還是繼發性損害。是單一皮損還是多種皮損，如爲多種皮損，則又以何種爲主。

(3) **排列**：爲散在或融合，孤立或群集，呈線狀、帶狀、弧形或不規則形排列，單側分布還是對稱分布等。

(4) **形狀**：爲圓形、橢圓形、環形、弧形、地圖形、多角形或是不規則形等。

(5) **顏色**：是正常皮色或紅、藍、黑、白色等，尤應注意其色調。例如，淡紅、鮮紅、紫紅或銀白、灰白及灰黑色等。

(6) **大小及數目**：可實際測量或用實物比對描述，例如針頭、綠豆、黃豆、雞蛋或手掌大小等。皮損數目少者應以具體數字表示。皮損數目多時，可用較多或甚多等來說明。

(7) **表面與基底**：例如表面光滑、粗糙、溼潤、乾燥、隆起或凹陷。或呈乳頭狀、半球狀、菜花狀和臍窩狀。還可以觀察有無糜爛、潰瘍、滲出、出血、膿液、鱗屑或痂皮等。基部的寬窄、是否有蒂等。

(8) **邊緣與界限**：清楚、比較清楚或是模糊。整齊或是不整齊等。

(9) **其他**：例如潰瘍的深淺，是否呈淺蝕狀。水泡的大小，是具有張力的還是鬆弛的，泡壁是厚還是薄，以及是否易破。泡液是否澄清、混濁，還是泡液內含有血液等。

## 2. 觸診

(1) 皮損的大小、形態、深淺、硬度、彈性及波動感。有無浸潤增厚、萎縮變薄、鬆弛、凹陷等。

(2) 皮損的界限輪廓是否清楚，與周圍及其皮下組織是否黏連，固定或是可以推動。

(3) 有無觸痛，感覺過敏或減弱。

(4) 局部皮膚溫度有無升高或降低。

(5) 表淺淋巴結有無腫大，觸痛或黏連。

(6) 棘細胞層鬆解症，又稱尼氏症（nikolsky sign）檢查，表現爲：①用手指推壓水泡，可使泡壁移動。②稍用力在外觀正常皮膚上推擦，表皮即剝離。此症在天皰瘡及某些大泡性皮膚病，如大泡性表皮鬆解型藥疹中呈現陽性。

# 第二節 皮膚疾病症狀的判斷依據

對於皮膚病症狀的認知，係診斷是否爲皮膚疾病的重要依據。對於皮膚病的症狀認知可以分爲**自覺症狀（subjective symptom）**和**他覺症狀（objective symptom）**兩類。

## 一、自覺症狀

自覺症狀是指患者主觀感覺的症狀，主要包括搔癢、疼痛、燒灼、麻木及蚊行感等。自覺症狀的輕重程度與皮膚病的種類、性質、嚴重程度以及患者個體感覺能力的差異性有關。搔癢是皮膚病最常見的自覺症狀，可輕可重，可陣發性、間斷性或持續性發作，可僅發作於局部，亦可泛發全身。接觸性皮炎、化妝品皮炎等可有自覺搔癢，程度隨個體差異很大，有些人全無癢感，有些人則因搔癢徹夜難眠，日曬傷可有燒灼感，或刺痛感，甚至可影響睡眠。有些患者還可以出現全身症狀，表現爲畏寒、發熱、頭痛、乏力、食慾不振及關節痛等。

## 二、他覺症狀

他覺症狀即皮膚損害，亦稱爲皮損或皮疹，是指可以被他人用視覺或觸覺檢查出來的皮膚黏膜上所呈現的病變。皮損的性質和特點是診斷皮膚病的主要依據，分原發性損害和繼發性損害兩大類。**原發性損害**是皮膚病病理變化直接產生的最早損害。**繼發性損害**是由原發性損害演變而來或因搔抓、感染、治療不當而引起的。但兩者並非都能分開的。例如，色素沉著斑在黃褐斑是原發性損害，而在固定型藥疹則是繼發性損害。膿泡型銀屑的膿泡是原發性的，但溼疹的膿泡是繼發感染引起的。因此，對某些皮損應根據具體情況進行分析，決定其屬於原發性損害還是繼發性損害。

## （一）原發性損害

**原發性損害**（**primary lesion**）是由於皮膚病組織病理變化直接產生的第一結果。不同的皮膚病有不同的原發性損害，對皮膚病診斷有重要意義。原發性損害包括下列幾種：

1. **斑疹**（**macula**）：斑疹是侷限性皮膚顏色的改變，既不隆起，也不凹下，不能摸著，與皮膚表面平齊，侷限性或邊緣鮮明的色澤變化性損害。一般約針頭至蠶豆大小，直徑大於 1 公分者稱爲**斑片**（**patch**）。斑疹可以分爲 4 種。

(1)**紅斑**（**erythema**）：由於局部眞皮毛細血管充血或擴張引起、壓之褪色。分爲炎症性和非炎症性兩種，前者略腫脹，局部皮溫不高，也不腫脹，可呈不規則片狀，如鮮紅斑痣。

(2)**出血斑**（**ecchymosis**）：由於毛細血管破裂後血液外滲至眞皮組織所致，壓之褪色。皮疹開始鮮紅色，逐漸變爲紫紅色及黃褐色，經過 1～2 週可以消退。直徑小於 2 釐米者稱爲**瘀點**（**petechia**），大於 2 釐米者稱爲**瘀斑**（**ecchymosis**）。

(3)**色素沉著斑**（**pigmentation**）：由於表皮或眞皮內色素增多所致，呈現褐色或黑色，如黃褐斑等。

(4)**色素減退斑及色素脫失斑**（**depigmentation**）：由於皮膚內黑色素減少或脫失所致。前者如白色糠疹，後者如白癜風。

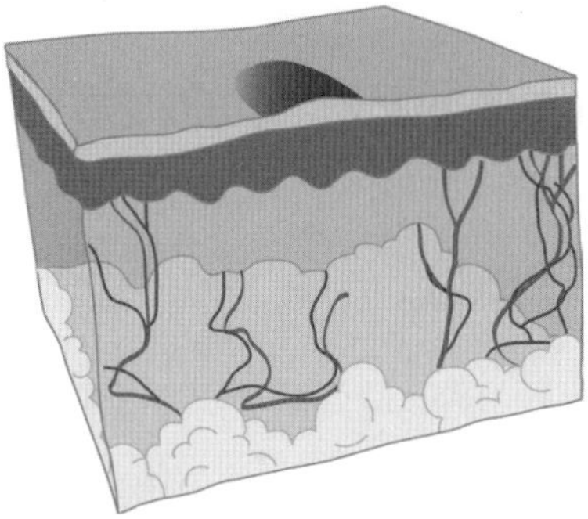

斑疹

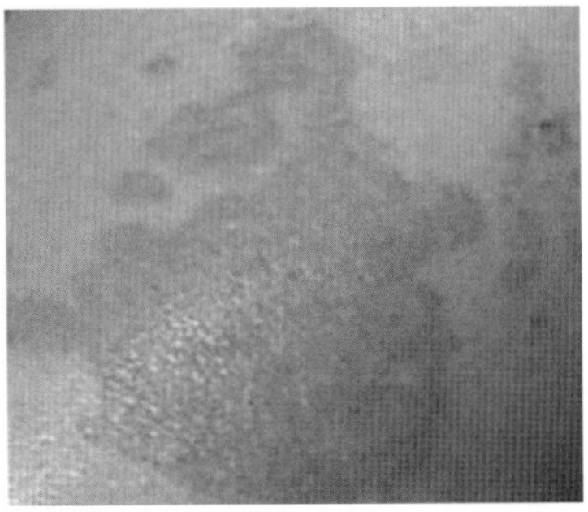

紅斑

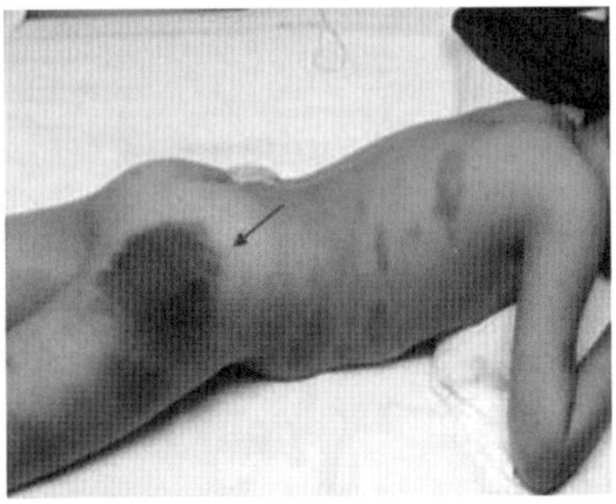

出血斑

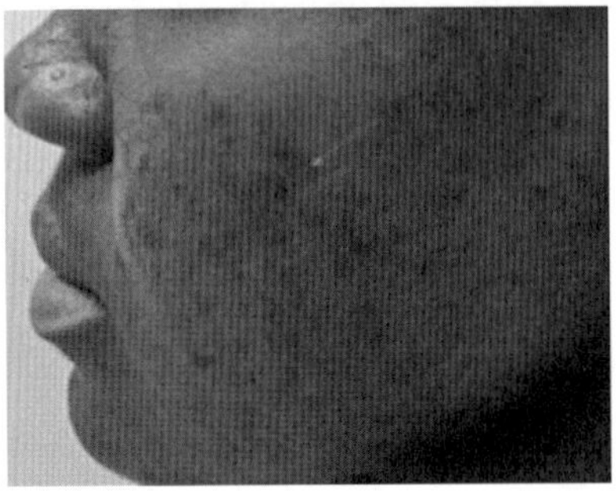

色素沉著斑

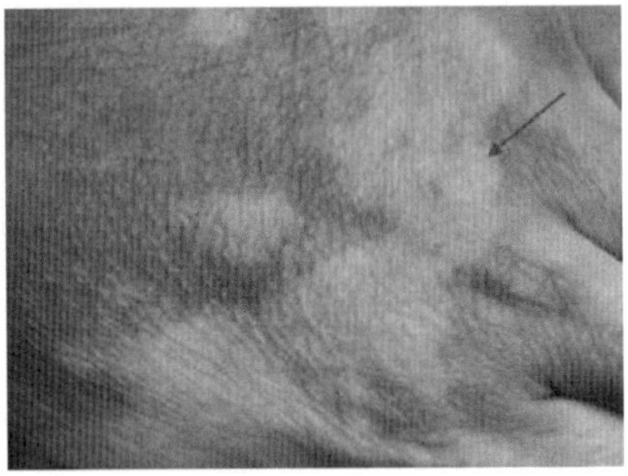

色素減退斑及色素脫失斑

圖 7-1

圖片來源：www.alyvea.com、www.mirai.ne.jp、meddic.jp、pigmentationcream.com、www.oleassence.fr。

2. **斑塊（plaque）**：斑塊爲較大的或多數丘疹融合而成，顯著高於皮面直徑大於 1 公分的扁平、隆起性損害，中央可有凹陷，見於臉黃瘤等。

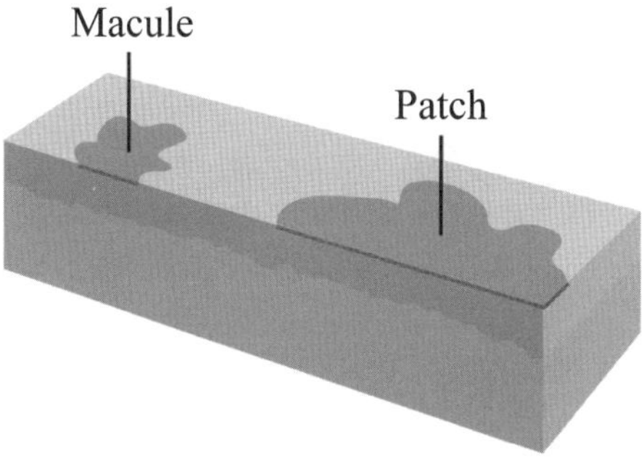


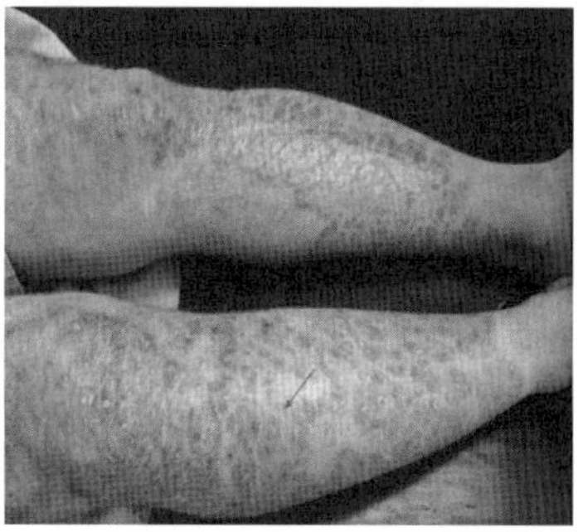

斑塊

圖 7-2

圖片來源：www.lecturio.de、www.dermatologyoasis.net。

3. **丘疹（papule）**：爲高出皮面的、可以觸摸到的、比較堅實的侷限性、隆起性、實質性損害，直徑小於 1 公分。型態可呈圓形、類圓形或乳頭狀、表面可爲尖頂、平頂或圓頂。可附有鱗屑，呈不同顏色。丘疹可由表皮或眞皮淺層細胞增殖，例如銀屑病。眞皮內炎性細胞浸潤，例如溼疹。眞皮代謝產物沉積，例如皮膚澱粉樣變等引起。丘疹可由斑疹轉變而來，扁平而稍隆起，型態介於斑疹和丘疹者，稱爲**斑丘疹（maculo-papule）**。丘疹頂端伴有水泡者稱爲**丘皰疹（papulovesicle）**。伴有膿泡者稱爲**丘膿皰疹（pustulopapule）**，可見於痤瘡等。

4. **風團（wheal）**：風團爲眞皮淺層水腫引起、高出皮面的暫時性、侷限性、隆起性損害。顏色呈現淡紅色或蒼白色，大小不等，型態不一，型態不規則，周圍有紅暈。經常突然發生，一般在數小時內消退，消退後不留疤痕。自覺有不同程度的癢感，例如蕁麻疹。

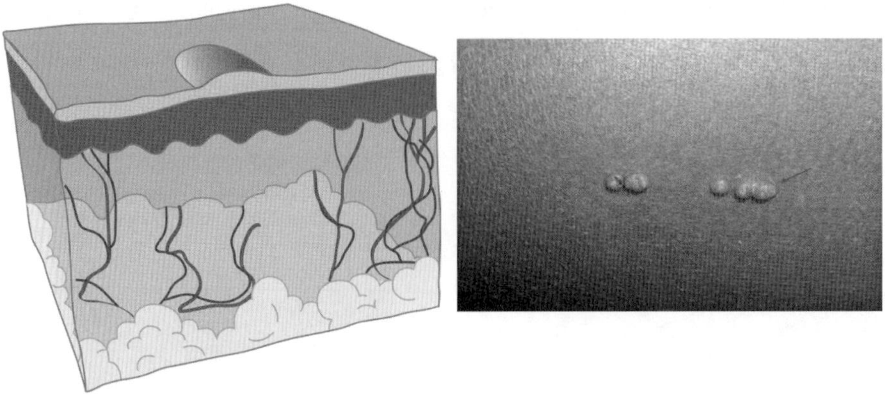

丘疹

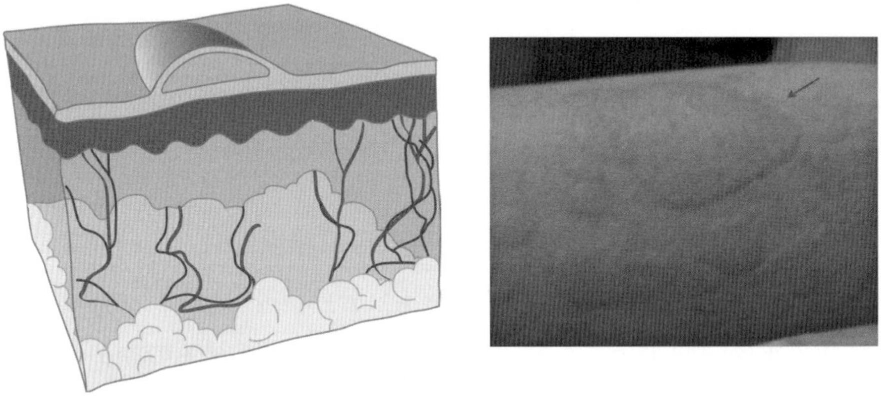

風團

圖 7-3

圖片來源：www.alyvea.com、www.visualdx.com、www.twwiki.com。

5. **水泡（blister, vesicle）**：水泡爲高於皮面的、內含液體的侷限性、腔隙性突起損害，一般爲小於 1 公分，大於 1 公分者，則稱爲**大泡（bulla）**。如泡內含漿液，呈淡黃色。泡內含血液，呈紅色（血泡）。泡內含淋巴液則澄清透明。位於角質層下的水泡，泡壁薄，易乾涸脫屑，見於白痱等。位於棘細胞層的水泡、泡壁略厚不易破潰，見於帶狀疱疹等。位於表皮下的水泡，泡壁厚，很少破潰，見於大泡性類天皰疹。

6. **膿泡（pustule）**：膿泡爲侷限性、隆起性內含膿液的腔隙性皮損。針頭至黃豆大小，泡液可混濁、稀薄或黏稠，疱周可有紅暈。可原發，亦可繼發於水疱。大多由化膿性細菌感染所致，例如膿泡瘡。少數由非感染因素引起，例如膿泡性銀屑病。

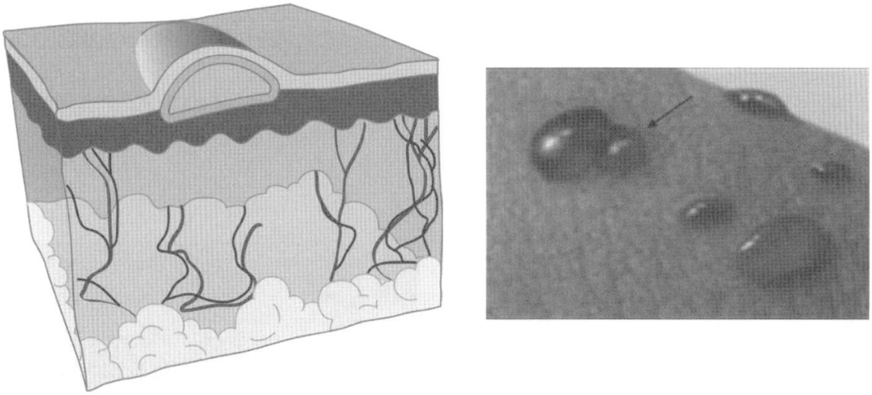

水泡

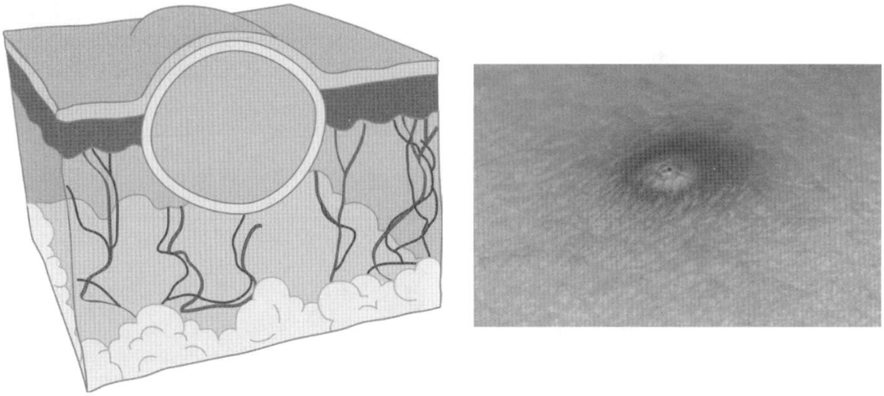

膿泡

圖 7-4

圖片來源：www.alyvea.com 、www.visualdx.com 、yoderm.com 。

7. **結節（nodule）**：結節爲可觸及的侷限性、實質性、深在性損害。

大小不一，小至粟粒，大至櫻桃或更大，深度可達眞皮或皮下組織。呈圓形或類圓形，可隆起於表面，亦可不隆起，觸之有一定硬度或浸潤感。可由眞皮或皮下組織的炎症浸潤、代謝產物沉積、寄生蟲感染或腫瘤等引起。結節可自行吸收，亦可破潰而形成潰瘍而遺留疤痕。結節直徑大於2～3公分者稱爲**腫塊（mass或tumor）**。可見於痤瘡、皮膚腫瘤等疾病。

8. **囊腫（cyst）**：囊腫爲內含液體、黏稠物質和其他成分的侷限性囊性損害。呈圓形或類圓形，觸之有彈性感。一般位於眞皮或皮下組織，例如囊腫性痤瘡、皮脂腺囊腫等。

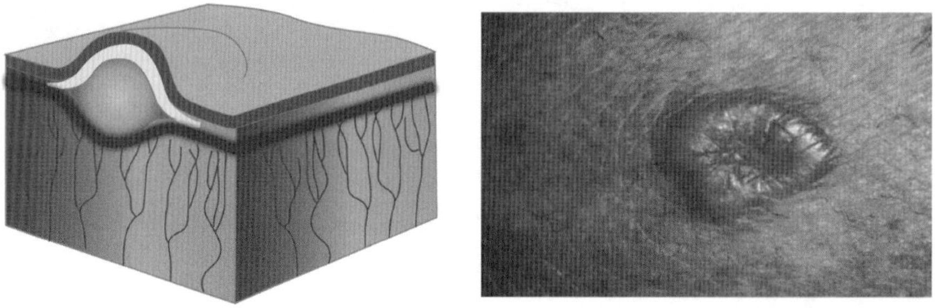

結節

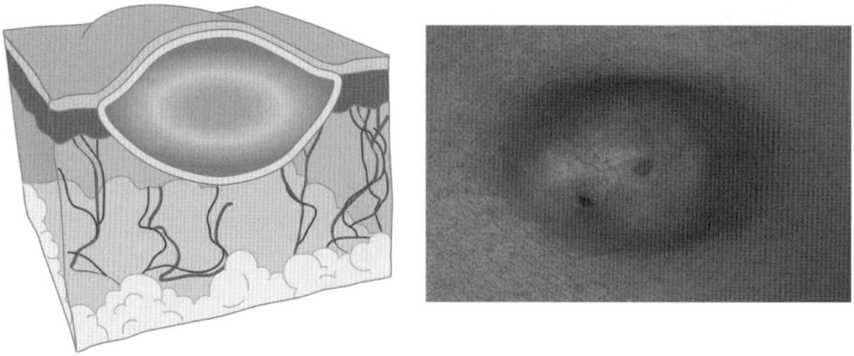

囊腫

圖 7-5

圖片來源：www.alyvea.com、www.skincareguide.ca、dermandskincancer.com。

## （二）繼發性損害（secondarylesion）

是由原發性損害自然演變而來，或因搔抓、治療不當等引起。

1. **鱗屑（scale）**：爲即將脫落或累積增厚的表皮角質層細胞，其大小、厚薄及型態不一。有的小於糠秕（例如，花斑癬），有的較大而呈片狀（例如，剝脫性皮炎），有的乾燥呈灰白色（例如，單純糠疹），有的油膩呈黃褐色（例如，脂溢性皮炎）。在正常生理狀態下，鱗屑脫落小而少，不易被察覺。在病理情況下，由於表皮細胞形成加速（例如，銀屑病）或角化過程發生障礙（例如，尋常型魚鱗病），鱗屑明顯增多。

2. **浸漬（maceration）**：爲皮膚長期浸水或受潮溼所致的表皮鬆軟變白、起皺現象，容易剝脫。常發生於溼潤較久的部位及指（趾）縫等皺摺部位。浸漬處如受摩擦，則可發生表皮脫落，形成糜爛面，有痛感。

3. **抓痕（excoriation）**：抓痕爲搔抓或摩擦所致的表面或眞皮淺層的缺損。表面常呈線條狀或點狀，或有血痂，痊癒後一般不留疤痕。常見於搔癢性皮膚病，例如異位性皮炎、溼疹。

4. **裂隙（fissure）**：裂隙亦稱爲皺裂，是皮膚的細條狀裂口。深度常可達眞皮，並有疼痛或出血。多發生於掌蹠、指（趾）關節部位以及口角、肛周等處。常由於局部皮膚乾燥或慢性炎症等引起的皮膚彈性減弱或消失，再加外力牽拉而成。

5. **糜爛（erosion）**：爲表皮或黏膜上皮的一部分或全部缺損，露出紅色溼潤創面。常由水泡或膿泡破潰、浸漬表皮脫落或丘皰疹表皮的破損等損傷所致。因損害表淺，尙有部分基底細胞未受損害，故痊癒後一般不留疤痕。

6. **潰瘍（ulcer）**：潰瘍爲皮膚或黏膜深層眞皮或皮下組織的侷限性缺損，可由感染、損傷、腫瘤、血管炎等引起。型態、大小及深淺可因病因和病情輕重而異。潰瘍面常有漿液、膿液、血液或壞死組織。因損害常破壞基底層細胞，故癒合較慢且形成疤痕。

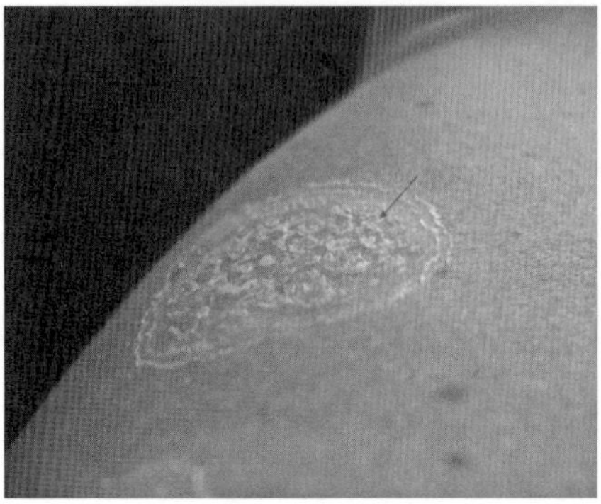

鱗屑

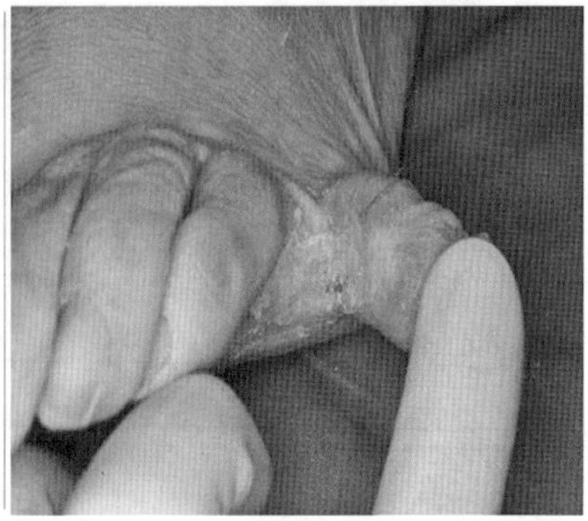

浸漬

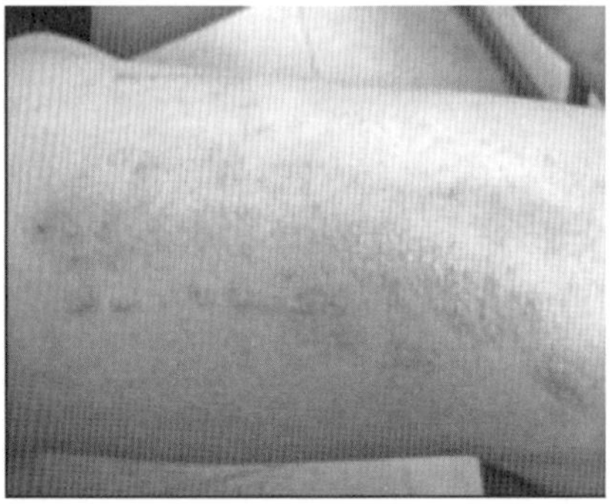

抓痕

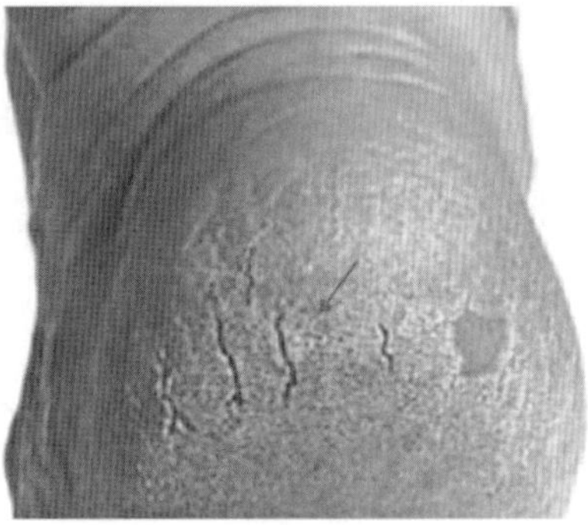

裂隙

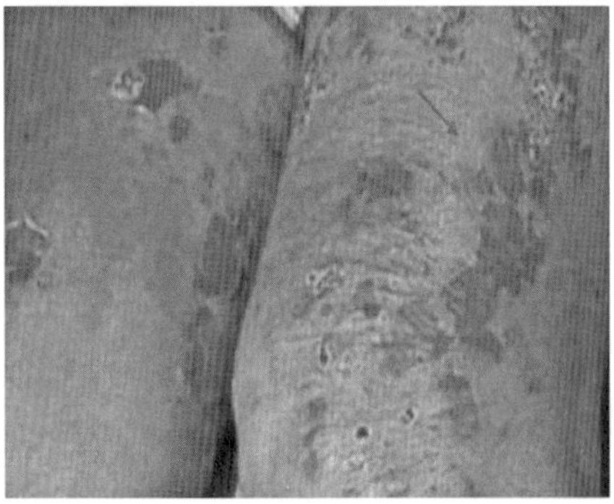

糜爛

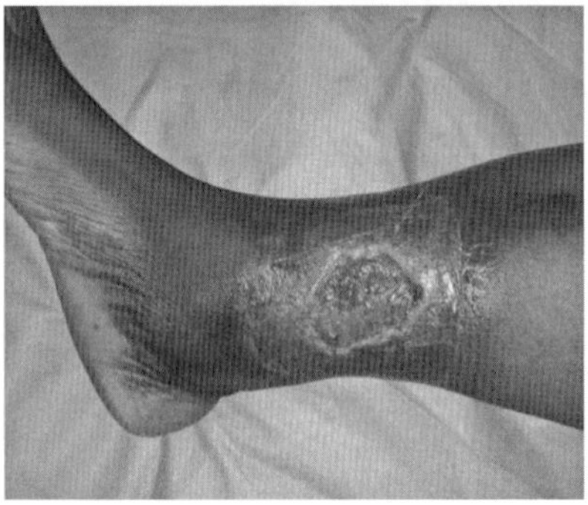

潰瘍

圖 7-6

圖片來源：meddic.jp、www.pcds.org.uk、www.pic2fly.com、imgarcade.com、www.tsu.tw/pfb/jichu/byzzzd/1062.html、www.veinsurgery.co.za。

7. **痂（crust）**：痂是由皮損表面的漿液、膿液、血液、藥物以及脫落組織等混合而凝成的附著物。痂可薄可厚，質地柔軟或脆硬，附著於創面。顏色可因內含成分不同而異，例如漿液性痂呈淡黃色，膿痂呈黃綠色，血痂則呈棕色或黑褐色。

8. **苔癬樣變（lichenification）**：亦稱爲苔癬化，表現爲皮膚侷限性浸潤肥厚，皮溝加深，皮脊突起，呈多個角形的丘疹，群集或融合成片，表面粗糙，似皮革樣，邊緣及界限清楚。常因經常搔抓或摩擦使角質層及棘細胞層增厚，眞皮產生慢性炎症等所致。常見於神經性皮炎及慢性溼疹。

9. **萎縮（atrophy）**：是皮膚組織的一種退行性變所引起的皮膚變薄。可發生於表皮、眞皮或皮下組織。

(1) **表皮萎縮**：爲局部表皮菲薄，呈半透明羊皮紙樣，表面可有細皺紋，正常皮紋多消失。

(2) **真皮萎縮**：爲眞皮結締組織減少所致，常伴有皮膚附屬器官的萎縮。表現爲局部皮膚凹陷、變薄，但皮紋正常。

(3) **皮下組織萎縮**：主要由皮下脂肪組織減少所致。表現爲局部皮紋正常，但凹陷明顯。

10. **疤痕（scar）**：疤痕爲眞皮或眞皮以下組織的缺損或破壞，經新生結締組織修復而成。表面光滑無皮紋，亦無毛髮等皮膚附屬器官，皮損缺乏彈性。增生明顯而隆起者，稱爲增生性疤痕。局部凹陷，皮膚變薄、柔軟而發亮者，稱爲萎縮性疤痕。

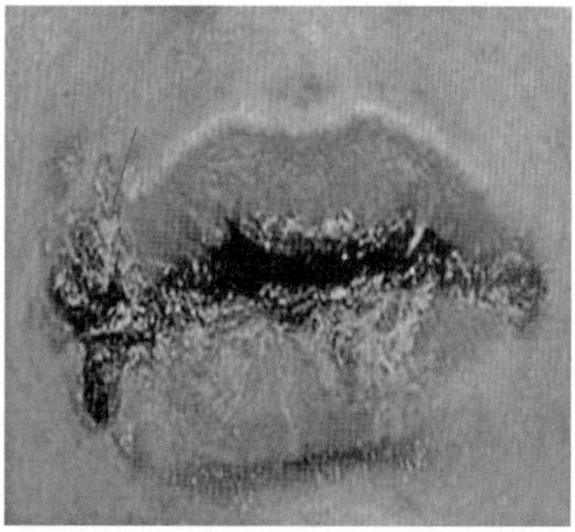

痂

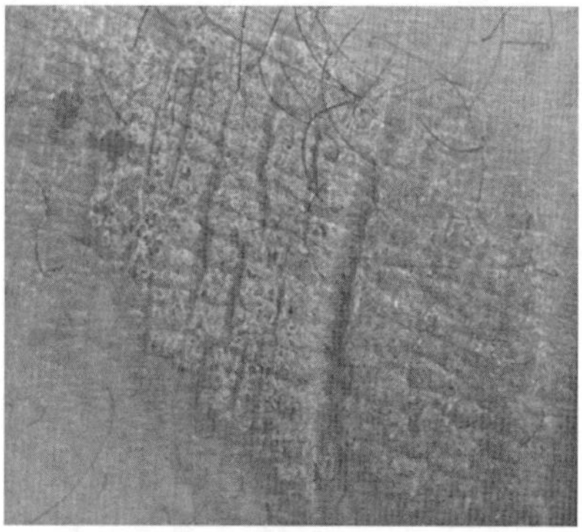

苔癬樣變

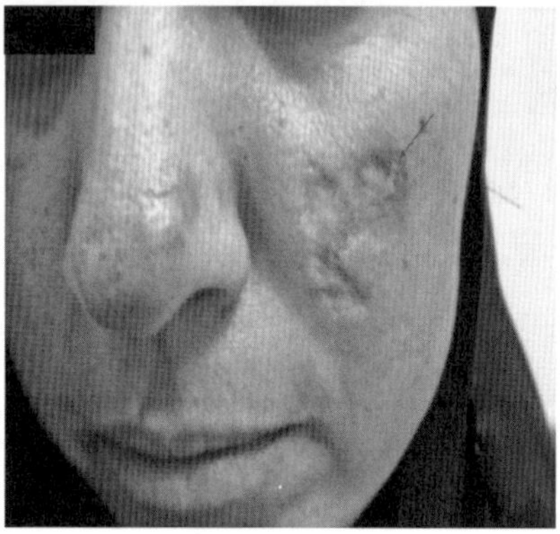

萎縮

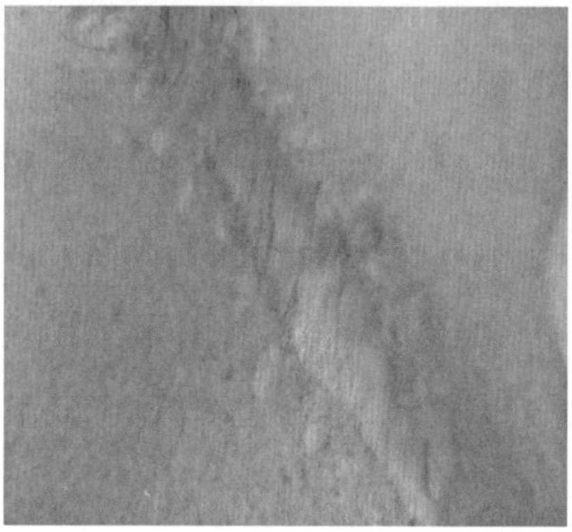

疤痕

圖 7-7

圖片來源：dental.dxy.cn、healthool.com、imgarcade.com、www.clianliwonmi.com。

## 第三節　常見的皮膚診斷試驗

如經皮膚疾病的診斷程序及皮膚疾病症狀的判斷依據（自覺症狀及他覺症狀），已確認罹患皮膚疾病。要判斷罹患皮膚疾病的原因是否與使用化妝品有關，則需輔以皮膚診斷試驗，例如封閉型斑貼試驗、光斑貼、重複開放塗抹試驗等試驗結果，以判斷是否為化妝品不良反應。

## 一、封閉型斑貼試驗（occlusive patch test）

1. **目的**：是爲了明確患者的皮膚病是否與化妝品引起的遲發型變態反應有關，測試物及其成分是否引起患者皮膚病的原因，如圖 7-8 所示。適用於疑與化妝品有關的變應性接觸性皮炎、化妝品色素異常性皮膚病、化妝品甲病、變應性接觸性唇炎等。

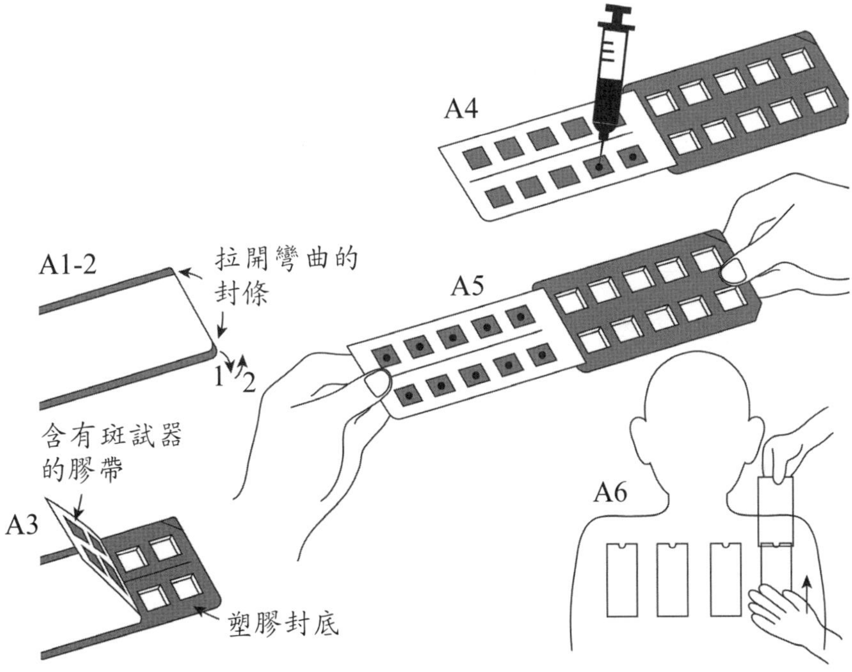


圖 7-8　化妝品安全性貼布示意圖

2. **測試物濃度與賦形劑**：測試物必須是患者所使用的化妝品或同一批號的化妝品，測試物的試驗濃度和賦形劑應根據實際使用濃度和方法而定。化妝品成品封閉型斑貼試驗濃度和賦形劑如表 7-1 所示。化妝品變應原封閉型測試濃度及賦形劑如表 7-2 所示。

表 7-1 化妝品成品封閉型斑貼試驗濃度及賦形劑

| 種類 | 推薦濃度／% | 賦形劑 |
|---|---|---|
| 護膚類膏霜劑 | 50 或 100 | 凡士林（W／O型化妝品）<br>或<br>蒸餾水（O／W型化妝品） |
| 免洗類護髮素 | 50 或 100 | 蒸餾水 |
| 洗面乳 | 1 | 蒸餾水 |
| 面膜 | 原物 | -- |
| 香皂 | 1 | 蒸餾水 |
| 沐浴乳（泡沫浴劑、浴油、浴皂） | 1 | 蒸餾水 |
| 清潔劑 | 1 | 蒸餾水 |
| 髮膠 | 原物 | -- |
| 髮蠟 | 原物 | -- |
| 清洗類護髮素 | 1 | 蒸餾水 |
| 髮用漂白劑 | 1 | 蒸餾水 |
| 染髮劑 | 2 | 蒸餾水 |
| 刮鬍膏 | 1 | 蒸餾水 |
| 刮鬍皂 | 1 | 蒸餾水 |
| 鬚後水 | 原物 | -- |
| 眉毛膏 | 50 | -- |
| 眼線 | 原物 | -- |
| 眼部卸妝水 | 原物 | -- |
| 唇膏 | 原物 | -- |
| 甲油類 | 原物 | -- |
| 香水 | 原物 | -- |
| 古龍水 | 原物 | -- |
| 除臭劑 | 原物 | -- |

表 7-2　化妝品變應原封閉型斑貼試驗濃度及賦形劑

| | 中文名稱 | 濃度／% | 賦形劑 |
|---|---|---|---|
| 1 | 四級銨鹽 -15（quaternium-15） | 1 | 凡士林 |
| 2 | 甲基二溴戊二腈（methyl dibromo glutaronitrile） | 0.3 | 凡士林 |
| 3 | 甲酚曲唑（drometrizole） | 1 | 凡士林 |
| 4 | 甲苯 -2, 5- 二胺硫酸鹽（toluene-2, 5-diamine sulfate） | 1 | 凡士林 |
| 5 | 2, 5- 二偶利定脲（German II） | 2 | 凡士林 |
| 6 | 丁基化羥基甲苯（butylated hydroxytoluene） | 2 | 凡士林 |
| 7 | 2- 溴 -2- 硝基丙烷 -1, 3- 二醇（2-bromo-2-nitro-1, 3-propanediol），俗稱 Bronopol | 0.25 | 凡士林 |
| 8 | 氯乙醯胺（chloroacetamide） | 0.2 | 凡士林 |
| 9 | 二苯酮 -3，俗稱 2- 羥基 -4- 甲氧基二苯甲酮（oxybenzone） | 10 | 凡士林 |
| 10 | 2- 羥丙基甲基丙烯酸酯（2-hydroxypropyl methacrylate） | 2 | 凡士林 |
| 11 | 2- 硝基 -p- 苯二胺（*N*, *N*-dimethyl-*p*-phenylenediamine） | 1 | 凡士林 |
| 12 | 苯氧乙醇（2-phenoxy-1-ethanol） | 1 | 凡士林 |
| 13 | 3-（二甲基氨基）丙胺（3-dimethylaminopropyl-amine） | 1 | 蒸餾水 |
| 14 | *m*- 氨基苯酚（*m*-aminophenol） | 1 | 凡士林 |
| 15 | *p*- 氨基苯酚（*p*-aminophenol） | 1 | 凡士林 |
| 16 | 氯二甲酚（chloroxylenol） | 0.5 | 凡士林 |
| 17 | *p*- 氯 -*m*- 甲酚（*p*-chloro-*m*-cresol） | 1 | 凡士林 |
| 18 | *p*- 苯二胺（*p*-phenylenediamine），俗稱 PPD | 1 | 凡士林 |
| 19 | 甲基氯異噻唑啉酮（methylisothiazolineine） | 0.02 | 蒸餾水 |
| 20 | 氫化松香醇（hydroabietyl alcohol） | 10 | 凡士林 |
| 21 | 過硫酸銨（ammonium persulfate） | 2.5 | 凡士林 |

| | 中文名稱 | 濃度／% | 賦形劑 |
|---|---|---|---|
| 22 | 硫基乙酸銨（ammonium mercaptoacetate） | 2.5 | 蒸餾水 |
| 23 | 戊基肉桂醛（amyl cinnamaldehyde） | 2 | 凡士林 |
| 24 | 吐魯香脂（tolu balsam） | 10 | 蒸餾水 |
| 25 | 秘魯香脂（peru balsam） | 25 | 凡士林 |
| 26 | 苯甲醇（phenylmethanol） | 1 | 凡士林 |
| 27 | 水楊酸苄酯（benzyl salicylate） | 2 | 凡士林 |
| 28 | 卡南加油（canange oil） | 2 | 凡士林 |
| 29 | 克菌丹（1, 2, 3, 6-tetrahydro-*N*-（trichloromethylthio）phthalimide） | 0.5 | 凡士林 |
| 30 | 鯨蠟醇（cetanol） | 5 | 凡士林 |
| 31 | 肉桂醇（cinnamic alcohol） | 2 | 凡士林 |
| 32 | 肉桂醛（cinnamic aldehyde） | 1 | 凡士林 |
| 33 | 椰油醯胺丙基甜菜鹼（cocamidopropyl betaine） | 1 | 蒸餾水 |
| 34 | 松香（rosin） | 20 | 凡士林 |
| 35 | 泛醇（panthenol） | 5 | 凡士林 |
| 36 | 二羥甲基二甲基乙內醯脲（1, 3-dimethylol-5, 5-dimethylhydantoin） | 2 | 蒸餾水 |
| 37 | 十二烷醇培酸酯（lauryl gallate） | 0.25 | 凡士林 |
| 38 | 丙烯酸乙酯（ethyl acrylate） | 0.1 | 凡士林 |
| 39 | 甲基丙烯酸乙酯（ethyl methacrylate） | 2 | 凡士林 |
| 40 | 乙二醇 HEMA 甲基丙烯酸酯（ethylene HEMA methacrylate） | 2 | 凡士林 |
| 41 | 乙烯、三聚氰胺、甲醛混合物（ethylene, melamine, formaldehyde mixture） | 5 | 凡士林 |
| 42 | 丁子香酚（eugenol） | 2 | 凡士林 |
| 43 | 甲基二溴戊二腈（methyl dibromoglutaronitrile） | 1.5 | 凡士林 |
| 44 | 甲醛（formaldehyde） | 1 | 蒸餾水 |

| | 中文名稱 | 濃度 / % | 賦形劑 |
|---|---|---|---|
| 45 | 芳香劑混合物（aromatics mixture） | 8 | 凡士林 |
| 46 | 香葉醇（geraniol） | 2 | 凡士林 |
| 47 | 香葉天竺葵油（geranium oil） | 2 | 凡士林 |
| 48 | 戊二醛（glutaraldehyde） | 0.5 | 凡士林 |
| 49 | 甘油硫基乙酸酯（glycerol monomercaptoacetate） | 1 | 凡士林 |
| 50 | 硫代硫酸鈉（sodium thiosulphate） | 0.5 | 凡士林 |
| 51 | 過氧化氫（hydrogen peroxide） | 3 | 蒸餾水 |
| 52 | 羥基香茅醛（3,7-dimethyl-7-hydroxyoctanal） | 2 | 凡士林 |
| 53 | 雙咪唑烷基脲（diazolidinyl urea） | 2 | 凡士林 |
| 54 | 碘丙炔醛醇丁基氨基甲酸酯（propargyl alchol butyl carbamate） | 0.1 | 凡士林 |
| 55 | 異丁子香酚（isoeugenol） | 2 | 凡士林 |
| 56 | 肉豆蔻酸異丙酯（isopropyl myristate） | 20 | 凡士林 |
| 57 | 素馨花油（jasminum grandiflorum oil） | 2 | 凡士林 |
| 58 | 合成素馨花油（synthesis of jasminum grandiflorum oil） | 2 | 凡士林 |
| 59 | 薰衣草油（lavwndwe oil） | 2 | 凡士林 |
| 60 | 蘭花香茅油（orchid citronella oil） | 2 | 凡士林 |
| 61 | 羥異己基 3- 環己烯基甲醛（hydroxy-isohexyl-3-cyclohexene carboxaldehyde） | 5 | 凡士林 |
| 62 | 鄰氨基苯甲酸甲酯（methyl anthranilate） | 5 | 凡士林 |
| 63 | 麝香酮（muscone） | 1 | 凡士林 |
| 64 | 甲基丙烯基丁酯（methyl methacrylate, MMA） | 2 | 凡士林 |
| 65 | 培酸乙基已酯（ethylhexyl gallate） | 0.25 | 凡士林 |
| 66 | 對羥基苯甲酸酯類混合物（esters of *p*-hydroxybenzoic acid mixture） | 16 | 凡士林 |
| 67 | 水楊酸苯酯（phenyl salicylate） | 1 | 凡士林 |

| | 中文名稱 | 濃度／% | 賦形劑 |
|---|---|---|---|
| 68 | 醋酸苯汞（phenylmercuric acetate） | 0.01 | 蒸餾水 |
| 69 | 失水山梨醇單油酸酯（sorbitan monooleate, PEG-3） | 5 | 凡士林 |
| 70 | 培酸丙酯（propyl gallate） | 1 | 凡士林 |
| 71 | 丙二醇（propylene glycol） | 5 | 凡士林 |
| 72 | 間苯二酚（resorcinol） | 1 | 凡士林 |
| 73 | 大馬士革玫瑰花油（rose oil of damascena） | 2 | 凡士林 |
| 74 | 檀香油（印度）（sandalwood oil）（from indian） | 2 | 凡士林 |
| 75 | 倍半萜内酯混合物（sesquiterpene lactones mixture） | 0.1 | 凡士林 |
| 76 | 苯甲酸鈉（sodium benzoate） | 5 | 凡士林 |
| 77 | 吡硫鎓鈉（sodium pyrithione） | 0.1 | 蒸餾水 |
| 78 | 山梨醇（sorbitol） | 2 | 凡士林 |
| 79 | 山梨醇甲酐單油酸酯（sorbitan monooleate） | 5 | 凡士林 |
| 80 | 失水山梨醇倍半油酸酯（sorbitan sesquioleate） | 20 | 凡士林 |
| 81 | 硬脂醇（stearyl alcohol） | 30 | 凡士林 |
| 82 | 互生葉白千層葉油（melaleuca alternifolia oil） | 5 | 凡士林 |
| 83 | 第三丁基氫醌（tertiary butyl hydroquinone, TBHQ） | 1 | 凡士林 |
| 84 | 甲基丙烯酸四氫糠醛酯（ester of methylacryl tetragydro-2-furancarboxaldehyde） | 2 | 凡士林 |
| 85 | 硫柳汞（thiomersal） | 0.1 | 凡士林 |
| 86 | 對甲苯磺酸胺／甲醛樹脂（*p*-tolenesulfonamide formaidehvde） | 10 | 凡士林 |
| 87 | 三氯生（triclosan） | 2 | 凡士林 |
| 88 | 三乙醇胺（triethanolamine） | 2 | 凡士林 |
| 89 | 三乙二醇二甲基丙烯酸酯（triethyleneglycol dimthacrylate, 3EGDMA） | 2 | 凡士林 |

| | 中文名稱 | 濃度／% | 賦形劑 |
|---|---|---|---|
| 90 | 三羥甲基丙烷三丙烯酸酯（trimethylol propane triacrylate, TMPTA） | 0.1 | 凡士林 |
| 91 | 羊毛脂醇（lanosterol） | 30 | 凡士林 |
| 92 | 香蘭素（vanillin） | 10 | 凡士林 |
| 93 | 吡硫鎓鋅（zinc pyrithione） | 1 | 凡士林 |

3. **操作程序**：選擇合格的斑試材料，如受試物為固體，直接稱取 0.0015～0.030 g 於斑試器內。如受試物為半固體或液體，直接滴加 0.015～0.030 ml 於斑試器或滴加在預先置於斑試器內的濾紙上。受試物為化妝品最終產品原物時，對照孔為空白對照（不置任何物質）。受試物為稀釋後化妝品時，對照孔內使用該化妝品的稀釋劑，用量和受試物相同。將加有受試物的斑試器敷於受試者的上背部，用手掌輕壓使之均勻，平整地貼敷於皮膚上。

4. **觀察與判定**：觀察時間：48 小時後去除斑試物，間隔 30 分鐘觀察皮膚反應。分別於斑貼試驗後 72 小時和 96 小時再觀察 2 次。如有必要，可以增加隨訪次數（如第 5 天，第 7 天）。陽性受試者的隨訪應持續到反應程度小於「++」後才停止。封閉型斑貼試驗反應判定如表 7-3 及圖 7-8 所示。

表 7-3　封閉型斑貼試驗皮膚評判

| 反應程度 | 皮膚反應 |
|---|---|
| － | 陰性反應 |
| ± | 可疑反應，僅有微弱紅斑 |
| ＋ | 弱陽性反應（紅斑反應），紅斑，浸潤（水腫），可有丘疹 |

| 反應程度 | 皮膚反應 |
|---|---|
| ＋＋ | 強陽性反應（皰疹反應），紅斑，浸潤（水腫），丘疹，皰疹，反應可超出受試區 |
| ＋＋＋ | 極強陽性反應（融合性皰疹反應），明顯紅斑，嚴重浸潤（水腫），融合性皰疹，反應超出受試區 |
| IR | 刺激反應 |

表 7-4　封閉型斑貼試驗結果鑑別

| 變態反應 | 刺激性反應 |
|---|---|
| 隆起性紅斑，水泡，大泡 | 可與變態反應相同，表皮細小起皺 |
| 邊緣及界限不清楚，擴展斑試器外 | 邊緣及界限清楚 |
| 可沿淋巴管擴展 | 不沿淋巴管擴展 |
| 搔癢明顯 | 搔癢少見，可有疼痛及燒灼感 |
| 皮疹持續時間長（4天或更長） | 皮疹持續時間短（到第4天多消退） |
| 取下斑試器後皮疹可能加重 | 取下斑試器後皮疹逐漸消退 |

5. **結果解釋**：「++」以及超過「++」的反應，且在第一、二次或以後次數觀察時，反應持續存在甚至加劇者，表示爲陽性變態反應，表示患者對該測試物過敏。反之則考慮爲試驗物引起的刺激反應。還要注意與測試物濃度過高引起的刺激反應，及其他原因造成的僞陽性反應相鑑別。皮膚封閉型斑貼試驗是協助診斷化妝品接觸性皮炎的常用方法，試驗陽性者是診斷化妝品變應性接觸性皮炎的重要依據。試驗陰性者應結合病史，臨床表現進行相關性分析。必要時進行重複開放塗抹試驗。

正確判讀斑貼試驗結果必須鑑別變態反應與刺激性反應（如表 7-4）。對於變態反應機制導致的不良反應，應避免再次接觸相同抗原，可選用不容易致敏的替代物，還需注意交叉反應的可能性。變態反應結果的紅斑爲隆起性，可觸及並有丘疹、水泡，邊緣及界限不清楚，可擴展至斑試器外，或沿淋巴管擴展呈細紅線狀。搔癢明顯，皮疹持續 4 天或更長，去除斑試器後皮疹進一步加重。變應原濃度呈梯度變化時，反應程度也呈梯度變化。而刺激性反應的紅斑水泡可以表現得與變態反應完全相同。不同的是可出現膿泡、壞死、紫癜及潰瘍，還可以見到表皮細小起皺。紅斑邊緣及界限清楚，不擴展，少有搔癢，可有疼痛及燒灼感。皮疹在去除斑試器後逐漸減輕，到第 4 天多消退。反應不呈梯度變化，可以在某濃度突然消失。

6. **注意事項**：在實施封閉型斑貼試驗時應注意：

(1) 有明確影響本試驗的急慢性病史，懷孕期或哺乳期的婦女等均不能接受本試驗。

(2) 皮炎症進展期或急性期不宜做斑貼試驗。

(3) 試驗前 1 週及試驗期間，患者應停用糖皮質激素和抗組織胺藥物。

(4) 試驗部位應是不影響結果觀察的皮膚區域，如患者背部不適合判斷反應結果，可選擇其他不影響結果的區域，如前臂屈側。

(5) 斑試物應與皮膚緊密接觸，去除時可見小室的壓痕。

(6) 注意「激惹現象」與陽性反應的鑑別。

(7) 受試部位應保持乾燥，避免清洗。

(8) 受試期間應避免劇烈運動，減少出汗。

(9) 在整個試驗期間及斑試物去除後，應避免在斑試區抓癢。

(10) 如試驗處患者感到燒灼或劇癢難忍，應即使去除斑試物。

## 二、重複開放塗抹試驗（repeat open application test）

1. **目的**：爲了驗證可疑的化妝品及其成分是否是引起患者皮膚病的原因。適用於懷疑與化妝品有關的刺激性接觸性皮炎、光毒性皮炎、刺激性唇炎，或懷疑化妝品有關的變應性接觸性皮炎、光變應性接觸性皮炎、變應性唇炎、化妝品色素異常性皮膚病等，但封閉型斑貼試驗結果可疑或陰性反應者。具有刺激性的和化妝品（例如脫毛，除臭，粉底類產品）建議重複開放塗抹試驗。

2. **試驗物濃度和賦形劑**：測試物的濃度和賦形劑應按化妝品實際使用濃度和方法而定，即皮膚和（或）髮用類清潔劑應將其稀釋成 5% 水溶液。產品如進行稀釋，應將稀釋劑或賦形劑塗抹於受試部位對側，作為對照組試驗。

3. **操作程序**：一般將前臂屈側、耳後乳突部和使用部位作為受試部位，面積 5 cm×5 cm ，將適量受試物塗抹於受試部位，每天 2 次。將試驗物均勻地塗抹於試驗部位，連續 7 天，同時觀察皮膚反應，在此過程中如出現皮膚反應，應根據具體情況決定是否繼續試驗。

4. **反應判斷**：皮膚反應判斷標準與封閉型斑貼皮膚反應有一些差異，具體見表 7-5 所示。

5. **結果解釋**：出現 I～IV 型皮膚反應者，結合臨床資料即可診斷皮膚病是由該試驗物引起。V～VI 指主觀反應，應加以重視，考慮是否進行其他試驗。

6. **注意事項**：在實施重複開放塗抹試驗時，應注意：

(1) 有明確的影響的急、慢性病史，懷孕期或哺乳期的孕婦等不能接受本試驗。

(2) 皮炎症進展或急性期不宜做重複開放塗抹試驗。

(3) 試驗前 1 週及試驗期間，患者應停止糖皮質激素和抗組織胺藥物。

(4) 試驗部位應是不影響結果觀察的皮膚區域。

表 7-5　重複開放塗抹試驗皮膚反應判斷

| 序號 | 反應類型 | 皮膚反應 |
|---|---|---|
| 1 | I | 脫屑、皺摺、小裂隙 |
| 2 | II | 紅斑、丘疹、水腫、風團、皰疹 |
| 3 | III | 色素改變（色素沉著或減退） |
| 4 | IV | 痤瘡樣改變 |
| 5 | V | 自覺搔癢、無皮損 |
| 6 | VI | 自覺灼痛、刺痛、無皮損 |

註解：V～VI 指主觀反應，應加以重視，考慮是否進行其他試驗。

(5) 在試驗期間，允許受試者進行日常的淋浴，但受試者部位不可直接沖洗、揉搓或外用任何製劑，如藥物、清洗劑、護膚品等。

## 三、光斑貼試驗

1. **目的**：爲了明確患者的皮膚病是否與化妝品引起的光變應性接觸性皮炎有關，試驗物及其成分是否引起患者皮膚病的原因。適用於疑診與化妝品有關的光變應性接觸性皮炎和光變應性化妝品唇炎。

2. **試驗儀器**：具有恆定輸出的 UVA（長波紫外線，波長 320～400 nm）的人工光源，均可作爲測試光源，如氙弧燈或 UVA 螢光燈管。

3. **試驗物濃度和賦形劑**：測試物的濃度和賦形劑應按化妝品實際使用濃度和方法而定，不能直接用化妝品原物做試驗的產品種類及其推薦試驗濃度見表 7-1。化妝品常見的光致敏斑貼試驗及賦形劑如表 7-6 所示。

4. **操作程序**：將 2 份待試物質分別加入斑試驗小室內，分別貼於背部中線兩側正常皮膚，其上用不透光的深色致密組織遮蓋。24 小時後去除兩處斑試物，其中一處立即用深色致密組織覆蓋，避免任何光線照射，作爲對照。第二處用 5～8 J/cm$^2$ 或 50% 的 MED-UVA 照射（應先測定患者的最小紅斑量 MED-UVA ，或計算光照量）。分別觀察照射後 24、48、72 小時結果，必要時做第 5、7 天延遲觀察。

5. **反應判定**：化妝品皮膚光斑貼試驗皮膚反應評判，參見表 7-7。

6. **結果解釋**：若未照射區皮膚無反應，照射區有反應者，顯示該光斑貼試驗陽性。若兩處均有反應且程度相同，則考慮爲變應性反應。若兩處均有反應但照射區反應程度大，則考慮爲變應性和光變應性反應共存。在皮膚光斑貼試驗結果的判斷中，需注意皮膚光斑貼試驗物的異常敏感反應，如使用不當光源引起物理性損傷的僞陽性反應、低敏感者所引起的僞陽性反應及試驗部位出現的持續性色素沉著等。皮膚光斑貼試驗是協助診斷化妝品光接觸性皮炎的重要依據之一，試驗陰性反應者應結合病史、臨床表現綜合判斷，必要時進行其他相關特殊檢查。

7. **注意事項**：在實施皮膚光斑貼試驗時應注意：

(1) 有明確影響的急、慢性病史，懷孕期或哺乳期的孕婦等不能接受本試驗。

(2) 皮炎症進展期或急性期不宜做光斑貼試驗。

(3) 試驗前 1 週及試驗期間，患者應停止糖皮質激素和抗組織胺藥物。

(4) 斑試物應與皮膚緊密接觸，去除時可看到小室的壓痕。

(5) 受試部位應保持乾燥，避免清洗。

(6) 受試期間應避免劇烈運動，減少出汗。

(7) 在整個試驗期間及斑試物去除後，應避免在斑試區搔抓。

(8) 如試驗處感到重度燒灼或劇癢，應即時去除斑貼物。

表 7-6 化妝品常見光致敏物斑試驗及賦形劑

| | 中文名 | 濃度 % | 賦形劑 |
|---|---|---|---|
| 1 | 地衣酸（lichenic acid） | 0.1 | 凡士林 |
| 2 | 二甲基對氨基苯甲酸辛酯（ethylhexyl dimethyl *p*-aminobenzoic acid） | 10 | 凡士林 |
| 3 | 甲氧基肉桂酸乙基己酯（octinoxate） | 10 | 凡士林 |
| 4 | 二苯酮-4（benzophenone-4） | 10 | 凡士林 |
| 5 | 二苯酮-3（benzophenone-3） | 10 | 凡士林 |
| 6 | 4-甲基亞苄基樟腦（4-methylbenzylidene camphor） | 10 | 凡士林 |
| 7 | 三氯卡班（triclocarban） | 1 | 凡士林 |
| 8 | 對氨基苯甲酸（4-dimethylaminobenzaldehyde） | 10 | 凡士林 |
| 9 | 丁基甲氧基二苯甲醯基甲烷（butyl methoxydibenzoylmethane） | 10 | 凡士林 |
| 10 | 6-甲基香豆素（6-methylcoumarin） | 1 | 凡士林 |
| 11 | 祕魯香油（peru balsam） | 25 | 凡士林 |
| 12 | 氯己定二醋酸鹽（chlorhexidine diacetate） | 0.5 | 蒸餾水 |
| 13 | 氯己定二葡萄酸鹽（chlorhexidine digluconate） | 0.5 | 蒸餾水 |
| 14 | 雙氯酚（dichlorophene） | 1 | 凡士林 |
| 15 | 鹽酸苯海拉明（diphenhydramine hydrochloride） | 1 | 凡士林 |
| 16 | 甲酚曲唑三矽氧烷（drometrizole trisiloxane） | 10 | 凡士林 |
| 17 | 2, 2-硫代雙（4-氯苯酚）（2, 2 -thiobis(4-chlorophenol)） | 1 | 凡士林 |
| 18 | 胡莫柳酯（甲基水楊酸酯，homsalate） | 5 | 凡士林 |
| 19 | *p*-甲氧基肉桂酸異戊酯（isoamyl *p*-methoxycinnamate） | 10 | 凡士林 |
| 20 | 胺基苯甲酸甲酯（methyl anthranilate） | 5 | 凡士林 |
| 21 | 奧克立林（2-ethylhexyl-2-cyano-3） | 10 | 凡士林 |
| 22 | 水楊酸乙基己酯（ethylhexyl salicylate） | 5 | 凡士林 |

| | 中文名 | 濃度 % | 賦形劑 |
|---|---|---|---|
| 23 | 乙基己基三嗪酮（ethylhexyl triazone） | 10 | 凡士林 |
| 24 | 芳香混合物（aromatics mixture） | 6 | 凡士林 |
| 25 | 苯基苯並咪唑磺酸（phenylbenzimidazole sulfonic acid） | 10 | 凡士林 |
| 26 | 檀香油（santalum album oil） | 2 | 凡士林 |
| 27 | 硫脲（thiourea） | 0.1 | 凡士林 |
| 28 | 三氯生（triclosan） | 2 | 凡士林 |

表 7-7　光斑貼試驗皮膚反應判斷

| 反應程度 | 皮膚反應 |
|---|---|
| 0 | 無反應 |
| Ph± | 可疑反應 |
| Ph+ | 紅斑、水腫、浸潤、可能有丘疹 |
| Ph++ | 紅斑、水腫、丘疹、水泡 |
| Ph+++ | 紅斑、水腫、丘疹、大泡和糜爛 |

註解：Ph 是 photo 的縮寫。

## 四、使用試驗

1. **目的**：為了明確患者的接觸性蕁麻疹是否與化妝品有關，測試物及其成分是否為引起患者接觸性蕁麻疹的原因。

2. **測試物濃度和賦形劑**：測試物的濃度和賦形劑應按化妝品實際使用濃度和方法而定，即皮膚和（或）髮用類清潔劑應將其稀釋成 5% 水溶液。產品如進行稀釋，應將稀釋劑或賦形劑塗抹於受試部位對側，作為對照組試驗。

3. **操作程序**：一般將前臂屈側作爲受試部位，面積 3 cm×3 cm，受試部位應保持乾燥，避免接觸其他製劑。取 0.03～0.04 g（ml）受試物塗抹於受試部位，將試驗物輕輕均勻地塗抹於試驗部位，15～30 分鐘後觀察反應。

4. **反應判斷**：在試驗過程中如出現紅斑、風團，即爲陽性反應。

5. **結果解釋**：皮膚開放性使用試驗是協助診斷化妝品接觸性蕁麻疹的重要依據，試驗陽性是診斷此病的重要依據，結合臨床資料即可診斷此皮膚病是由該測試物引起。試驗陰性者應結合病史、臨床表現及其他臨床試驗，例如挑刺試驗、皮內試驗等結果全面分析。但要注意體內試驗的危險性，應做好應急、搶救的準備。

6. **注意事項**：在實施皮膚使用試驗時應注意：

(1) 有明確影響的急、慢性病史，懷孕期或哺乳期的孕婦等不能接受本試驗。

(2) 對未成年患者應謹慎。

(3) 病情嚴重或有系統性反應者不宜接受本試驗。

(4) 應排除其他因素引起的紅斑或風團反應，例如皮膚劃痕症。

(5) 皮膚使用試驗首先應在無皮疹的部位進行，推薦在前臂屈側進行，其次可在曾發生過皮疹的部位進行。

(6) 若皮膚使用試驗爲陰性，可進一步進行皮膚斑貼試驗。

## 五、人體致粉刺性試驗（human comedogenicity test）

1. **目的**：爲了明確測試物是否是患者痤瘡的致病因素。

2. **測試濃度和賦形物**：測試物必須是患者所使用的化妝品或同一批號化妝品，測試物的測試濃度和賦形物應根據實際使用濃度和方法而定。

封閉式斑貼試驗所使用的化妝品試驗濃度及賦形劑見表 7-1 所示。

3. **操作程序**：按人體封閉型斑貼試驗方法，將斑貼器置於上背部，封閉24小時後去除斑貼物，再休息24小時。重複上述過程，每週3次（即週一、週三、週五斑貼，週二、週四、週六去除斑貼物，週日休息），連續 4 週，最後一次斑貼時間爲 48 小時。用空白對照（不置任何物質）或測試物的稀釋物作爲陰性對照組，白凡士林爲陽性對照組。最後一次斑貼物去除後，進行毛囊皮脂腺表面活檢。即將 1 滴氰基丙烯酸黏合劑置於測試部位皮膚表面，然後蓋上高聚酯薄片，輕壓薄片，使其與皮膚密切接觸 2 分鐘後揭下薄片，使薄片與 2～3 層角質層細胞和毛囊角質物一起取下。將高聚酯薄片置於載玻片上，直接在顯微鏡下觀察，如使用 HE 染色更爲明顯。

4. **反應判斷**：皮膚反應判斷按照 4 級評分法，見表 7-8 所示。以找到的粉刺個數乘以相應的評分，即爲該受試物的最後得分。

5. **結果解釋**：如試驗結果與陽性對照物相等或低於陰性對照物，則該產品無致粉刺性。如果測試結果評分高於陽性對照物白凡士林，則表示該產品具有致粉刺性。如果介於陰性對照物和陽性對照物之間，則結合臨床，顯示可能有致粉刺性。

表 7-8 人體致粉刺性試驗皮膚反應判斷

| 反應評分 | 皮膚反應 |
|---|---|
| 0 分 | 無致痤瘡性，同陰性對照物相同 |
| 1 分 | 很小的角栓 |
| 2 分 | 中等大小的角栓 |
| 3 分 | 大球狀、粉刺物 |

## 六、毛髮圖（hair graph）

1. **目的**：爲了明確患者脫髮的特性，以明確排除非化妝品引起的毛髮脫落。

2. **操作程序**：囑咐受試者取髮前 4 天洗髮，將頂部、枕部、雙側顳部或特定區域作爲取髮部位，共取 50 根。用有橡皮套保護的鑷子沿著頭髮生長的方向快速拔取頭髮。注意，如果速度慢，所取頭髮會失去髮鞘。將所取頭髮標本從髮根開始保留 2.5 cm 髮幹，其餘部分剪去。用透明膠帶將頭髮固定在載玻片上使其觀察時不會移動。將帶有頭髮標本的載玻片置於顯微鏡下，觀察每批頭髮的形態特徵，並記錄各期頭髮的數目。

3. **各期頭髮形態特徵**

(1) **生長期早期**：頭髮帶有黑色、金字塔形毛小球，毛鞘可以從毛小球延伸至毛幹水平外數毫米，無鉤狀或異形。

(2) **生長期晚期**：頭髮帶有黑色、矩形毛小球，毛鞘可以從毛小球延伸至毛幹水平外數毫米，無鉤狀或異形。

(3) **退行期**：黑色、矩形、氣球樣、狹窄毛小球，並覆有毛鞘，無鉤狀或異形。

(4) **休止期**：白色、帶有毛鞘的毛小球，僅限於毛小球水平，無鉤狀或異形。

(5) **生長異常**：變窄的毛小球或驚嘆號狀毛小球，可有色素缺乏，無毛鞘，有時有鉤狀異形或其他異形。

(6) **營養異常**：同生長異常相似，但帶有驚嘆號狀毛小球。

4. **結果解釋**：計算各期頭髮所占比例，按照生長期及休止期頭髮男女構成（如表 7-9）及正常頭髮各期構成（表 7-10），可以判斷生長期頭髮脫落、休止期頭髮脫落、頭髮營養異常或生長異常。

表 7-9　生長期及休止期頭髮男女構成（%）

| | 生長期（女／男） | 休止期（女／男） |
|---|---|---|
| 頂部 | 88/78 | 11/19 |
| 枕部 | 88/83 | 11/15 |
| 顳部 | 89/88 | 10/11 |

表 7-10　正常頭髮各期構成（%）

| 頭髮生長期 | 正常比例 |
|---|---|
| 生長期 | 66～96 |
| 退行期 | 0～6 |
| 休止期 | 2～18 |
| 生長異常 | 2～18 |
| 營養異常 | 0～18 |

## 習題

1. 簡述皮膚疾病的診斷路徑。
2. 原發性皮損及繼發性皮損有哪些？
3. 簡述斑貼試驗的原理及臨床意義。

## 參考文獻

1. 臺大皮膚科，實用皮膚醫學第二版，藝軒圖書出版社，2006。
2. 馮信忠主編，皮膚性病診斷學，上海科學技術出版社，2007。
3. 吳志華、樊翌明主編，皮膚性病診斷與鑑別診斷，科學技術文獻出版社，2009。

4. 吳志華主編，臨床皮膚性病學（精），**人民軍醫出版社**，2011。
5. 單士軍編著，皮膚性病病理診斷，**人民衛生出版社**，2015。
6. 吳志華，皮膚科治療學第三版，**科學出版社**，2016。
7. 張效銘著，化妝品有效性評估，**五南圖書出版股份有限公司**，2016。
8. Habif T P 原著，陳建洲譯，皮膚疾病的診斷與治療，**藝軒圖書出版社**，2011。
9. Jorizzo J L 原著，許乃仁譯，皮膚科學徵候圖譜，**合記圖書出版社**，2004。
10. Differential diagnosis in dermatology, Oxford: **Radciffe Medical Press**, 1994.

# 第八章 敏感性、刺激性及變應性的皮膚疾病

因為長期接觸化妝品導致皮膚產生敏感性、刺激性或變應性反應，造成在接觸部位皮膚或鄰近部位發生的炎症反應，稱為**化妝品接觸性皮膚發炎疾病（contact dermatitis due to cosmetics）**，占化妝品皮膚疾病的70～80% 以上。造成皮膚發炎的因素眾多，不當使用化妝品或對化妝品中成分產生敏感性、刺激性或變應性反應等因素，只是導致或加重皮膚發炎疾病的原因之一。本章節整合因為敏感性、刺激性或變應性因素造成皮膚發炎疾病，針對病因及發病機制、臨床表現、診斷及治療進行詳細的介紹。

## 第一節　敏感性皮膚

**敏感性皮膚（sensitive skin）**是一種特殊的皮膚類型，指皮膚在受到外界刺激時，易出現紅斑、丘疹、毛細血管擴張等客觀症狀伴有搔癢、刺痛、灼熱、緊繃感等主觀症狀。敏感性皮膚已成為普通的皮膚問題，目前全世界有 25～50% 的人為敏感性皮膚，對不同國家和人種流行病學調查研究顯示，認為自己是敏感性皮膚的人群，幾乎占成年人的 1/2～1/4。

### 一、病因及發病機制

敏感性皮膚的病因及發病機制目前尚未完全清楚，可能是生物體內在因素和外界因素相互作用，引起皮膚屏障功能受損，當皮膚受到刺激後，感覺神經訊號輸入增加，免疫反應增強導致敏感性皮膚的產生。

1. **內在因素**：引起皮膚敏感的內在因素主要包括種族、年齡、性別、皮膚類型、遺傳、內分泌因素及某些皮膚病。

(1) **種族**：不同人種的角質層數目及細胞間黏附力不同，黑色素的量和體積也不一樣，導致皮膚敏感性有差異。在白種人及亞洲人的比例較高，在亞洲人中，日本人比例較高。不同種族對特定物質有不同的敏感性，如歐洲裔美國人對風較為敏感而對化妝品則較少過敏。非洲裔美國人較少因環境因素發生反應。亞洲人對辛辣食物、溫度變化以及風等環境因素發生較高反應。拉美人較少對乙醇過敏。但此觀點尚有爭議，有研究調查顯示，皮膚敏感性與種族無關。

(2) **年齡**：年輕人比老年人更容易出現皮膚敏感，原因可能是老年人的皮膚不僅存在感覺神經功能減退，而且神經分布也減少。

(3) **性別**：一般女性對於皮膚刺激較男性敏感，這可能是因為女性皮膚 pH 值較高，對於刺激緩衝力較差所致。但也有研究顯示，皮膚對於敏感性與個體差異有關，與性別無關。

(4) **皮膚類型**：按皮膚光反應分類法，I/II 型皮膚，膚色為白色，為高度反應皮膚，受刺激後恢復慢，日曬後即出現曬傷反應，不會曬黑。而 V/VI 型皮膚為深褐色皮膚，不易曬傷，極易曬黑，不出現曬傷反應。III/IV 型皮膚居於兩者之間。

(5) **遺傳**：大部分具有敏感性皮膚的患者，均有家族疾病史。

(6) **內分泌因素**：月經週期會影響皮膚的敏感性，49% 敏感性皮膚的女性認為，皮膚反應與月經週期有關。

(7) **皮膚病**：某些皮膚病可使皮膚敏感性增高，例如激素依賴性皮炎、化妝品皮炎、痤瘡、酒糟鼻、接觸性皮炎、異位性皮炎、日光性皮炎等，可致使皮膚屏障功能受損，皮膚抵禦外界刺激能力下降，引起皮膚敏感。反過來說，皮膚敏感又可加重這些疾病。

2. **外在因素**：大部分敏感性皮膚在塗抹普通化妝品及季節變化、日光或食物等影響下出現症狀。

(1) **化妝品**：敏感性皮膚的人容易出現對化妝品不耐受，某些化妝品中所含的香料、色素、防腐劑等原料可致使皮膚敏感。

(2) **季節**：季節變化會影響皮膚狀態，如冬天氣溫、空氣溼度較低，使角質層含水量降低，皮膚易敏感。春季花粉較多、氣溫升高，都易引起皮膚敏感。

(3) **日光**：日光也可能引起皮膚敏感，紫外線可致使皮膚損傷，使血清和表皮中細胞激素增加、激活細胞黏附因子、局部炎性細胞浸潤、各種炎症介質釋放，特別是組織胺、前列腺素 D、E、F 和激酶，使皮膚產生炎症反應。一氧化氮可以引起面部毛細血管擴張。

(4) **食物及外界環境**：牛肉、羊肉、蝦、牛奶、螃蟹、海魚等高蛋白性食物，易引起皮膚敏感。外界環境因素，如屋塵、枕料、羽毛、早春花粉等，可誘發皮膚敏感。

## 二、臨床表現

敏感性皮膚主要發生在顏面部，臨床表現以紅斑、丘疹、毛細血管擴張爲主，有時伴隨搔癢、刺痛、灼熱、緊繃感等主觀症狀。臨床上將敏感性皮膚分爲四種類型：

1. 皮膚外表正常，但容易出現紅斑、丘疹及搔癢等症狀。
2. 患有皮膚病，並有明顯的臨床表現者。
3. 有皮膚家族史，但無臨床表現，處於亞臨床期者。
4. 皮膚屏障曾受過損傷，但目前尚無明顯症狀。

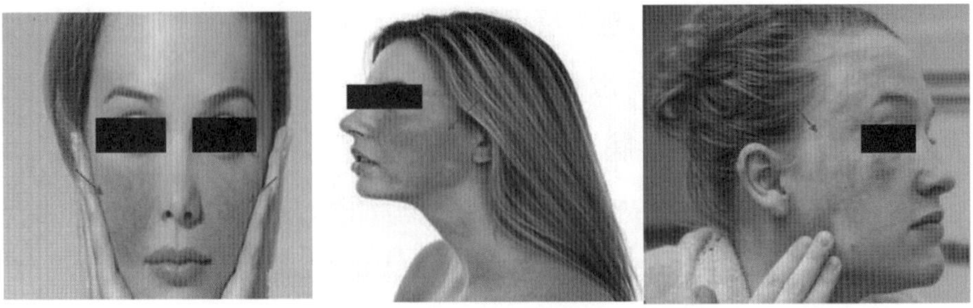

臉上紅血絲明顯　　皮膚容易發紅或發熱　　皮膚薄弱，容易過敏

圖 8-1　敏感性皮膚的臨床特徵

圖片來源：www.leha.com / health / 524230。

## 三、診斷

敏感性皮膚可用三種方法判定：

1. **主觀評定**：以問卷調查的形式，對敏感者進行自我評定，包括患者在接受各種理化因素刺激後產生的刺痛、燒灼、緊繃、搔癢等感覺。Goffin 等根據受試者對氣候（寒冷及乾燥）、化妝品、清潔劑、紡織品及粗糙品的敏感性分別進行評分：0 分為不敏感，1 分為有時敏感，2 分為敏感。將五項評分相加，總分大於 4 分者為敏感性皮膚。

2. **半主觀評定**：皮膚刺激試驗目前廣泛應用於敏感性皮膚半主觀評定，主要方法有以下幾種：

(1) **十二烷基硫酸鈉（sodium laury lsulfate, SLS）試驗**：SLS 通過細胞毒殺作用直接損傷皮膚，可以調節表皮的張力，增加皮膚血流量、通透性。測試方法：將 1.0% SLS 置於直徑為 12 mm 的 Finn 小室於前臂屈側進行封閉斑點試驗，24 小時後去除斑試物，分別於 24、48、96 小時觀察結果，進行 4 分法評定（0 分為無刺痛，1 分為輕度刺痛，2 分為中度刺痛，3 分為重度刺痛），取平均值，分數愈高則表示皮膚敏感性愈高。

(2) **乳酸刺激試驗**：是診斷敏感性皮膚最廣泛的方法之一，具有很強的可重複性。測試方法為塗抹法和桑拿法兩種。塗抹法是在室溫下將 10% 乳酸塗抹在任意一側面頰與鼻唇溝。桑拿法是先用桑拿器蒸臉 15 分鐘，然後用 5% 乳酸塗抹在任意一側面頰與鼻唇溝。在 2.5 分鐘及 5 分鐘時，對受試者的敏感性進行 4 分評定：0 分為無刺痛，1 分為輕度刺痛，2 分為中度刺痛，3 分為重度刺痛，然後將兩次得分相加，分數大於 3 者為敏感性皮膚。這種方法結果與實際情況相似。

此外，還可運用**氯仿—甲醇混合試驗**、**二甲基亞（dimethyl sulfoxide, DMSO）試驗**、**乙醯胺試驗**等刺激對敏感性皮膚進行評定。

3. **客觀評定**：經**表皮水分流失（transepidermal water loss, TEWL）**，可以靈敏地反映皮膚屏障功能，TEWL 增高表示皮膚屏障功能受損。水分是皮膚上電容變化最大的物質，因此當皮膚含水量變化時，電容值也隨之變化，可用水分測定儀檢測皮膚含水量。皮膚在受到刺激時，表皮的皮膚色度分光儀可透過測量皮膚表面紅斑大小來判斷皮膚血流情況。敏感性皮膚的 TEWL、表皮水分、皮膚表面紅斑量等生理功能參數可發生特徵變化。此外，還可運用超音波測量表皮、眞皮及皮下組織厚度。矽膠複製及鱗屑測量儀為評定皮膚二維或三維表面結構使用。

關於敏感性皮膚中半主觀（SLS、乳酸刺激試驗）及客觀評定（TEWL、皮膚的表面結構）等檢測原理與方法，讀者可以參見五南圖書公司出版的《**化妝品有效性評估**》一書，有針對化妝品的安全性試驗、皮膚快速成像分析系統快速成像法、VISIR-CR 面部成像系統測試法及皮膚水分散失測試儀器測定 TEWL 的方法等項目做詳細介紹。

## 四、治療

1. **一般治療**：囑咐患者應儘量避免觸誘發因素，如日曬、花粉等，多吃新鮮蔬菜、水果、富含維生素的食物。用溫水洗臉，保持心情舒暢、不熬夜、保證充足的睡眠。化妝品最好選用醫學護膚品。

2. **藥物治療**：症狀嚴重的敏感性皮膚，可使用藥物治療。

(1) **內服藥物**：口服組織胺藥物可減輕炎症反應及搔癢症狀。紫外線照射後，皮疹加重的患者可加服具有抗光敏作用藥物——羥氯喹（hydro-xychloroquine）片（0.1 mg，每日 2 次）。非類固醇類抗炎藥物，如阿斯匹靈（aspirin）片，可以減少花生的四烯酸釋放，可與抗組織胺藥物合用，由於阿斯匹靈有一定的胃腸道副作用，因此儘量選用腸溶製劑。症狀嚴重時，可配合小劑量、短時程應用糖皮質激素。

(2) **局部治療**：3% 硼酸溶液溼敷有一定的收斂作用。還可選用不含氟的糖皮質激素外用，但應注意症狀減輕時，需要儘快減少糖皮質激素使用，以免形成激素依賴性皮炎。外用他克莫司軟膏可替代糖皮質激素，症狀嚴重時可短期外用。

3. **美容治療**

(1) **使用醫學護膚品**：選用安全性高，具有抗敏功效性的醫學護膚品，以恢復皮膚屏障功能，是治療敏感性皮膚的主要方法。同時，敏感性皮膚分爲乾性敏感性皮膚及油性敏感性皮膚，需要根據不同的皮膚類型分別進行護理。

- **溼敷**：面部症狀嚴重，可先用溼敷貼膜進行溼敷，以鎮靜、舒緩皮膚。
- **控油保溼**：乾性敏感性皮膚應選用保溼乳或保溼霜，每天 2 次，緩解皮膚敏感的同時，爲皮膚提供應有的水分和脂質，修復受損皮膚屏障。

- **防曬**：陽光中紫外線較強，可加重敏感性皮膚的皮損，應當外塗防曬劑，防曬霜要既能能 UVB 又能防 UVA ，以保護皮膚免受紫外線的損傷。應根據季節、環境選擇防曬劑，春夏季、高原地區選用 SPF>30、PA+++ 的防曬劑。秋冬季、平原地區選擇 SPF>20、PA++ 的防曬劑。

(2) **冷噴治療**：急性期，可用冷噴鎮靜皮膚。

(3) **雷射及光子治療**：有毛細血管擴張的敏感性皮膚，再糾正皮膚敏感狀態，皮膚屏障獲得一定修復後，可選用脈衝染料雷射、光子去除毛細血管擴張。

(4) **其他**：避免使用刺激性皮膚護理，如使用果酸、角質剝脫劑、酒精類化妝水等刺激性產品。

## 第二節　接觸性皮炎

**接觸性皮炎（contact dermatitis）**是由於皮膚或黏膜單次或多次接觸致敏物後，在接觸部位甚至接觸部位以外發生急性或慢性發炎症狀。

### 一、病因及發病機制

接觸性皮炎的致敏物一般可以分爲動物性、植物性和化學性三大類。動物性如動物的毒素、昆蟲的毒毛如斑蝥、毛蟲等。植物性如某些植物的葉、莖、花、果等或其產物，常見者如漆樹、蕁麻、橡樹、豚草、銀杏、補骨脂等。化學性致敏物是接觸性皮炎發生的主要原因，品種繁多，主要有金屬及其製品，如鎳、鉻。日常用品如洗滌劑、光亮劑、乳膠手套、皮革、橡膠製品。化妝品如油彩、染髮劑。外用藥物如汞劑、抗生素藥膏等。各種化工原料如汽油、油漆、染料等。

該疾病可以分爲原發性刺激和變態反應。有些物質在低濃度時爲致敏物，在高濃度時則爲刺激物或毒性物質。還可表現爲光變態反應或光毒性反應所致。

1. **原發性刺激接觸性皮炎（primary irritant contact dermatitis）**：接觸物具有強烈刺激性（例如，接觸強酸、強鹼、芥子氣等化學物質）或毒性，若濃度足夠，任何人接觸該物質均可能發病，而且不需預先接觸該種物質。出現反應的速度和程度，與刺激物的濃度和接觸時間長短呈正相關。刺激性較強的物質接觸後短時間即發病，例如強酸、強鹼。某些物質的刺激性較小，例如肥皂、洗滌劑、去汙粉、汽油等，接觸較長時間後發病，可引起慢性刺激反應。刺激性接觸性皮炎的發病機制與刺激物的強弱，與接觸時間長短有密切關係。

2. **變態反應性接觸性皮炎（allergic contact dermatitis）**：接觸物本身並無刺激性或毒性，多數人接觸後不會發病，僅有少數人接觸後經過一段時間的潛伏期，在接觸部位的皮膚、黏膜發生變態反應性炎症。接觸性變態反應通常爲典型的遲發型 IV 型變態反應。致敏物通常爲**半抗原（hapten）**。當它與皮膚表皮細胞膜的載體蛋白以及表皮內朗格漢斯細胞（Langerhans cells）表面的免疫反應性 HLA-DR 抗原結合後，即形成完全的抗原複合物。朗格漢斯細胞在淋巴回流過程中使 T 淋巴細胞致敏，並進一步增殖和分化爲記憶 T 淋巴細胞和效應 T 淋巴細胞，再經血液流及全身。當致敏後的生物體再次接觸同類抗原後，經過上述致敏誘導期相同的過程，免疫反應被迅速擴大，結果引起表皮海綿形成及眞皮炎細胞浸潤，毛細血管擴張及通透性增加，產生明顯的發炎反應。

## 二、臨床表現

皮炎表現一般無特異性，由於接觸物的性質、濃度、接觸方式及個體的反應性不同，發生的皮炎形態、範圍及嚴重程度也不同。本病可根據病程分爲急性、亞急性和慢性，此外還存在一些病因、臨床表現等方面具有一定特點的臨床類型。

1. **原發性刺激性接觸性皮炎**：分爲急性和慢性兩種類型。

(1) **急性接觸性皮炎**：多爲意外接觸了強酸、強鹼或芥子氣等物質所致，發病較急。皮損多侷限於接觸部位，少數可蔓延或累及周邊部位。典型皮損爲邊緣及界限清楚的紅斑，皮損形態與接觸物有關，有丘疹和丘皰疹，部分紅腫明顯並出現水泡和大泡，破潰後呈糜爛面，嚴重時可發生組織壞死或潰瘍，常伴有灼熱或劇痛。

(2) **慢性接觸性皮炎**：多由濃度較低、作用較弱的原發刺激物，如肥皂、洗滌劑、消毒劑等持久反覆接觸所致。皮損表現爲輕度紅斑、丘疹，邊緣及界限不清楚。長期反覆接觸可導致局部皮損慢性化，表現爲輕度增生及苔癬樣變，伴有不同程度的搔癢。

(3) **變態反應性接觸性皮炎**：多發生於頭面、頸、胸口、手背及前臂等暴露部位，皮損常侷限於接觸致敏物的部位，邊緣及界限清楚。可因搔抓將致敏物帶到其他部位，而在原發灶之外引起皮炎。若致敏物爲氣態物質則邊緣及界限可不清。輕症患者可能僅有紅斑、丘疹，若皮炎發生在眼瞼、外生殖器處，常有明顯水腫，一般 2～3 天內會逐漸消退。嚴重病例皮膚紅腫顯著，可相繼出現丘疹、水泡、糜爛、滲出和痂皮，伴隨劇烈搔癢或痛感，亦可有頭痛、畏寒、發熱等全身症狀。病程有自限性，去除病因並經過適當治療可以痊癒。如果處理不當，亦可轉爲慢性皮炎。

## 三、組織病理

1. **急性皮炎時**：組織病理變化主要在表皮，爲非特異性的炎症改變，表現爲細胞間及細胞內水腫，有水泡至海綿形成，水泡內可含有少數淋巴細胞、中性粒細胞及崩解的表皮細胞。眞皮上部血管擴張，結締組織水腫，血管周圍少量炎性細胞浸潤，主要爲淋巴細胞，但有時也有少數中性及嗜酸性粒細胞。

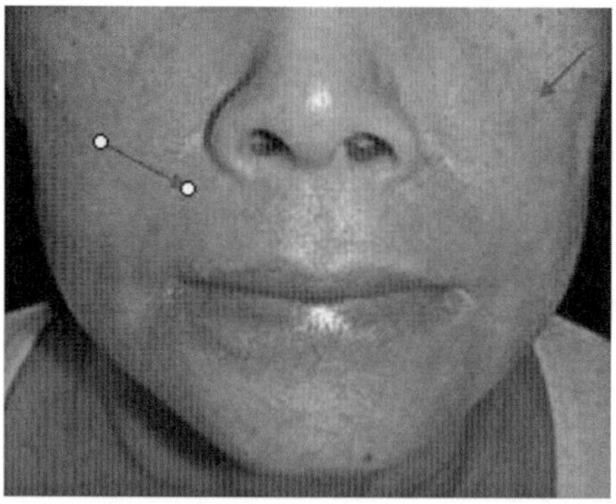

化妝品接觸性皮炎

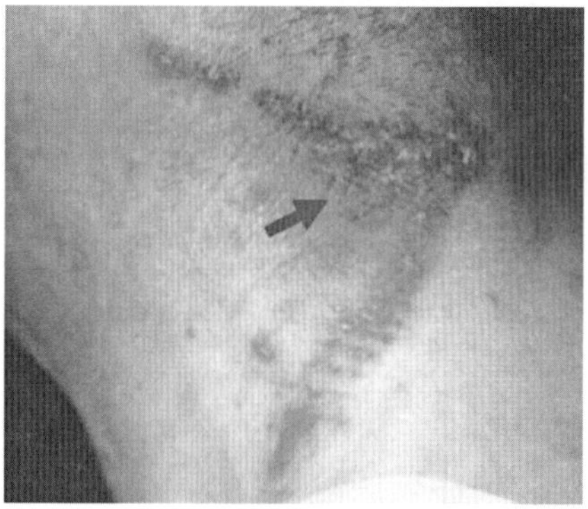

變態反應性接觸性皮炎

圖 8-2　接觸性皮炎的臨床特徵

圖片來源：成大醫院皮膚科南十字星系統、www.twwiki.com。

2. **亞急性皮炎時**：表皮細胞內水腫、海綿形成及少數水泡，輕度表皮有角化不全及角化過度，棘細胞層增厚，眞皮上部血管周圍有較多的淋巴細胞浸潤。

3. **慢性皮炎時**：棘細胞層增厚，角化過度間有角化不全，棘細胞層顯著肥厚，表皮突增寬並向下延伸，眞皮上部毛細血管增生，周圍有淋巴細胞浸潤。尚有嗜酸性粒細胞及纖維細胞，毛細血管數目增多，內皮細胞腫脹及增生。

## 四、診斷

根據患者有刺激物或致敏物接觸史。經一定潛伏期發病，損害限於接觸部位，邊緣及界限清楚，損害爲紅斑、丘疹、水泡、大泡，嚴重時出現壞死潰瘍，邊緣鮮明，有搔癢或灼痛感。

## 五、治療

1. **積極找尋病因，去除和脫離接觸物**：儘量避免接觸已知的過敏原，不宜直接接觸高濃度的藥品或化學物質。可透過點刺或斑貼試驗，查找是否存在過敏原，若呈現陽性則要儘量避免再次接觸。一旦接觸致敏物質或毒性物質後，立即用大量清水沖洗，病程中避免搔抓、熱水燙洗及使用刺激物質沖洗。

2. **全身治療**：以止癢和脫敏爲主。輕症患者可適當使用抗組織胺藥物，如賽庚啶片（cypro heptadine hydrochloride tablets）、氯苯那敏片（chlorphen amine tablets）、維生素 C 等口服。鈣劑、硫代硫酸鈉等也可應用。嚴重或泛發性患者可短期加用糖皮質激素口服，必要時可靜脈滴注地塞米松（dexamethasone）或氫化可的松（hydro cortisone），病情控制後逐漸減停。有病發感染時，應適當使用抗生素。

3. **局部治療**：可按急性、亞急性和慢性皮炎的治療原則處理。急性期僅有紅斑、丘疹無糜爛滲出時，可外用爐甘石洗劑（calamine lotion）或糖皮質激素霜劑，滲出多時，則用生理食鹽水或 3% 硼酸溶液溼敷。亞急性期有少量滲出時，外用糖皮質激素糊劑或氧化鋅油（zinc oxide ointment），無滲液時，則用糖皮質激素霜劑，但面部接觸性皮炎使用糖皮質激素軟膏要愼重。若有感染時，加用抗生素如莫匹羅星（mupirocin）、新黴素（neomycin）。慢性期一般選用具有滋潤、止癢作用的軟膏或霜劑。

4. **中醫中藥治療**：在急性期，呈紅腫、水泡、糜爛、滲液者，可予以清熱、利溼、解毒等藥物，例如化斑解毒湯加減。反覆發作，久病不消，皮損呈慢性乾燥者，可予以清熱驅風、養陰潤燥藥物，例如消風散加減。

# 第三節　激素依賴性皮炎

**激素依賴性皮炎（corticosteroidad dictive dermatitis）**是指由於較長時間持續或間斷外用糖皮質激素或含有糖皮質激素的化妝品，某些原發皮膚疾病得到改善後，停用含糖皮質激素製劑，原發皮損惡化或用藥部位出現急性、亞急性皮炎，伴有搔癢、灼痛等症狀。如再次使用糖皮質激素製劑時，上述症狀和特徵可快速改善，若再停藥皮炎再發，並可逐漸加重。患者不得不靠長期使用糖皮質激素製劑才能減輕痛苦。嚴格來說，是屬於長期外用糖皮質激素後的不良反應。

## 一、病因及發病機制

病因可能與患者常有溼疹、脂溢性皮炎、神經性皮炎、酒糟鼻等原發性皮膚疾病，應用糖皮質激素有關，亦與糖皮質激素強度、應用部位、持續時間及個人體質等因素有關。發病機制並尚未清楚，可能與變應性接觸性皮炎產生機制相似，也可能與長期外用糖皮質激素導致皮膚萎縮和應激能力降低有關。長期反覆外用糖皮質激素可抑制表皮細胞增殖與分化，導致角質層細胞的減少及功能異常，破壞表皮通透性屏障，降低角質層含水量，誘發一連串的發炎症狀反應。

## 二、臨床表現

長期外用糖皮質激素後，原治療部位可見潮紅、皮膚變薄、皮紋消失，有時可出現丘疹和小膿泡、脫屑或細微皺裂，常伴有毛細血管擴張，嚴重者可出現腫脹。自覺乾燥不適或有灼熱感、搔癢、疼痛或觸痛。同時原發病可能復發或加重。再次應用糖皮質激素則上述症狀很快好轉，停用後再復發。隨著糖皮質激素反覆應用，上述症狀和病徵可能愈來愈嚴重，而且用藥頻率和劑量逐漸增多，否則不能控制病情。某些部位甚至出現萎縮紋、疤痕等不可逆改變。皮損可以發生於任何部位，以面頸部、陰囊及女性外陰部等皮損皺摺部位多見，通常都與患者原發病皮損相關。

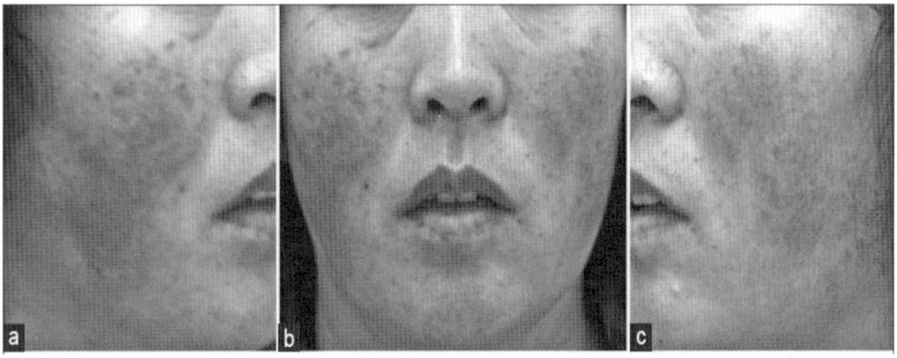


激素依賴性皮炎的臨床特徵

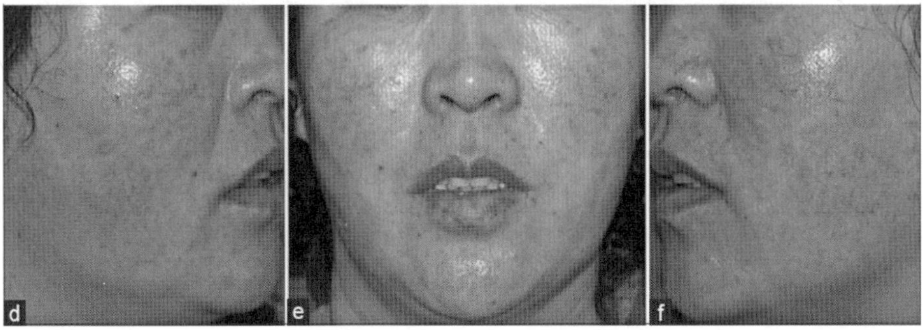


激素依賴性皮炎經低光源治療後結果

圖 8-3　激素依賴性皮炎的臨床特徵

圖片來源：Luan, et al., 2014。

## 三、診斷

根據有較長期外用糖皮質激素歷史、停藥後原有皮膚疾病惡化或復發，再次用藥後皮損可以好轉，如此反覆應用，逐漸加重，皮損多形性，伴有刺痛、燒灼的特點即可診斷。

本症須與不適當停用糖皮質激素治療原發性疾病後出現反跳現象、糖皮質激素過敏所致的接觸性皮炎鑑別。糖皮質激素依賴性皮炎是停藥後原有疾病復發或惡化，同時出現皮炎，對應糖皮質激素有依賴性，而反跳現象則是不適當停藥或減量後，原有皮膚損害復發所致。糖皮質激素過敏所致的接觸性皮炎，則是用藥後發生皮炎，無依賴性。不難鑑別。

## 四、治療

糖皮質激素依賴性皮炎一旦發生，治療較爲棘手，應以預防爲主。

1. **使用糖皮質激素時應謹慎，儘量使用弱效糖皮質激素製劑或避免長期使用**。糖皮質激素不可作爲化妝護膚品使用。

2. **一旦診斷本病，部分學者認為應該停止使用糖皮質激素外用製劑，對症處理**。**也有部位學者認為可以先改用弱效糖皮質激素製劑並逐漸減低濃度治療**。皮損恢復過程中可配合使用保溼劑，如凡士林（vase line)、尿素軟膏（urea ointment）等，增加角質層的含水量，恢復皮膚的屏障功能。外用局部免疫調節劑如他克莫司（acrolimus)，可達到抗感染治療的目的。合併感染者可配合抗感染治療。恢復到正常所需時間，取決於皮膚損害的嚴重程度，如疤痕等永久性損害，則難以完全恢復。

3. **向患者耐心解釋病情，並進行適當的心理輔導，幫助患者去除依賴心理**。同時告知患者治療過程相對較長，治療初期不一定能完全控制皮損，但一般可減輕，堅持治療可以達到完全控制，幫患者建立治療信心。

4. **中醫藥治療**：按急、慢性皮炎和相關症狀，選用能清熱利溼、涼血化瘀、疏風止癢的方劑治療。急性期可用公英、地丁、黃柏、黃芩、野菊花等煎水燻洗或溼敷。恢復期可用黃連、黃柏、滑石、冰片磨粉，麻油或凡士林調膏外塗。

## 第四節　換膚綜合症

採用物理或化學方法使表皮角質層強行剝脫，以促進新細胞更替，使皮膚光滑細膩並富有光澤，治療前後皮膚看起來煥然一新，此種美容技術稱爲「**換膚技術**」。但過度使用換膚技術、手術後護理不當導致皮膚敏感，出現色素沉著、痤瘡、粟丘疹，甚至毛細血管擴張、皮膚老化、疤痕等後遺症，稱爲「**換膚綜合症（peeling skin syndrome）**」。

### 一、病因及發病機制

發生換膚綜合症的機制尚未完全清楚，目前認爲爲不正規的美容是導致換膚綜合症產生的直接病因。

1. **過度剝脫表皮**：皮膚的表皮代謝時間爲 28 天，很多人常忽略皮膚的這種生理狀態，頻繁「**去死皮**」、「**美白**」、「**做臉**」，使皮膚角質層被過度剝脫，表皮基底層細胞更新週期節奏被打亂，雖然角質層強行剝脫產生的刺激信號早期可能促進基底層細胞的增殖，但頻繁的刺激會使表皮更新功能失去正常作用，難以彌補角質層剝脫的損傷，角質層結構受到破壞，皮膚屏障受損，對外界抵禦能力減小，各種外界環境因素如灰塵、日光、微生物等抗原入侵皮膚，產生紅斑、毛細血管擴張，甚至炎症反應及色素沉著等。

2. **使用不合格美容產品**：一些不合格的美容產品中，除摻入大劑量的剝脫劑外，還摻有糖皮質激素、鉛、汞等成分，具有暫時性美白效果，一段時間後，皮膚屏障受損，出現色素沉著、老化等表現，對皮膚造成極大傷害。

3. **不正確的美容操作**：因人爲因素，對皮膚的基本結構、皮膚類型、皮膚疾病沒有足夠認識，對各種皮膚疾病缺乏診治技術，導致換膚技術操作不正確所致。

4. **換膚後處理不當**：換膚後不注意修復受損皮膚屏障及防曬，皮膚抵禦外界刺激的能力下降，在外界環境的影響下，易出現紅斑、毛細血管擴張等症狀。

## 二、臨床表現

根據其皮損特徵，可以分爲四種：

1. **敏感性皮膚類型**：表現爲皮膚對外界環境的抵抗能力降低，輕微日曬、風吹、遇熱、接觸花粉後，皮膚會出現紅斑、丘疹、搔癢。

2. **激素依賴樣皮炎類型**：主要表現爲痤瘡樣皮炎型、面部皮炎型、皮膚老化型、色素沉著型、毳毛增生型。

3. **色素異常型**：可表現爲色素沉著或色素減退，主要是長期刺激或去斑類產品的反覆使用，顏面部皮膚出現深淺不一的色素沉著或色素減退。

4. **接觸性皮炎型**：表現爲紅斑、丘疹、搔癢、結痂。首發部位爲接觸部位，也可能擴展至周圍皮膚，接觸物的性質、濃度、頻率、時間長短，均對皮損的嚴重程度有影響。

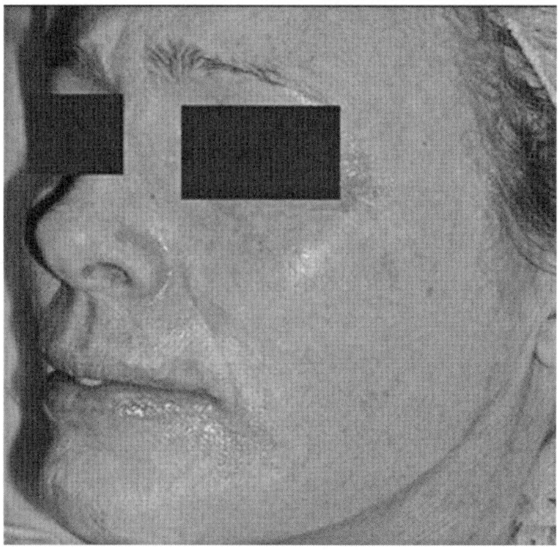

圖 8-4　換膚綜合症的臨床表現

圖片來源：pinstake.com。

## 三、診斷

根據不正確的美容後皮膚出現敏感、激素依賴性皮炎、接觸性皮炎或色素沉著等臨床表現，可診斷爲該症。

## 四、治療

1. **一般治療**：立即停止導致皮膚損害的可疑化妝品及頻繁表皮剝脫，針對不同的臨床表現進行治療，輔以醫療等級護膚品，緩解皮膚敏感狀態。

2. **藥物治療**

(1) **敏感性皮膚類型**：口服抗組織胺，如光敏試驗陽性的患者，可同時口服羥氯喹（hydroxychloroquine）等抗光敏藥物，皮疹較嚴重時，可外用不含氟糖皮質激素或他克莫司軟膏（tacrolimus ointment）。

(2) **痤瘡樣皮炎型**：口服四環黴素（tetracycline）可採用 0.25 g／次，每日 4 次，連續服用 20 天。然後改為 0.25 g／次，每日 3 次，連續服用 20 天。再改為 0.25 g／次，每日 2 次，連續服用 20 天。最後改為 0.25 g／次，每日 1 次，連續服用 20 天。輔以丹參、維生素 $B_6$ 等。外用阿達帕林凝膠（adapalene gel）或過氧苯甲醯凝膠（benzoyl peroxide gel）等藥物。

(3) **色素沉著或減退型**：改善皮膚敏感狀態後，再治療色素沉著或色素減退，色素沉著可滴還原型谷胱甘肽（glutathione）1.2 g／次，每週 2 次。維生素 C 針劑 3 g／次，每週 2 次。口服維生素 E 膠囊 0.1 g／日。外用氫醌霜（quinone cream）靜脈注射維生素 C、谷胱甘肽針劑等。色素減退外用他克莫司軟膏（tacrolimus ointment）或其他增加黑色素生成的藥物。

(4) **接觸性皮炎型**：按接觸性皮炎處理，請參見第八章第二節介紹。

3. **美容治療**

(1) **使用醫學護膚品**：具體方法請參見敏感性皮膚。

(2) **物理治療**：紅光具有抗炎，黃光具有減少皮膚敏感性的作用，急性期可冷噴、冷膜配合紅黃光治療。

## 第五節　濕疹

**濕疹（eczema）**是一種常見由多種內外因素引起的表皮及眞皮淺層炎症性皮膚疾病，一般認爲與變態反應有一定關係，皮損呈多形態，常對稱分布、有滲出傾向、易反覆發作、慢性病程、搔癢劇烈。

## 一、病原與發病機制

溼疹的發病原因很複雜，具體病因往往不清楚，一般認為是多種內外因素相互作用引起的遲發性變態反應。外在影響因素中，常見的食物，如魚、蝦、蟹、蛋、牛羊等。吸入物如花粉、塵蟎、動物皮毛等。生活環境如日光、冷、熱、多汗、摩擦、化妝品等。內在環境影響因素中，包括慢性病灶熱感、腸道寄生蟲病、內分泌失調、代謝障礙、月經及妊娠等。神經精神因素中，如神經緊張、過度疲勞、失眠、憂慮等，都和本病症有密切關係。遺傳因素和個體素質對本病症的發生、發展也有很大關係。

研究顯示 IL-10、IL-12p40 和 IL-18 三種細胞激素因子在正常皮膚角質層形成細胞內呈現表現量下降，而在溼疹患者皮損組織中表現量顯著升高，結果顯示溼疹患者皮損處存在 Th1／Th2 型細胞激素的分泌異常，可能與其發病有關。

表皮屏障功能受損及由此導致經表皮水分流失，也是溼疹的發病原因之一，最近研究顯示，表皮分化及脂質成分的異常，乃是導致屏障功能損害的重要原因。

## 二、臨床表現

本病發生於任何年齡、任何部位、任何季節，但常在冬季復發或加劇。其臨床表現具有對稱性、滲出性、搔癢性、多形性和復發性等特點，根據病情程度和皮損不同，分為急性、亞急性和慢性三種。

1. **急性溼疹**：發病急，皮損為密集紅斑、丘疹，水泡可伴糜爛、滲出、結痂或伴有腫脹。

2. **亞急性溼疹**：皮疹有暗紅斑、丘疹，出現特徵性鱗屑，可伴有輕度滲出，結痂，皮膚開始乾燥。

3. **慢性溼疹**：多因急性、亞急性溼疹反覆發作演變而成，表現爲暗紅色密集的丘疹，常伴肥厚、苔蘚樣變及乾燥、脫屑。

除以上溼疹外，另外有些特殊類型的溼疹，如：

1. **嬰兒溼疹（infantile eczema）**：是嬰幼兒常見的一種皮膚病，俗稱奶癬。是發生於嬰幼兒頭面部一種常見的急性或亞急性溼疹。該病與消化道功能障礙、食入或吸入某些過敏物、外界不良刺激有關。嬰兒溼疹常無家族過敏史、無過敏性疾病史，多在出生 1 個月後發生，可能是嬰兒溼疹，也可能是異位性皮炎的嬰兒期。皮損容易發生於頭皮及面部，尤以前額、面頰部爲重，有時軀幹、四肢也會累及，主要表現爲紅斑、丘疹、丘皰疹。因搔抓、摩擦可出現糜爛、滲液、結痂，甚至續發細菌感染。

2. **自身敏感性溼疹（autosensitization eczema）**：由於患者對自身內部或皮膚組織所產生的某些物質過敏而引起的。發病前，在皮膚某部位常有溼疹樣損害，由於過度搔抓、外用藥物刺激或開發化膿性感染，而使原有損害惡化，組織分解物、細菌產物等形成一種特殊的自身抗原，被生物體吸收而引起自身敏感。本病症常表現爲突然泛發性群集性紅斑、丘疹、丘皰疹及小水泡，可相互融合，對稱分布。從原發皮損至全身泛發，一般需要 7～10 天。

3. **傳染性溼疹樣皮炎（infectious eczematoid dermatitis）**：本病在發生前，先在患處附近有慢性細菌性感染病灶，如中耳炎、褥瘡、潰瘍及瘻管等，從這些病灶中不斷排出大量分泌物，使周圍皮膚受到刺激而致病。多表現爲病灶周圍皮膚發紅、密集小丘疹、水泡、膿泡、結痂及鱗屑等，並可隨搔抓方向呈線狀播散。

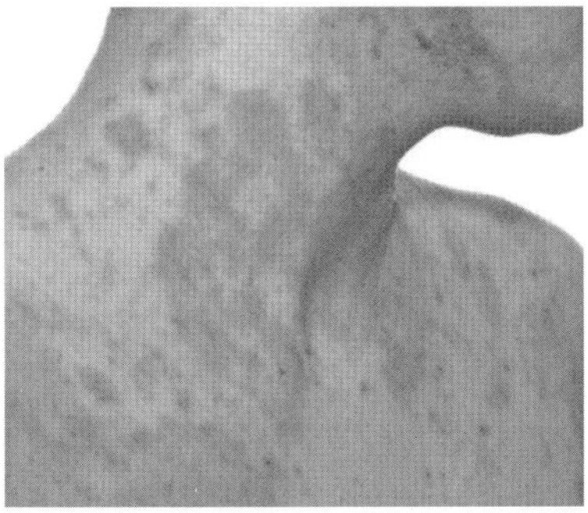

溼疹

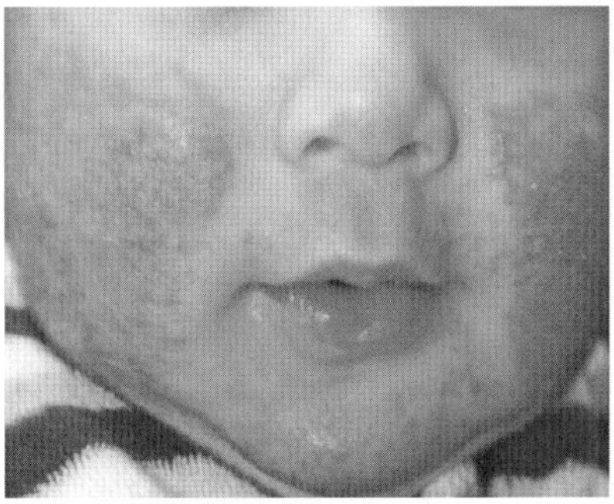

嬰兒溼疹

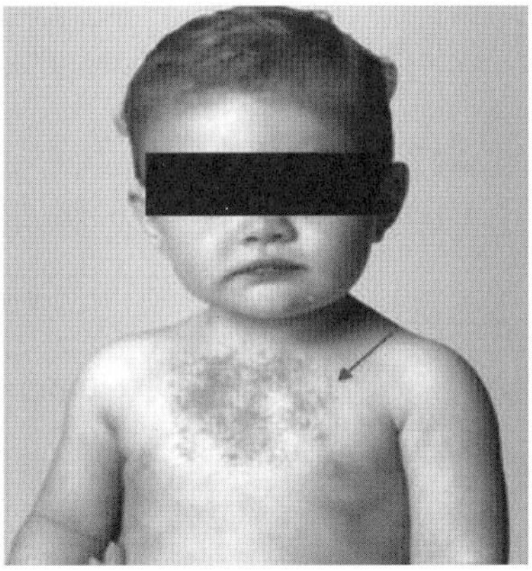

自身敏感性溼疹

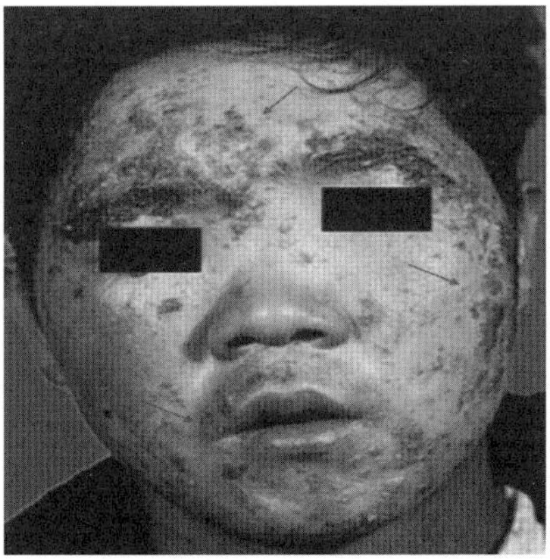

傳染性溼疹樣皮炎

圖 8-5　溼疹的臨床表現

圖片來源：www.informationng.com、tnheathandwellness.com、jhbws.blog.sohu.com、www.med126.com。

## 三、診斷

一般呈多形性，常有滲出、對稱分布、搔癢明顯及各期皮損特點可以明確診斷。

## 四、治療

1. **一般治療**：應注意避免各種可疑致病因素，發病期間避免食用辛辣食物及飲酒，避免過度洗燙、搔抓。儘量減少外界不良刺激，衣著應寬鬆、柔軟，貼身衣物最好是純棉用品。

2. **藥物治療**

(1) **內服藥物**：選用抗組織胺藥物治療，兩種配合或交替使用。因溼疹多在晚間出現搔癢加劇，故最好在睡前口服一次抗組織胺藥物。必要時可配合糖皮質激素、免疫抑制劑、鎮靜藥等，如有感染，還需使用抗生素。

① **抗組織胺藥物**：根據病情可選用以下藥物或聯合用藥，例如氯苯那敏（chlorpheniramine）4 mg / 次，每日 3 次。賽庚啶（cyproheptadine）2 mg / 次，每日 2～3 次。酮替芬（ketotifen）1 mg / 次，每日 2 次。西替利嗪（cetirizine）10 mg / 次，每日 1 次。阿伐斯汀（acrivastine）8 mg / 次，每日 2 次。米坐斯汀 10 mg / 次，每日 1 次。氯雷他啶（loratadine）10 mg / 次，每日 1 次。西米替丁（cimetidine）200 mg / 次，每日 3 次等。

② **糖皮質激素**：對急性皮損較爲廣泛者給予潑尼松（prednisone）20～30 mg/d，早晨服用一次或予以複方倍他米松（betamethasone）針劑肌肉注射，但糖皮質激素停藥後易復發，且不能常規使用。長期應用易引起許多不良反應。老年溼疹濫用糖皮質激素後，易發展成續發性紅皮症。

③ **免疫抑制劑**：雷公藤總苷（tripterysium glycosides）20 mg / 次，每日 3～4 次，一般只用於發展期或全身泛發性患者。

④ **其他**：口服維生素 C 0.2 g / 次，每日 3 次。5% 溴化鈣、10% 葡

葡糖酸鈣或 10% 硫代硫酸鈉溶液緩慢靜脈注射，10 ml / 次，每日 1 次，10 次爲一個療程。維生素 B 群及調節神經功能的藥物亦有幫助。

(2) **局部治療**：請參見接觸性皮炎，請參見第八章第二節介紹。

# 第六節 異位性皮炎

**異位性皮炎（atopic dermatitis, AD）**又稱**異位性溼疹（atopic eczema）、Besnier 體質性癢疹（Besnier's prurigo diathesis）**或遺傳過敏性溼疹。特徵爲本人或家族中可見明顯的「**異位性**」特徵：1. 有容易罹患哮喘、過敏性鼻炎、溼疹的家族性傾向。2. 對異種蛋白過敏。3. 血清中 IgE 增高。4. 血液嗜酸性粒細胞增多。典型的異位性皮炎除有特定的溼疹臨床表現，還具有以上四個特點。

## 一、病因及發病機制

異位性皮炎病因和發病機制目前尚未清楚，可能是遺傳因素、免疫因素、有缺陷的皮膚屏障功能以及環境因素共同作用的結果。神經免疫因素及皮膚屏障功能障礙在 AD 發病機制中的作用，則是目前研究的熱點。從 AD 患者皮膚乾燥程度，可以看出其皮膚屏障功能的破壞可能遠大於溼疹患者。研究顯示 AD 患者先天缺乏神經醯胺合成脢，致神經醯胺合成減少，使皮膚屏障功能降低，故經表皮水分流失增加。

近年認爲異位性皮炎的皮炎症是在遺傳背景下，由過敏原誘發的 IgE 依賴的速發型和遲發型變態反應，並且可能是在一種 Th1 / Th2 細胞不平衡情況下，由 Th2 細胞介導的皮膚過敏性發炎症狀。另一方面，可認爲特異性皮炎是一種 IgE 依賴的 Th2 細胞介導皮炎症反應（稱爲 II 型遲發型過敏反應）。另一觀點認為，異位性皮炎發病機制為雙相反應模式，早期為由 Th2 細胞介導皮炎症反應，之後由 Th2 細胞轉化為 Th1 細胞，晚期表現為由 Th1 細胞介導的皮炎症反應。

總之，異位性皮炎發病機制較為複雜，上述學說仍需進一步研究印證。

## 二、臨床表現

異位性皮炎可在任何年齡發病，無性別差異。本症在不同年齡階段具有不同特點，通常分為嬰兒期、兒童期、青年期及成人期。

1. **嬰兒期**：通常於出生後 2～3 個月開始發病。皮損常累及面部頭皮軀幹及四肢伸側，表現為邊緣及界限清楚紅斑基礎上密集的、針頭大的丘疹、丘皰疹和水泡，水泡破潰後有黃色滲液，乾燥後形成黃色痂皮。常因搔抓、摩擦導致痂皮脫落，露出鮮紅色的糜爛面。如有繼續感染可見膿泡、局部淋巴結腫大及發熱等全身症狀。

2. **兒童期**：一般可由嬰兒期演變而來，也可是初發，皮疹表現為溼疹型和癢疹型。溼疹型容易發生於肘窩（cubital fossa）、膕窩（popliteal fossa）和四肢伸側，表現為針狀大小丘疹、丘皰疹和水泡，融合成片，被覆灰白色鱗屑，部分苔癬化。癢疹型容易發生於四肢伸側和背部，表現為散發的、綠豆大的、皮色或棕色丘疹，可見抓痕和血痂。

3. **青年及成人期**：皮損與兒童期類似，皮疹容易發生於肘窩（cubital fossa）、膕窩（popliteal fossa）、頸部及側部，表現為侷限性紅斑和丘疹，被覆灰白色鱗屑及色素沉著，局部可見苔癬化。

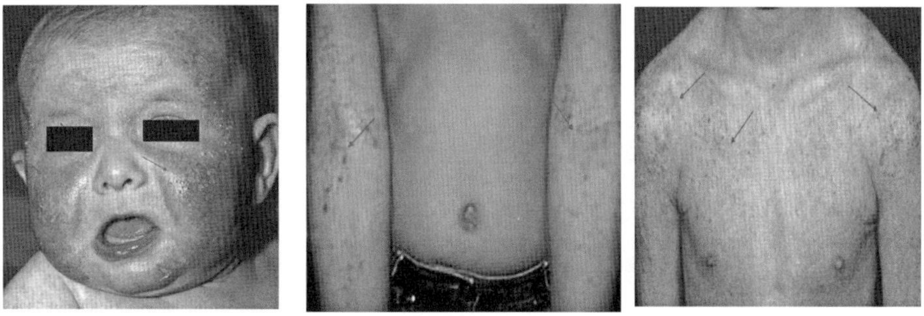

嬰兒期　　兒童期　　青年及成人期

圖 8-6　異位性皮炎的臨床特徵

圖片來源：bbs.mychat.to、www.iskin.com.tw、mypaper.pchome.com.tw。

## 三、診斷

國內外有多種診斷標準應用於異位性皮炎，包括 Hanifn 和 Rajka 標準、Williams 標準及康克非標準等。其中，Williams 標準內容簡潔，方便使用，介紹如下：

1. **必須是搔癢皮膚病（或父母主訴兒童搔抓或摩擦）。**
2. **另加以下至少三條：**

(1) 皮膚皺摺部位累及如肘窩、膕窩、踝前及頸周（10 歲以下兒童包括頰部）。

(2) 個人哮喘或花粉症史（或一級親屬 1 歲以下兒童異位性疾病史）。

(3) 皮膚乾燥史。

(4) 屈側可見溼疹（或 4 歲以下兒童頰部／前額和遠端肢體溼疹）。

(5) 2 歲前發病（適用 > 4 歲者）。

## 四、治療

### 1.一般治療

(1) **減少本病的誘發因素，使症狀減輕或緩解**：儘量避免一切外來刺激，如穿著的衣服要輕柔寬鬆、絲、毛織品、動物毛皮或人造纖維衣著不要直接接觸皮膚，儘量減少環境中可能的變應原，如粉塵、塵蟎、毛、人造纖維、眞菌等。

(2) **避免過度清洗皮膚**：水溫不宜超過 40℃，儘量接近皮膚溫度，並減少沐浴次數及沐浴時間，避免使用肥皀、香皀及含有香精、色素等化學成分的沐浴乳。

(3) **室內溫度適宜**：不宜過高，衣被不要過暖，減少汗液分泌。

(4) **注意消化功能**：避免消化不良。

### 2.藥物治療

#### (1) 內服藥物

① **抗組織胺藥物**：可選用 1～2 種抗組織胺藥物內服，對嬰兒期異位性皮炎可用0.2%苯海拉明（diphenhydramine）糖漿，2～4 mg/(kg · d)，每日 3 次。或氯雷他啶（chloratadone）糖漿 5 ml / 次，每天 1 次。

② **鎮靜劑**：應用鎮靜劑可加強止癢的效果，一般常用的有苯巴比妥（phenobarbital），小兒劑量爲 0.5～1 mg / 次。或者使用氯丙嗪（chlorpromazine），小兒劑量爲 0.5～1 mg/(kg · 次)。往往與抗組織胺藥物聯合使用，可提高療效。

③ **助消化藥物**：可選酵母菌、乳酸菌等口服以助消化。

④ **糖皮質激素**：僅適用於頑固、重症的成人期異位性皮炎，一般採用小劑量縮短療程，如潑尼松（prednisone）20～30 mg/d，使用時間應少於 2 週。

⑤ **抗生素**：續發細菌感染時，需加用抗生素，以大環內酯類抗生素爲主，如羅紅黴素（roxithromycin）膠囊 0.15 g／次，每日 2 次。克拉黴素（clarithromycin）緩釋片 0.5 g／次，每日 1 次。

**(2) 局部治療**

① **外用藥物**：參見接觸性皮炎，請參見第八章第二節的介紹。

② **光療**：窄光譜中的紫外線是皮膚常用的物理性治療方法，療效較爲肯定，治療時間較短，不需使用光敏劑。

**3. 美容治療**

恢復皮膚屏障，緩解皮膚乾燥、脫屑及搔癢是治療與預防異位性皮炎的首要措施，再使用具有抗敏、保溼、滋潤作用的醫學護膚品，具體方法參見溼疹。

# 第七節　季節性皮炎

**季節性皮炎（seasonal dermatitis）**是一種季節性、反覆發作，由花粉、氣溫等引起的接觸性皮炎，容易發生於季節交替時期，多見於女性。

## 一、病因及發病機制

發病原因與花粉、化妝品、溫熱、光線刺激、塵蟎等有關，由於化妝品易黏附於皮膚表面，再經日光刺激，局部 pH 值改變、皮溫上升等，更容易發生變態反應。發病機制可能是接觸到當時空氣中散播的花粉等抗原，而引起一種 IgE 引導的遲發性接觸性過敏，也有人稱爲 IgE 引導的「**皮膚遲緩性反應**」。相關研究顯示，該病患者的血清總 IgE 表現量比正常人高，花粉抗原斑點試驗呈陽性，顯示血清總 IgE 表現量與特異性 IgE、皮膚斑點試驗及花粉斑點試驗呈陽性之間，均有顯著關聯性。

## 二、臨床表現

臨床表現爲春、夏季突然發生，皮疹多侷限於顏面、頸部，表現爲輕度紅斑、水腫，略爲隆起或伴有少數米粒大小的紅色丘疹。有時還可爲溼疹樣改變、輕度苔癬化皮疹，時有糠皮樣鱗屑。常伴有搔癢，每年反覆發生，冬季可自行消退。有時伴有過敏性鼻炎或其他「**異位性**」病史。

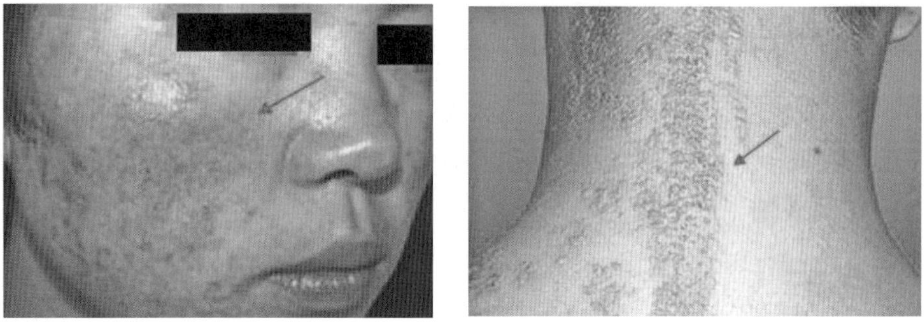

顏面　　頸部

圖 8-7　季節性皮炎的臨床表現

圖片來源：www.ncdsyy.com/py/2016/0325/426.html、tupian.hudong.com。

## 三、診斷

根據病因，季節性皮炎侷限於面部等臨床表現，一般不難診斷。

## 四、治療

1. **一般治療**：儘量避免到花粉飄散的戶外遊玩。洗臉時儘量不用過熱的水、鹼性肥皀、粗糙毛巾。儘量不使用香水、化妝品，如遮瑕膏、粉底液、蜜粉等。

2. **藥物治療**

(1) **内服藥物**：主要以抗敏、止癢治療無主。面部紅斑不明顯，搔癢加劇者可口服抗組織胺藥物，如依匹斯汀片（epinastine tablets）、鹽酸西替利嗪片（cetirizine hydrochloride tablets）、維生素 C ，靜脈注射 10% 葡萄酸鈣溶液等。面部紅斑明顯者可加用抗光敏藥物，如羥氯喹（hydroxychloroquine）0.1 g / 次，每日 2 次，療程不宜超過 3 個月。皮損嚴重者可短期小劑量口服糖皮質激素，如潑尼松（prednisone）片 20～30 mg/d，不超過 2 週。

(2) **局部治療**：外用糖皮質激素類軟膏是治療關鍵，但有可能長期使用而形成激素依賴性皮炎。因此，不宜長時間外用糖皮質激素，一般不超過 2 週。也可以選用他克莫司（acrolimus）、吡美莫司（pimecrilimus）軟膏。

3. **美容治療**：可使用醫學護膚品，具體方法參見敏感性皮膚。

## 第八節　口周皮炎

**口周皮炎（perioral dermatitis）**是發生於口周、鼻唇溝、鼻部等處的慢性皮炎症，多見於年輕女性。

### 一、病因及發病機制

本病病因不明，目前認爲與光敏性有一定關係，一般認爲與長期使用含氟糖皮質激素及氟化牙膏有關，其他因素有日光、感染、皮脂溢出、遺傳過敏性皮炎、化妝品、接觸過敏、內分泌改變、糖皮質激素等，均可引起本病症。此外，避孕藥、含油脂豐富的護膚品及含汞化妝品等，亦均可誘發本病。部分患者則在月經期或妊娠期發病。患者常有舔嘴唇的習慣。

## 二、臨床表現

容易發生於 20～35 歲之間女性，侵犯部位主要是「**口罩區**」，即爲口周、頦部及鼻側，口唇周圍有一狹窄皮膚帶不受侵犯，上下唇從不累及具有特徵性。皮損表現爲對稱分布於口周的丘疹、丘皰疹、膿泡、紅斑及鱗屑。局部可有輕度搔癢及燒灼感。病程呈週期性發作，日光、飲酒、進熱食、寒冷刺激後，皮損易復發或加重。

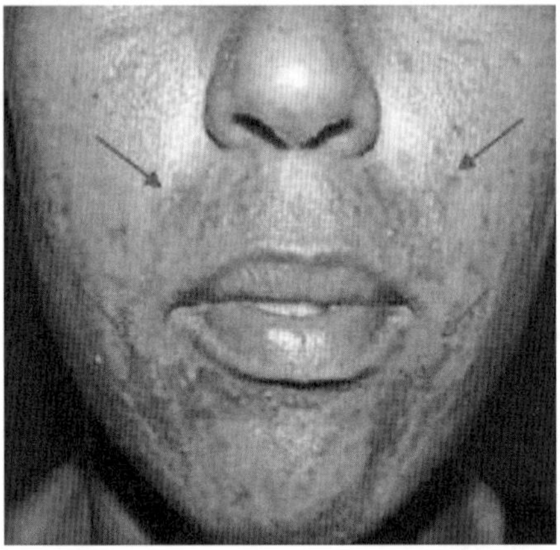

圖 8-8 口周皮炎的臨床特徵

圖片來源：baike.sogou.com。

## 三、診斷

根據年輕女性容易發生的皮損特點爲口周對稱性的多形性皮損，不累及上下唇黏膜，診斷不難。本病應與酒糟鼻、脂溢性皮炎及接觸性皮炎相鑑別。酒糟鼻皮損多發生於鼻及鼻周，病程經過緩慢，可以分爲三期，分別以紅斑和毛細血管擴張、丘疹膿泡及鼻部結締組織增生爲特點，皮損多持久性存在。脂溢性皮炎皮損爲皮脂溢出的基礎上發生黃紅色斑，上有丘疹、小膿泡及糠秕樣鱗屑或油膩性痂。邊界清楚，毛囊口擴大，自覺有癢感。除面部外，頭皮、胸背部往往也有皮損。接觸性皮炎則有過敏原接觸史，皮損多爲鮮紅斑、丘皰疹及水泡。邊緣及界限清楚，有潮溼滲出傾向。患者有灼熱及搔癢感。根據相應的病程及臨床表現，不難鑑別。

## 四、治療

1. **一般治療**：儘量避免各種可能誘發本症和加重皮損的因素，如停用含氟牙膏、含氟激素，不要頻繁舔嘴唇，避免日曬。

2. **藥物治療**

(1) **內服藥物**：口服四環黴素（tetracycline）經常有效，劑量 0.5～1.0 g/d。也可以用多西黴素（doxycycline）100 mg/d 或米諾環素（minocycline）100 mg/d，連續使用 2～3 週或更長時間，最長療程爲 6 週。對不宜使用四環黴素治療的兒童及孕婦，可以選口服紅黴素（erythromycin）250 mg/d，但紅黴素的療效不如四環黴素。

(2) **局部治療**：局部外用硫磺軟膏加 1% 氫化可的松（hydrocortisone）軟膏或糠酸莫米松（mometasone furoate）軟膏等。可用 1.5～2.0% 的紅黴素溶液外塗，每日兩次，連續數月。也可外用 0.75% 甲硝唑凝膠（metro-nidazole gel）1～4 週或 1% 甲硝唑霜（metronidazole cream）8 週。外用他克莫司（acrolimus）或吡美莫司（pimecrilimus）軟膏。儘管外用免疫抑制劑能取得良好效果，但藥物長期使用會有一定的刺激、反跳現象（rebound phenomenon）。

3. **美容治療**：使用醫學護膚品。

(1) **抗敏保溼**：口周炎致皮膚屏障受損，易出現口周皮膚乾燥、脫屑。因此，應選擇醫學護膚品——抗敏保溼霜外用，補充皮膚水分，舒緩皮膚敏感，具有輔助治療的作用。同時，還能降低外用藥物的用量，從而減少藥物副作用。長期堅持使用可降低該病的復發率。

(2) **防曬**：具體方法，請參見敏感性皮膚。

# 第九節 唇炎

**唇炎（cheilitis）**是一種以口唇乾燥、皺裂、脫屑爲主要臨床表現的黏膜病。臨床上常分爲：剝脫性唇炎、過敏性唇炎、良性淋巴增生性唇炎、肉芽腫性唇炎、腺性唇炎、眞菌性唇炎、光化性唇炎等過種類型。按病程分爲急性、慢性。

## 一、病因及發病機制

唇炎的病因不明，目前認爲與日光、局部理化刺激、免疫失調、遺傳、精神因素等有關。

1. **日光**：日光照射可以引起急性、慢性唇炎。光化性唇炎常發生於受陽光照射的下唇，而減少日光照射可緩解。

2. **局部刺激及過敏**：接觸過敏性物質或刺激性物質可引起接觸性唇炎，這包括刺激性及過敏性唇炎。可引起接觸性唇炎的物質有：苯己醇酸、丙基培酸鹽、苯酚、竹黃、牙粉、丙烯酸酯修復體等。口服番瀉葉（senna）、咖啡，外擦口紅等也可能刺激口唇黏膜。

3. **微生物**：微生物與唇炎的關係研究較少，大部分研究集中在微生物與口角炎的關係上，比較明確的是白色念珠菌（*candidiasis albicans*）可能引起白念珠菌性唇炎。病毒可能引起繼發性唇炎，螺旋體可能引起慢性唇炎。

4. **全身因素**：唇炎還可能是全身性疾病或系統性缺陷的首發表現或

併發症。微量元素——鋅缺乏時，可能引起唇炎。維生素 A 攝取過多時，也可能引起嚴重的唇炎。糖尿病患者可能出現剝脫性唇炎。此外，匿發性 CD4 淋巴細胞缺乏者，可表現出唇炎。顯示唇炎與全身代謝及免疫有關。

5. **遺傳因素**：肉芽腫性唇炎患者呈現伴隨性遺傳的 B538 染色體缺失，遺傳因素使生物體具有一定的易感性。腺性唇炎部分患者有一定家族史，唇部黏液異常增加、導管擴張，有繼發炎症反應。

6. **精神因素**：有文獻報導精神因素會導致腺性唇炎發生。不良動作性唇炎也與精神因素關係密切，精神分裂症患者常伴有潛意識地長期舔醇動作，從而引起唇炎。

7. **環境因素**：唇炎患者在季節交替時多見，氣候乾燥時加重。

8. **醫源性因素**：腫瘤患者在治療過程可出現唇炎。對白血病或淋巴瘤患者進行化療時，患者出現剝脫性唇炎，顯示化療藥物在消滅腫瘤細胞的同時，對正常的黏膜上皮細胞亦有損傷作用。

## 二、臨床表現

表現爲唇紅部乾燥、脫屑、皺裂。嚴重的表現爲唇腫脹、糜爛，有炎性滲出物，形成血痂或膿痂，疼痛明顯，有灼熱感。根據特點可分爲下列不同類型：

1. **光化性唇炎（actinic cheilitis）**：以下唇多見。**急性期**：唇紅糜爛，不超過唇紅緣，有淺黃色滲出物，唇部輕度腫脹，唇外翻，甚至腫脹明顯而有出血或形成潰瘍，並結血痂，痂皮揭露出血性創面或有膿血。局部灼熱、疼痛、乾燥、搔癢，因摩擦而疼痛加重，唇部動作受阻，病情難癒，可長達數月或更久，頜下淋巴結腫大，局部有色素沉著。**慢性期**：隱匿發病或由急性期轉化而來，以脫屑、局部增粗變硬，出現皺摺、皺裂爲主要表現。

2. **剝脫性唇炎（exfoliative cheilitis）**：首先從下唇開始，出現乾燥、皺裂、脫屑、鱗屑脫落，露出紅色基底層，逐漸擴展至上唇，可持續數月。

3. **腺性唇炎（glandularis cheilitis）**：唇部肥厚腫脹，下唇外翻，唇部內側黏液腺導管口處可見稀薄黏液。晨起時，上下唇黏在一起。

此外，對於長期不癒合的唇部潰瘍，範圍短期突然增大，疼痛不嚴重者，應排除唇癌的可能。

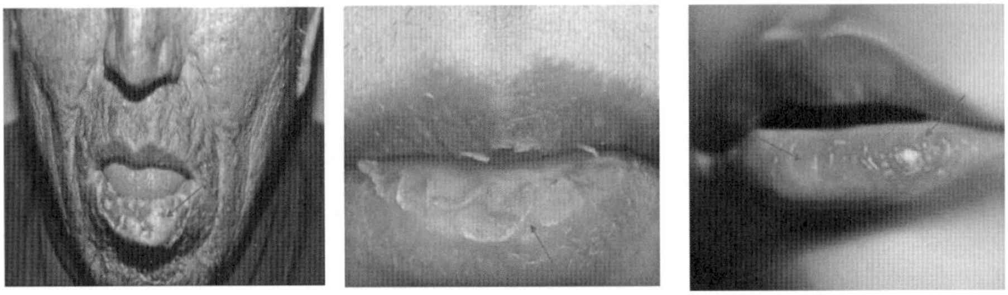

光化性唇炎　剝脫性唇炎　腺性唇炎

圖 8-9　唇炎的臨床特徵

圖片來源：www.tspf120.com、jib.xywy.com、www.39yst.com。

## 三、診斷

唇緣紅，尤其是唇下緣反覆發生的鱗屑，結痂性損害有助於診斷。

## 四、治療

1. **一般治療**：停用或停食可疑的藥物、食物，避免乾燥、高溫風吹的環境，不要頻繁舔唇，避免日曬。

2. **藥物治療**：以外用藥物為主，可用外用糖皮質激素軟膏，由於唇部皮膚薄嫩，應選擇不含氟的軟性糖皮質激素或弱效糖皮質激素，使用時間不宜過長，以免引起激素依賴性皮炎。還可選用鈣調磷酸酶抑制劑，如他克莫司（acrolimus）軟膏，使用前三天易出現刺激反應。炎症明顯時，可配合口服抗光敏藥物，如羥氯喹（hydroxychloroquine）片，0.1 g / 次，每天 2 次。皮損肥厚者可用糖皮質激素局部治療，還可口服碘化鉀 1～2 個月。

3. **美容治療**：具體方法請參見口周皮炎。

## 習題

1. 請簡述敏感性皮膚常見原因、診斷及處理原則。
2. 請簡述接觸性性皮炎的類型、診斷及治療原則。
3. 請簡述引起激素依賴性皮炎的誘發因素、診斷及治療原則。
4. 請簡述引起換膚綜合症的原因及治療原則。
5. 請簡述溼疹的特點及治療原則。
6. 請簡述異位性皮炎的診斷要點及治療原則。
7. 請簡述口周皮炎的診斷要點及治療原則。
8. 請簡述唇炎的臨床類型及治療原則。

## 參考文獻

1. Aguirre A, Manzano D, Ish R, Gardeazabal J, and Diaz Perez J L. 1994. Allergic contact cheilitis from mandelic acid. **Contact Dermatitis,** 31(2):133-134.
2. Berardesca E, Barbareschi M, Veraldi S, and Pimpinelli N. 2001. Evaluation of efficacy of a skin lipid mixture in patients with irritant contact dermatitis,

allergic contact dermatitis or atopic dermatitis: a multicenter study. **Contact Dermatitis,** 45:280-285.

3. Berardesca E, Farage M, and Maibach H. 2013. Sensitive skin: an overview. **Int. J. Cosnetic Sci.,** 35:2-8.
4. Berke R, Somgh A, and Guralnick M. 2012. Atopic dermatitis: an overview. **Am. Family Phys.,** 86(1):35-42.
5. Carroll C L, Lang W, Snively B, Feldman S R, Callen J, and Jorizzo J L. 2008. Development and valiation of the dermatomyositis skin severity index. **Br. J. Dermatol.,** 158(2):345-350.
6. Chong M, and Fonacier L. 2016. Treatment of Eczema: corticosteroids and beyond. **Clinic. Rev. Allergy Immunol.,** 51:349-262.
7. Corrêa T G, Ferreira J M, Riet-Correa G, Ruas J L, Schild A L, Riet-Correa F, Guimarães A, and Felippe-Bauer M L. 2007. Seasonal allergic dermatitis in sheep in southern Brazil caused by Culicoides insignis (Diptera: Ceratopogonidae). **Vet. Parasitol.,** 145(1-2):181-185.
8. Dooms-Goossens A. 1993. Cosmetics as causes of allergic contact dermatitis. **Cuits.,** 52:316-320.
9. Farage M A, Katsarou A, and Maibach H I. 2006. Sensory, clinical and physiological factors in sensitive skin: a review. **Contact Dermatitis,** 55:1-14.
10. Flohr C. 2009. The role of allergic sensitisation in childhood eczema: an epidemilogist s perpective. **Allergol. Immunopathol.,** 37:89-92.
11. Hall C S, and Reichenberg J. 2010. Evidence based review of perioral dermatitis therapy. **G. Ital. Dermatol. Venereol.,** 145(4):433-444.
12. Hamilton T, and de Gannes G C. 2011. Allergic contact dsermatitis to

preservatives and fragrances in cosmetics. **Skin Therapy Lett.**, 16(4):1-4.

13. Lawton S. 2016. Eczema and infant skin care. **J. Fam. Health,** 26(3):17-18.

14. Leung D Y M. 2013. New insights into atopic dermatitiis role of skin barrier and immune dysregulation. **Allergol. Int.,** 62:151-161.

15. Levy S B, and Goldsmith L A. 1982. The peeling skin syndrome. **J. Am. Acad Dermatol.**, 7:606-613

16. Ljubojevic S, Lipozencic J, and Turcic P. 2008. Perioral dermatitis. **Acta Dermatovenerol. Croat.**, 16(2):96-100.

17. Luan Q, Liu L, Wei Q, and Liu B. 2014. Effects of low-level light therapy on facial corticosteroid addiction dermatitis: a retrospective analysis of 170 asian patients. **Indian J. Dermatol. Venereol. Leprol.**, 80(2):194.

18. Machackova J. 1996. Allergic contact cheilitis from toothpastes. **Contact Dermatitis,** 35(6):370-371.

19. Misery L, Myon E, Martin N, Consoli S, Boussetto S, Nocera T, and Taieb C. 2007. Sensitive skin: psychological effects and seasonal changes. **J. Eur. Acad Dermatol. Venerol.,** 21(5):620-628.

20. Peters J. 2000. Eczema. **Nurs. Stand.,** 14(16):49-56.

21. Richards R N. 2010. Update on intralesional steroid: focus on dermatoses. **J. Cutan. Med. Urg.**, 14(1):19-23.

22. Traidl-Hoffmann C, Mempel M, Beloni B, Ring J, and Schnopp C. 2010. Therapeutic management of atopic eczema. **Curr. Drug Metab.**, 11(3):234-241.

23. Vanderweil S G, and Levin N A. 2009. Perioral dermatitis: it s not every rash that occurs around the mouth. **Dermatol. Nurs.** 21(6):317-320, 353.

24. Vocanson M, Hennino A, Rozieres A, Poyet G, and Nicolas J F. 2009.

Effector and regulatory mechanisms in allergic contact dermatitis. **Allergy,** 64:1699-1714.

25. Yu Y, and Scheinman D L. 2010. Lip and perioral dermatitis caused by propyl gallate. **Dermatitis,** 21(2):118-119.

# 第九章　光感性皮膚疾病

陽光中的紫外線（UV）有利於人體內合成能夠幫助鈣質在骨骼中沉積的維生素 D，但過量照射 UV 不僅會引起曬傷、色素沉著、皺紋、皮膚「**光老化（photoaging）**」等美容問題，還會引起 DNA 損傷等慢性危害，造成皮膚良性和惡性腫瘤等生物光損傷。當患者的皮膚是屬於對紫外線照射的異常反應，在光敏感性物質的介導下，皮膚對紫外線的耐受性降低或感受性增高，從而引發皮膚光毒性反應或光變態反應，導致發展成「**光感性皮膚疾病**」。

## 第一節　紫外線造成的皮膚疾病

日光作用於生物體所引起的異常反應有**光毒性反應**和**光變態反應**，兩者的區別如表 9-1 所示。

表 9-1　光毒性反應和光變態反應區別

| | 光毒性反應 | 光變態反應 |
|---|---|---|
| 發病率 | 高，任何人均可發生 | 只發生在少數過去已被致敏的患者 |
| 致敏期 | 無 | 有 |
| 首次接觸光照 | 即可發生反應 | 較少發生反應 |
| 對光照反應的時間 | 重複光照後，反應時間不縮短 | 重複光照後，反應時間縮短 |
| 發診的部位 | 非光照部位無皮疹 | 非光照部位偶見皮疹 |
| 病程 | 短，避免光照後不久皮疹消失 | 長，皮疹常持續數月或更長時間 |
| 色素沉著 | 顯著 | 輕或無 |

## 一、光毒性反應

**光毒性反應（light toxicity）**是一種非免疫性反應，發病機制不清楚，可能與光化反應誘導生成的反應性氧離子損傷細胞膜和 DNA 有關。急性光毒性反應通常發生在皮膚組織中存有足量發色基團（chromophore）的部位，可發生於任何個體的曝曬部位。臨床表現為在曝曬的局部發生邊緣及界限清楚的紅斑、水腫、水泡，伴有燒灼感和觸痛感，癒合後留有色素沉著和脫屑，局部皮膚在暴露後數分鐘至數小時發生反應，至數日達高峰。慢性光毒性反應是長期反覆遭受日光曝曬的部位發生改變，例如皮膚皺摺、鬆弛、乾燥、粗糙或萎縮、皮紋明顯，有時可能出現毛細血管擴張、角質增生等表現。

## 二、光變態反應

**光變態反應（photoallergic）**是日光導致抗原形成的一種免疫性反應。光敏物質在光能作用下，可形成半抗原，進一步與皮膚蛋白結合形成完全抗原，後者刺激生物體發生變態反應。首次接觸光敏物質和被日光照射後，一般需要 1～2 日或更久才會發生炎症反應，再次接觸日光照射，則發生炎症的速度會更快。皮疹不僅會發生在光照部位，也可能發生在未被照射的部位。

## 三、光線性皮膚病的分類

光線性皮膚病的分類尚有爭論，一般認為可以分為下列數種：

1. 受強烈日光照射引起，例如日曬傷。

2. 由光敏感物質引起，例如泥螺－日光性皮炎、植物－日光性皮炎。也可由化妝品或藥物局部或系統引起，例如化妝品或內服四環黴素、磺胺類藥物、喹諾酮類藥物等。

3. 長期日光照射引起的皮膚慢性損傷。

4. 與遺傳缺陷有關，例如種痘樣水泡病（hydroa vacciniforme）。

5. 與代謝異常相關，例如菸鹼酸缺乏症。

6. 由日光照射促發或加重，例如盤狀紅斑性狼瘡、毛囊角化病。

無論上述何種分類及因素，當患者皮膚經日光照射而發生導致皮膚疾病，稱爲光感性皮膚疾病。因爲光感性造成皮膚疾病，例如**多形性日光疹（polymorphous light eruption）**、**慢性光化性皮炎（chronic actinic dermatitis, CAD）**及**日曬傷（sunburn）**等，在本章後續內容會做詳細的介紹。一旦發生光導致的皮膚疾病後，首先也是最基本的措施是避免繼續日光照射，恢復皮膚屏障功能，其次是局部外用藥物。如病情較嚴重，通常需要強用抗組織胺藥物、糖皮質激素或其他免疫抑制劑。需要注意的是，長期局部外用糖皮質激素可能會導致局部毛細管擴張、皮膚萎縮、多毛、色素沉著、感染等副作用，導致醫源性皮膚皮損。

## 第二節　多形性日光疹

**多形性日光疹（polymorphous light eruption）**是一種常見的光感性皮膚病，春夏多見，常反覆發生。皮疹爲頸前 V 字區、手背、上肢伸側等暴露部位的丘疹、水泡或是苔蘚化斑塊，多數患者致病光譜爲 UVA，光斑貼試驗呈現陽性反應。

### 一、病因

確切病因尚未清楚，可能是 T 細胞介導的遲發性光變態反應。致病光譜較寬，包括 UVA、UVB、可見光、紅外線和 UVC 等，以 UVA 爲主。除紫外線參與發病外，還可能與以下幾個因素有關：

1. **遺傳**：3～45% 的患者有家族發病史。研究顯示 HLA-A24、A28、

B51、B35、Cw4 者容易發病。

2. **氧化損傷**：該病患超氧歧化酶（superoxide dismutase, SOD）活力明顯降低，在紫外線作用下，生物體產生光氧化反應，產生的自由基與生物分子發生反應，攻擊生物體內飽和小分子，導致蛋白質變性、膽固醇和脂肪酸氧化、DNA 斷裂，進而引起細胞表面受體改變及組織損傷壞死，產生一系列臨床症狀。

3. **免疫學異常**：有些學者認爲，本病症是 T 細胞介導的遲發性光變態反應。皮膚經光能照射後，形成光合物。這些產物作爲抗原，激發遲發性超敏反應。

4. **內分泌改變**：該病症以女性患者多見，部分患者口服避孕藥引起發病，妊娠也可影響疾病的發展。

5. **微量元素和代謝改變**：有研究顯示，某些微量元素和色胺酸的代謝異常可能引起發病。

## 二、臨床表現

本病常在春季或夏初受到較強日曬後發病。表現爲面、頸前 V 區、前臂伸側、手背等暴露部位出現紅斑、丘疹、丘皰疹、水泡、風團樣皮疹、斑塊或苔蘚化等多形性皮疹。多形性是指不同患者的皮疹常各不相同，但就某一患者而言，皮疹形態常是單一的，且每次發病時，同一部位皮疹的形態也基本相同，最常見的就是小丘疹及丘皰疹，少數表現爲紅斑水腫或斑塊。本病與日光照射密切關係，每次照射後皮損明顯加重、搔癢劇烈，避光後可好轉。

本病初發以春季或夏初多見，但反覆發作數月至數十年後，季節性則不明顯，非暴露部位也可發生皮損，日久可發生皮膚苔蘚樣變、色素增加。痊癒後不留色素沉著和疤痕，全身症狀不明顯。病理表現爲表皮水腫、灶狀海綿形成、角化不全、棘細胞層肥厚、眞皮血管壁水腫，管周淋巴細胞爲主浸潤，也有中性粒細胞和嗜酸性粒細胞浸潤，可見血管外紅血球細胞。

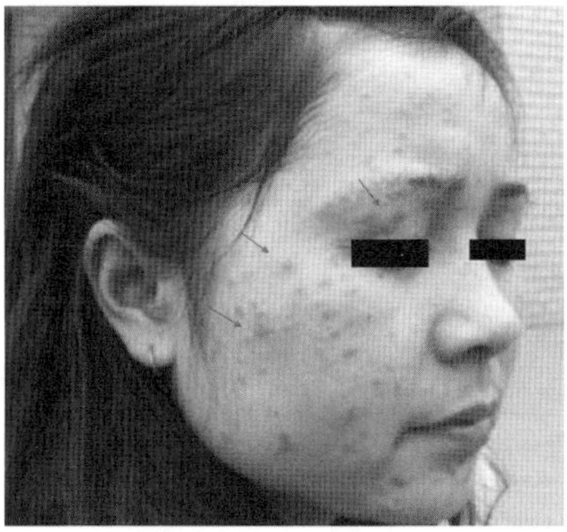

臉部出現紅斑

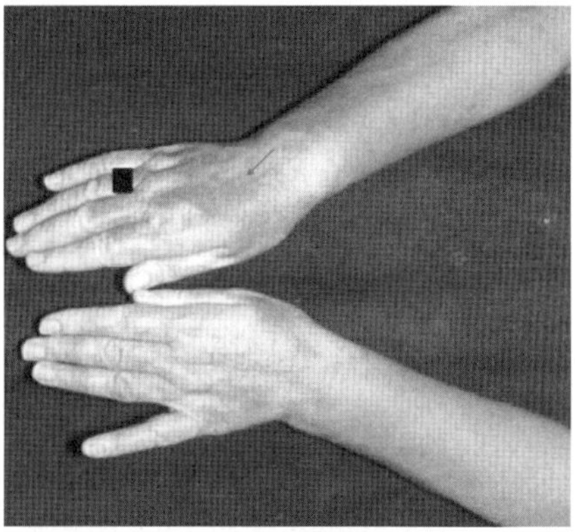

前臂出現紅斑

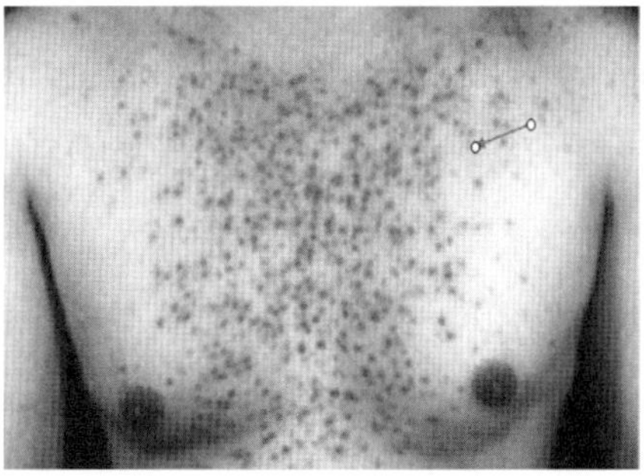

頸前V區出現紅斑

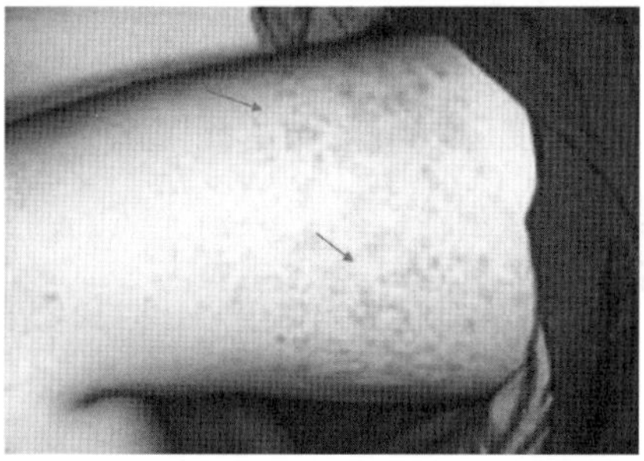

四肢出現紅斑

圖 9-1　多形性日光疹的臨床表現

圖片來源：37ljz.com、www3.dermis.net、www.gzhy120.com、topofteview.pixnet. net。

## 三、診斷

1. **病史**：包括發病年齡、皮疹與日光照射的關係、自覺症狀、職業、所用藥物、化妝品及可能的化學接觸、對光照反應的既往史、家族史等。

2. **皮損**：以光暴露部位爲主，每一患者的皮疹類型經常固定。

3. **檢驗**：可確認患者的光敏性及光敏感的程度。

(1) **紫外線紅斑反應試驗**：該病患呈異常反應，主要表現爲：①反應高峰時間較晚。②紅斑反應持續時間較長。③紅斑反應強度高。④紅斑反應消退後無明顯色素沉著。⑤紅斑反應開始消退時，紅斑表面可出現丘疹。

(2) **光激發試驗**：本試驗可確定疾病的作用光譜，對於診斷該病具有重要價值。

(3) **光斑貼試驗**：光斑貼試驗可證實患者的光致敏物，部分患者光斑貼試驗對多種變應原爲陽性反應。

(4) **排除其他炎症性及光線有關的疾病**。

## 四、治療

輕度患者可採用避光、使用遮光劑等方法。避免強光、適當參加室外活動可逐步提高生物體對光照的耐受能力，逐漸減少皮疹的發生。

1. **局部治療**：以外用糖皮質激素製劑爲主，可採用超強效或強效製劑，也可外用 0.5～1% 吲哚美鋅霜（indometacin cream）或他克莫司（acrolimus）治療。

2. **系統治療**：一般病例可口服維生素 $B_6$ 和菸醯胺（nlcotlnamide）片，菸醯胺每日 3 次，每次 0.3 g ，對較重患者菸醯胺每日 0.9～1.2 g 口服也可見效。症狀明顯，反覆發作者可使用羥氯喹（hydroxychloroquine）每日 400 mg ，1 個月後改爲每日 200 mg ，需定期檢查眼底。沙利度胺（thalidomide）每日 100～150 mg ，分 3 次服用，控制後減爲 50～100 mg ，持續 2～6 個月，孕婦及生育婦女禁用，因可引起畸胎。抗組織胺藥可以減緩患者的搔癢。對於病情嚴重者且對其他治療無效的患者，可服用硫唑嘌呤（azathioprine）每日 75～100 mg ，連續服用 3 個月，控制後減量至每日 25～50 mg 維持治療。也可應用小劑量糖皮質激素，例如潑尼松（prednisone）每日 20～30 mg，病情控制後可逐漸減量。

3. **光療**：較嚴重患者可預防性使用 PUVA 或 UVB ，也可採用 UVA ＋ UVB 聯合治療。光療應在預計病情發作前一個月進行，對光線極度敏感的患者，可於照射後立即外用糖皮質激素和口服潑尼松（prednisone）。照射治療中如激發皮疹持續存在可減少照射劑量，必要時，暫時停止治療直到皮疹消退。光療後維持療效，應囑咐患者繼續進行適量日光照射，否則 4～6 週內即會失效。多數患者每年均需重複治療。儘量避免強烈日光照射，外出時注意遮光或塗抹防光劑，如 5～10% 對氨基苯甲酸酚或乳劑、5% 二氧化鈦霜等。可於發作季節前進行光療並逐漸延長照射量，以提高皮膚對紫外線的耐受力。

## 第三節　慢性光化性皮炎

**慢性光化性皮炎（chronic actinic dermatitis, CAD）**是一組以慢性光感性為特徵的光譜性疾病，包括**持久性光反應（persistent light reaction, PLR）**、**光敏性溼疹（photosensitive eczema, PE）**、**光敏性皮炎（photosensitivity dermatitis, PD）**、**光線性類網組細胞增生症（actinic reticuloid, AR）**，光譜性疾病的兩端分別是 PD 和 AR。目前認為以上疾病是同一疾病的不同臨床表現或病程中的不同階段，在臨床表現和組織病理上有一定的相似性。

## 一、病因及發病機制

本病的致病光譜包括 UVA、UVB 和可見光，病因未明。目前，認爲這是一種遲發型變態反應，某些植物成分、香料及光敏性藥物是該病的變應原。常見的變應原包括菊科植物萃取物、芳香劑、芳香混合物、祕魯香酯、對苯二胺、氯化鈷和硫酸鎳等。

光敏物質在 UVA 和 UVB 照射後，形成短暫的光接觸性皮炎而引起發病，當發展成爲 CAD 時，UVB 的照射可以使生物體載體蛋白結構發生變化，成爲內源性抗原，就不再需要外變應原的存在。淋巴細胞聚集至發炎處，刺激免疫系統可引起遲發型超敏反應。變應原的持續存在，可刺激生物體 T 細胞持續增殖，使 CAD 患者病情反覆發展。內源性溼疹和遺傳超敏性皮炎等過敏素質的患者，由於溼疹長期反覆發作，伴隨持續性 T 細胞刺激，可促使 CAD 呈慢性進行性發展。此外，長期日積月累的 UV 照射，使戶外職業工作者發病，中老年男性發病者居多可能與此有關。

## 二、臨床表現

本病容易發生於男性室外工作者，容易發生於年齡 50～70 歲。患者在明確診斷前，往往有接觸性皮炎、光敏感性接觸性皮炎、光敏感性藥物性皮炎或是類似於多形性日光疹等急性光敏反應表現，病史數月至數年。皮損容易發生於面、頸、手背、前臂伸側等暴露部位，而在頭髮密集的遮蓋區、眉弓下、耳垂後、顎下區以及皮膚皺摺和趾蹼處則很少累及，可見正常皮膚。這些特徵是早期辨識 CAD 的重要依據。嚴重者非暴露部位也可累及，甚至累及全身，發展成**紅皮症（erythroderma）**。

皮損呈皮炎溼疹樣，急性期表現爲瀰漫性水腫性紅斑，會有分散的丘皰疹和少量滲出。慢性期爲暗紅色、苔蘚樣丘疹和斑塊，邊緣及界限清楚。搔癢後，可出現苔蘚樣變丘疹和暗紅到棕黑色、覆少量鱗屑痂皮的浸潤斑塊，這種浸潤斑塊通常呈綠豆到黃豆大小、扁平肥厚、邊緣及界限清楚、散布也可融合成片，具有一定的特徵。部分患者前額、乳突部出現結痂，呈獅面狀外觀，嚴重者皮損類似淋巴癌，部分患者眉毛或頭髮殘缺脫落。少數病例會發展成紅皮症。

慢性光化性皮炎是慢性持久性疾病，反覆發作，長期不癒。發病初期春夏季加劇，但病程較長後，即無明顯季節性。部分患者光敏性可隨病程而逐漸消退，只有極少數患者會發展成皮膚 T 細胞淋巴癌。

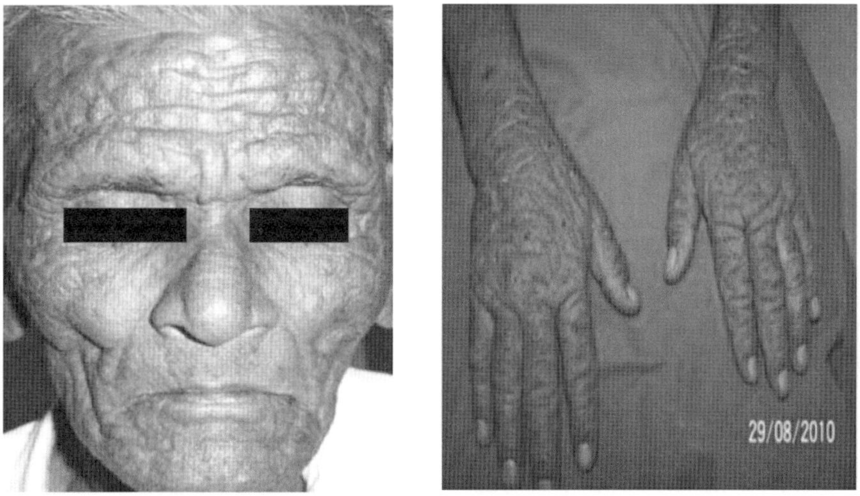


臉部　　　　手部

圖 9-2　慢性光化性皮炎的臨床表現

圖片來源：www.spdermacenter.com、www.dermrounds.com。

實驗室檢查包括：1. **光生物劑量測定**：患者對 UVB 異常敏感，部分患者對 UVA 或可見光敏感。2. **光斑貼試驗**：部分患者對接觸性光敏物和光敏性藥物呈陽性反應。

皮膚組織病理變化類似皮炎溼疹，無特異性。早期表皮角化不全、海綿形成、棘細胞層輕度增厚，表皮脊變寬延長。眞皮血管周圍淋巴細胞爲主浸潤，也見少量漿細胞和嗜酸性粒細胞。晚期改變類似皮膚 T 細胞淋巴癌或假性淋巴瘤樣改變，眞皮血管周圍有大量淋巴細胞、組織細胞、嗜酸性粒細胞和肥大細胞浸潤，呈現灶狀性分布或密集成片，並可出現不典型淋巴細胞及 Sezary 樣細胞。

## 三、診斷

臨床診斷標準：1. 光暴露部位出現皮炎溼疹樣皮損和浸潤性丘疹、斑塊，極少數表現爲紅皮病。2. 皮損持續 3 個月以上，反覆發作，逐漸加重。3. 容易發生於中老年男性。經過長期隨訪和光生物學試驗證實，同時滿足上述 3 個條件的患者，95% 均符合慢性光化性皮炎的診斷。

## 四、治療

1. **系統治療**：口服大量劑量菸醯胺（nlcotlnamide），每日 1.2～1.5 g。羥氯喹（hydroxychloroquine）每日 0.2 g ，連續服用 6～8 週，控制後減半劑量，維持 6～8 週，可輔以抗組織胺藥物和維生素 B 群，具有一定療效。急性加重期，可加用小劑量糖皮質激素，例如潑尼松（prednisone）每日 20～30 mg 或雷公藤（tripterygium wilfordii）每日 60 mg。嚴重病例可選用沙利度胺（thalidomide）每日 150～300 mg，病情控制後逐漸減量，也可考慮使用免疫抑制劑硫唑嘌呤（azathioprine）每日 100～150 mg。對反覆發作患者，也可以聯合應用羥氯喹與糖皮質激素或硫唑嘌呤。對以上治療無效者，可以試用環孢素 A（cyclosporin），治療過程應監測血藥濃度，以免發生藥物不良反應。難治患者，在病情緩解期應用 PUVA 治療，常能有較好地控制。

2. **局部治療**：一般使用糖皮質激素控制或在 PUVA 照射後，立即外用強效糖皮質激素，外用他克莫司（acrolimus）也有一定療效。

(1) **防光措施**：減少日光照射減少戶外活動，特別在光照強度大的中午是防光的關鍵。外出應撐傘、戴寬帽和手套、穿長袖衣褲。外用應選擇遮光光譜較寬、無刺激、無致敏性的物理性遮光劑。

(2) **避免致敏原**：透過斑貼試驗或光斑貼試驗找出致敏原，盡可能避免接觸包含致敏原的用品和藥物。

# 第四節　日曬傷

**日曬傷（sunburn）**又稱**曬斑（sunburn）**、**日光紅斑（solar erthema）**是正常皮膚對強烈日光照射後引起的局部皮膚急性光毒性反應。表現為曝光處發生紅斑、水腫，嚴重者可以發生水泡。

## 一、病因

本病的作用光譜主要是中子紫外線（UVB），也稱為曬斑光譜，易發生在淺膚色人群中。日曬傷常見於室內工作缺乏日曬的人，突然參加短期室外活動或進行較長的日光浴後出現紅斑，本症屬於光毒性反應。中紫外線照射過度後，皮膚產生紅斑的作用機制是真皮吸收 UVB 後，多種細胞生成和釋放各種化學介質，例如前列腺素、組織胺、5- 羥色胺、激肽等炎症介質，使真皮內血管擴張、滲透性增加、組織水腫。曬斑光譜作用於皮膚，除日光直射於皮膚外，還可透過大氣層散射而來。因此，即使在霧天也可能發生。日光引起的皮膚損傷，嚴重者可導致局部器官或系統性免疫抑制。

## 二、臨床表現

多見於春夏季節。於日曬後 4～6 小時出現皮損，至 12～24 小時達到高峰，表現為暴露部位的皮膚出現邊緣及界限鮮明的紅斑、水腫，嚴重者發生水泡、大泡，內為淡黃色漿液，有搔癢、灼痛或刺痛感。日曬範圍廣且嚴重者可出現發熱、心悸、頭痛、噁心、嘔吐等全身症狀。輕者紅斑於 1～2 日逐漸消退，遺留脫屑和色素沉著，嚴重者水泡破裂、糜爛，恢復需要 1 週左右。

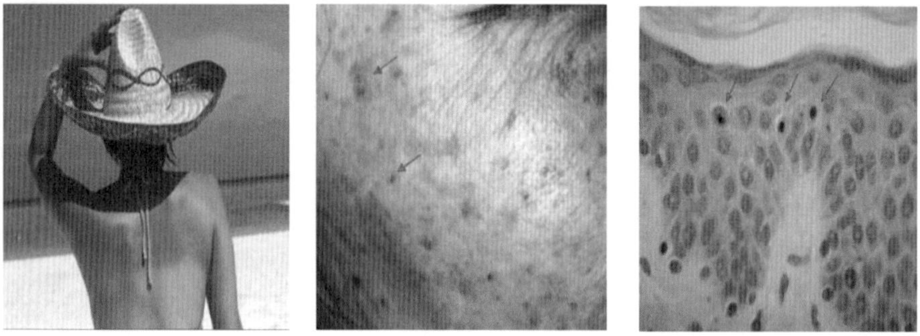

日曬傷　　曬斑　　曬斑細胞組織染色圖

圖 9-3　日曬傷的臨床表現

圖片來源：stateschronicle.com、epaper.ntuh.gov.tw、Van Laethem A et al., 2005。

日曬傷的特徵病理變化是出現**曬斑細胞（sunburn cell）**，即角化不良的角質形成細胞，胞質嗜酸性染色、均質性、核固縮甚至消失，可有海綿形成，伴有真皮炎細胞浸潤，乳頭層和血管周圍水腫。

## 三、診斷

診斷要點如下：

1. 容易發生於春夏季節，有突然過度日曬史。

2. 日曬後數小時至十餘小時發病。

3. 曝光部位出現紅斑、水腫，嚴重者可有水泡。

4. 自覺燒灼感或刺痛感。

## 四、治療

以消炎、安撫、止痛爲原則。

1. **系統治療**：輕者可以選擇抗組織胺藥物，嚴重者可口服小量糖皮質激素、阿斯匹靈（aspirin）1 g，每日 3 次或吲哚美辛（indometacin）25 mg（作爲消炎止痛使用），每日三次。有全身症狀時，可口服抗組織胺和少量鎮靜劑，並給予補液和其他對症處理。

2. **局部治療**：輕者可以選用爐甘油石洗劑（calamine lotion），重者選用冷敷，一般每隔 2～3 小時溼敷 20 分鐘，直至急性症狀消退。也可以用糖皮質激素霜或 2.5% 引哚美辛溶液（indometacin solution）（純乙烯醇、丙二醇、二甲基乙烯胺，其比例爲 19：19：2）外塗，每日 2～3 次，可明顯減輕症狀。

3. **預防具體措施包括**：

① 經常參加室外鍛鍊，以增強皮膚對光線的耐受性。

② 儘量避免上午 10 點到下午 2 點光照強烈時外出。

③ 對日光耐受性較差的人，應避免日光曝曬，外出時應注意防護，如穿長袖衣、撐傘、戴寬邊帽。

④ 在曝出部位的皮膚上，可於曝曬前 20 分鐘塗抹具有遮光劑的防曬乳。

## 習題

1. 請比較光毒性反應及光變態反應的差異。
2. 請簡述多形性日光疹的臨床表現及治療原則。
3. 請簡述慢性光化性皮炎的臨床表現及治療原則。
4. 請簡述日曬傷的診斷、治療原則。

## 參考文獻

1. Claerhout S, VanLaethem A, Agostinis P, and Garmyn M. 2006. Pathways involved in sunburn cell formation: deregulation in skin cancer. **Photochemical. Photobiol. Sci.,** 5:199-207.
2. Epstein, J. H. 1983. Phototoxicity and photoallergy in man. **J. Am. Acad. Dermatol.,** 8:141-147.
3. Forsyth E L, and Millard T P. 2010. Diagnosis and pharmacological treatment of chronic actinic dermatitis in the elderly: an update. **Drugs Aging**, 27(6):451-456.
4. Han A, and Maibach H I. 2004. Management of acute sunnurn. **Am. J. Clin. Dermatol.**, 5(1):39-47.
5. Honigsmann H. 2008. Polymorphous light eruption. **Photodermatol. Phototimmunol. Photomed.**, 24(3):155-161.
6. Land V, and Small L. 2008. The evidence on how to best treat sunburn in children: a common treatment dilemma. **Pediatr. Nurs.**, 34(4):343-348.
7. Ma Y, and Lu Z. 2010. Treatment with topical tacrolimus favors chronic actinic dermatitis: a clinical and immunopathological study. **J. Dermatol.**

**Treat.,** 21(3):171-177.

8. Naleway A L, Greenlee R T, and Melski J W. 2006. Characteristics of diagnosed polymorphous light eruption. **Photodermatol. Phototimmunol. Photom.**, 22(4):205-207.
9. Potts J F. 1990. Sunlight, sunburn, and sunscreens. Preventing and remedying problems form too much fun in the sun. **Postgrad. Med.**, 87(8):52-55, 59-60, 63.
10. Que S K, Brauer J A, Soter N A, and Cohen D E. 2010. Chronic actinic dermatitis: an analysis at a single institution over 25 years. **Dermatitis**, 22(3):147-154.
11. Reichenberger M A, Stoff A, and Richter D F. 2008. Surgical management of chronic actinic dermatitis. **J. Plast. Reconstr. Aesthet. Surg.**, 61(9):e11-14.
12. Van Laethem A, Claerhout S, Garmyn M, and Agostinis P. 2005. The sunburn cell: regulation of the death and survival of the keratinocyte. **Int. J. Biochem. Cell Biol.**, 37(8):1547-1553.

# 第十章　皮膚色素異常的皮膚疾病

皮膚中的黑色素能將日光中的有害光線過濾，消除紫外線引起的自由基，防止彈性纖維變性所導致的皮膚老化，能保護 DNA ，使其免受有害因素引起的致突變效應，從而降低皮膚癌的發生率，具有抗衰老及防癌等功能。當皮膚中黑色素的生成及代謝發生異常時，就會導致色素增生性皮膚病（黃褐斑、雀斑等）和色素減少性皮膚病（白癜風、單純糠疹等）等皮膚色素異常的疾病發生。

## 第一節　黃褐斑

**黃褐斑（chloasma, melasma）**爲面部兩頰和前額等部位的黃褐色素沉著斑，多對稱分布於雙面頰，形成蝴蝶狀，亦稱爲蝴蝶斑或**肝斑（liver spots）**。

### 一、病因及發病機制

黃褐斑病因及發病機制尚未清楚。目前研究顯示，與妊娠、日曬、某些藥物、化妝品、內分泌紊亂、某些慢性疾病、微量元素、失眠和遺傳等有關。從青春期到停經期婦女均可能發生黃褐斑，妊娠引起的黃褐斑稱爲妊娠斑，產後會慢慢減輕或消失。研究顯示妊娠期促黑色素細胞激素（melanocyte-stimulating hormone, MSH）分泌增多，後者可導致黑色素細胞功能活躍。口服避孕藥的婦女，發生率可達 20% 或是更高，多發生在用藥 1～20 個月後，已證明雌性激素能刺激黑色素細胞分泌黑色素顆粒，孕激素（progestogens）可促使黑色素體的轉運和擴散，**妊娠斑（pregnancy spot）**是這兩種激素聯合作用所致。某些婦科疾病，例如不孕症、經痛、月經失調、子宮發炎等，也可視爲黃褐斑的誘發因素。此症多在夏天日曬後誘發或加重，紫外線能增加酪胺酸酶活性，刺激黑色素細胞分裂，使照射部位黑色素細胞增殖。

長期服用苯妥英（phenytoin）、氯丙嗪（chlorpromazine）等藥物，也可能誘發黃褐斑樣皮損。化妝品成分中的氧化亞油酸、重金屬、防腐劑等，也可能引起黃褐斑的發生。部分慢性疾病，如內臟腫瘤、肝病、慢性酒精中毒、自身免疫性甲狀腺疾病等患者也常發生。微量元素銅鋅對黃褐斑的發病也有一定影響。遺傳因素可能與黃褐斑的發生也有一定關係，特別是男性患者遺傳可能是主要原因之一。

## 二、臨床表現

本病症以女性多見，特別是育齡期婦女。皮損分布於面部，以顴部、頰部、顎部爲主，亦可累及眉弓、眼周、鼻背以及上唇等部位，損害爲淡黃褐色、暗褐色或深咖啡色斑，顏色深淺不一，如圖 10-1 所示。斑片形狀不規則或類圓形、條形或蝴蝶形。皮損一般不累及眼瞼和口腔黏膜。色斑邊緣清楚或呈現瀰漫性，局部無炎症及鱗屑。皮損累及範圍及大小因人而異，並隨季節和日曬及內分泌變化等因素而改變，有時還與患者休息及精神狀況有明顯關係，精神恍惚、熬夜、疲勞可能加重色素沉著。病程慢性，常常經久不退，但部分患者分娩後或停服避孕藥後可緩慢減退。無主觀症狀。

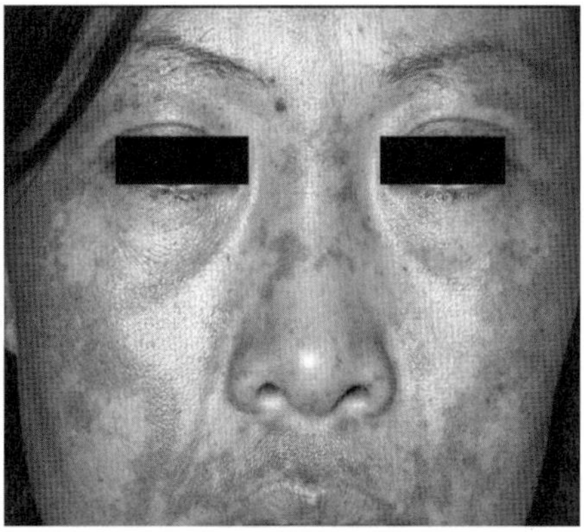

圖 10-1　黃褐斑的臨床特徵

圖片來源：tjpf110.com。

臨床上常見三種類型：1. **面中型**：最爲常見。皮損分布於前額、頰、上唇、鼻和下顎部。2. **頰型**：皮損主要位於雙側頰和鼻部。3. **下頜部型**：皮損主要位於下頜部，偶有累及頸部 V 形區。

## 三、診斷

根據中青年女性居多，皮損主要容易發生於面部，以顴部、頸部爲主，黃褐色皮損、夏季加重等特點，一般容易診斷。

## 四、組織病理

表皮基底層和棘細胞層黑色素增加，但無黑色素細胞增殖，眞皮上部可見游離的黑色素顆粒或被黑色素細胞吞噬，無炎症細胞浸潤。

## 五、治療

治療目的包括抑制黑色素細胞活性或黑色素合成、破壞清除黑色素小體，預防或減少復發，從而減少皮損面積，改善美容上的缺陷。在美容治療策略有醫療護膚品及果酸換膚等。

1. **使用醫學護膚品**：

(1) **抗敏保溼**：由於治療黃褐斑的某些外用藥物具有一定刺激性，易使皮膚屏障受損。同時，黃褐斑患者皮膚類型多爲乾性皮膚。因此，需選用抗敏保溼乳液或保溼霜外用。

(2) **使用美白去斑類醫學護膚品**：該類醫學護膚品可輔助治療黃褐斑，改善皮膚膚質及膚色。

(3) **防曬**：具體方法請參見敏感性皮膚。

2. **果酸**：果酸可以使皮膚加速更新，在 10% 濃度時可以降低表皮黏合力，20～70% 可以使表皮鬆解、剝脫，黑色素顆粒隨之從表皮剝脫。

## 第二節　雀斑

**雀斑（freckles）**是一種常見於面部較小的黃褐色或褐色的色素沉著斑點，爲**體染色體（autosome）**顯性遺傳疾病，病變的發展與日曬有關。

### 一、病因及發病機制

本病是體染色體顯性遺傳性色素沉著病症。斑點大小、數量和色素沉著的程度，隨日曬而增加或加重。此外，X 射線、紫外線的照射亦可促使本病發生並使其加重。

### 二、臨床表現

雀斑多在 4～5 歲開始發病，以女性居多。隨年齡增長皮疹逐漸增多，青春期最爲明顯，之後皮疹一般不再增加，老年皮疹逐漸減少。好發於暴露部位，例如前額、面頰、下頷和頸部，以鼻樑部和眼瞼下多見，嚴重可累及雙手上肢伸側及手背部，如圖 10-2 所示。典型皮損爲淡褐色至黃褐色針尖至米粒大小圓形或類圓形斑點，孤立而不融合，數目多少不一，密集散布，對稱分布。夏季斑點數目增多，色加深，損害變大。冬季相反，數目減少，色變淡，皮損縮小。雀斑患者的色素痣罹患機率較高。無自覺症狀及全身症狀。

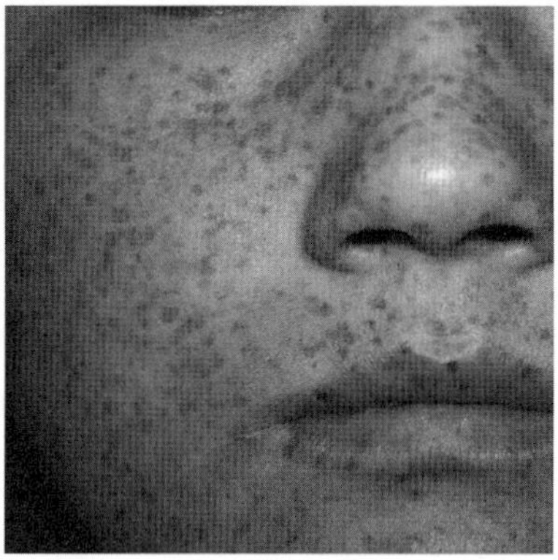

圖 10-2　雀斑的臨床特徵

圖片來源：xltkwj.com。

## 三、組織病理

表皮基底層黑色素含量增多，但黑色素細胞數目並不增加。雀斑中的黑色素細胞較鄰近正常皮膚的黑色素細胞多巴染色爲重，樹枝突起更明顯，類似黑人的黑色素細胞。白皮膚黑色素細胞中的黑色素體呈小圓球形，雀斑中的黑色素數目較多，常呈棒狀，顯示黑色素細胞數目雖不多，但很活躍。

## 四、診斷

根據發病較早，女性居多，多容易發生於暴露部位，皮損特點爲淡褐色至黃褐色圓形或類圓形斑點，一般診斷不難。

## 五、治療

### 1.一般治療

(1)**指導美容患者正確就醫，糾正審美心理障礙**：是治療本病的關鍵。對於孕婦、對光敏感者及近期使用過光敏感藥物（例如維 A 酸類、四環黴素等）、高血壓、糖尿病、長期服用某些精神類藥物者、服用消炎藥、降血壓藥物者、兩週內有日光曝曬者以及面部有炎症者，應禁止治療。

(2)**調整生活習慣**：戒掉不良習慣，例如抽菸、喝酒、熬夜等。注意休息和保證充足的睡眠。睡眠不足易致使黑眼圈、皮膚變灰黑。

(3)**必免刺激性食物**：刺激性食物易使皮膚老化，尤其是咖啡、可樂、濃茶、香菸、酒等。多食用維生素 C、維生素 E 的新鮮水果和蔬菜。

(4)**忌食光敏性藥物和食物**：光敏性藥物，例如補骨脂素（psoralen）、甲氧沙林（methoxsalen）等。含光感劑的食物，例如芹菜、香菜等。

(5)**防止各種電離子輻射**：包括各種玻璃機殼顯示螢幕、各種螢光燈、X 光射線、紫外線照射儀等。這些刺激均可產生類似強日光照射的後果，甚至比日光照射的損傷還大，會導致色斑加重。

(6)**保持心情舒暢、愉快，避免抑鬱的精神狀態**。

### 2.藥物治療

可進行化學剝脫，多用 30～70% 三氯醋酸（trichloracetic acid, TAA）。但此法局部外用，需謹慎觀察，以免引起大面積皮膚剝脫，造成色素沉著、色素脫失及引起疤痕。

### 3. 美容治療

(1) **電灼手術**：用電壓較高、電流較小的高頻電流燒毀病變組織的治療方法。將針狀治療電極距離病損 2～3 mm 處放電，激發出電火花破壞表淺組織時稱爲電灼法。

(2) **雷射手術**：雷射治療雀斑的效果十分理想，雷射治療雀斑的原理是，在不損傷正常皮膚組織情況下，將特定波長雷射光的激光光束透過表皮和眞皮層進入病損部位，並對病損部位的色素進行治療，雷射光治療雀斑時，雀斑的色素在強大雷射光照射下完全碎裂和崩解，而後使其自行消散，從而獲得治癒。

## 第三節　炎症後色素沉著

**炎症後黑變病（postinflammatory melanosis）**又稱爲**炎症後色素沉著（postinflammatory hyperpigmentation）**，是皮膚急性或慢性發炎症狀後出現的皮膚色素沉著。

### 一、病因和發病機制

皮炎症後出現色素沉著是十分常見的現象，引起色素沉著的原因是多方面的，有研究顯示在炎症和外傷處皮膚屏障功能受損，患處常有黑色素細胞密度的增加，尤其是含有酪胺酸酶活性的黑色素細胞。這可能是炎症反應時使皮膚組織中的硫氫基（-SH）減少，從而解除或部分解除對酪胺酸酶的抑制作用，致使皮膚色素加深。

產生炎症後色素沉著的常見因素：

1. **接觸瀝青、煤焦油、含光敏物的化妝品等**：經日光照射後引起光敏性皮膚發炎，進而產生色素沉著。

2. **各種物理因素**：例如雷射手術、化學剝脫手術後、摩擦、溫熱、放射線、藥物刺激等，亦可能引起多種急慢性炎症。

3. **某些皮膚病如溼疹、下肢淤滯性皮炎、膿泡瘡、帶狀皰疹、皰疹樣皮炎、固定性藥疹及丘疹性蕁麻疹等**：治癒後可產生不同程度的色素沉著。

4. **皮膚外科手術後**：皮膚磨削手術、皮膚腫瘤切除手術後。

上述不同因素產生色素沉著，深淺程度及持續時間常因而異，黑色皮膚的人種色素沉著較嚴重，持續時間較長。一般在炎症後數週或3～6個月內色素沉著可逐漸消退。在基底層細胞或表皮與眞皮交界處的炎症，例如扁平苔癬、盤狀紅斑性狼瘡、固定性藥疹等，由於部分色素顆粒散落至眞皮上部，被呑噬黑色素細胞所呑噬，或聚集在其周圍，故引起的色素沉著常持久不退。

## 二、臨床表現

本病可發生於任何年齡，多見於暴露部位或與原有皮膚病容易發生部位一致，邊緣及界限明顯。皮損特點表現爲於皮炎後出現色素沉著斑，淺褐色至深褐色，散狀或片狀分布，表面光滑。若局部皮膚長期暴露於日光中和受熱刺激，色素斑可呈網狀，並有毛細血管擴張，一般無自覺症狀。

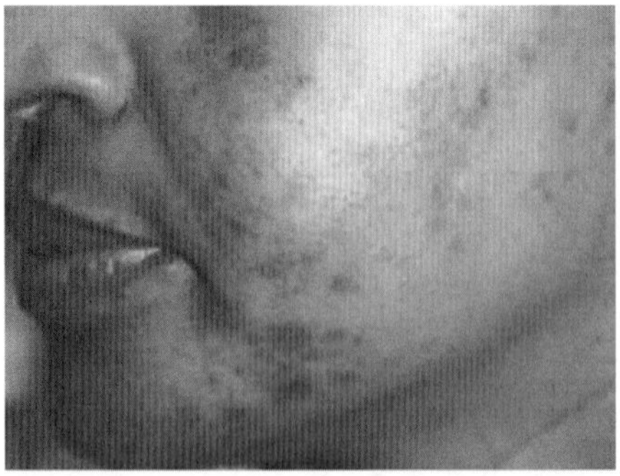

圖 10-3　炎症後色素沉著的臨床特徵

圖片來源：www.360doc.com。

## 三、診斷

根據多見於暴露部位，皮炎及手術後出現色素沉著等特點，容易診斷。

## 四、治療

### 1. 一般治療

(1) **查明發病原因**：避免皮膚再次受到損傷，如果是過敏性炎症後色素沉著，要找到引起過敏的原因，避免再次接觸到過敏物質。例如避免日曬、避免服用避孕藥物；光敏性藥物如地西洋（diazepam）、磺胺類（sulfonamides）、四環黴素類（tetracycline）、灰黃黴素；利尿劑如雙氫克尿噻（hydrochlorothiazide）等；抗組織胺藥物如苯海拉明（diphenhydramine）及氯苯那敏（chlorpheniramine maleate）；植物如灰菜、莧菜及蘿蔔葉等、中草藥（如防風、沙參、小茴香、補骨脂）等。

(2) **減輕精神負擔**：生活要規律，保持樂觀情緒及足夠睡眠。

(3) **減少搔抓和不良刺激**：減輕炎症後色素沉著。

### 2. 藥物治療

(1) **內服藥物**

① **靜脈滴注**：谷胱甘肽（glutathione）1.2 g 和維生素 C 2 g 混合後，靜脈滴注，每週 2 次，10 次為一個療程，間隔 15 天再重複一次效果良好，可給予甘草酸苷（glycyrrhizin）抗感染治療。

② **口服**：維生素 C、E 口服併用，有抑制酪胺酸酶的作用，並使深色氧化型色素還原成淺色還原色素，阻止黑色素代謝的氧化過程，從而抑制黑色素形成。

③ **中藥治療**：中醫認爲面部色素斑是因爲肝氣鬱結、肝腎陰汙或氣血不調，故以茲陰補腎、調和氣血、活血化瘀爲治療原則。通常用疏肝活血湯、桃紅四物湯等加減使用，中藥成藥有美膚康（去斑型）、六味地黃丸、逍遙丸等。

(2) **局部治療**：可外用①酪胺酸酶活性抑制劑，例如 20% 壬二酸霜；2～4% 氫醌霜、3～5% 熊果素苷霜、2% 麴酸酯霜。②抑制多巴互變酶：例如甘草萃取液等。③影響黑色素代謝劑（黑色素運輸阻斷劑）：例如維 A 酸、亞油酸等。④化學剝脫劑：例如果酸、亞油酸、亞麻油酸等。⑤還原劑：例如 2% 維生素 C 脂肪酸脂。

**3. 美容治療**

(1) **雷射治療**：採用強的脈衝光子嫩膚儀治療本症，具有一定療效。

(2) **使用醫學護膚品**：恢復皮膚屏障是治療及預防炎症後色素沉著的重要關鍵，採行外用刺激藥物或化學剝脫爲主等治療後，應盡快使用醫學護膚品。

(3) **雷射手術後皮膚護理**。

## 第四節　外源性色素沉著

**外源性色素沉著（exogenous pigmentation）**是指外來不溶性的色素機械地進入表皮甚至眞皮層，而使皮膚產生一種永久性的色素沉著斑。外源性色素沉著症分爲紋身、鉛筆芯、爆炸粉粒沉著症和金屬性色素沉著症，如圖 10-4 所示。

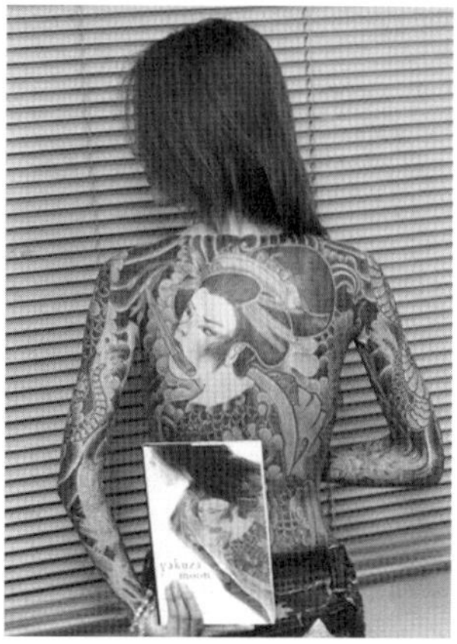

紋身

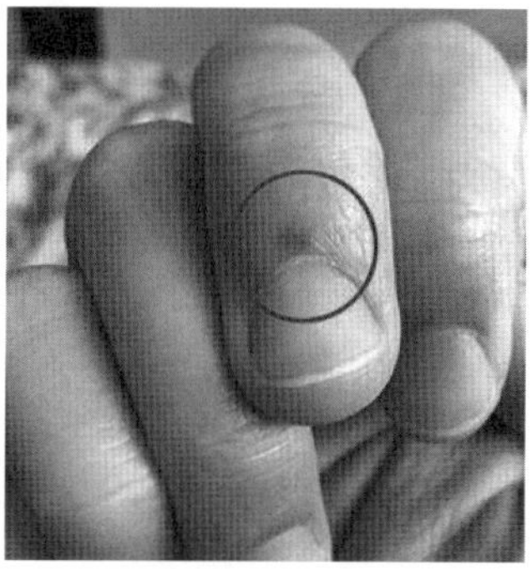

鉛筆芯沉著

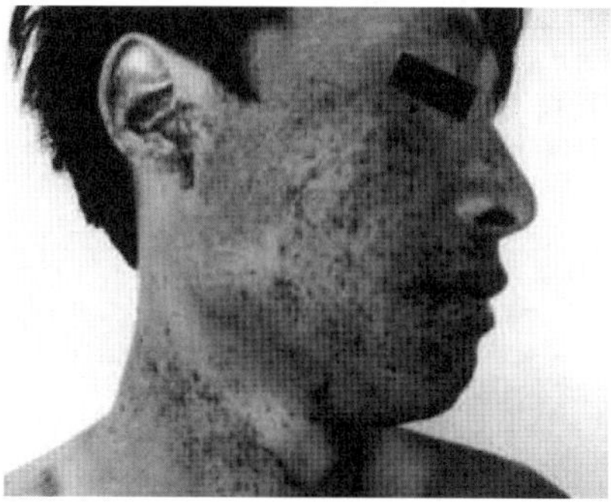

爆炸粉粒色素沉著症

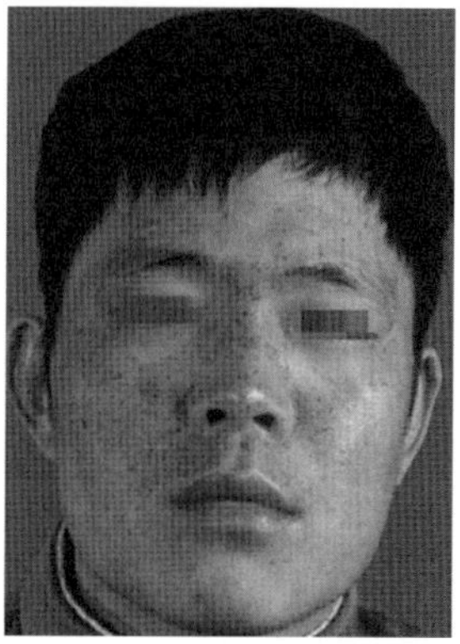

金屬性色素沉著症

圖 10-4　外源性色素沉著類型

圖片來源：japanese.china.org.cn、爆廢公社、Li et al, 2008、www.med126.com。

## 一、病因及發病機制

1. **紋身（tattoos）**：人爲刺入染料。常採用針刺的方法，將染料刺入皮膚，形成各種色彩、各種圖案。專業染料主要有胭脂、氧化鐵、硫化汞、甲基藍等，非專業染料有甲紫、墨汁、碳末、薑黃等。這些染料經專業加工，附著能力強，難以消退或去除。

2. **鉛筆芯沉著（heavy pencil）**：筆尖或原子筆顏料不慎刺入皮膚，會形成藍黑色的斑點。

3. **爆炸粉粒色素沉著症（anthracosiscutis）**：由意外事故引起。微小異物顆粒飛射進入皮膚或隨外傷進入皮膚後引起色素異常。致病因素多種，例如煤礦工人因採礦或瓦斯爆炸導致煤粉濺入皮膚，又稱爲**煤粉沉著症**。基建工人、爆破作業人員、意外爆炸或交通事故可使泥沙碎石等物質隨外傷進入皮膚，又稱**泥沙沉著症**。炸藥、火藥爆炸導致色素沉著，又稱爲**火藥沉著症**。

4. **金屬性色素沉著症（metallic pigmentation）**：由金屬顆粒沉積引起，是由於職業關係，長期接觸某些金屬物質或因疾病長期應用某些金屬製劑所引起。透過血液循環吸收到體內而沉積於內臟器官、皮膚或黏膜，也可以由外部應用直接滲透到皮膚，而使皮膚及黏膜著色。一般金屬性色素沉著症多由金、銀、汞、鉍所致。

## 二、臨床表現

1. **紋身**：多見於前臂，也可見於軀幹或其他部位。

2. **爆炸粉粒色素沉著症**：主要表現爲受傷部位青灰色至黑色斑、斑片或丘疹，各種爆炸引起者多爲散落狀色素沉著斑點，外傷所致者呈線狀、帶狀或不規則斑片。隨著皮膚損傷的癒合，部分色素顆粒可被組織排斥或吸收，泥沙中的二氧化矽或玻璃顆粒日久可在眞皮或皮下形成結節，稱爲「**矽肉芽腫**」。

3. **金屬性色素沉著症**：色素沉著泛發全身，但以暴露部位如面、手等處爲主，口腔黏膜和虹膜亦可受累。金劑所致多爲藍灰色、青紫色或淡紫色。銀劑多爲藍灰至鉛灰色。汞劑爲黃綠色或鉛灰色，但不侵犯虹膜。

鉍劑爲藍灰至黑色。

4. **鉛筆芯沉著**：筆頭或原子筆顏料不慎刺入皮膚，會形成藍黑色的斑點。

## 三、組織病理

紋身爆炸粉粒色素沉著症及外傷性異物色素沉著除可見粉尖顆粒外，有時可見到異物肉芽腫。金屬性色素沉著症病理表現爲眞皮內可見相應的金屬顆粒沉積。

## 四、診斷

紋身和爆炸粉粒色素沉著的病因清楚，皮損典型，易於診斷。金屬性色素沉著症應做流行病學調查。

## 五、治療

1. **一般治療**：加強勞動保護，實施安全生產。事故發生後，應仔細、澈底進行清創。

2. **美容治療**：傳統治療採用機械磨削、電灼、冷凍等，但治療不澈底易留有疤痕。應用雷射治療，可以獲得滿意的治療效果。

# 第五節　雀斑樣痣

**雀斑樣痣（lentigo）**又稱**黑子**，表現爲棕黑色的斑點，可以爲先天性，亦可爲獲得性，但多於幼年發病，隨後數目逐漸增多。損害長期存在，亦可在數年之後自行消退。在黑色素細胞刺激素增加的情況下，雀斑樣痣的顏色明顯加深，數目顯著增多。有人誤認爲急性、長期日光曝曬對日光黑子產生的反應。

## 一、病因及發病機制

發病原因尚未清楚，基於該症與色素性腸道瘜肉綜合症（Peutz-Jegher syndrome）、面正中黑子病（centrofacial lentiginosis）相連，推測多半是由於基因突變使神經外胚層發育異常所致，另有研究顯示，病損中存在著黑色素細胞功能缺陷或黑色素合成異常。顯微鏡下可見表皮基底層黑色素細胞數目增多，但通常是無灶性增生或是成巢分布。黑色素細胞內和基底層角蛋白細胞內黑色素增多、表皮上層亦可見黑色素表皮突有輕度至中度延長及真皮上部常有少量炎性細胞浸潤。在表皮真皮交界處，可見小的痣細胞巢。

## 二、臨床表現

自幼年發病，隨年齡增長至成年，病變數目可逐漸增多，也可在短期內突然瀰漫散性地大量出現，也可自行消退。可發生於身體任何部位的皮膚或皮膚黏膜交界處及眼結膜（conjunctiva）。皮損特點爲褐色或黑褐色的斑點，呈圓形、卵圓形或不規則形，與皮膚表面平齊或略微隆起，如圖 10-5 所示。圓形斑點直徑通常爲 1～2 nm。斑點表面可有輕微的脫屑，但其細緻的紋理沒有變化。色素沉著均勻一致，邊緣逐漸變淡而接近於正常皮膚色。在 Addiso 病、妊娠及其他 MSH 表現量增高的疾病，皮損顏色加深，數目亦明顯增多，一般無自覺症狀。

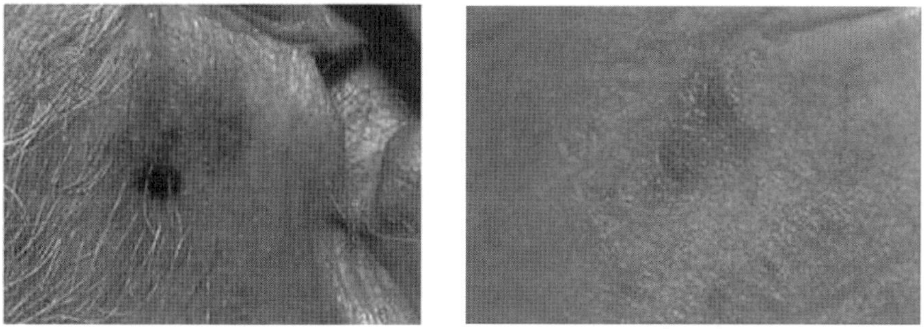

雀斑樣痣黑色素瘤　　無色素性雀斑樣痣

圖 10-5 雀斑樣痣型態

圖片來源：www.jiankang.cn。

## 三、組織病理

表皮與眞皮交界處黑色素細胞增多，但不成團，表皮中黑色素比正常增多。眞皮乳頭及表皮脊較爲延長，乳頭中吞噬黑色素細胞增多。雖然在幼年扁平色素損害的病理變化中可以看到黑子轉變爲交界痣的過渡，但大多數黑子與交界痣及混合痣不同，在一生中處於不活動狀態。

## 四、診斷

雀斑樣痣可以發生於身體任何部位的皮膚或皮膚黏膜交界處及眼結膜，表現爲顏色一致的褐色或黑褐色的斑點，邊緣逐漸變淡而接近於正常膚色，可以做出診斷。

## 五、治療

雀斑樣痣的病變發生在表皮與眞皮交界處，口服及外用藥物治療效果極不理想。用各種物理方法除去黑子，如創面較深，則易傷及眞皮，會有疤痕形成的可能。若僅去除表皮的黑色素，眞皮淺層的黑色素細胞仍留在皮內，日久仍會不斷增生，再次顯現於皮膚表面。目前認爲雷射是治療雀斑樣痣的有效辦法，臨床上多應用高能脈衝光進行局部治療，以波長 694 nm 的紅寶石雷射（ruby laser）或波長 755 nm 的亞歷山大雷射（alexandrite laser）治療效果較佳。

## 第六節　太田痣

**太田痣（nevus of ota）**是一種波及鞏膜、結膜及同側面部三叉神經分布區域的皮膚灰藍色斑狀損害，稱爲**眼上顎部青色痣（nevus fuscoeruleus ophthalmo-maxillaris）**。有學者認爲，太田痣可能是體染色體顯性遺傳，但亦有學者持不同意見。

### 一、病因及發病機制

太田痣皮損多分布在三叉神經第一、第二支區域。本症沿周圍神經分布，顯示黑色素細胞可能來自周圍神經組織。太田痣的發生可能是一些黑色素細胞向表皮移動時，未能穿過眞皮與表皮之交界，而長期停留在眞皮或眞皮以下所致。

### 二、臨床表現

太田痣容易出現於有色人種，例如黃種人及黑人。女性多見。本症發生於顏面一側的上下眼瞼、顴部及頸部，偶然發生於顏面的兩側。皮損廣泛可波及眼瞼、眼結膜、鞏膜、頰、額、頭皮、鼻翼及耳，如圖 10-6 所示。上顎及頰黏膜也可受累。分布通常侷限於三叉神經第一、第二支所支配的區域，偶有色素斑發生於軀幹。皮損特點爲淡青色、灰藍色、褐青色至藍黑色、褐黃色的斑片或斑點，斑片中央色深，邊緣逐漸變淡，偶爾色素斑的某些區域可隆起，甚至發生栗粒到綠豆大小的小結節。約有 2/3 患者同側鞏膜藍色，一般褐色色素沉著呈斑狀、網狀或地圖狀，而藍色色素沉著較爲瀰漫。淺褐及深藍兩種顏色可能不一定同時出現，但此兩種顏色最常見於眼部，如虹膜爲藍色，而結膜爲褐色。皮損的顏色可因日曬、勞累、月經期、妊娠而加重。有些案例會在青春期加深擴大。顏色可隨季節有一定的變化，例如夏季顏色較深，冬季較淺。皮損持續終身，發生惡變者罕見，偶爾在脈絡膜、虹膜、眼眶或腦部發生惡性黑色素瘤。

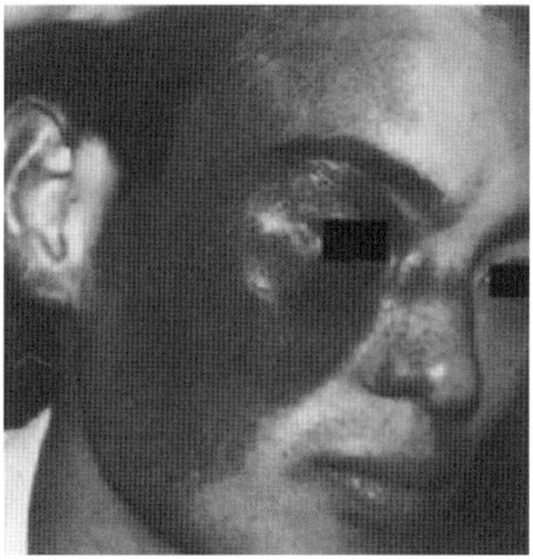

圖 10-6　太田痣的臨床特徵

圖片來源：www.dayu.ccoo.cn。

三島（1961 年）提出如下之分類：

1. **輕型**：(1)**輕眼眶型**：淡褐色斑，僅侷限於上下眼瞼。(2)**輕顴骨型**：淡褐色斑，僅侷限於顴骨部。

2. **中型**：深藍色至紫褐色，分布於眼瞼、顴骨及鼻根部。

3. **重型**：深藍色至褐色，分布於三叉神經的第一、第二支配區。

4. **雙側型**：約占 5%。**兩側性分布的分為**：對稱型（又分中央型、邊緣型）、非對稱型。**根據顏色分為**：褐色型、青色型。**根據組織學特點**

**分為**：淺在型（色素細胞位於眞皮淺層，臨床多呈褐色）、深在型（色素細胞位於眞皮深層，多呈青紫色）、彌漫型（色素細胞位於眞皮全層，多呈紫青色）。**根據年齡分為**：早發型（出生後數年內）、遲發型（青春期以後）。有 50% 色素斑是先天的，其餘出現在 10 歲之後。偶有晚發或在妊娠時出現，可併發伊藤痣和鮮紅斑痣。有時伴有持續蒙古斑（mongolian spot），且多數是三島的雙側型。曾有太田痣發生於外傷之後或在結膜炎之後加重的報導。

## 三、組織病理

在眞皮層中部的黑色素細胞內，含多少不一的黑色素顆粒並散布於眞皮膠原纖維之間。在稍隆起和浸潤的色素斑中，其黑色素數目更多，和藍痣（blue nevus）相似，特別是在呈結節狀損害部位的組織圖像，和藍痣不能區別。

## 四、治療

過去常用的冷凍、化學藥物剝脫術、$CO_2$ 雷射、外科手術（磨皮術或植皮）等，但治療效果欠佳，易產生疤痕和色素沉著等。選擇雷射治療太田痣是目前最好的方法。對顏色較淡或皮損較淺的褐色、棕色且色素顆粒散落的太田痣，可選用波長 755 nm 的亞歷山大雷射（alexandrite laser）、波長 694 nm 的紅寶石雷射（ruby laser），對顏色較深、色素顆粒密集的太田痣，可選用波長 1064 nm 的釹亞克雷射（Nd YAG laser）治療。雷射治療後，應選用醫學護膚品進行皮膚護理及防曬。

# 第七節　顴部褐青色痣

**顴部褐青色痣（naevus fusco-caeruleus zygomaticus, NFZ）**是一

種波及眞皮的色素增生性疾病，主要表現爲顴部對稱分布的黑灰色斑點狀色素沉著，曾認爲是太田痣的一種變種，但臨床表現和組織病理和太田痣差異明顯。

## 一、病因及發病機制

病因尚未清楚，有研究認爲與遺傳、日曬、不良化妝品的刺激等有關。針對 100 個患者進行病例對照研究顯示，本病具有基因易感性和周圍環境的危險因素，例如塗抹化妝品和紫外線照射。並指出基因易感和環境危險因素在顴部褐青色痣的發病機制中同樣發揮重要作用。20.9～25% 的患者且有家族史。在胚胎發育期，由於某些基因，黑色素細胞由神經脊向表皮移行時，未能經過表皮和眞皮交界，而停留在眞皮內形成病變。相關研究結果顯示顴部褐青色痣患者中，眞皮黑色素細胞有雄性激素受體表現，血清雄性激素表現水平正常，女性患者中血清促卵泡激素（follicle-stimulating hormone, FSH）、黃體生成激素（luteinizing hormone, LH）、雄性激素（androgenic hormone, AH）、催乳激素（prolactin, PRL）、雌二醇（estradiol）、孕酮（progesterone）等表現則未見異常。

## 二、臨床表現

本病發病較早，多在 15～25 歲，女性多於男性，男女比例爲 1：12.8～1：17.7。發病部位在面部，容易發生於顴部和顳部，少數也可見於眼瞼和鼻翼部，爲直徑 1～5 nm 的灰青色、黑褐色的斑點，數個到數十個，平均 10～20 個，散布呈圓形、橢圓形，邊緣及界限比較清楚，皮損之間可見正常皮膚，多爲兩側對稱，眼和口腔黏膜無損害，如圖 10-7 所示。患者無任何自覺症狀，病情較穩定。

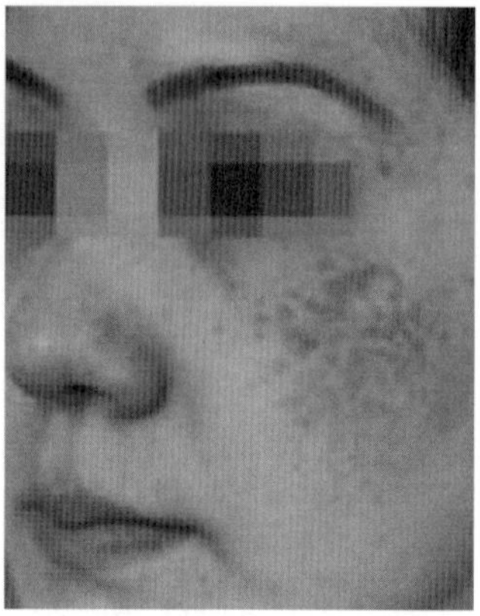

圖 10-7　顴部褐青色痣的臨床特徵

圖片來源：toplaser.com.cn。

## 三、組織病理

表皮正常，主要變化在真皮上部，尤其在乳頭下部，膠原纖維間散布細小梭形黑色素細胞，其長軸與膠原纖維平行，多巴染色陽性，電子顯微鏡檢查發現，黑色素細胞內含有大量大小不一的各期黑色素小體。

## 四、診斷

根據年輕女性顴部或顳部出現的孤立不融合的栗粒至黃豆大小；對稱的灰青色、黑褐色的斑疹，皮損之間可見正常皮膚，可做出診斷。

## 五、治療

1. **物理治療**：顴部褐青色痣以往採用的治療方法有磨削、冷凍、化學藥物剝脫術、$CO_2$ 雷射等，這些方法的治療效果往往不夠理想或有明顯的副作用，例如疤痕、色素沉著等。近幾年主要採用雷射激光治療，以波長 694 nm 的紅寶石雷射（ruby laser）、波長 755 nm 的亞歷山大雷射（alex-

andrite laser）、波長 1064 nm 的釹亞克雷射（Nd YAG laser）等有良好的治療效果。

2. **雷射術後皮膚護理**：具體方法見黃褐斑雷射術後皮膚護理。

# 第八節　白癜風

**白癜風（vitiligo）**是一種原發性、侷限性或泛發性的色素脫失性皮膚病，一般膚色深的人發病機率較高。

## 一、病因及發病機制

白癜風的發病機制尚未十分清楚，可能致病因素有以下幾個方面：

1. **自身免疫學說**：白癜風與自身免疫的發病關係密切。主要依據有：

(1) 白癜風患者常伴有自身免疫疾病，例如甲狀腺疾病、胰島素依賴性糖尿病、慢性腎上腺皮質功能減退、惡性貧血、局灶性腸炎（focal enteritis）、類風溼性關節炎、紅斑性狼瘡和硬皮病等。白癜風患者的家族成員中自身免疫性疾病的發病機率也高於普通人群，自身免疫性疾病患者併發白癜風的比例也較普通人群高。

(2) 有些白癜風患者血清中存在抗黑色素細胞抗體，這種抗體僅特異性作用於黑色素細胞，正常人則無此抗體。患者還可有器官特異性自身抗體，例如抗甲狀腺球蛋白抗體、抗甲狀腺粒線體抗體、抗核抗體、抗胃壁細胞抗體等。

(3) 白癜風患者外周血 T 淋巴細胞亞群變化與病情活動有明顯異常。

(4) 白癜風患者的同形反應（isomorphism）比率高，即在進展期正常皮膚如遇外傷、注射等，可在損傷處發生皮疹。此現象稱為同形反應（又稱 koebner 現象）。

(5) 表皮朗格漢斯細胞（Langerhans cell）檢查發現白斑邊緣活動區及白斑區朗格漢斯細胞密度增加，且數目、形態均發生變化。朗格漢斯細胞在皮膚免疫機制中發揮著抗原呈遞等重要作用，參與免疫發病過程，變化反映生物體免疫系統狀態。

(6) 糖皮質激素治療白癜風有效，而且在白斑好轉、消失的同時，血中異常的免疫指標也會隨之好轉或恢復正常。

根據白癜風病因學研究顯示，非節段型白癜風大多數爲自身免疫疾病，隨著調節性 T 細胞（Treg）研究的進展，有人提出 Treg 在白癜風自身免疫作用的可能假設。在白癜風自身免疫研究中，Luiten 等以充足證據說明，正是白癜風皮損周圍的自身抗原特異 $CD8^+$ 細胞毒性 T 細胞對黑色素細胞的破壞導致白斑形成，這一突破性進展確認 $CD8^+$ 細胞是白癜風致病的自身反應細胞。

2. **黑色素細胞自毀學說**：有學者認爲白癜風的發病是由於表皮黑色素細胞功能亢進，致使其耗損而早期衰退，且可能是因爲細胞本身合成黑色素的中間過度產生或積聚所致。黑色素生成物合成過程中的中間產物爲單酚或多酚，實驗證明酪胺酸的兒茶酚或酚衍生物均能破壞培養的黑色素細胞。

3. **精神神經化學學說**：精神神經因素和白癜風的發生關係密切。精神創傷、用腦過度、精神緊張等因素可使白癜風皮損擴大或復發。臨床上常見到白癜風沿神經節段或皮節分布，在神經型白癜風中有神經纖維伸入白斑與正常皮膚交界處的黑色素細胞中，而這非見於正常皮膚。

4. **遺傳因素**：部分白癜風患者有家族史，白癜風可能是一種體染色體顯性遺傳，伴有不同外顯率的疾病。

綜觀所述，白癜風的發病是具有遺傳素質個體，在多種內外因素的激發下表面爲免疫功能、神經精神等各方面的紊亂，導致黑色素細胞或酶系統的抑制，使黑色素體的生成過程障礙，最終色素脫失。

## 二、臨床表現

該病無明顯性別差異，任何年齡均可發病，以青壯年多見。皮損可發生於全身任何部位，多發於易受摩擦及暴露部位，例如顏面部、頸部、腰腹部、骶尾部、前臂伸側、掌跖與手指背部等，除皮膚損害外，口唇、陰唇龜頭及包皮內側黏膜亦常累及（圖 10-8 所示）。白斑常對稱分布，也有些損害沿神經節段排列。初發於手部者有發展成肢端性白斑的傾向，而初發於臍部者有發展成泛發性白斑的傾向。

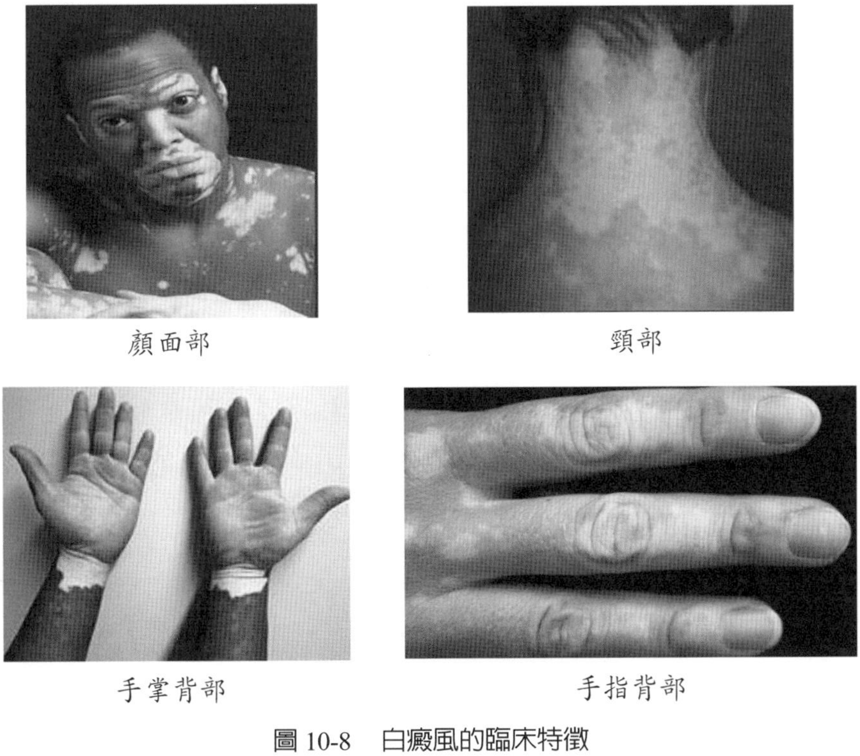

顏面部　頸部

手掌背部　手指背部

圖 10-8　白癜風的臨床特徵

圖片來源：vitiligotemcura.com 、www.2tupian.com 、zh.wikipedia.org 、www.ilife.cn 。

初期皮損多爲指甲至錢幣大小圓形、橢圓形或不規則形皮膚色素減退斑，逐漸發展爲邊緣及界限清楚的色素脫失斑。少數白斑中可見毛囊性點狀色素增強，後者可擴大融合成島嶼狀。白斑處除色素脫失外，無皮膚萎縮或脫屑。白斑上毛髮可失去色素變白，也可一直保持不脫色。白斑數目不定，可侷限於某一部位或自動消失，但大多數病例的白斑會逐漸增多，相互融合成大片呈地圖狀，甚至泛發全身。一般無自覺症狀。在進展期正常皮膚受到壓力、摩擦、燒傷、外傷等機械性刺激後可發生同形反應（isomorphism）。穩定期皮損停止發展，邊緣可出現色素增加。病程慢性延長，一般夏季發展較快，冬季減慢或停止蔓延。在曝曬、精神創傷、手術等嚴重的應激狀態下可迅速擴散，也可緩慢進展或間歇性發展，完全自癒者較少，是一種慢性進行性發展的疾病。

根據白癜風可能病因並結合白斑的形態、部位、分布範圍和治療反應等，將白癜風分爲兩型、兩類、兩期。

1. **兩型**：尋常型和節段型。

(1) **尋常型**：包括①**侷限性**：爲單發或群集性白斑，大小不等，侷限於身體某一部位。②**散發型**：爲散在多發性白斑，常對稱分布，白斑總面積不超過體表面積的 50%。③**泛發型**：多由散發型發展而來。白斑相互融合不規則大片，超過體表面積的 50% 以上。④**肢端型**：白斑初發於人體的肢端或末梢，例如面部、手足指趾等部位。

(2) **節段型**：白斑沿某一皮神經節段支配的皮膚區域走向分布，呈節段性。

2. **兩類**：根據皮損處色素脫失情況，白斑分爲完全性和不完全性兩類。

(1) **完全性白斑**：爲純白色白斑，病變處黑色素細胞消失，對二羥苯丙胺酸（DOPA）反應陰性，無黑色素生成能力，採用藥物內服外塗無效。

(2) **不完全性白斑**：脫色白斑中有色素點，病變處黑色素細胞數目減少或功能減退，DOPA 反應陽性，黑色素再生能力尚存，藥物治療有效。

3. **兩期**：根據病情發展，白癜風又可以分爲進展期和穩定期。在進展期，原有白斑逐漸增多、擴大，邊緣及界限模糊不清，易發生同形反應使病情加重。在穩定期，白斑停止發展，邊緣及界限的色素加深。

## 三、組織病理

表皮黑色素細胞及黑色素顆粒明顯減少，基底層多巴染色陽性的黑色素細胞缺乏。較早的炎症可見表皮水腫，海綿形成，眞皮內淋巴細胞和組織細胞浸潤。後期脫色皮損內無黑色素細胞。

## 四、診斷

根據後天性的色素失斑，無自覺症狀可做出診斷。

## 五、治療

### 1. 一般治療

患者應注意勞逸，心情舒暢，避免緊張憂鬱，對患者進行心理疏導，宣導教育。平時盡可能少吃維生素 C ，因爲維生素 C 能使 DOPA 醌還原成 DOPA ，中斷黑色素的生物合成。另一方面，維生素 C 能減少腸道對銅離子的吸收，降低血清酮氧化酶活性，影響酪胺酸酶活性。宜多進食豆類及其製品，注意鍛鍊身體，避免曝曬，適度日光浴。進展期用刺激性藥物，勿損傷皮膚，衣服宜寬大，避免機械性摩擦刺激。

## 2.藥物治療

### (1) 內服藥物

① **糖皮質激素**：適用於炎症或免疫反應引起的白癜風，系統性用藥適合進展期及泛發性白癜風，尤其是應激狀態下皮損發展者，可阻止其病情快速發展。可用潑尼松（prednisone）15 mg/d，每日1～3次，連續服用1.5～2個月。發生療效後，每2～4週遞減5 mg，直到隔日服用5 mg，維持3～6個月。治療中，應注意藥物的禁忌及不良反應。

② **中醫中藥**：中醫藥治療適用於各型各期的白癜風，療效肯定。中醫認爲疏肝解鬱、活血祛風是治療該病的首要原則，同時應用有利於恢復和加速黑色素細胞合成黑色素的藥物。A. **基本方**：全當歸9 g、鬱金9 g、白芍9 g、八月扎15～30 g、益母草12～16 g、白蒺藜12～19 g、蒼耳草12～15 g、茯苓9～12 g、靈磁石30 g，隨症狀加減。若不便於服用湯藥，可服用白駁丸、白蝕丸、六味地黃丸、當歸丸、歸脾丸，也有治療作用。B. **其他**：補骨脂、菟絲子、山梔子、白芷、潼蒺藜、烏梅、三季紅等，任選一種，取30～50 g，浸入75%乙醇或白酒100 ml中，1～2週後取液外塗，每日1～2次。

### (2) 局部治療

① **糖皮質激素**：局部外用糖皮質激素適用於小於體表面積10%的白癜風，尤其是進展期。可根據皮損部位及年齡選擇使用。面部及黏膜部位選用弱效激素，例如0.05%地奈德霜（desonide cream）、0.1%地塞咪松霜（dexamethasone cream）。其他部位選用中效至強效的0.5%鹵咪松軟膏（halometasonum ointment）、0.2%戊酸氫化

可的松（hydrocortisone-17-valerate）等。幼兒選用弱至中效的，成人可用強效的。應避免長期、連續在同一部位塗藥，以免發生痤瘡樣皮疹、毛細血管擴張、皮膚萎縮、毳毛增多等不良反應。

② **複方氮芥酊**：每 100 ml 95% 乙醇中含鹽酸氮芥（chlormethine hydrochloride）與異丙嗪（promethazine）各 50 mg。此藥可以作用於硫基，解除酪胺酸酶的抑制，加速黑色素細胞產生黑色素，生效較快，但本藥局部反應強烈，因其光敏反應而使白斑擴大、蔓延的情況並不少見，故進展期白斑應慎用。也可在複方氮芥酊中加入糖皮質激素以降低其炎症反應，提高其治療效果。

(3) **其他**

治療白癜風的新藥，例如卡泊三醇軟膏（calcipotriol ointment）、他卡西醇軟膏（tacalcitol ointment）、凱林凝膠、前列腺素 $E_2$ 凝膠、他克莫司軟膏（tacrolimus ointment）等。

## 3. 手術治療

處於穩定期的侷限性小面積白斑若應用藥物治療無效，特別是節段性者，可考慮外科或內科聯合治療法。外科治療白癜風的方法有移植治療、紋色法與皮膚磨削術三種，以移植治療應用較廣，又可分爲組織移植與細胞移植。

(1) **組織移植**：即從患者自身正常皮膚處取下皮，並將其移植到白斑外的一種治療法。組織移植包括全皮膚鑽孔移植、雷射磨削後薄刃厚皮片移植、單株毛囊移植與表皮角壓吸皰移植等。

(2) **細胞移植**：有表皮細胞懸浮液移植與培養的黑色素細胞移植，後者是從患者皮膚中分離黑色素細胞，借用細胞培養技術來增殖黑色素細胞的數量，然後移植到白斑處的一種手術。

## 4.美容治療

(1) **醫學護膚品使用**：遮蓋療法是使用含染料的化妝品塗擦白斑處，使白斑顏色接近周圍正常皮膚色澤的一種療法。多因社交需要而使用，是一種美容療法。本法可給患者帶來自信，但常用會影響白癜風的治療效果。

(2) **脫色治療**：使用脫色劑外塗白斑邊緣著色素過深的皮膚，使之變淡，接近正常皮膚色澤，減輕色差，以達到美觀的目的，又稱「**逆向療法**」。對白斑面積達 80% 且多種治療無效患者可行脫色療法。脫色療法所需的脫色時間較長，一般要 10 個月或更長時間，且少數病例脫色部位還有可能誘發新的白斑，都是需要注意的問題。

(3) **物理治療**：

① **窄波紫外線**：窄波紫外線（311 nm NB-UVB）治療白癜風，可取得與 PUVA 相似療效，且照射光毒性小，色素恢復較一致。長期照射皮膚無過度角化，療程更短，安全性大。窄波紫外線作用機制與抑制局部 T 淋巴細胞、刺激黑色素生成有關。

② **單頻準分子雷射**：這是一種新型紫外線光源（UVB 308 nm），又稱爲靶式 UVB。與傳統紫外線療法相比，需要的治療次數及累積照射劑量更少，僅使受累的皮膚暴露於照射光中，光速僅幾毫米，療效更安全，但對全身泛發者治療耗時，比較困難。對進展期白癜風也可單獨進行窄波紫外線及單頻準分子雷射治療。

③ **光化學療法**：即光敏劑加長波紫外線照射治療疾病的方法，補骨脂素（psoralen）是光敏劑的代表。目前常用的有 8- 甲氧補骨脂素（8-MOP）或三甲基補骨脂素（TMP），藥物的作用機制尚未清楚。光化學療法有內服與外用法兩種。A. **內服法**：適用白斑

大於 20% 體表面積的穩定期白癜風，內服藥物後，以長波紫外線（PUVA）照射。8-MOP 依 0.3～0.6 mg/kg 或 TMP 依 0.6～0.9 mg/kg 內服，服藥 1.5～2 小時後，用 UVA 照射。每週 2～3 次，照射強度以發生紅斑爲宜，治療期間忌食酸橙、芹菜、芥菜、歐芹、胡蘿蔔等食物，以免影響療效。B. **外用法**：用於 12 歲以上穩定期白癜風患者，更適用於侷限性白癜風。可外用 0.1～0.5% 的 8-MOP ，塗藥 30～60 分鐘後，照日光或 UVA ，需要治療數月。外塗藥可避免內服藥物所引起的一些不良反應，例如因療程長，仍需注意禁忌及毒副作用。

## 第九節　單純糠疹

**單純糠疹（pityriasis simplex）**亦稱爲白色糠疹，中醫則稱爲桃花癬，是一種發生於面部以淺表性乾燥鱗屑性色素減退斑爲特徵的慢性皮膚病。常發生於兒童和青少年，有時可見於成年人。本病臨床相當常見，症狀較輕。春季多見，也可見於夏初及冬季。

### 一、病因及發病機制

病因尚不清楚，是一種非特異性皮炎。日光照射、維生素缺乏、營養不良、肥皂浸洗刺激及**糠秕孢子菌（*Microsporon furfur*）**感染等可能爲發病誘因。尤其是前者，在春季日光強烈，人們戶外活動增加，某些特異性體質者或皮膚乾燥者易患此病。

### 二、臨床表現

常見於兒童，男性發病機率多於女性，且在 15 歲以前隨年齡增加而增加，皮損容易發生於面部，尤以兩頰部多見，偶也見於頸部及上臂，如圖 10-9 所示。初發時表現爲少量孤立的圓形或橢圓形淡紅色或淺白色斑，邊緣及界限不清，以後逐漸擴大或增多。皮損多爲 4～5 個或更多，直徑爲 1～4 cm 大小不等。表面乾燥，並覆有少量灰白色細小鱗屑，基底炎症輕微。一般無自覺症狀，或有輕微癢感。經數週至 1 年，部分患者鱗屑消失後仍留有白色斑或更久。

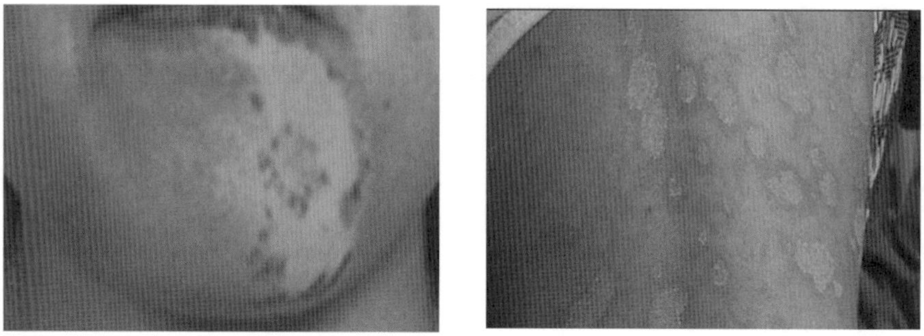

面部　　背部

圖 10-9　單純糠疹的臨床特徵

圖片來源：bxyx.120v.cn、www.2tupian.com。

## 三、診斷

容易發生於兒童，多發於春季，皮疹多位於面部、頸、肩、上臂等處，皮損爲圓形或橢圓形色素減退，表面覆有少量的細小鱗屑等，可明確診斷。

## 四、治療

1. **一般治療**：應保持面部清潔，避免使用鹼性過強的肥皂洗臉。皮膚乾燥可適當塗一些滋潤性的護膚霜。也要避免過度曝曬，外出盡可能戴上遮陽帽、撐傘或塗抹防曬霜。加強營養，補充多種維生素。大多數患者飲食上有偏食史。所以，在治療上除了外用藥物外，還應加強糾正偏食習慣。本病大多經數月或數年可自然痊癒。

2. **藥物治療**：

(1) **內服藥物**：可服用維生素 B 群。全身多發單純糠疹者可以試服用特比萘芬（terbinafine）或伊曲康唑（itraconazole）治療。

(2) **局部治療**：外用矽霜、5% 尿素軟膏（urea ointment）、2% 水楊酸軟膏（salicylic acid ointment）、3～5% 硫磺霜（sulfur cream）、聯苯苄唑乳膏（bifonazole cream）及弱效糖皮質激素霜劑。

(3) **外用防曬劑**。

# 第十節　瑞爾黑變病

**瑞爾黑變病（Riehl's melanosis）**多發生於中年女性，皮損以面頸部爲主，爲不對稱性淡黑色色素沉著性皮膚疾病，由於發生在外露部位而影響美觀。

## 一、病因及發病機制

病因尚未清楚，目前認爲與光過敏或光毒有關。外用某些化妝品後暴露於日光下，致皮膚光敏性炎症而發病。此外，還可能與內分泌障礙、營養不良等因素有關。由於使用維生素及糾正營養不良治療也未見改善，故化妝品的因素日益被重視。不但是粗製化妝品，一些優質化妝品也可能導致黑變病。化妝品中的香料、顏料、防腐劑和乳化劑是引起色素沉著的過敏原，特別是焦油系的顏料與本病症有密切關係。

化妝品所導致的黑變病一般是皮炎後發生，可能是因爲酪胺酸酶活性增強所致。女性面部黑變病通常是化妝品經由接觸過敏或光敏性皮炎而導致皮膚色素代謝紊亂，而致色素沉著。但是，黑變病與皮炎症雖然有關聯卻非絕對，一方面在臨床上可見化妝品或職業性接觸可致黑變病，但一般接觸性皮炎患者都不會發生黑變病。另一方面有人做化妝品動物試驗，觀察到無炎症反應及反應程度與色素沉著不完全相關，顯示化妝品及其成分所致的色素沉著並非全是炎症的後果。並提出在化妝品中不僅要避免含有致敏物質，也要避免導致色素的物質。

此外，女性月經期間加重及部分患者進入更年期發病，顯示與性腺垂體、甲狀腺、腎上腺皮質等內分泌及精神不穩定和自主神經紊亂等因素有關。

總之，黑變病的發生是由於多種因素引起皮膚慢性炎症反應，某些炎性介質和細胞因子在直接或間接刺激黑色素細胞樹突大量增殖，並使黑色素向細胞樹突轉移方面產生一定作用。

## 二、臨床表現

容易發生於成年女性，皮損主要累及面頸部，一般起始於顴顳部，然後波及頰、前額、耳前、耳後、頸側，愈近面部中央愈少，口周和下顎常不受累，黏膜也不累及，可偶見於臂部和上胸。皮膚的基本損害爲網狀排列的色素斑，呈灰紫色至紫褐色，邊緣及界限不鮮明，如圖 10-10 所示。典型病例損害發展大致可以分爲三期：

1. **炎症期**：患病處輕度潮紅伴有腫脹，少許糠秕狀脫屑，可有搔癢或灼熱感。

2. **色素沉著期**：隨著炎症逐漸消退，出現色素沉著，侷限在毛孔周圍，呈網點狀，也可融合成大小不一的斑片狀，可爲淡褐、灰褐色或黑褐色，受日曬或月經前後，在短期內可有很大變化。整個過程在幾個月內緩

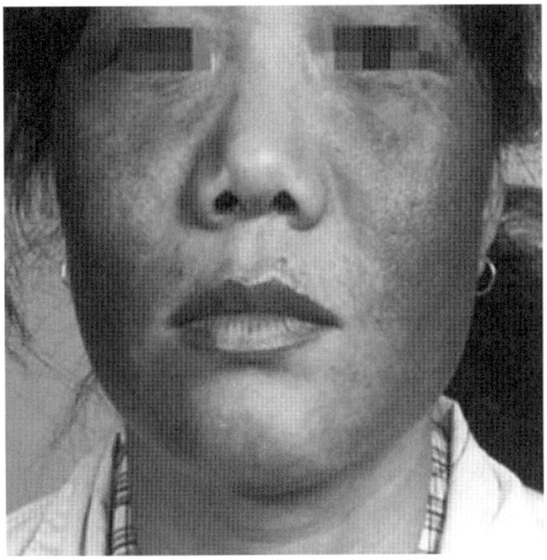

圖 10-10　瑞爾黑變病的臨床表現特徵

圖片來源：pfkzhuanjia.blog.163.com。

慢發展擴大，達一定程度後便趨向穩定。除色素沉著外，皮損局部常瀰漫地覆有微細的粉狀鱗屑，如少量麵粉撒在皮膚表面上，呈現具有特徵性的粉塵外觀，同時可見毛囊性角化過度、毛細血管擴張。上述皮損經過數年之後，又可逐漸消退，但常常不易退盡，部分患者可發展至第三期。

3. **萎縮期**：在色素沉著部位出現皮膚輕度凹陷萎縮。一般無自覺症狀，但有的可伴有輕微乏力不適、食慾不振、頭痛等症狀。

## 三、診斷

容易發生於成年女性，常累及面、頸及前臂等暴露的部位，皮損邊緣及界限不清楚，伴有毛孔性點狀色素沉著，色素沉著呈灰紫色到紫灰色、網狀排列、粉塵樣外觀，有外用化妝品、日光照射或接觸光敏物的病史，診斷不困難。

## 四、治療

### 1. 一般治療

避免強烈日曬，停用可疑化妝品及其他含有光感物質的護膚品。必要時，對可疑的致敏物做斑點試驗，以便找到發病原因，避免再接觸，色素沉著可逐漸變淡趨向恢復正常膚色。黑變病的治療要有足夠耐心。生活要規律，保持良好的情緒和充足的睡眠，多吃高蛋白及高維生素的食物，如維生素 C 豐富的水果蔬菜。

### 2. 藥物治療

(1) **內服藥物**：在炎症期，由於促黑色素細胞生成素的分泌亢進，從而引起黑色素細胞分泌黑色素體增加以及皮炎症，導致基底層細胞和基底膜的變性，可短期口服少量糖皮質激素控制炎症。色素沉著期，糖皮質激素無效，可使用抑制黑色素細胞活性的藥物，如維生素 C 0.1 g／次，每日 3 次；維生素 E 0.1 g／次，每日 3 次；也可考慮靜脈滴注谷胱甘肽（glutathione）。中醫對此症稱之爲驁黑斑，認爲是腎虛、肝瘀或氣血不調。常用六味地黃丸、逍遙丸、人參健脾丸、桃紅四物湯加減及珍珠粉等。

(2) **局部治療**：3% 氫醌霜、20% 壬二酸、5～10% 氯化氨基汞霜、肝素鈉霜、維 A 酸霜等外用有一定療效。治療期間可配合外用防曬劑。

### 3. 美容治療

(1) **物理治療**：可以用雷射或光子嫩膚術、左旋維生素 C 離子導入療法。

(2) **使用醫學護膚品**。

(3) **雷射術後皮膚護理**。

# 習題

1. 簡述黃褐斑的發病原因及治療原則。
2. 簡述雀斑的發病機制及治療。
3. 簡述炎症後色素沉著的常見原因有哪些？如何治療？
4. 簡述顴部褐青色痣的臨床表現及治療。
5. 簡述太田痣的治療原則。
6. 請簡述如何分辨黃褐斑、顴部褐青色痣及太田痣？
7. 簡述外源性色素沉著的種類及治療原則。
8. 簡述白癜風的發病機制及治療原則。
9. 簡述瑞爾黑變病的誘發原因、臨床表現及治療原則。

# 參考文獻

1. Blessmann Weber M, Sponchiado de Avila L G, Albaneze R, Magalhaes de Oliveira O L, Sudhaus B D, and Cestari T F. 2002. Pityriasis alba: a study of pathogenic factors. **J. Eur. Acad Dermatol. Venereol.**, 16(5):463-468.
2. Boissy R E, and Spritz R A. 2009. Frontiers and controversiesin the pathobiology of vitiligo: separating the wheat from the chaff. **Exp. Dermatol.**, 18(7):583-585.
3. Boissy R E, and Nordlund J J. 2011. Vitiligo: current medical and scientific understanding. **G. Ital. Drmatol. Venereol.**, 146(1):69-75.
4. Cardinali G, Kovacs D, and Picardo M. 2012. Mechanisms underlying post-inflammatory hyperpigmentation lessons from solar lentigo. **Ann. Dermatol. Venerol.,** 139S4:148-152.

5. Gupta A K, Gover M D, Nouri K, and Taylor S. 2006. The treatment of melasma: a review of clinical trials. **J. Am. Acad Dermatol.,** 55(6):1048-1065.

6. Jadotte Y T, and Schwartz R A. 2010. Melasma: insights and perspectives. **Acta Dermatovenerol. Croat.**, 18(2):124-129.

7. Lin R L, and Janniger C K. 2005. Pityriasis alba. **Cutis.,** 76(1):21-24.

8. Li M, Shen X P, and Lu H G. 2008. A Case of explosive powder thesaurosis. **Chin. J. Derm. Venereol.,** 22:12.

9. Park J M, Tsao H, and Tsao S. 2009. Acquired bilateral nevus of Ota-like macules（Hori nevus）: etiologic and therapeutic considerations. **J. Am. Acad Dermatol.**, 61(1):88-93.

10. Perez-Bernal A, Munoz-Perez M A, and Camacho F. 2000. Managment of facial hyperpigmentatipn. **Am. J. Clin. Dermatol.**, 1(5):261-268.

11. Polder K D, Landau J M, Vergilis-Kalner I J, Goldberg L H, Friedman P M, and Bruce S. 2011. Laser eradication of pigmented lesions: a review. **Dermatol. Surg.**, 37(5):572-595.

12. Reed J A, and Shea C R. 2011. Lentigo maligna: melanoma in situ on chronically sun-damaged skin. **Arch. Pathol. Lab Med.,** 135(7):838-841.

13. Rokhsar C K, and Ciocon D H. 2009. Fractional photothermolysis for the treatment of postinflammatory hyperpigmentation after carbon dioxide laser resurfacing. **Dermatol. Surg.,** 35:535-7.

14. Sinha S, Cohen P J, and Schwartz R A. 2008. Nevus of Ota in children. **Cutis.**, 82(1):25-29.

15. Smucker J E, and Kirby J S. 2014. Riehl melanosis treated successfully with Q-switch Nd:YAG laser. **J. Drugs Dermatol.,** 13(3):356-358.

16. Roesman H. 1982. Riehl's melanosis. **Int. J. Dermatol.,** 21(2):75-78.

17. Sun C C, Lu Y C, Lee E F, and Nakagawa H. 1987. Naevus fusco-caeruleus zygomaticus. **Br. J. Dermatol.**, 117(5):545-533.

18. Westerhof W, and d' Ischia M. 2007. Vitiligo puzzle: the pieces fall in place. **Pigment Cell Res.**, 20(5):345-359.

19. Yaghoobi R, Omidian M, and Bagherani N. 2011. Vitiligo: a review of the published work. **J. Dermatol.**, 38(5):419-431.

# 第十一章　皮脂溢出性疾病

皮膚表面的脂質少量源自於表皮代謝產物，多數來自於毛囊皮脂腺，而面部、前胸和上背部的皮脂腺數量多，代謝旺盛。皮脂腺分泌過度，可以導致毛囊皮脂腺導管角化、皮脂排出不順暢、微生物繁殖、引起炎症和免疫反應而發生脂溢性皮膚疾病，稱為「**皮脂溢出性疾病**」。當皮脂腺分泌過度，可以導致毛囊皮脂腺導管角化、皮脂排出不順暢、微生物繁殖、引起炎症和免疫反應而發生脂溢性皮膚疾病。也可因化妝品對毛囊口的機械性阻塞引起，如不恰當使用粉底霜、遮瑕膏、磨砂膏等，引起黑頭粉刺或加重已存在的痤瘡，造成毛囊炎症。相關化妝品脂溢性皮膚疾病，例如**痤瘡（acne）**、**脂溢性皮炎（seborrheic dermatitis）**、**酒糟鼻（rosacea）**及**皮脂腺痣（nevus sebaceus）**等，會在本章後續內容做詳細介紹。

## 第一節　痤瘡

**粉刺（comedone）**又稱酒刺、暗瘡，醫學上稱為**痤瘡（acne）**是一種與遺傳、內分泌、感染及免疫異常等諸多因素有關的毛囊、皮脂腺慢性炎症皮膚病，中醫稱為「**肺風粉刺**」。粉刺主要發生於 15～30 歲青年男女，故俗稱「**青春痘**」。隨著年齡增長，約 30～35 歲大部分人可以自癒。該病症主要發生於面部，尤其是前額、臉頰部，其次是胸部、肩部及背部，多對稱分布，常伴隨皮脂溢出，形成粉刺、丘疹、膿泡、結節、囊腫，部分遺有疤痕。

粉刺分為白頭和黑頭兩種。**白頭粉刺**：表現為白色或淡紅色，針頭太大小，很難看到開口。**黑頭粉刺**：針頭大小，中央有明顯擴大的毛孔，皮脂栓塞於毛囊口，氧化而成為黑色，易擠出白色脂栓。

青春痘的種類，主要有發炎和未發炎兩種。**未發炎**：通常有黑頭粉刺、白頭粉刺及丘疹；**發炎**：通常是因為粉刺或丘疹，受感染而引起化膿性炎症。黑頭在表皮有小突起，開口處因氧化關係而產生黑點，對它施力，則會湧出黃白色乳狀或粒狀物。一般黑頭粉刺在做過清除後，敷上消炎面膜即會痊癒。白頭粉刺在表皮無開口，因此不好去除。若硬擠會將粉刺往皮膚裡層推，導致毛囊受傷，痊癒後會產生凹洞。

## 一、痤瘡發病機制

痤瘡是多種因素綜合作用所致的毛囊皮脂腺疾病，它的病因及發病機制，目前可以區分成四個方面：1. 在雄性激素作用下，皮脂腺的分泌增加，皮膚油膩。2. 毛囊漏斗部角質細胞過度角質化，互相黏連，使開口處堵塞。3. 毛囊皮脂腺內**痤瘡丙酸桿菌（*propionibacteriums acnes*）**大量繁殖，產生脂肪酶分解皮脂。4. 在炎性介質和細胞因子的作用下導致炎症，進而化膿，破壞毛囊皮脂腺。

1. **皮脂腺分泌過多**：痤瘡患者多伴有皮脂溢出，根據流行病學調查發現，痤瘡患者中油性皮膚占 59.1%、混合性皮膚占 31.9%、中性皮膚占 6.5%、乾性皮膚占 2.5%。油性皮膚與其他類型皮膚相比，痤瘡的程度都很嚴重，有顯著差異。痤瘡患者皮脂分泌增加原因：(1) 腦下垂體作用異常。(2) 雄性激素增加。(3) 雄性激素在外周血痤瘡中代謝的時間延長。(4) 標靶器官的雄性激素受體數量增加和受體的高反應性。

多數痤瘡患者循環中的雄性激素並不高，只是標靶器官對雄性激素比較敏感。在臨床上，痤瘡容易發生於面部，但不是所有的毛囊皮脂腺均受累，並且分布不對稱，痤瘡聚集的區域和沒有痤瘡的區域相鄰。部分痤瘡患者有腦下垂體異常或循環中雄性激素增加情況，這些患者往往年齡偏大，通常伴有其他內分泌問題，如月經週期不規律、女性患者有男性化表現，如多毛等。除了皮脂分泌量和痤瘡有關，皮脂的組成和痤瘡有很大關係。皮脂中的角鯊烯和氧化角鯊烯有很強的導致粉刺作用。必需脂肪酸，如亞油酸的相對缺乏，也會加重毛囊皮脂腺導管的角化過度。部分脂肪酸，如油酸有促進痤瘡丙酸桿菌增殖的作用。

2. **毛囊皮脂腺導管角化過度**：毛囊皮脂腺導管角化過度是痤瘡發生的關鍵因素，主要發生在毛囊漏斗的真皮部，在小的皮脂腺導管內也會發生類似變化。表現爲角質層細胞互相黏連，不容易分開，不能正常地脫落，隨後角質細胞團塊使毛囊皮脂腺導管堵塞、擴張，形成微粉刺。透射電子顯微鏡下痤瘡患者的角質細胞內張力細絲和橋粒的數量增多，大量堆積，透過橋粒的作用，角質細胞間緊密地連接在一起。從掃描電子顯微鏡中，發現導管中心的角質細胞相互糾纏、變形、排列紊亂，這種解剖學的缺陷，使微生物和皮脂非常容易在裡面沉積及難以排出。

毛囊皮脂腺導管角化過度的原因如下：

(1) 毛囊口對雄性激素高敏感的角質形成細胞數目增多，在雄性激素的刺激下過度增生、角化。研究發現 I 型 5$\alpha$- 還原酶在毛囊角質形成細胞中的活性大於表皮角質形成細胞，因此，毛囊內角質形成細胞具有更強的代謝雄性激素能力。

(2) 皮脂成分改變，如角鯊烯／氧化角鯊烯的含量高，油酸／氧化油酸增加，亞油酸和維生素 A 的濃度相對降低等，可以導致角化過度。此外，缺乏類固醇硫酸鹽酶，也會引起角化過度。

(3) 痤瘡丙酸桿菌產生的游離脂肪酸可導致毛囊皮脂腺導管角化過度。

(4) 細胞因子 IL-1$\alpha$ 可以導致毛囊皮脂腺導管過度角化。

(5) 長期在溫暖潮溼的環境中，毛囊皮脂腺導管的上皮細胞含水量增加，體積增大，也容易導致急性阻塞，比如說在廚房工作的人容易患痤瘡。

3. **痤瘡丙酸桿菌的過度增殖**：痤瘡丙酸桿菌是毛囊皮脂腺內一種革蘭氏陽性厭氧菌，喜歡在皮脂豐富的環境中繁殖，以皮脂特別是三酸甘油酯作爲營養，生長還需要胺基酸、生物素、菸鹼酸和維生素 $B_1$。氧分壓和 pH 值對痤瘡丙酸桿菌的繁殖及酶的產生有很重要影響，在皮膚表面偏酸的環境中（pH = 5～6.5）最適生長，分泌活性也相對穩定。兒童期痤瘡丙酸桿菌的數量很少，青春期後由於皮脂量的增加，痤瘡丙酸桿菌大量繁殖。痤瘡丙酸桿菌能產生脂質酶、蛋白酶、透明質酸酶及炎性因子。其中，脂質酶能將毛囊漏斗中的三酸甘油酯代謝成游離脂肪酸，產生刺激作用。此外，痤瘡丙酸桿菌本身還可以當作抗原，引起免疫反應，繼而發生炎症。

4. **免疫反應**：炎症性痤瘡早期，角質形成細胞和痤瘡丙酸桿菌釋放前發炎因子，主要是 IL-1，導致血管黏附因子（V-cam、E-selectin）的表現向上調節，吸引非抗原依賴性 $CD^+4T$ 淋巴細胞在受累皮脂腺導管周圍及附近的血管中浸潤。毛囊皮脂腺導管壁是完整的。隨著導管壁被破壞，導管內的角質、細菌和皮脂釋放到眞皮中，趨化大量的嗜中性粒細胞。同時，痤瘡丙酸桿菌做爲一種抗原，被中性粒細胞吞噬，後者釋放溶酶體中的水解酶，造成組織損傷，加劇炎症反應。在晚期的炎症反應中，浸潤細胞主要是淋巴細胞組織細胞和部分巨噬細胞。炎症的程度取決於導管壁被破壞程度和導管內物質的釋放情況。囊腫型痤瘡的形成機制類似異物肉芽腫，由於角質形成細胞和細菌的刺激，引起局部肉芽腫樣反應。因此，囊腫型痤瘡多數和患者的免疫反應有關。

5. **其他導致痤瘡的因素**

(1) **遺傳**：痤瘡的發病和遺傳有關，同卵雙生的雙胞胎皮脂分泌率、粉刺數目類似，但炎症皮損的程度不同，顯示炎症的嚴重程度可能與痤瘡丙酸桿菌的增殖等因素有關，而不是單純的遺傳因素。不同種族中痤瘡發病情況不同，歐美的發病率高於非洲和亞洲，這與雄性激素依賴性脫髮的發病類似，顯示與雄性激素表現的基因有一定關係。

(2) **飲食**：菸、酒及辛辣食物的刺激，食入過多的糖、脂肪、藥物性雄性激素，不良睡眠等則加重或促進粉刺形成。

(3) **紫外線**：可以影響痤瘡的程度，雖然它可以殺滅部分痤瘡丙酸桿菌，並透過膚色變深掩蓋原有的痤瘡和疤痕。但紫外線可以導致表皮增殖和過度角化，從而加重毛囊皮脂腺導管的過度角化，同時 UVA 可以使角鯊烯氧化，這種產物有很強的導致粉刺能力。因此，紫外線會加重痤瘡。

(4) **月經週期**：70% 女性患者反映痤瘡在月經前加重，但這些女性中，多數人的月經週期和激素表現量正常。對於同時有皮脂腺溢出、痤瘡、多毛和脫髮的女性患者，可能有月經週期的異常，應該檢查內分泌和激素表現，看看卵巢、腎上腺及腦下垂體是否有疾病。

(5) **季節**：在悶熱潮溼的夏季，痤瘡往往加重，由於毛囊皮脂腺導管上皮細胞含水量增加，體積增大，導致急性阻塞。

## 二、防痤瘡對策及途徑

治療或防止痤瘡的原理為去脂、溶角栓、殺菌、消炎。並非所有治療痤瘡的藥物都適合於功效化妝品。輕度痤瘡僅用外用藥物治療，通常都能取得較好的療效，這是功效化妝品的作用。但中度和重度的痤瘡，則需要諮詢專業醫師及治療。

1. **痤瘡的分級**：痤瘡可依據皮損的輕重程度來分級，有利於治療和評價療效。在此介紹三個痤瘡分級方式。

(1) **Pillsbury 的 4 級分級法**：可以分成輕度 I 級、中度 II 級、中度 III 級和重度 IV 級等四級分類，且爲國內外皮膚科醫師較爲廣泛採用（如圖 11-1 所示）。

**輕度 I 級**：以粉刺爲主，少量丘疹、膿泡，總皮損數小於 30 個。

**中度 II 級**：粉刺和中等量丘疹、膿泡，總皮損數 31～50 個。

**中度 III 級**：大量丘疹、膿泡，總皮損數 50～100 個，結節數小於 3 個。

**重度 IV 級**：結節／囊腫性痤瘡或聚合性痤瘡，總皮損數大於 100 個，結節／囊腫大於 3 個。

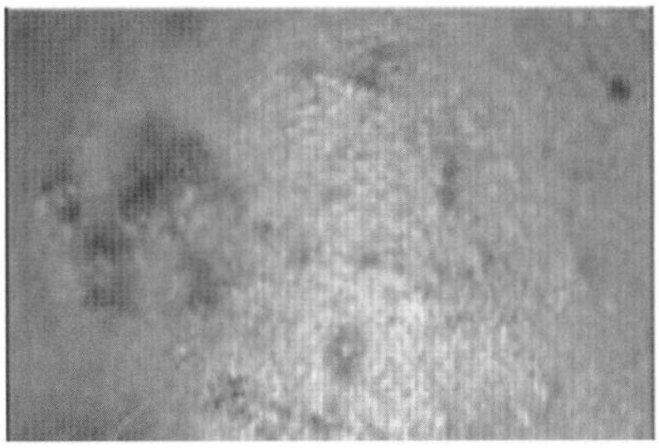

輕度 I 級

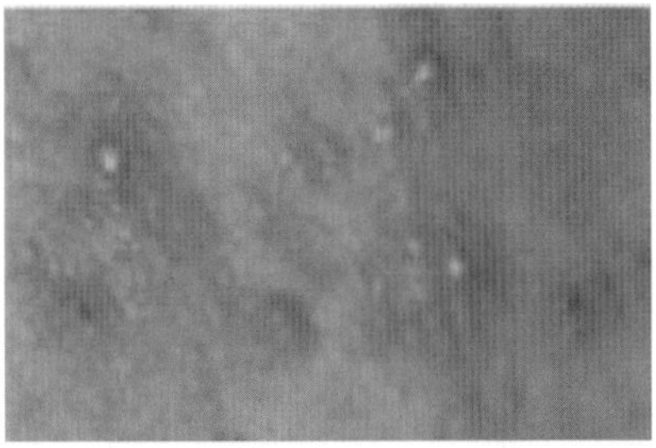

中度 II 級

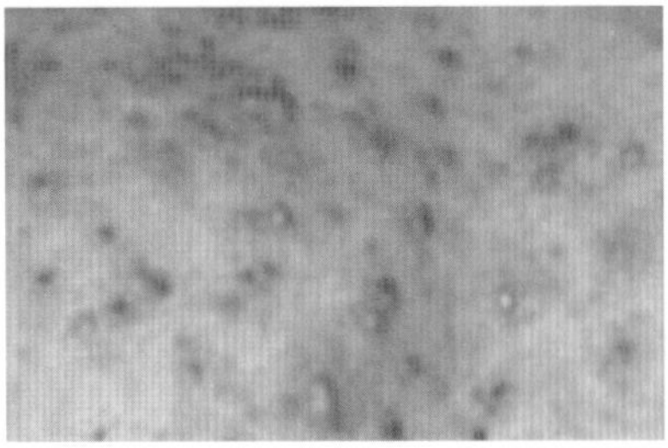

中度 III 級

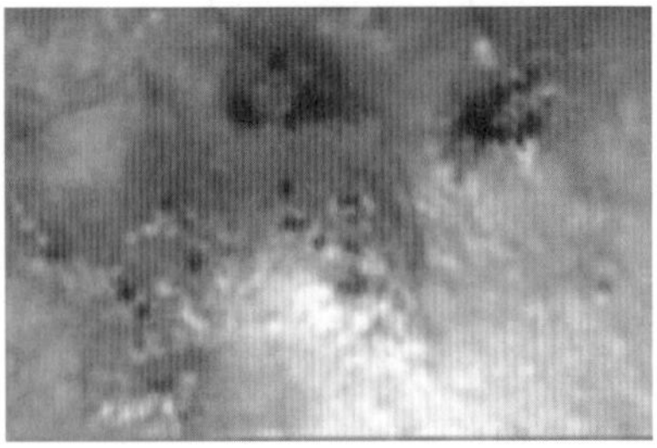

重度 IV 級

圖 11-1　Pillsbury 的 4 級分級法

(2) **Cunliffe 的 12 級分級法**：Cunliffe 的 12 級分級法見表 11-1 及圖 11-2 所示。

表 11-1　Cunliffe 的 12 級分級法

| 分級 | 評分 | 臨床表現 |
|---|---|---|
| 1 | 0.1 | 少數炎性和非炎性皮損 |
| 2 | 0.5 | 面頰和面額少數活躍的丘疹 |
| 3 | 0.75 | 面頰極多不活躍的丘疹 |
| 4 | 1.0 | 廣泛的活躍與不活躍的丘疹分布於面部 |
| 5 | 1.5 | 面部有較多比較活躍的丘疹 |
| 6 | 2.0 | 很多活躍的炎性皮損，無深層的皮損 |
| 7 | 2.5 | 廣泛分布的活躍與不活躍皮損，並開始累及頸部 |
| 8 | 3.0 | 活躍與不活躍皮損較少，但有較多的深層性皮損，需要觸診 |
| 9 | 3.5 | 較多活躍的皮損，同時有深層性皮損 |
| 10 | 4.0 | 以活躍的丘疹爲主，幾乎累及整個面部，觸診可以摸到 2 個結節 |
| 11 | 5.0 | 以活躍的丘疹爲主，幾乎累及整個面部，觸診時有較多的結節 |
| 12 | 7.0 | 有很多結節和囊腫，若治療不及就會發生瘢痕 |

(3) **Golinick 和 Orfanos 的 4 級分級法**：Golinick 和 Orfanos 的 4 級分級法見表 11-2 所示。粉刺、丘疹、膿泡、結節、囊腫、疤痕等型態，如圖 11-3 所示。

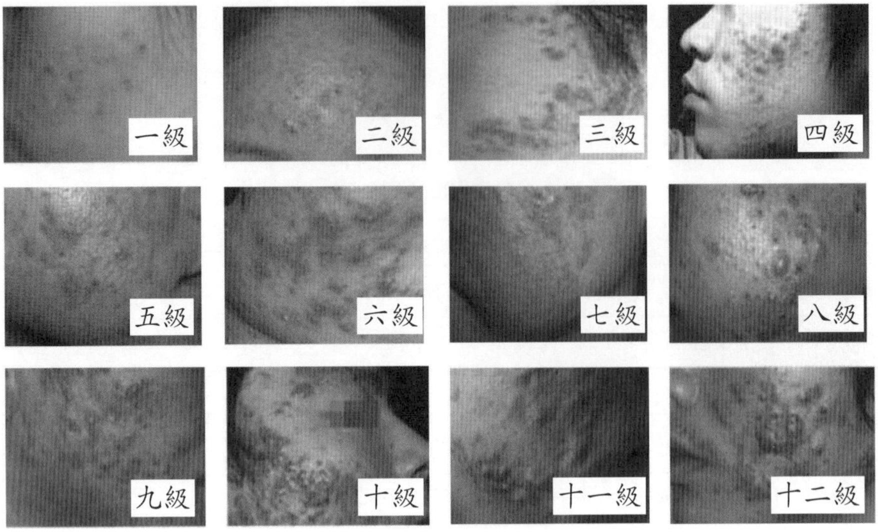


圖 11-2 Cunliffe 的 12 級分級

圖片來源：www.jyzkqd.ciom。

表 11-2 Golinick 和 Orfanos 的 4 級分級法

| 分級 | 粉刺 | 丘疹／膿泡 | 結節 | 囊腫、瘻管 | 炎症程度 | 疤痕 |
|---|---|---|---|---|---|---|
| 輕度 I 級 | ＜20 | ＜10 | － | － | － | － |
| 中度 II 級 | ＞20 | 10～20 | －/+ | － | + | － |
| 中度 III 級 | ＞20 | ＞20 | ＞10 | －/＜5 | ++ | + |
| 重度 IV 級 | 滿臉粉刺 | ＞30 | ＞20 | ＞5 | +++ | + |

2. **防痤瘡對策與途徑**

(1) **減少皮脂分泌**：痤瘡的預防措施之一是減少皮脂分泌。了解影響皮脂排泄的因素，採取相應的措施，是可以減輕粉刺的程度。

① **皮脂理化性質的影響**：由上施以壓力（對壓）可阻礙毛囊內皮脂排泄於皮膚表面。若用有機溶劑拭除皮膚表面的平皮脂，毛囊內

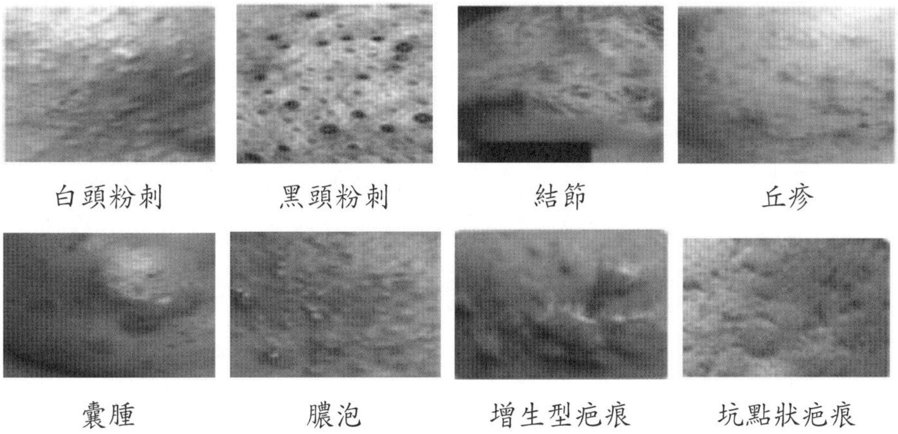


圖 11-3　常見面部痤瘡的型態

圖片來源：kk.news.cc。

蓄積的脂質於 2～3 小時內急速向皮膚表面排泄，並可恢復到原有皮脂的厚度（恢復皮脂）。洗臉後，蓄積脂質也向皮膚表面排泄。除壓力因素外，皮脂排泄的難易尚取決於皮脂的熔點。在一定溫度（體溫）下，熔點高的脂易固化，較難排泄，因此皮膚表面皮脂量減少。反之，皮脂熔點降低，皮脂易液化，容易排泄。皮脂的熔點取決於皮脂的組成，在脂肪酸中具有支鏈者，可使皮脂總體熔點降低。角鯊烯在常溫下呈現油狀，吸收氧，則呈亞麻仁油狀黏稠性。蠟隨著排泄而分解時，部分生成高級脂肪酸和蠟醇，有使皮脂熔點升高的傾向。

② **神經和溫度**：神經雖然不直接支配皮脂腺，但仍可使皮膚溫度上升，皮脂量增加，皮脂液化，對壓降低，因而有利於皮脂排泄。Cunliffe 等人觀察，發現體溫波動 1℃，皮脂量變動 10%。這種變動是於 90 分鐘內觀察到的，故爲蓄積皮脂的排泄。另外，抗乙醯膽鹼劑連續外用 4 週，也有皮脂的變化，而且其變化開始的時間

與腺細胞更替時間相符。皮脂溫度上升，血液流量增加，激素等亦增多，故皮脂量增多。冬季時外界溫度降低，皮脂固化，對壓上升，因而皮脂排泄減少。這可能是皮膚乾燥、皮脂缺乏症、冬季搔癢等原因之一。反之，夏季時外界溫度上升，皮脂液化，對壓降低從而促進皮脂排泄。

③ **皮脂的分解酶**：在皮脂分解過程中，角鯊烯不分解，蠟酯分解爲高級醇和高級脂肪酸。三酸甘油酯的分解酶爲來自皮脂排泄管上皮和痤瘡丙酸桿菌釋放的脂肪酶，將其分解爲脂肪酸和甘油。脂肪酶量的變動與痤瘡丙酸桿菌的種類和數量有關，並決定著三酸甘油酯的分解程度和脂肪酸量，脂肪酸總量及組成又決定著皮脂總體黏度。

④ **紫外線**：人體背部皮膚用中波紫外線照射（2 個最小紅斑量）1～2 週後，皮膚表面的表皮性脂質增加，皮脂減少。這可能是因爲紫外線照射，表皮產生角化不全，堵塞毛囊所致。身體暴露部分受日光照射，皮脂的排泄速度不同於其他部位。

(2) **痤瘡的藥物治療**：使用在功效化妝品的外用痤瘡藥物，作用是透過減輕毛囊皮脂腺導管的異常角化、抑制皮脂溢出、限制痤瘡丙酸桿菌的增殖和活性來發揮作用。根據藥物的作用機制，可以分成下列幾類型：

① **溶粉刺藥物**：全反式維 A 酸（tretinoin），可以抑制微粉刺，清除成熟粉刺和炎性皮損，促使正常脫屑、抗炎，提高其他合用痤瘡藥物的穿透能力，在症狀緩解後，還能預防復發；異維 A 酸（isotretinoin），外用效果類似全反式維 A 酸，但刺激性稍小，外用型不能減少皮脂分泌；與傳統維 A 酸相比，阿達帕林（adaplene）抗炎活性更強，可以治療炎性皮損，且刺激性小；他扎羅汀（tazarotene）與阿達帕林相比，在前幾週有短暫的脫皮、皮膚乾燥現象。

② **外用抗微生物藥物**：過氧化苯甲醯（benzoyl peroxide）、壬二酸（azelaic acid）等能有效減少痤瘡皮損中的痤瘡丙酸桿菌及表皮葡萄球菌；紅黴素（erythromycin）、克林達黴素（clindamycin）、四環黴素（tetracycline）等抗生素，可以殺滅毛囊中的丙酸桿菌。

③ **減少皮脂腺分泌的藥物**：主要是荷爾蒙類藥物，例如雌二醇、雌酮、乙炔雌二醇；抗脂溢性作用的維生素 $B_6$ 可以提供很好的預防毛囊皮脂腺阻塞效果。

④ **角質溶解或剝離劑**：例如，硫磺（silfur）製劑、果酸、水楊酸（salicylic acid）等。

⑤ **中藥萃取物**：丹參酮（tanshinone）有抗菌作用兼具抗炎、性激素作用；黃芩苷（baicalin）能促進巨噬細胞的吞噬功能，因此能有效清除囊腫型痤瘡裡的死亡細胞、死亡菌體及其他殘留物，加速痤瘡的痊癒。其他中藥如白花蛇蛇草、連翹、虎杖、黃柏、山豆根、大黃、黃連和茵陳蒿等，對粉刺也具有良好的療效。

(3) **痤瘡的非藥物治療**：痤瘡的藥物治療即為皮膚護理，針對油性皮膚的處理，注意不使用會封閉毛孔的油性或粉質化妝品，及保持皮膚清潔和毛孔的通暢。

## 第二節　酒糟鼻

**酒糟鼻（rosacea）**又稱為玫瑰痤瘡，是一種發生在顏面中部的慢性炎症。表現為局部瀰漫性皮膚潮紅，伴隨丘疹、膿泡及毛細管擴張。常見於中年人，女性比男性多見，女男比例為 3：1，特別是停經期的女性更為常見。

## 一、病因及發病機制

酒糟鼻的病因，目前尚未清楚，可能與下列因素有關：

1. **支配顏面血管收縮的運動神經失調**：神經的敏感性增高，在受到冷熱刺激、紫外線照射等環境因素或飲酒、飲料如濃茶、咖啡，辛辣食物等刺激後，導致血管長期擴張出現紅斑。

2. **腸胃功能障礙**：消化不良、便秘、腹瀉和膽囊發炎等可能引起該病。近年來，發現與導致胃發炎、胃潰瘍的幽門螺旋桿菌亦有關係。

3. **毛囊蠕形蟎感染**：在患者局部常常查到**毛囊蠕形蟎**（***Demodex folliculorum***），它可能透過遲發型變態反應誘發本病。但毛囊蠕形蟎是人體一種正常寄生蟲，95% 以上的人，皮膚中均可以檢測到，因此這不是唯一的病因。

4. **內分泌失調**：本病易發生在停經期的女性身上，可能與內分泌變化有關。

5. **精神因素**：例如情緒緊張與疲勞可能加重酒糟鼻。此外，本症與血管神經疾病——偏頭痛有明顯關係。因此，適當地控制情緒對於延緩本症的進展有幫助。

6. **長期服用含鹵素的激素、外用藥物**：也會導致酒糟鼻樣的皮損。

## 二、臨床表現

容易發生於面中部，包括鼻尖、兩頰、眉間及下頸部，依據病情發展可以分為紅斑期、丘疹膿泡期及鼻贅期三個階段，如圖 11-4 所示。

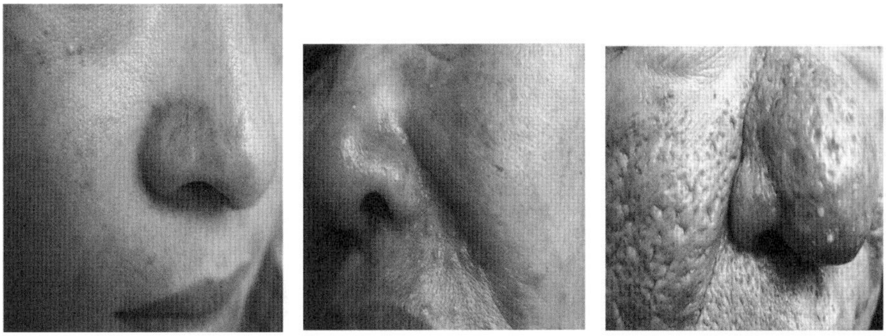

紅斑期　丘疹膿泡期　鼻贅期

圖 11-4　酒糟鼻的病情發展的三個階段

圖片來源：wlkc.xjpfkjpkc.com。

1. **紅斑期**：早期爲面中部，特別是鼻部、面頰、頸部、額中部出現侷限性紅斑，常對稱分布。開始爲暫時性，紅斑會消退，在外界溫度變化、情緒激動、進食辛辣食物時出現，隨著病情發展，紅斑持續時間延長，逐漸爲持久不退的紅斑，伴有毛細管擴張、毛囊口擴大，以鼻尖爲甚。患者常伴有皮脂溢出，皮膚表面油膩發亮。在春季及情緒波動或疲勞時，常會加重。

2. 丘疹膿泡期：在紅斑的基礎上，出現針頭到綠豆大小的丘疹和膿泡，也會有結痂且毛細管擴張加重。皮損常成批出現，此起彼伏，持續不斷，可達數年或是更久，有陣發性加重。

3. **鼻贅期**：在前兩期的基礎上，鼻部皮脂腺和結締組織增殖，形成紫紅色結痂狀或腫瘤狀突起。皮膚表面凹凸不平，毛細血管擴張明顯，毛囊口擴大，皮脂分泌旺盛。鼻贅期很少見，一般僅發生於中老年男性，而且從紅斑期發展至鼻贅期需要很長的時間，通常要數年至數十年。

部分患者的酒糟鼻皮損還會發生在眼及眼周，表現爲眼緣炎、結膜炎、角膜炎等。

## 三、診斷

根據發生於中年人，面中部以鼻爲中心的陣發性充血性紅斑，毛細血管擴張、丘疹和膿泡，甚至出現鼻贅，病程拖延，多無明顯自覺症即可診斷。

## 四、治療

避免物理性刺激，包括寒冷、溫熱、紫外線照射、過度洗滌。保持生活規律，不吃刺激性食物，忌菸酒，調理胃腸功能，保持消化良好，防止便祕。注意穩定情緒。

1. **外用藥物**：含硫磺的製劑，例如硫磺霜（sulfur cream）和複方硫磺洗劑。0.75～1.0% 甲硝唑（metronidazole）凝膠對於清除毛囊蠕形蟎和減輕紅斑均有幫助。一些用於治療痤瘡的外用抗生素，如紅黴素（erythromycin）、綠黴素（chloramphenicol）、克林達黴素（clindamycin）等，以及過氧化苯甲醯（benzoperoxide），也有一定療效。

2. **口服藥物**：甲硝唑（metronidazole）每次 0.2 g ，每日 3 次，共服 2～4 週，適用有丘疹膿泡的，或者毛囊蠕形蟎數量多者。口服抗生素，例如四環黴素（tetracycline）0.25 g ，每日 2～4 次，連續服用 4 週之後，則改爲 0.25 g，每日 1 次，連續服用 3～6 個月。也可以服用其他抗生素，例如米諾環素（minocycline）、紅黴素（erythromycin）。對丘疹、膿泡損害比較多者適用。口服全反式維 A 酸（tretinoin）適合於皮脂分泌多的患者，可以選擇異維 A 酸（isotretinoin）等治療，劑量爲每天 0.2～1 mg/kg ，療程需要 4～6 個月。口服雌性激素對於停經期後婦女出現的嚴重酒糟鼻有很好效果。此外，氯喹（chloroquine）0.125 g ，每日 2 次，或羥氯喹（hydro-xychloroquine）0.1 g，每日 2～3 次，有效。

3. **對於毛細血管持久性擴張，可以採用雷射或電灼治療**：鼻贅期的鼻子肥大可以進行手術治療。

## 第三節　脂溢性皮炎

**脂溢性皮炎（seborrheic dermatitis）**又稱脂溢性溼疹，是一種容易發生於頭面部、耳部、胸背及摩擦的皮膚表面（間擦部位）的慢性炎症性皮膚病，如圖 11-5 所示。容易發生的部位多皮脂溢出較多而得名。

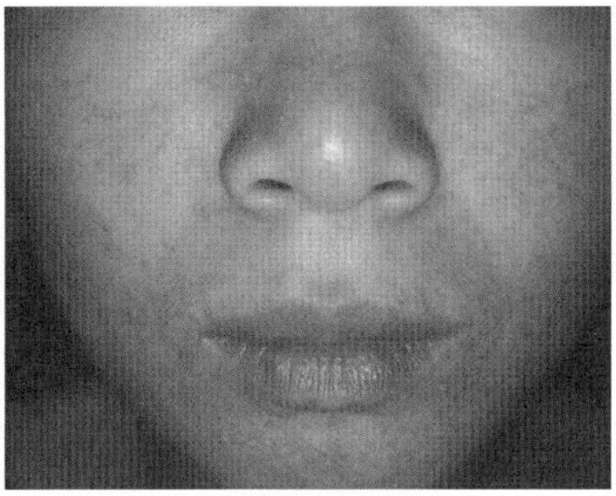

面部脂溢性皮炎

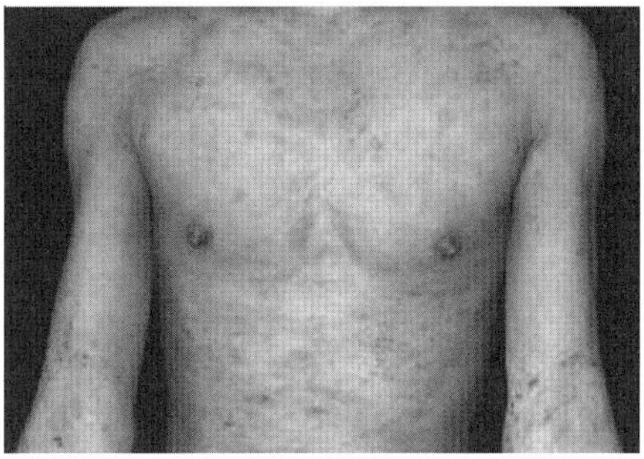

胸背脂溢性皮炎

圖 11-5　脂溢性皮炎

圖片來源：www.tbxt.com 及 djbox.dj129.com。

### 一、病因及發病機制

病因尚未完全清楚，目前認為可能的發病機制是在遺傳性皮脂溢出的體質上繼續受到卵圓形**馬拉色菌（*Malassezia furfur*）**、**痤瘡丙酸桿菌（*Propionibacteriums acnes*）**等病原生物感染，這些微生物產生的毒性代謝產物、脂肪酶及活性氧引起皮炎症反應。精神、飲食、維生素 B 群缺乏、嗜酒等因素，也不同程度地影響病症發生和發展。

## 二、臨床表現

發生於皮脂腺分泌活躍的時期，例如生後 6 個月內和青春期後，容易發生於皮脂溢出部位，例如頭、面、胸及背部等處，其次爲腋窩、腹股溝及乳房下皺摺和臍部。皮損爲邊緣及界限清楚的暗紅色或黃紅色斑片，被覆油膩鱗屑，少數出現滲出、結痂。伴有不同程度的搔癢。嚴重者皮損泛發全身，皮脂出現瀰漫性潮紅和顯著脫屑，稱爲**脂溢性紅皮病（seborrhoeic erythroderma）**。

頭皮脂溢性皮炎最常見的損害是頭部單純糠疹（頭皮屑），爲細小的白色或油膩性鱗屑，頭皮出現不同程度的紅斑伴搔癢，或伴有雄性激素性脫髮。顏面部皮損容易發生於 T 字區和耳後，部分可累及耳廓和外耳道，耳後皺襞處裂隙常見。軀幹部分皮損多見於胸骨區及摩擦的皮膚表面（間擦部位），爲淡紅色圓形、橢圓形斑片，邊緣及界限清楚，毗鄰者傾向融合形成環狀、多環形或地圖狀等，表面覆有油膩性細碎鱗屑，有時表面可有輕度滲出。

## 三、診斷

根據容易發生於皮脂溢出部位及皮損特點容易診斷。

## 四、治療

治療原則爲去脂、消炎、殺菌、止癢。應保持生活規律，避免精神緊張、熬夜，保證充足睡眠。限制高脂、多醣飲食，忌飲酒和辛辣刺激性食物，多吃水果、蔬菜。避免各種理化刺激，少用鹼性強的肥皀。

1. **外用藥物治療**：主要是用唑類藥物，例如酮康唑（ketoconazole）、聯苯苄唑（bifonazole）類洗劑或乳膏，但由於本病症有一定的遺傳易感體質，停藥後復發比較常見。需要長期堅持治療。其他常用藥物，包括弱效或中效的糖皮質激素或複方製劑，如複方咪康唑霜（miconazole cream）及複方益康唑霜、吡硫翁鋅（pyrithione zinc）、煤焦油香皂等。對於有少量滲出、糜爛部位可用氧化鋅油（zinc oxide ointment）。

2. **口服藥物治療**：口服維生素 B 群和鋅劑對於調節皮脂分泌有一定作用。搔癢劇烈時，可用抗組織胺藥物。四環黴素（tetracycline）或紅黴素（erythromycin）口服，對某些患者有效。泛發性皮損伴眞菌感染時，口服抗眞菌藥。

## 第四節　皮脂腺痣

**皮脂腺痣（nevus sebaceus）**，又稱爲**器官樣痣（organoid nevus）**，是由毛囊、皮脂腺和頂泌汗腺構成的一種**錯構瘤（hamartoma）**，如圖 11-6 所示。

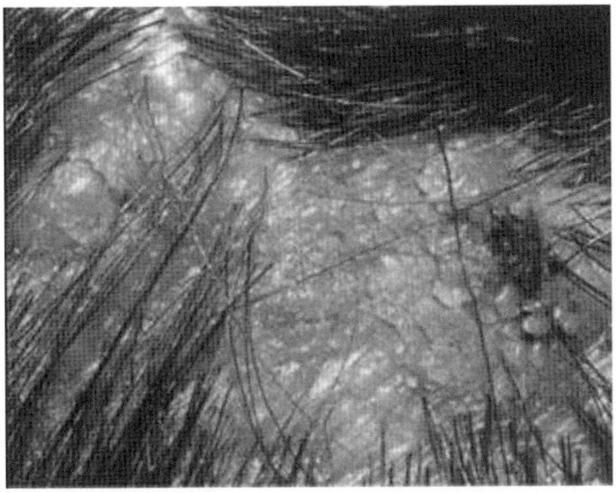

皮脂腺痣（nevussebaceus）

圖 11-6　皮脂腺痣

圖片來源：www.jiankang.cn。

## 一、臨床表現

皮脂腺痣多出現於出生時或出生後不久，容易發生於頭、頸部，尤其見於頭皮。皮損在出現後，表現爲輕度隆起的斑塊或隱約可見的斑片，邊緣及界限清楚、淡黃色至灰棕色，有蠟樣外觀。頭皮損害表面無毛髮生長。沿 Blaschko 氏線分布。青春期開始皮損增厚、隆起，表面呈乳頭瘤樣，呈黃色或橙色。在皮脂腺痣的基礎上，可以繼續發展成其他附屬器官腫瘤，例如乳頭狀汗腺管囊腺瘤、毛母細胞瘤、皮脂腺癌或頂泌汗腺癌，甚至可以發生轉移。

## 二、診斷

根據發病年齡、皮疹易發生部位及表現診斷不難。有時需與幼年黃色肉芽腫、疣狀痣、乳頭狀汗腺管囊瘤區別，此時需要病理檢查。

## 三、治療

由於皮脂腺痣具有惡變風險，加上皮損易發生於頭面部，呈疣狀外觀，表面無毛髮生長等，影響美觀。因此，在很多情況下外科手術澈底切除是必要的。對於比較小的皮損也可以做電燒灼、雷射或刮除等治療。

# 習題

1. 請簡述痤瘡的病因、發病機制、診斷及治療。
2. 簡述酒糟鼻不同時期的臨床表現及治療原則。
3. 簡述脂溢性皮炎的臨床表現及治療原則。
4. 簡述皮脂腺痣的臨床表現及治療原則。

# 參考文獻


1. 張效銘著，化妝品有效性評估，五南圖書出版股份有限公司，2016。
2. Apasrawirote W, Udompataikul M, and Rattanamongkolgul S. 2011. Topical antifungal agents for seborrheic dermatitis: systematic review and meta-analysis. **J. Med. Assoc. Thai.**, 94(6):756-760.
3. Cunliffe W J.1998. The sebaceous gland and acne-40 yearson. **Dermatol.,** 196:9-15.
4. Ellis B I, Shier C K, Prizes J J, Kastan D J, and McGoey J W. 1987. Acne-associated spondylarthropathy: radiographic features. **Radiol.**, 162:541-545.
5. Faergenmann J. 2000. Management of seborrheic dermatitis and pityrasis versicolor. **Am. J. Clin. Dermatol.**, 1:75-80.
6. Jackson J M, and Pelle M. 2011. Topical rosacea therapy : the importance of vehicles for efficacy, tolerability and compliance. **J. Drugs Dermatol.**, 10(6):627-633.
7. Katsambas A, and Papakonstantinous A. 2004. Acne: systemic treatment. **Clin. Dermatol.**, 22(5):412-418.
8. Melinik B, Jansen T, and Grabbe S. 2007. Abuse of anabolic-androgenic steroids and bodybuilding acne: an underestimated health problem. **J. Dtsch. Dermatol. Ges.**, 5(2):110-117.
9. Schusten S. 1998. Seborrheic dermatitis and dandruff-A fungal disease. **Royal Soc. Med. Services,** 132:1-54.
10. Swick B L, Baum C L, and Walling H W. 2009. Rappled-pattern trichoblastoma with apocrine differentiation arising in a nevus sebaceous: report of a case and review of the literature. **J. Cutan. Pathol.,** 36(11):1200-

1205.

11. Valia R G. 2006. Etiopathogenesis of seborrheic dermatitis. **Indian J. Dermatol. Lepoprol.**, 73(4):253-255.

12. Webster G F. 2011. Rosacea: pathogenesis and therapy. **G. Ital Dermatol. Venereol.**, 146(3):235-241.

# 第十二章 接觸或服用造成的皮膚急性症狀

當接觸化妝品時，可能因化妝品中特定成分引起變態反應或非變態反應性機制，造成皮膚、黏膜在數分鐘至數小時內立即發生炎症反應，稱爲「**皮膚急性發炎症狀（skin acute inflammation）**」。這類型的皮膚急性症，主要是使用化妝品造成的**接觸性蕁麻疹（acute urticaria）**。此外，當服用（口服、吸入、注射）特殊藥物，也可能引起皮膚、黏膜的急性炎症反應。由藥物引起的非治療性反應，稱爲藥物性反應或不良反應，**藥疹（drug eruption）**是其中一種表現形式。臨床上易引起藥疹的藥物，是不能出現在化妝品中。但接觸性蕁麻疹及藥疹同屬可引起皮膚急性發炎症狀類型，在此歸類於同一章節進行介紹。

## 第一節　接觸性蕁麻疹

**蕁麻疹（acute urticaria）**是由於皮膚、黏膜小血管反應性擴張及滲透性增加而產生的一種侷限性水腫反應。約 1/4 的人一生中至少發作過一次蕁麻疹。

### 一、病因或發病機制

蕁麻疹的病因有很多，例如食物、藥物、感染、吸入物、物理因素（包括冷、熱、日光、摩擦及壓力等）、精神因素、內臟和全身性疾病等。

蕁麻疹的發病機制包括變態反應性和非變態反應性兩類。變態反應性蕁麻疹多爲 I 型變態反應，由 IgE 介導。非變態反應性蕁麻疹多由組織胺釋放劑所致，又稱爲假變態反應性蕁麻疹，組織胺釋放劑有阿托品（atropine）、奎寧（quinine）、阿斯匹靈（aspirin）、可待因（codeine）等藥物，以及魚、蝦、蘑菇、茄子等食物。

## 二、臨床表現

蕁麻疹在 6 週內痊癒者稱爲急性蕁麻疹。若反覆發作達每週至少兩次並連續 6 週以上者，稱爲慢性蕁麻疹。

急性蕁麻疹發病迅速，患者常先自覺皮膚搔癢，隨即很快在搔癢部位出現風團，紅色、膚色或蒼白色。風團大小和形狀不一，開始孤立或散布，逐漸擴大並融合成片，可呈圓形、橢圓形或不規則形。風團可持續數分鐘至數小時，一般不超過 24 小時，隨著水腫的減輕，風團變成紅斑並逐漸消失，消退後不留痕跡。新風團此起彼伏，不斷發生。病情嚴重者可伴有心慌、煩躁、噁心、嘔吐甚至血壓降低等過敏性休克症狀。累及喉頭、支氣管時，會出現呼吸困難甚至窒息。胃腸道黏膜受累時，可出現噁心、嘔吐、腹痛和腹瀉等。感染引起者，可出現寒顫、高熱等全身中毒症狀，如圖 12-1 所示。

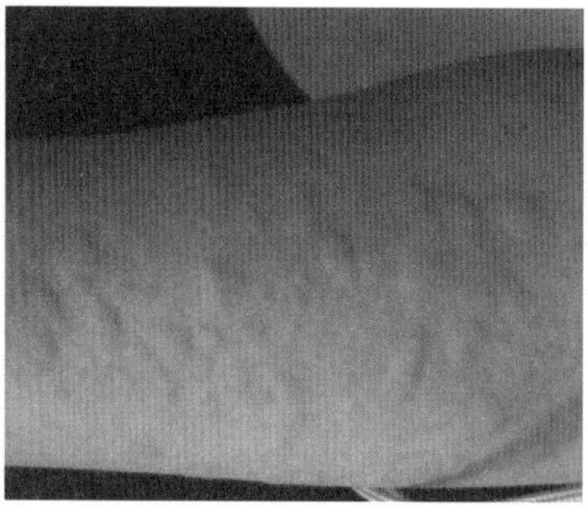

急性蕁麻疹

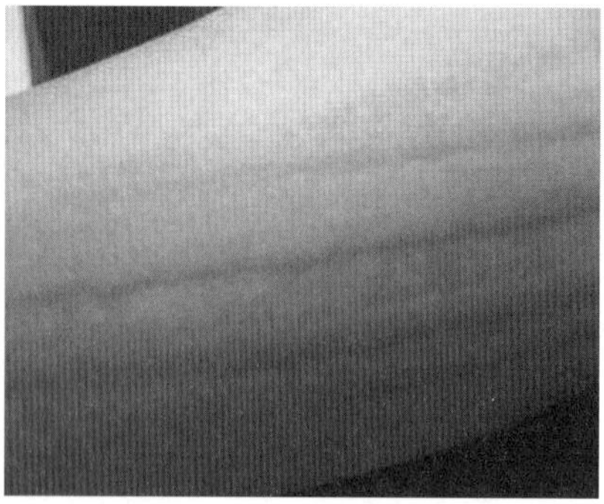

劃痕症

圖 12-1 蕁麻疹的臨床特徵

圖片來源：baike.soso.com。

## 三、診斷

根據迅速發生及消退的風團，消退後不留痕跡等臨床特點，不難診斷。急性蕁麻疹的患者一定要注意其各項症狀的變化。應仔細詢問病史，以明確病因。本病症應與丘疹性蕁麻疹（popular urticaria）鑑別，丘疹性蕁麻疹表現多爲蚊蟲叮咬所致，爲 1～2 cm 大小的風團樣丘疹，淡紅色，中央或有水泡，數日後消退。有伴隨症狀者，應與相應疾病鑑別。如伴有腹痛或腹瀉者，與胃腸炎（gastroenteritis）及急腹症（acute abdomen）等鑑別。伴高熱和中毒症狀者，應考慮合併重症感染可能。

## 四、治療

急性蕁麻疹應積極治療，尤其是當患者出現呼吸困難、喉頭水腫、低血壓休克時，如不積極治療可能危及生命。治療原則爲抗過敏和對症治療，同時積極找尋病因，除去病因。可用藥物進行治療，原則如下：

1. **內服藥物**：可選用第一代或第二代抗組織胺藥物，例如氯苯那敏（chlorpheniramine）、氯雷他啶（loratadone）、鹽酸西替利嗪片（cetirizine hydrochloride tablets）等。降低血管通透性藥物、維生素 C 及鈣劑等，常與抗組織胺藥物協同使用。伴有腹痛可給予解痙攣藥物，如阿托品（atropine）。重症感染引起者應立即抗感染，並處理感染病症。

病情嚴重、伴有休克、喉頭水腫及呼吸困難者，應立即搶救。方法有 (1) 0.1% 腎上腺素 0.5～1 ml 皮下注射或肌肉注射。亦可加入 50% 葡萄糖溶液 40 ml 內靜脈注射，以減輕呼吸道黏膜水腫及平滑肌痙攣，升高血壓。(2) 地塞米松（dexamethasone）5～10 mg 肌肉注射或靜脈注射，然後可將氫化可的松（hydrocortisone）200～400 mg 加入 5～10% 葡萄糖溶液 500～1000 ml 內靜脈滴注。(3) 上述處理後，收縮壓仍低於 80 mmHg 時，可給予生壓藥如多巴胺（dopamine）。(4) 給予吸氧，支氣管痙攣嚴重時，可靜脈注射 0.25 g 氨茶鹼（aminophyllinum），喉頭水腫嚴重致呼吸受阻時可行氣管切開。心跳呼吸驟停時，應進行心肺復甦術。

2. **局部治療**：在全身用藥的同時，可配合外用一些具有止癢效果的藥物，如爐甘石洗劑（calamine lotion）、苯海拉明（diphenhydramine）霜等。

# 第二節 藥疹

**藥疹（drug eruption）**是藥物透過口服、吸入、注射等各種途徑進入人體後，引起的皮膚、黏膜炎症反應，嚴重者可累及生物體其他系統，又稱爲**藥物性皮炎（dermatitis medicamentosa）**。由藥物引起的非治療性反應，稱爲藥物性反應或不良反應，藥疹是其中一種表現的形式。

## 一、病因與發病機制

隨著藥物種類增多，藥疹的發生機率逐漸增長。臨床上易引起藥疹的藥物有：1. **抗生素類**：包括半合成青黴素，例如阿莫西林（amoxicillin）、四環黴素類（tetracycline）、磺胺類等。2. **解熱鎮痛藥物**：例如阿斯匹靈（aspirin）、保泰松（phenylbutazone）、對乙醯氨基酚（paracetamol）等。3. **鎮靜催眠藥及抗癲癇藥**：例如苯巴比妥（phenobarbital）、卡馬西平（carbamazepine）等。4. **抗痛風藥**：例如別嘌呤醇（allopurinol）。5. **血清製劑及疫苗**：例如狂犬病疫苗等。

不同個體對藥物反應的敏感性差異較大，其原因包括遺傳因素（過敏體質）、某些酶的缺陷、生物體病理或生理狀態影響等。同一個體在不同時期，對藥物敏感性也可能不相同。

藥疹的發病機制可透過變態反應或非變態反應性機制發生。敘述如下：

## 1. 變態反應

多數藥疹由變態反應機制引起。有些藥物是大分子物質，爲完全抗原，例如血清、疫苗及生物製品等。但更多的藥物爲低分子化合物，爲半抗原，必須與生物體內載體蛋白等共價結合後，才能成爲完全抗原，才具有抗原性來刺激免疫反應。

一般變態反應性藥疹的發生機制有四種類型，不同類型引起不同臨床表現（表 12-1）。藥物原形、藥物代謝產物和藥物中的賦形劑及雜質可引起變態反應，並且藥物的免疫性反應相當複雜。因此，常常一種藥物可引起不同類型的變態反應，出現不同的皮疹和症狀，不同的藥物亦可引起同一類型的變態反應，出現相同的皮疹和症狀。

表 12-1　不同類型藥疹臨床表現

| 變態反應類型 | 臨床表現 |
|---|---|
| I 型變態反應 | 蕁麻疹、血管性水腫及過敏性休克 |
| II 型變態反應 | 溶血性貧血、血小板減少性紫疤、粒細胞減少 |
| III 型變態反應 | 血管炎、血清病及血清病樣綜合症 |
| IV 型變態反應 | 溼疹樣藥疹、麻疹樣藥疹、剝脫性皮炎 |

變態反應性藥疹的共同特點有：(1) 僅少數具有過敏體質者發生，多數人不發生反應。(2) 病情輕重與藥物的藥理及毒理作用、劑量無關，小劑量的藥物即可引起藥疹。(3) 有潛伏期，初次用藥 4～20 天後出現臨床症狀，已致敏者再次服藥，則數小時內即可發生。(4) 臨床表現複雜，皮損多樣，但對某一患者而言，常以一種表現爲主。(5) 存在交叉過敏及多價過敏。(6) 停止使用致敏藥物後病情常常好轉，糖皮質激素治療有效。

此外，一些藥物如磺胺及其衍生物、吩塞嗪類、補骨素類及某些口服避孕藥等，具有光敏性，在紫外線照射下時發生反應，所引起的變態性藥疹稱爲光變態反應性藥疹。

**2. 非變態反應**

(1) **免疫效應途徑的非免疫活化**：此反應由藥物直接刺激發生，臨床上出現類似變態反應的表現。如阿斯匹靈（aspirin）可誘導肥大細胞脫顆粒釋放組織胺引起蕁痲疹。

(2) **藥物過量，由於不同個體對藥物的吸收、代謝或排泄速度存在差異**：在正常劑量使用時也可發生此種反應，例如甲氨蝶呤（methotrexate）引起口腔潰瘍、出血性皮損及白血球細胞減少等。多見於老年人和肝、腎功能不全者。

**3. 蓄積作用**：例如碘化物、溴化物可引起痤瘡樣皮損，砷劑可引起色素沉著等。

此外，還有遺傳性酶缺乏、藥物相互作用導致代謝改變等均爲非變態反應因素。

## 二、臨床表現

1. **全身症狀**：常急性發病，輕症者多無全身症狀，重病者在發病前後均出現不同程度的全身症狀。發熱一般出現在用藥後 1 週左右，短者 1～2 天，長者持續數週。可單獨發生，也可與皮疹同時發生。多爲鬆弛型，也可以爲稽留型，嚴重者可達 40℃以上。搔癢是藥疹最常見和最明顯的自覺症狀。嚴重藥疹如中毒性表皮壞死鬆弛型藥疹，以疼痛和觸痛爲主。此外，一些患者還可能出現畏寒、頭痛、噁心無力等。

2. **皮膚黏膜損害**：藥疹的皮損表現多樣，臨床上按皮損型態可以分爲以下幾種：

(1) **麻疹型或猩紅熱型藥疹（morbilliform drug and scarlatiniform eruption）**：較爲常見，皮損呈鮮紅色斑或米粒大小的紅色斑疹，密集、對稱分布，以軀幹部爲主，黏膜、掌趾也可累及。多由解熱鎭痛藥、氨苄西林等抗生素、巴比妥類、抗風溼藥等引起。可伴有高熱、頭痛、全身不適等症狀。一般在用藥 1 週內發生，停藥 1～2 週後出現糠秕樣脫屑而癒。

(2) **蕁麻疹型藥疹（urticaria reaction eruption）**：表現爲急性蕁麻疹或血管性水腫，多由青黴素、阿斯匹靈、血清製品、疫苗等引起。可伴有發熱、噁心、嘔吐、腹痛及呼吸困難等。少數患者可出現血清病樣綜合症（如有發熱、關節痛、淋巴結腫大、血管性水腫、蛋白尿等表現）和過敏性休克症狀。長期微量接觸致敏藥物可出現慢性蕁麻疹。

(3) **固定型藥疹（fixed drug eruption）**：皮疹爲圓形或橢圓形水腫性紫紅色斑塊，約指甲至錢幣大小，邊緣及界限明顯，常爲一個至數個，嚴重者可發生大泡。消退後留下暗褐色色素沉著斑，經久不褪。再次服藥後常於原處出疹。損害容易發生於皮膚黏膜交界處，黏膜處易發生糜爛。本型藥疹常由磺胺、四環黴素、解熱鎭痛藥物、巴比妥類等藥物引起。

(4) **多形紅斑型藥疹（erythema multiforme-like reaction）**：典型皮損爲靶形紅斑，即小指指甲大小的圓形或橢圓形水腫性紅斑，中心呈紫紅色，可出現水泡。常發生在口腔、外生殖器、肛門黏膜及周圍，亦可見於軀幹、四肢。自覺疼痛，伴有高熱、肺炎、肝腎功能障礙等，稱爲重症多形紅斑型藥疹，即 Steven-Johnson 綜合症，是一種重症藥疹。此型常由磺胺類、巴比妥類、水楊酸類及青黴胺等引起。

(5)**中毒性表皮壞死鬆解型藥疹（toxic epidermal necrolysis-like reaction）**：屬重症藥疹，死亡機率高。發病急遽，常有高熱（40℃左右），全身中毒症狀明顯。皮疹爲瀰漫分布的紫紅或暗紅色斑片，觸痛明顯，尙有大小不等鬆弛性水泡、大泡，尼氏症（nikolsky sign）檢測呈陽性。大泡級易破裂出現大片糜爛。口腔、眼、支氣管、食道黏膜以及肝、腎等內臟器官均可累及。如不即時治療，會出現電解質紊亂、肝腎衰竭、感染等，危及生命。本型可由磺胺類、解熱鎮痛藥（保泰松、氨基比林）、巴比妥類藥物、別嘌呤醇（allopurinol）、破傷風及抗毒血清等引起。

(6)**剝脫性皮炎型藥疹（exfoliative dermatitis-like reaction）**：又稱紅皮病型藥疹，屬重症藥疹。初發皮疹爲痲疹樣或猩紅熱樣皮損，發展迅速，逐漸融合，全身呈水腫性紅斑，嚴重時有漿液性滲出。隨之全身皮膚大片葉狀脫屑，手足部呈手套、套狀剝脫，頭髮、指（趾）甲亦可脫落。眼部症狀表現爲結膜充血、畏光，嚴重者出現角膜潰瘍。口腔發生糜爛者影響進食。全身淋巴結可腫大。可併發黃疸性肝炎、腎臟損害、支氣管炎、敗血症、心力衰竭等，血中白血球細胞異常升高。本型藥疹可由磺胺、巴比妥類、苯妥英鈉、氯丙嗪、砷劑、金製劑等引起。

**藥物超敏綜合症（drug-induced hypersensitivity syndrome, DIHS）**，又稱**藥疹伴嗜酸性粒細胞增多和系統症狀（drug rash with eosinophilia and systemic symptoms, DRESS）綜合症**，或**藥物引起的遲發性多器官超敏綜合症（drug-induced delayed multiple organ hypersensitivity syndrome, DIDMOHS）**，具有發熱、皮疹及內臟受累三聯症狀的急性、潛在致死性、特異性不良藥物反應。用藥後 2～8 週發

病，發病急，病情嚴重。臨床表現主要爲皮疹、發熱及內臟損傷。皮疹開始爲斑丘疹，常伴搔癢和淋巴結腫大（以頸部淋巴結腫大最爲常見），病情逐漸發展，可形成紅皮病或嚴重的脫剝性皮炎。皮疹初發於面部、軀幹上部及上肢，逐漸發展至下肢。在眼周、口周及頸部紅斑水腫基礎上出現針尖大小的膿泡是 DRESS 早期典型表現。皮疹一般不累及黏膜。發疹之前或之後出現發熱，一般在 38～40℃之間。內臟損害包括肝、心臟、肺等，其中以肝臟損害最爲常見，部分患者死於肝衰竭。腎臟損害主要表現爲間質性腎炎，有腎小管受累，30% 患者可出現急性腎衰竭而需要洗腎治療。肺臟受累約占 15%，表現爲間質性肺炎。常見引起 DIHS 的藥物有抗癲癇藥（例如苯巴比妥、苯妥英鈉）、抗生素（例如磺胺類、米諾環素、$\beta$- 內醯胺類）、氨苯碸、別嘌呤醇（allopurinol）、柳氮磺吡啶等。

(7) **溼疹型藥疹（eczema-like eruption）**：皮疹爲急性、亞急性或慢性溼疹樣皮損。自覺劇烈搔癢。常見引起藥物有磺胺類、青黴素類、鏈黴素類、抗組織胺等。

(8) **紫癜型藥疹（purpuric drug eruption）**：較爲少見。表現爲皮膚紫癜、瘀斑、血泡、壞死等，可伴發熱、關節痛、肝大、血小板減少等。可由苯巴比妥、苯妥英鈉、磺醯尿類、吲哚美辛（indometacin）、鏈黴素類、新黴素類、碘化鉀等引起。

(9) **痤瘡樣型藥疹（acneiform eruption）**：皮損與尋常型痤瘡相似，多於服藥後 1～2 個月發生。主要由碘劑、溴劑、皮質類固醇激素等引起。

(10) **其他**：除了上述類型外，還有一些少見類型，如光感性藥疹、系統性紅斑性狼瘡樣藥疹、扁平苔癬樣藥疹和銀屑病樣藥疹等。

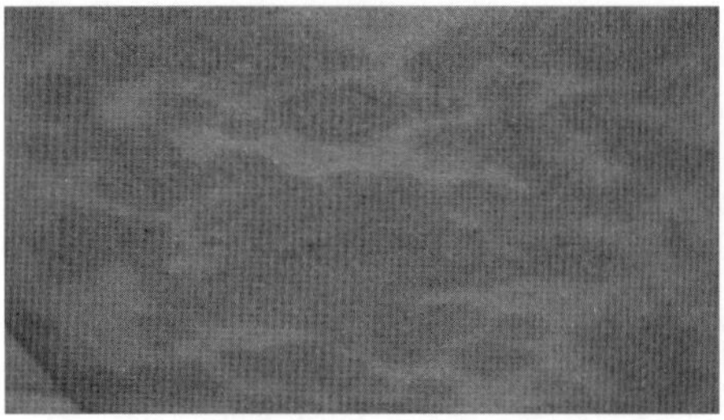

麻疹型或猩紅熱型藥疹

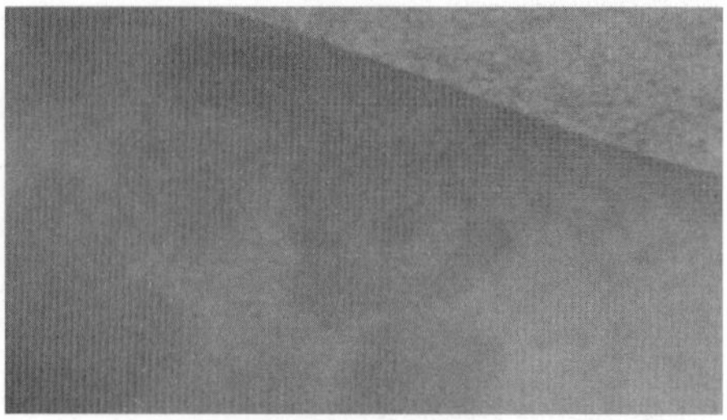

蕁麻疹型藥疹

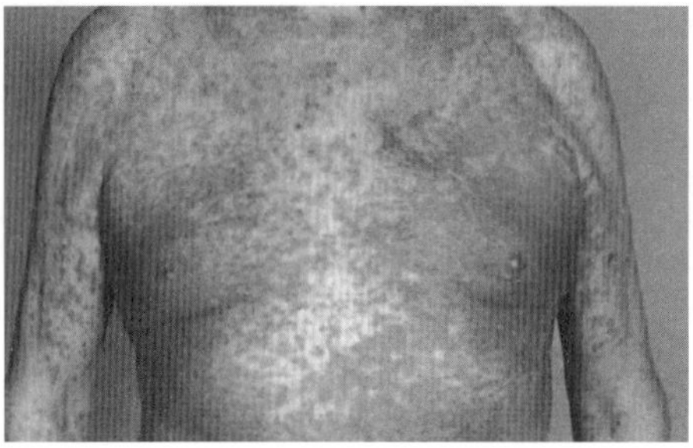

固定型藥疹

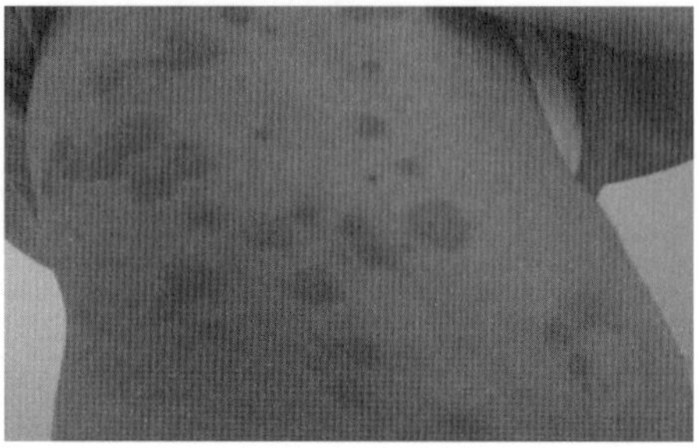

多形紅斑型藥疹

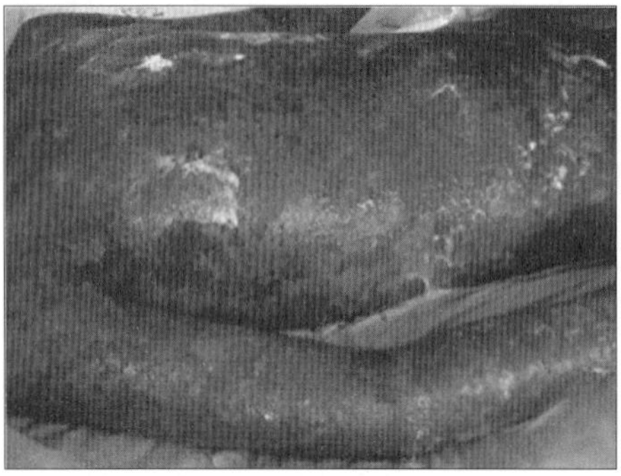

中毒性表皮壞死鬆解型藥疹

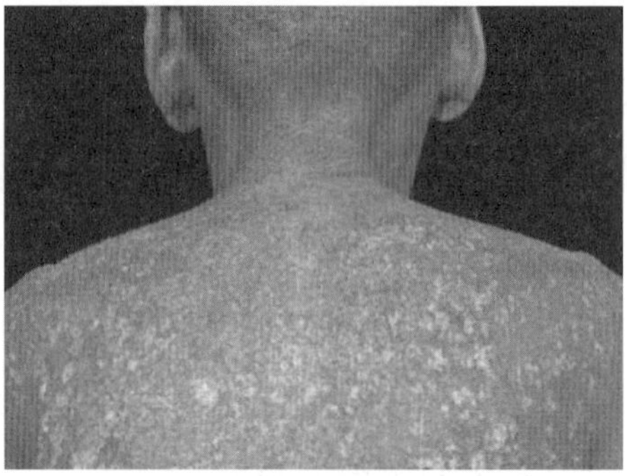

剝脫性皮炎型藥疹

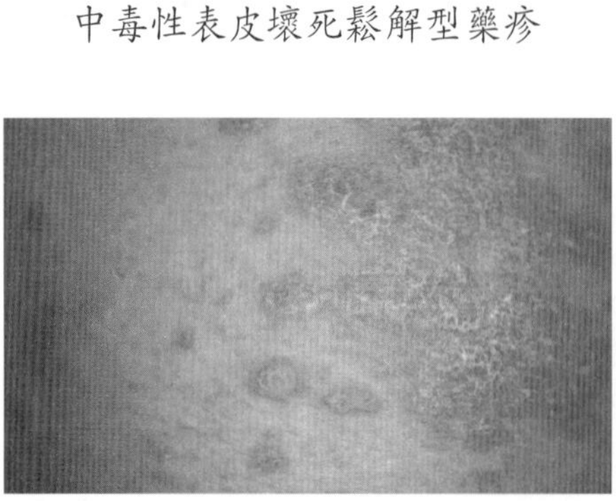

溼疹型藥疹

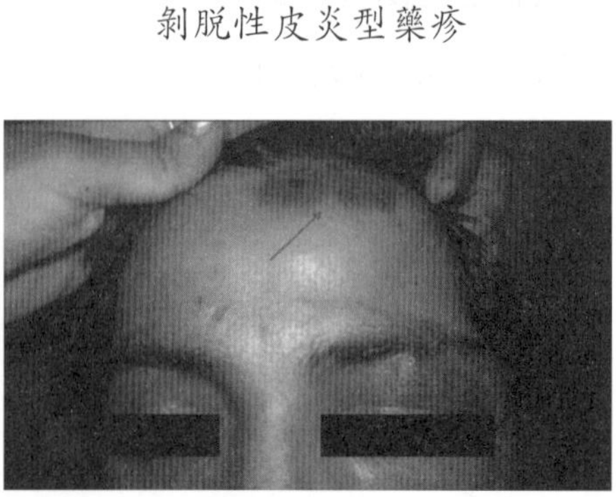

紫癜型藥疹

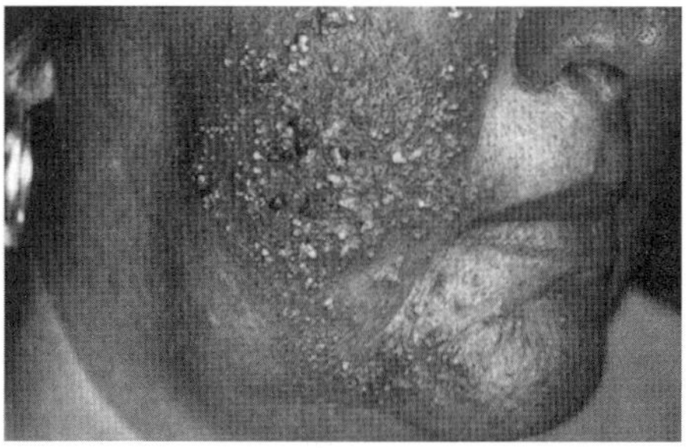

痤瘡樣型藥疹

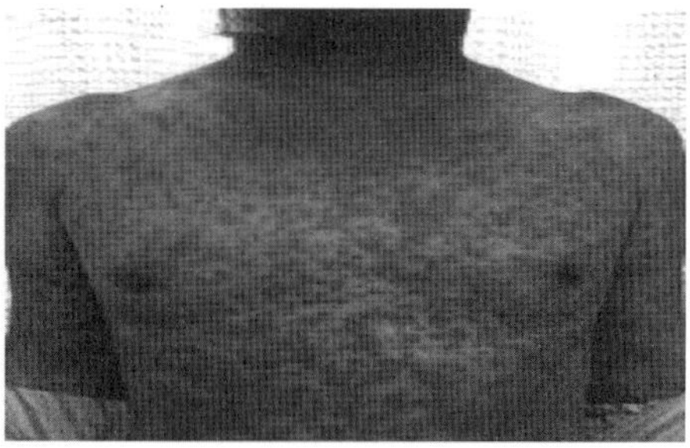

扁平苔癬樣藥疹

圖 12-2　藥疹的臨床表現

圖片來源：diseaesehow.com、www.pediatriconsultantlive.com、www.medicalrealm.net、lookfordiagnosis.com、www.georgetownpharmacy.com.my、www.medicalrealm.net、www.songhosp.com、www.ijdvl.com、medical-photographs.com、www.medlinker.com/m/share/casem/30027331。

## 三、診斷

本病根據明確的服藥史、一定潛伏期及典型臨床表現排除具有類似皮損的其他皮膚病及傳染病，可進行診斷。由於本病表現多樣，故鑑別診斷較爲複雜。本病主要與以下疾病鑑別：

1. **麻疹型或猩紅熱型藥疹應與麻疹或猩紅熱等發疹性傳染病鑑別**：猩紅熱發病急，有 2～4 天的潛伏期，會寒顫、發熱，皮疹於發病後 24 小時左右迅速出現，24 小時內遍及全身，疹間皮膚潮紅，皮疹 1 週內開始脫屑，2～4 週後脫淨，不留色素沉著。此外，還可有楊莓舌、咽及扁桃體顯著充血，亦可見膿性滲出物。頸部及頜下淋巴結腫大、觸痛等其他系統表現。

2. **大泡性表皮鬆解型藥疹應與葡萄球菌性燙傷樣皮膚綜合症（staphylococcal scalded skin syndrome, SSSS）鑑別**：SSSS 主要見於嬰兒，皮損表現爲瀰漫性紅斑，紅斑基礎上可出現鬆弛性大泡，尼氏症（nikolsky sign）檢測呈陽性，患者血中白血球細胞和中性粒細胞增高，膿液細菌培養爲金黃色葡萄球菌或溶血性鏈球菌。

3. **生殖器部位的固定藥疹破潰時應與生殖器泡疹（genital herpes）等鑑別**：生殖器泡疹初起表現爲簇集性丘疹、丘泡疹和水泡，2～4 天破潰形成糜爛或潰瘍，之後結痂自癒，痊癒後不留色素沉著。

## 四、治療

藥疹確診後，首要治療是立即停用一切可疑藥物，然後根據病情輕重進行相應處理。

### 1. 輕型藥疹

(1) **内服藥物**：一般給予抗組織胺藥物、維生素 C 等口服或注射，必要時給予中等劑量潑尼松（prednisolone）（30～60 mg/d）口服或注射，病情緩解後逐漸減量至停藥。

(2) **局部治療**：可依據溼疹各期的治療原則用藥，如若以紅斑、丘疹爲主，可外用洗劑、霜劑。以糜爛、滲出爲主可用 3% 硼酸溶液溼敷，伴感染者，可用 1：5000～1：10000 高猛酸鉀溼敷。

### 2. 重型藥疹

如重症多形性紅斑藥疹、脫剝性皮炎型藥疹、大泡性表皮壞死鬆解症型藥疹。治療原則爲即時搶救，減少併發症、縮短病程、降低死亡率。

(1) **早期、足量使用糖皮質激素**：氫化可的松（hydrocortisone）300～400 mg/d 或地塞米松（dexamethasone）10～20 mg/d ，甲潑尼龍（methyl-prednisolone）80～120 mg/d 加入 5～10% 葡萄糖溶液 1000～2000 ml 中靜脈滴注，可配合維生素 C 2～3 g/d。病情如在

3～5 天內未得到控制，應加大劑量（增加原劑量的 1/3～1/2）。待無新發皮損或原發皮損顏色轉淡、體溫下降後，即可逐漸減量。

(2) **靜脈注射免疫球蛋白（IVIG）**：作用機制包括以下幾個方面：免疫球蛋白能直接提供中和性抗體和抗毒素，從而發揮抗病毒和抗細菌感染的作用。免疫球蛋白與單核吞噬細胞系統膜上 IgG Fc 受體結合，使帶有自身抗體的靶細胞和組織免受單核吞噬細胞系統的破壞。免疫球蛋白可與補體表面的 Fc 受體結合，阻斷補體介導的炎症反應。IVIG 可調節體內單核細胞和巨噬細胞合成或釋放細胞因子和炎症介質，調節生物體內細胞因子的表現量，減輕生物體中的免疫反應。免疫球蛋白通過阻斷 Fas 受體及其配體的結合，抑制角質形成細胞凋亡的過程，對中毒性表皮壞死鬆解症有治療作用。對於重症藥疹的患者早期使用，可有效緩解患者的全身症狀，抑制病情的發展。一般可使用 400 mg/(kg · d)，連續使用 3 天。

(3) **防止繼發感染**：患者應在嚴格消毒、隔離的環境中治療，被褥、床單及時更換和消毒，醫務人員保證無菌操作。根據患者的用藥史選用適合的抗生素，同時注意防止真菌感染。

(4) **注意水、電解質平衡**。

(5) **支持治療**：囑咐患者採高蛋白、高碳水化合物飲食。低蛋白血症、水電解質紊亂時，及時糾正，必要時可輸新鮮血液、血漿或清蛋白，以維持膠體滲透壓，減少滲出。如伴有肝腎等損害，應積極治療。

(6) **外用藥物治療**：皮損滲出明顯者可用 3% 硼酸溶液、生理食鹽水、1：5000～1：10000 高錳酸鉀溶液溼敷。口腔黏膜損害可用 2% 碳酸氫鈉溶液、3% 硼酸溶液漱口，疼痛劇烈者，可用 2% 利多卡因或 2% 普魯卡因溶液含漱。眼部損害可外用眼藥水或膏劑，避免感染和結膜沾黏。皮損乾燥脫屑時，可選用外用軟膏、乳膏，並注意潤膚。

## 習題

1. 請簡述急性蕁麻疹病因、診斷要點及治療原則。
2. 請簡述藥疹診斷要點及治療原則。

## 參考文獻

1. Adısen E, Karaca F, and Gurer M A. 2008. Drug reactions in dermatology. **Turkish J. Dermatol.**, 2:1-5.
2. Bernstein J A, Lang D M, Khan D A, Craig T, Dreyfus D, Hsieh F, Sheikh J, Weldon D, Zuraw B, Bernstein D I, Blessing-Moore J, Cox L, Nicklas R A, Oppenheimer J, Portnoy J M, Randolph C R, Schuller D E, Spector S L, Tilles S A, and Wallace D. 2014. The diagnosis and management of acute and chronic urticaria: 2014 update. **J. Allergy Clin. Immunol.**, 133(5):1270-1277.
3. Chalvon Demersay A, Delouis C, Benichou J J, Dussaix E, and Labrune B. 1993. Purpuric eruption and cheilitis secondary to parvovirus B19 infection. **Arch. Fr. Oediatr.**, 50(10):929.
4. Demis D L. 1969. Allergy and drug sensitivity of skin. **Annu. Rev. Pharmacol.**, 9:457-482.
5. Dessinioti C, Antoniou C, and Katsambas A. 2014. Acneiform eruptions. **Clin. Dermatol.**, 32(1):24-34.
6. Edwards I R, and Aronson J K. 2000. Adverse drug reactions: Definitions,

diagnosis, and management. **Lancet.**, 356:1255-1259.

7. Jafilan L, and James C. 2015. Urticaria and allergy-mediated conditions. **Prim. Care,** 42(4):473-483.

8. Tan E K, and Grattan C E. 2004. Drug-induced urticaria. **Expert. Opin. Drug Saf.**, 3(5):471-484.

9. Tongetti L, Giorgini S, and Lotti T. 2011. Erythema multifrome-like eruption from a slimming drug preparation cutaneous adverse drug reaction. **Indian Dermatol. Online J.,** 2(2):78-81.

10. Sabroe R A. 2014. Acute urticaria. **Immunol. Allergy Clin. North Am.**, 34(1):11-21.

11. Uzun S, Acar M A, Uslular C, Kavukcu H, Aksungur V L, Culha G, Gurel M S, and Memisoglu H R. 1999. Uncommon presentation of cutaneous leishmaniasis as eczema-like eruption. **J. Eur. Acad Dermatol. Venereol.**, 12(3): 266-268.

12. Wilson H T. 1975. A fixed drug eruption due to paracetamol. **Br. J. Dermatol.,** 92(2): 231-214.

13. Yu J, Branding-Bennett H, Co D O, Nocton J J, Steven A M, and Chiu Y E. 2016. Toxic epidermal necrolysis-like cutaneous lupus in pediatric patients: a case series and review. **Pediatrics,** 137(6):pii:e20154497.

# 第十三章 化妝品毛髮損害及毛髮疾病

隨著美髮、染髮、護髮等系列產品的出現及新產品的開發，由於化妝品引起的毛髮損害病例逐漸增多，占化妝品皮膚病的 10～15% 不等。**化妝品毛髮損害（hair damaged due to comsetic）**是指使用髮用化妝品後，出現局部毛髮乾枯、鬆脆、斷裂、分叉、變色或脫落等表現。毛髮損害的嚴重程度，與化妝品的使用量和使用頻率有關，一般停止使用該類髮用化妝品後，經過數月頭髮才能緩慢恢復正常。常見的毛髮疾病，例如**斑禿（alopecia areata）**、**雄性激素源性脫髮（androgenetic alopecia）**及**多毛症（hirsutism）**並非使用化妝品引起，但可使用含有藥物的髮用化妝品改善相關毛髮疾病的症狀。

## 第一節　化妝品毛髮損害

**化妝品毛髮損害（hair damaged due to cosmetic）**是指使用髮用化妝品後，出現局部毛髮乾枯、鬆脆、斷裂、分叉、變形、變色或脫落等表現，但不包括脫毛化妝品引起的毛髮脫落。

### 一、病因及發病機制

化妝品損害毛髮損害的主要原因是化妝品中所含染料、去汙劑、表面活性劑、化學燙髮劑等引起毛髮損害，另外，洗髮或護髮時手法粗暴也是常見病因。化妝品可以對毛幹產生傷害，嚴重時也可導致毛囊正常結構和功能的破壞。原先被電燙、氧化型染料、漂白劑、過量日光暴露以及缺少油分的頭髮更易受到損壞。化妝品毛髮損害的機制有物理因素，也有化學性損傷。

1. **物理性因素**：鹼性強的洗髮劑使頭髮失去光澤和彈性、變脆。冷燙劑中的硫基乙酸（$HSCH_2COOH$）可使頭髮脫色、易折斷。

2. **化學性損傷**：洗髮劑、染髮劑、髮膠、髮乳、生髮水等髮用化妝品中的化學成分，包括染料、去汙劑、表面活性物質，均可造成毛髮損傷。

## 二、臨床表現

化妝品毛髮損害大部分累及頭髮，一般有明確的髮用類化妝品接觸史，大部分在較長時間使用化妝品後出現，特別是染髮和燙髮類產品作用後更加容易出現，主要表現爲毛髮乾枯、鬆脆、斷裂、分叉、變形、變色或脫落等。毛髮損害的嚴重程度，與化妝品的使用量和使用頻率有關，一般停止使用該類髮用化妝品後，經過數月頭髮才能緩慢恢復正常。

## 三、診斷

化妝品毛髮損害診斷中，必須有明確的髮用化妝品接觸史，典型的臨床表現。對受損的毛髮進行皮膚鏡檢、掃描式電子顯微鏡等毛髮學檢查，必要時可以進行化妝品分析。必須注意與非化妝品引起的毛髮損害，例如斑禿、雄性激素源性脫髮及多毛症等鑑別。

## 四、治療

化妝品毛髮損害的治療，主要是必須停用原來使用的毛髮化妝品，必要時剃除已受影響的毛髮，這樣可以將染髮、燙髮類產品對頭皮和毛髮的影響降到最低。除一般護理和對症處理外，並不需特別治療。

# 第二節　斑禿

**斑禿（alopecia areata）**是一種可突發於身體任何長毛部位的自身免疫性、炎症性、非疤痕性毛髮脫落性疾病，是最常見的皮膚疾病之一，約占皮膚科初診病例的 2%。任何年齡均可發病，但約 63% 的患者初次發病在 20 歲之前，發病無男女差異。斑禿常呈侷限性斑狀脫髮、局部皮膚正常，單髮或多髮。當頭髮全部脫落時稱爲**全禿（alopecia totalis）**。累及全身毛髮時稱爲**普禿（alopecia universalis）**，如圖 13-1 所示。沿髮際分布擴展的稱爲**匍行性斑禿（alopecia ophiasis）**。斑禿有時表現爲頭髮的急性瀰漫性脫落，則稱爲**急性瀰漫性斑禿（acute diffuse and total alopecia）**。

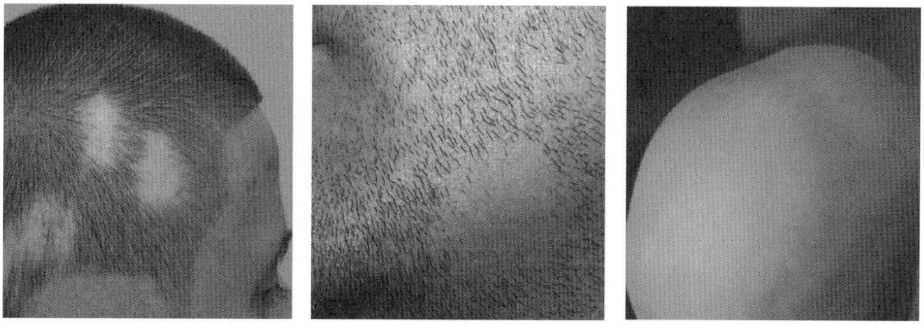

斑禿　　普禿　　全禿

圖 13-1　斑禿、普禿及全禿

圖片來源：http://www.tutoushe.com/post/1679.html。

## 一、病因及發病機制

本病病因不明，被認爲是具有遺傳易感性的個體在精神、環境因素影響下，所發生的器官特異性自身免疫反應。8.4% 的患者有家族史，可能爲體染色體顯性伴可變外顯率。與患者特異性體質、自身免疫反應、情緒反應感染等有關。

患者體內可檢驗出多種自身抗體，包括抗甲狀腺、抗胃壁細胞、抗平滑肌、抗腎上腺抗體和抗核抗體等，但主要考慮爲細胞免疫爲主。將斑禿和普禿患者的病變皮膚移植到裸鼠後可以再生毛髮，患者血清被動轉移至裸鼠，亦不能抑制這些毛髮生長，顯示斑禿發病機制涉及細胞免疫而非體液免疫。

## 二、臨床表現

可累及所有毛髮，包括終毛和毳毛，如頭髮、眉毛、鬍鬚、汗毛等，其中頭髮最常受累。通常無症狀，無意中發現脫髮斑，但也有人有局部皮膚的感覺異常，包括搔癢、觸痛等。

典型的皮損表現爲突然出現的邊緣及界限清楚的圓形或卵圓形脫髮斑，局部皮膚正常。如病情進展，在脫髮區邊緣可見「**驚嘆號**」狀髮，即長約 2 mm 的髮茬，其近端逐漸變細。此時邊緣外觀正常的毛髮易於拔除而無痛感，稱爲**拉髮試驗陽性**。或以突然發生的頭髮大量脫落爲主要表現，如仔細觀察可見驚嘆號狀髮，隨病程發展逐漸出現大小不等的脫髮斑。脫髮斑可單髮或多髮，大小不一，逐漸擴大。當頭髮全部脫落時成爲全禿。累及全身毛髮時，稱爲普禿。沿髮際分布擴展的稱爲**匍行性斑禿**。頭髮瀰漫性脫落時，則稱爲**瀰漫性斑禿**。與白髮相比，黑髮更容易受累，首先脫落，故可出現「**一夜白髮**」的現象。而毛髮再生時，也常爲無色纖維的毛髮，逐漸恢復至正常的粗細和色澤。

本病可以分爲活動期、穩定期和恢復期三個階段。活動期皮損不斷擴大，可見驚嘆號狀髮，拉髮試驗陽性。穩定期脫髮斑大小無變化，無驚嘆號狀髮，拉髮試驗陰性。恢復期可見新生的細絨毛，顏色淡或呈白色，逐漸變成正常粗細和顏色。有時可出現活動期皮損和恢復期皮損共存的現象。

本病尚可累及甲，多見於病情活動而脫髮面積廣者。常表現爲頂針樣甲，也可以出現甲面粗糙、縱脊等。本病可合併遺傳過敏疾病、自身免疫性疾病（例如甲狀腺功能亢進、白癜風、潰瘍性結腸炎等）等。

本病可自癒，尤其是侷限性斑禿患者，多數可以在 2 年內自行恢復。但具有以下表現者癒後不良：發病年齡早、脫髮面積廣、匍行性斑禿、具有甲損害或合併遺傳過敏性疾病等。

## 三、診斷

被毛區域突然出現侷限性毛髮脫失斑，或頭髮突然大量瀰漫性脫落，進行性發展，局部皮膚正常，可見驚嘆號狀髮，拉髮試驗爲陽性，可診斷本病。

## 四、治療

### 1. 一般治療

由於本病病因不清，反覆發作，尚無滿意的預防和治療手段。如果患者有明確的誘發因素（例如，精神緊張等），則可積極去除誘因。本病多數可以自癒，即使嚴重而不癒者，其身體健康也不受影響，故進行合理的心理疏導，僅予美容修飾即可，如假髮、假睫毛的配戴、紋眉等。對於一些病情進展或不能接受脫髮、心理壓力大的患者，可以採用藥物治療。

### 2. 藥物治療

(1) **內服藥物**：多選用口服潑尼松（prednisone），初始劑量爲 30～40

mg/d，毛髮再生後逐漸減量，但在減量過程中或停藥後，易出現病情反覆，長期使用激素的副作用而使其系統受到限制。相關報導指出靜脈注射甲潑尼龍（methylprednisolone）250 mg／次，每日3次，連續3天；每月口服1次潑尼松龍（prednisolone）300 mg，每週2次地塞米松（dexamethasone）5 mg等，認爲可以有效治療，同時減少激素的副作用發生機率。若與精神等因素有關者，可以給予鎮靜、安神藥物配合治療。還可口服複方甘草單胺片20～30 mg／次，每日3次。

(2) **局部治療**：0.25～0.5% 地蒽酚乳膏外用脫髮外，30～60分鐘後清除。宜選擇強效皮質激素抑制劑外用。米諾地爾（minoxidil）是一種非特異性毛髮生長劑，對斑片型有效。可選擇1%、2%和5%米諾地爾酊。

接觸性皮炎誘導劑，包括二硝基氯苯（1-chloro-2, 4-dinitrobenzene, DNCB）、方酸二丁酯（squaric acid dibutylester, SADBE）、二苯基環丙烯酮（2, 3-diphenyl- cyclopropenone, DPCP）等。DPCP因其無致突變性和溶液穩定而臨床使用較廣。2% DPCP致敏，2週後開始每週塗藥1次，從0.001%開始，逐漸提高溶液濃度，直到出現輕微的接觸性皮炎後，保持濃度不變，在頭髮長出後可減少使用頻率，12週起生效，如24週無效則停藥。也可以選擇醋酸氫化可的松（hydrocortisone acetate）25 mg/ml、醋酸曲安西龍（triamcinolone acetate）5～10 mg/ml，多點注射於皮下組織淺層。

**斑禿治療可根據脫髮程度選擇**：脫髮面積小於50%時可選擇皮質類固醇外用或皮損內注射、地蒽酚軟膏短期接觸治療、米諾地爾（minoxidil）溶液外用等，脫髮面積大於50%時，可選擇PUVA、接觸性免疫治療、系統使用皮質類固醇、環孢素等。

### 3. 美容治療

採用光化學治療（PUVA）、液態氮冷凍、梅花針點刺等物理治療方法。

## 第三節　雄性激素源性脫髮

**雄性激素源性脫髮（androgenetic alopecia）**又稱爲脂溢性脫髮（androgenic alopecia）、早禿、謝頂、男性型脫髮或女性型脫髮。這種激素依賴性的遺傳性脫髮，認爲是多基因遺傳或體染色體顯性遺傳伴可變外顯率。男女均可受累，青春期後逐漸出現，男性更多見，女性多以更年期前後開始出現明顯的頭髮稀疏。

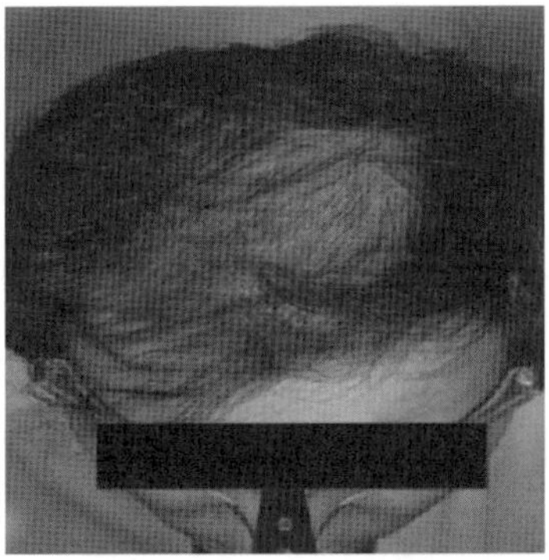

男性型雄性激素源性脫髮（AGA IV）

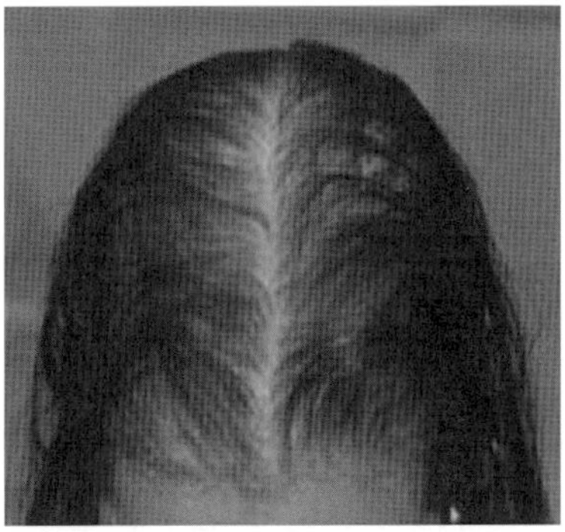

女性型雄性激素源性脫髮

圖 13-2　雄性激素源性脫髮

圖片來源：蔡及蔡，2008、Jimenez et al., 2014。

### 一、病因及發病機制

本病的發生受雄性激素及遺傳因素影響。青春期後體內雄性激素表現量增加，睪固酮在靶組織中由 5-$\alpha$ 還原酶轉化成二氫睪固酮，從而發揮相應生物學效應。研究顯示，雄性激素源性脫髮，脫髮區毛囊中 5-$\alpha$ 還原酶的含量和活性均高於枕部毛囊，而選擇性抑制 5-$\alpha$ 還原酶活性可在一定程度上改善病情，說明二氫睪固酮的合成與本症發生有關。

女性患者脫髮區中含有比男性多的芳香酶、3 和 17- 脫氫酶等，推測婦女額部髮際的維持可能與此區內較高濃度的雌性激素有關。

敏感毛囊在二氫睪固酮的作用下逐漸發生微小化，逐漸成爲毳毛樣毛囊，相應的頭髮變得細、短、色淡，其生長期縮短，局部休止期毛囊比例增加。除了雄性激素的作用外，毛囊周圍有一定的炎症浸潤，長時間作用下，可能導致毛囊的纖維化而出現不可逆的脫髮。故本症的治療應及早實施。也有研究顯示，早期發生的嚴重性雄性激素源性脫髮和心血管、胰島素抵抗性疾病有一定相關性。

## 二、臨床表現

本病症可於青春期任何時期發生，一般男性早於女性。有特徵性的脫髮部位，即頂部和冠狀區，而枕部的頭髮質地和密度，在脫髮前、中期經常是正常的。分爲男性型脫髮和女性型脫髮。**男性型脫髮**是指額部的髮際線後退、頂部和冠狀區的頭髮稀疏，發展至後期頭皮僅有枕部髮際處和耳上呈馬蹄狀頭髮殘留。此型脫髮多見於男性，故稱爲男性型脫髮，但也可能見於少數女性，如圖 13-3 所示。**女性型脫髮**指是髮際線無後退，頂部和

| | | |
|---|---|---|
| **第 I 型**<br>患者前額髮際線的兩側輕微向後退。男性前額有很高的髮線，不一定屬於髮線後退，只是遺傳和家族性而已。 | 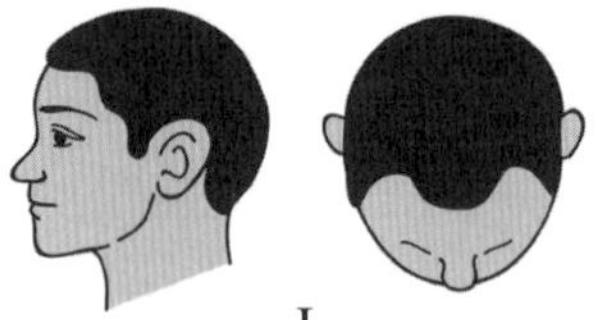<br>I | 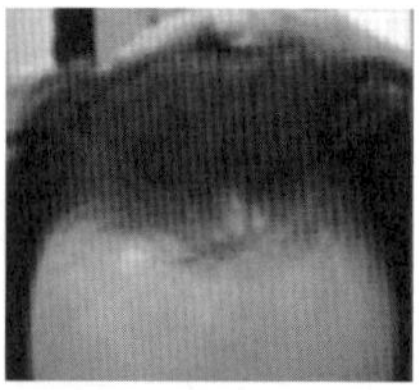 |
| **第 II 型**<br>三角形，通常對稱。右前額、顳部（太陽穴）髮線後退。 | 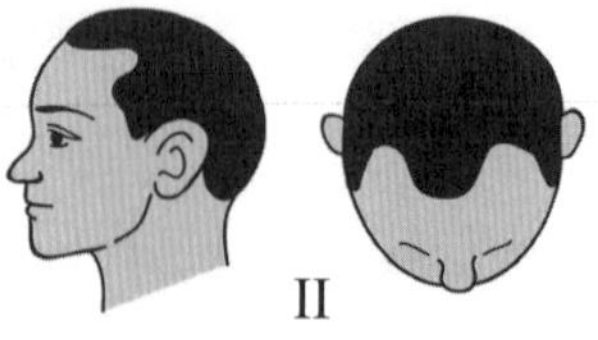<br>II | 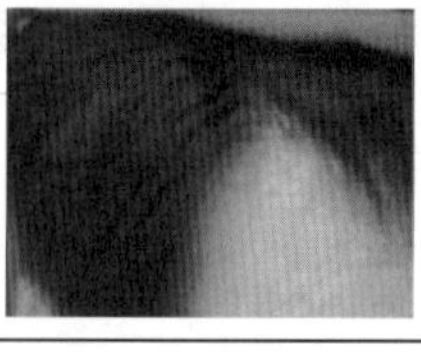 |

| | | |
|---|---|---|
| **第 III 型**<br>在顳部（太陽穴）有深、對稱型後退，此處光禿或只有稀少頭髮覆蓋。 | 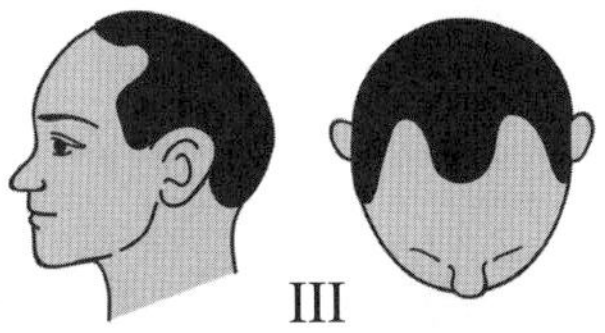 | 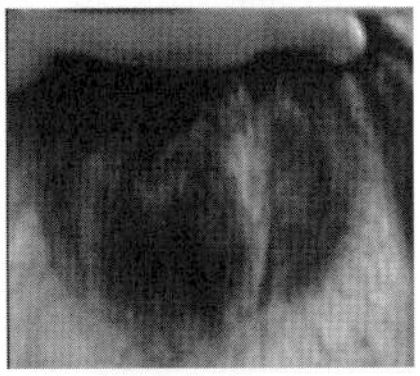 |
| 頂型：禿髮只發生在頂部、前額和顳部的髮線稍微後退，不超過 III 型。 | 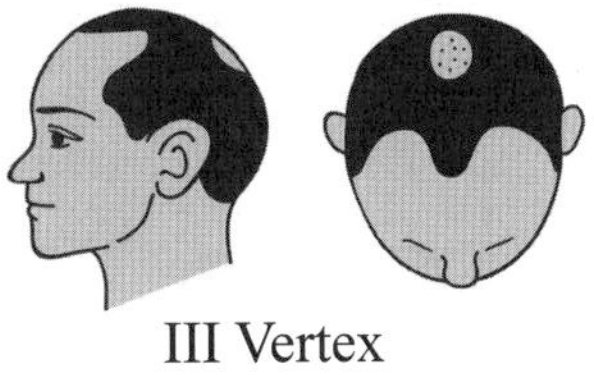 | 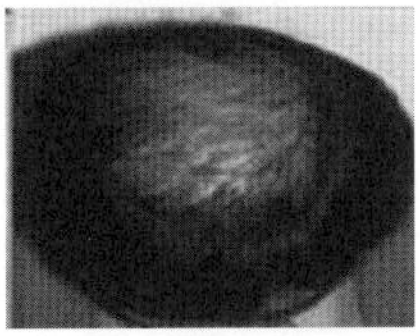 |
| **第 IV 型**<br>前額和顳部髮線後退比 III 型嚴重，頂部禿髮或頭髮稀少，這兩區被濃密的頭髮分隔。 | 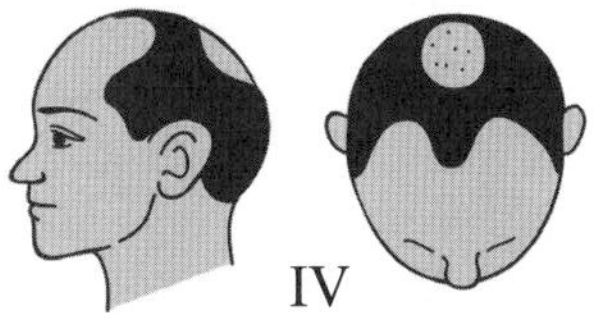 | 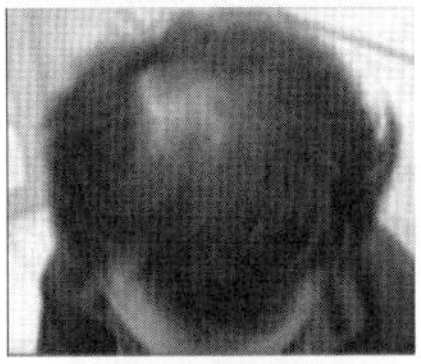 |
| **第 V 型**<br>頂部掉髮區與前額、顳部分開，但距離已減少，中間頭髮稀少，兩區範圍變大。 | 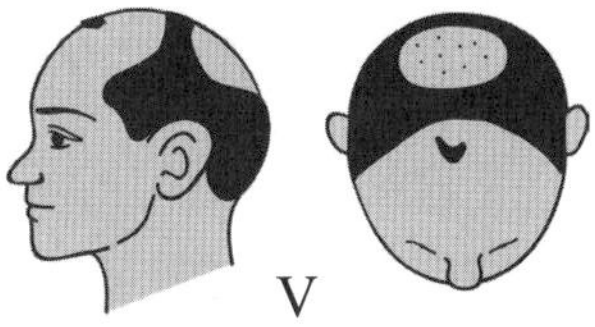 | 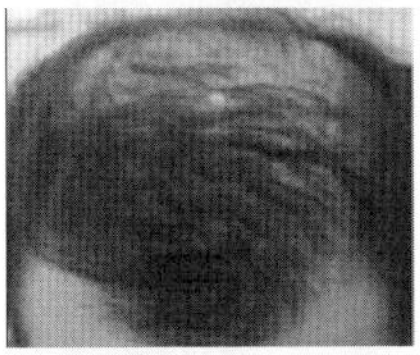 |
| **第 VI 型**<br>禿髮區域變大、前額和顳部與頂部掉髮區連接在一起，中間只剩下稀少的頭髮。 | 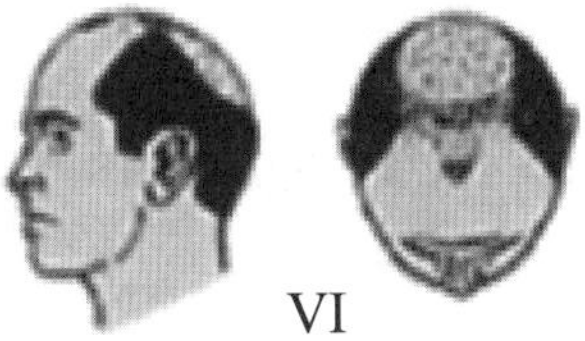 | 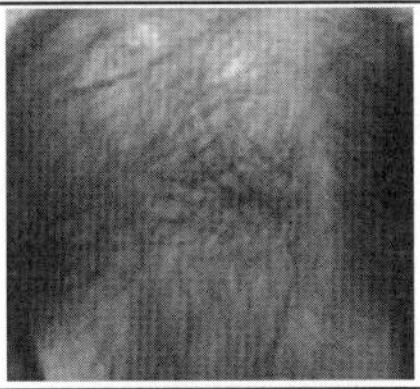 |
| **第 VII 型**<br>禿髮區異常擴大，馬蹄鐵狀的頭髮只剩兩側和後面，頭髮密度變少及變得纖細，頭髮殘留在兩耳上和後頭上處，形成一半圓。 | 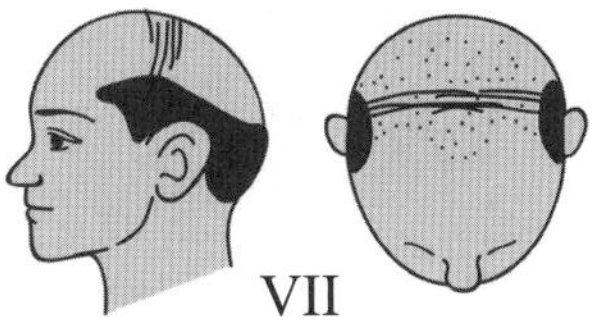 |  |

圖 13-3　男性型雄性激素源性脫髮分型（Norwood-Hamilton）

圖片來源：www.marker.com.tw。

冠狀區的頭髮瀰漫稀疏，多見於女性，也可見於少數男性，如圖13-4所示。

<table>
<tr><th>第一級</th><td rowspan="2">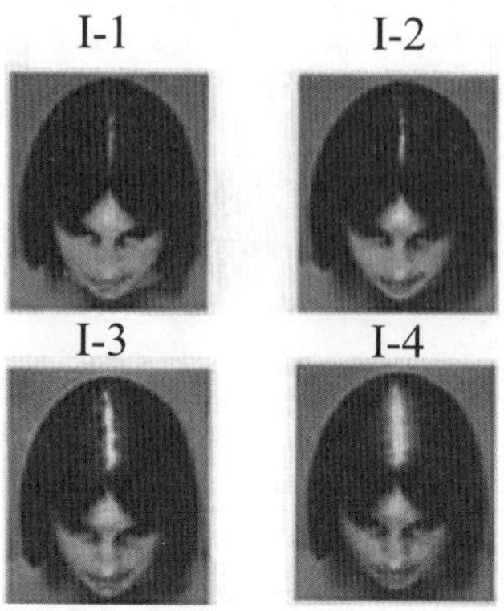
</td><td rowspan="2">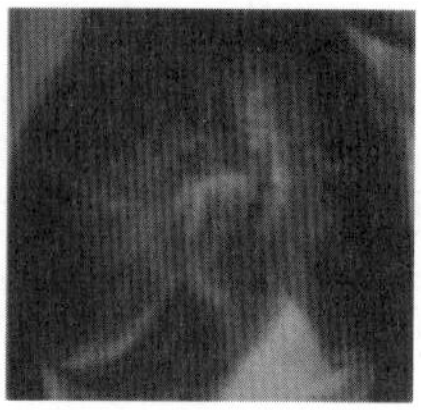</td></tr>
<tr><td>患者可以察覺頭皮冠狀區頭髮逐漸變稀，改變髮型可掩蓋前額頂部頭髮變稀，前額頂部中央區域脫髮，但前髮際線完整。</td></tr>
<tr><th>第二級</th><td rowspan="2">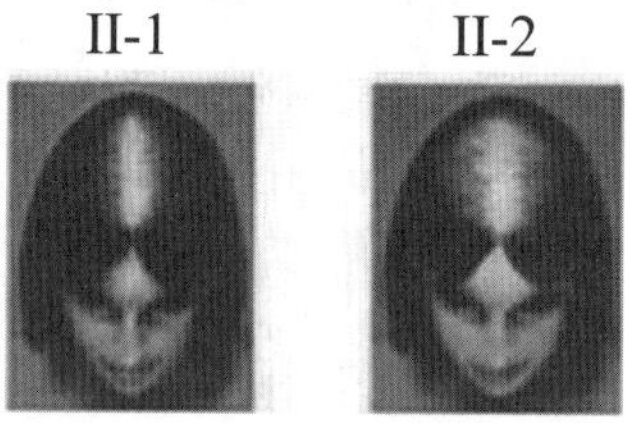
</td><td rowspan="2">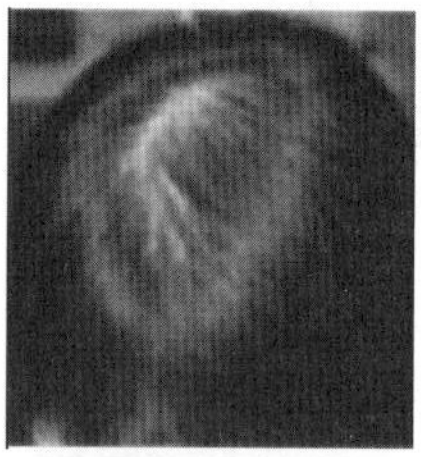</td></tr>
<tr><td>頭皮受累區域擴大，細而短的頭髮比例增加，冠狀區頭髮稀疏更加明顯，改變髮型不能掩蓋脫髮區域或掩蓋困難。</td></tr>
<tr><th>第三級</th><td rowspan="2">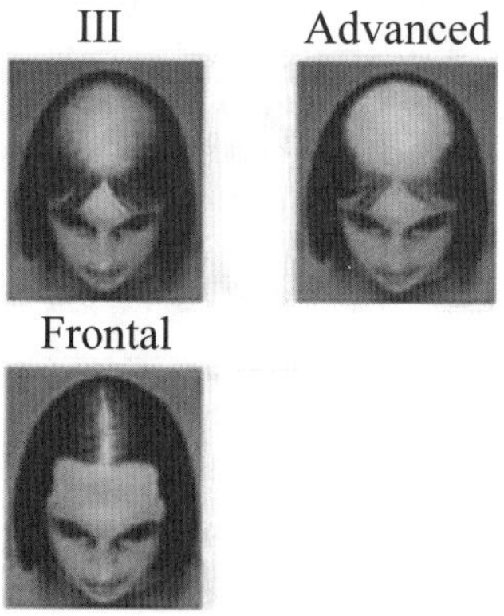
</td><td rowspan="2">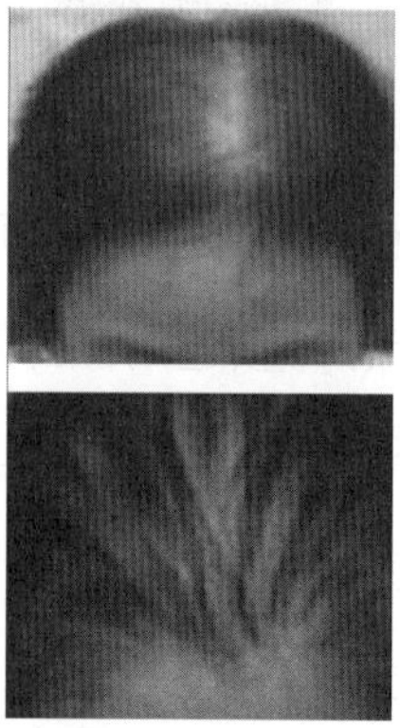</td></tr>
<tr><td>頭頂部頭髮幾乎完全脫落，但前額髮際線仍保持完整，以前額或顳枕部頭髮遮掩，仍可見脫髮區域。</td></tr>
</table>

圖 13-4　女性型雄性激素源性脫髮分型（Ludwig）

圖片來源：http://kknews.cc/health/ze2q93.html。

脫髮初期可能僅表現爲脫髮數量的增加，以後逐漸出現脫髮區毛髮變細、便短。受累區域休止期毛囊比例增加，拉髮試驗呈陽性。後期毛囊出現纖維化，受累區域頭髮全部脫落。

## 三、診斷

根據患者青春期後逐漸出現頭頂部頭髮發生毳毛樣變化，伴或不伴額部髮際線後退或消失，即可診斷本症。本症的診斷主要依賴臨床，必要時可做毛髮鏡檢、頭皮活檢。對於伴有多毛症、痤瘡和皮脂溢出或其他高雄性激素血症表現的女性雄性激素性脫髮患者，應進行特殊的實驗室檢查和輔助檢查，明確是否存在高雄性激素血症、內分泌腫瘤等異常。

## 四、治療

1. **一般治療**：首先應使患者用正確的心態接受脫髮的事實，建立合理的治療期望值。

2. **藥物治療**：主要透過以下環節阻止毛囊的微小化進程、降低循環的雄性激素表現量、抑制靶器官內二氫睪固酮的產生、阻斷雄性激素受體及促進細胞增生。可以選用環丙孕酮、螺內酯、西米替丁、非那雄胺等。非那雄胺選用性抑制 II 型 5-$\alpha$ 還原酶的活性，減少二氫睪固酮的產生，而不影響雄性激素的其他生理功能，從而可以安全地用於男性患者，其他藥物只能用於女性患者。米諾地爾（minoxidil）溶液，常用 2～5% 濃度，為非特異性的毛髮生長促進劑。

3. **手術治療**：在藥物治療控制病情的前提下，可根據情況選擇自體毛髮移植手術或頭皮縮減手術、頭皮擴張聯合實施。

4. **其他**：對於脫髮面積大、時間長、其他治療無效，或不願接受治療的患者，可以配戴假髮。

# 第四節　多毛症

**多毛症（hirsutism）**是指體表毛髮生長過度，其長度和密度超過患者年齡、種族和性別的正常生理範圍。分為先天性和後天性、全身性和侷限性。

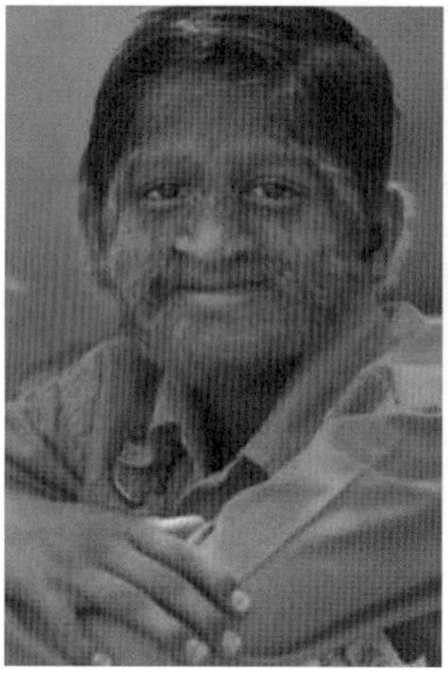

先天性全身多毛症

毛髮增多症

女性多毛症

圖 13-5　多毛症

圖片來源：tc.wangchao.net.cn、http://upload.wikmedia.org/wikpedia/commons/6/68/petrusGonsal vus、http://en.wikipedia.org/wiki/File:Hirsutism-3.jpg。

## 一、臨床表現

1. **先天性全身多毛症**：俗稱「**毛孩**」或「**狼人**」，患者除掌趾外，全身出現 2～10 cm 長短不一毳毛，眉毛粗黑眉頭相連。可伴有牙齒異常，為體染色體顯性遺傳。多數出現在出生時即有多毛，少數於出生後數年內發病。

2. **先天性侷限性多毛症**：患兒於出生時或之後出現局部多毛。指（趾）節多毛症，爲體染色體顯性遺傳，多見於男性，於 2、3、4、5 指（趾）背側有長而多的毛髮。肘部多毛症，爲體染色體顯性或隱性遺傳，於出生時雙肘多毛，逐漸增多變粗，5 歲後多毛開始消退。耳多毛症，爲體染色體顯性遺傳，容易發生於男性，外耳道短毛增粗變長，超出耳輪外。痣樣多毛症，多毛與一些痣伴發，例如 Becher 痣，常側分布於前胸或背部，在痣表面可見粗而長的毛髮。脊柱裂和骶骨多毛症多見於兒童腰骶區有一簇黑毛。

3. **後天性全身性多毛症**：全身毳毛增多、變長。常合併有內分泌功能紊亂性疾病、惡性腫瘤或其他疾病，如垂體、腎上腺、卵巢等病變，支氣管、肺、膽囊、胰腺、結腸、膀胱等惡性腫瘤，皮膚僵硬綜合症、Hurler 綜合症、心肥大綜合症等。因此，當成人出現全身多毛時，應做詳細檢查，及早發現其他病患。

4. **後天性侷限性多毛症**：可由多種因素引起，如局部創傷、慢性刺激、皮炎症、局部注射及外用皮質類固醇激素、脛前黏液性水腫（pretibial myxedema）等。

5. **醫源性多毛症**：由於服用某些藥物引起面部、軀幹、四肢多毛。常見引起多毛症的藥物有糖皮質激素、苯妥英鈉（diphenylhydantoin）、米諾地爾（minoxidil）、環孢黴素（cyclosporine）、補骨脂素（psoralen）、青黴胺等。一般停藥數月後，大部分多毛會恢復正常。

6. **女性多毛症**：當女性毛髮呈男性型分布，例如唇周、下頜、前胸、下腹、腹股溝等處，都有不同程度的粗黑毛髮分布，稱爲女性多毛症。目前有統一的 Ferriman-Gallwey 多毛症評估系統，例如圖 13-6 所示。主要評估身體上 9 個對男性荷爾蒙感受性較強的區域，由 0 分（完全沒毛）

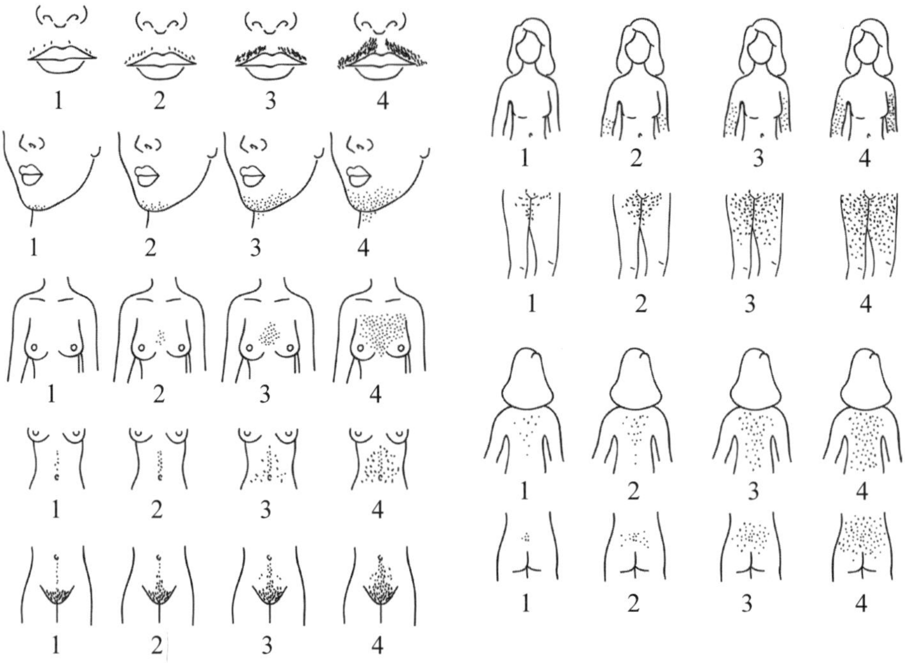


圖 13-6　Ferriman-Gallwey 多毛症評估圖示。

至 4 分（明顯多毛），大於等於 8 分以上即爲多毛症。

女性多毛症的主要原因是體內雄性激素產生過多。女性體內雄性激素主要源於腎上腺和卵巢，這兩個器官的多種病變可能會導致循環中的雄性激素升高。最常見的病變爲多囊性卵巢綜合症，表現爲月經減少、性慾減退、痤瘡、多毛、血中睪固酮量增多。其他如卵巢腫瘤、先天性腎上腺增生、高催乳激素血症和肢端肥大症也會發生多毛。長期服用某些藥物，如苯妥英或雄性激素等，可產生多毛和男性化。此外，部分患者無上述兩種內分泌異常和腫瘤的因素，血清中雄性激素量也正常，但因皮膚中的毛囊對低表現量的雄性激素很敏感而發生多毛，稱爲女性特發性多毛症，常有家族遺傳的傾向，一般不影響身體內各方面的功能和代謝。

## 二、治療

1. **一般治療**：由藥物引起的多毛症，停藥後多能自然恢復。由各種腫瘤引起者，手術切除腫瘤後，多毛症即可部分或完全消失。若有內分泌紊亂，需要相應治療糾正。

2. **藥物治療**：可選用糖皮質激素藥物，潑尼松（prednisone）每晚 2.5 mg 口服或地塞米松（dexamethasone）0.25～0.5 mg ，每晚睡前口服，可抑制垂體－腎上腺軸，減少腎上腺雄性激素分泌，療程 1 年，部分患者可恢復正常。**抑制雄性激素藥物**：複方炔諾酮片，每片含炔雌醇（ethinyl-stradiol）0.35 μg 加炔諾酮（quenuotong）0.5 mg，1 次／d，21 天爲一個週期，療程大約半年至 1 年。螺內酯（spironolactone），商品名稱爲安體舒通（aldactone），每天用量爲 60～180 mg，分 3 次口服。環丙孕酮（cypro-terone acetate），商品名稱爲色普龍（androcur），每天用量 10～100 mg ，分次口服。可與其他藥物聯合應用。

3. **美容治療**：可採用拔毛、剃毛、蠟膜脫毛、化學脫毛、電灼脫毛等方法。近年來，可採用雷射或強脈衝光治療脫毛，可達到很好的美容效果，機制主要是通過選擇性熱損傷毀壞毛囊，一般經過 4～6 次左右的治療，即可達到永久脫毛的目的。副作用輕微、耐受良好。

4. **中醫治療**：多數病例有陰虛內熱症狀，用養陰法治療，療效比較滿意。

# 習題

1. 請簡述影響毛髮生長與調控的因素有哪些？
2. 請簡述化妝品毛髮損傷與毛髮疾病的差異。

3. 請簡述斑禿的類型、診斷及治療原則。
4. 請簡述雄性激素源性脫髮的類型、診斷及治療原則。
5. 請簡述多毛症的類型、診斷及治療原則。

## 參考文獻


1. 蔡長祐、蔡仁雨，2008，臺灣男性雄性禿之診療現況，**Taiwan Med. J.**, 51(8):326-330。
2. 何芝儀、陳昭源、林忠順，2011，女性多毛症的評估與治療，**家庭醫學與基層醫療**，26(7):272-278。
3. Alsantali A, and Shapiro J. 2009. Management of hirsutism. **Skin Theapy Lett.**, 14(7):1-3.
4. Alkhalifah A. 2011. Topical and intralesional therapies for alopecia areata. **Dermatol. Ther.**, 24(3):355-363.
5. Cash T F. 1992. The psychological effects of androgenetic alopecia in men. **J. Am. Acad Dermatol.,** 26(6):926-931.
6. Cash T F. 1999. The psychosocial consequences of androgenetic alopecia: A review of the research literature. **Brit. J. Dermatol.,** 141(3): 398-405.
7. Escobar-Morreale H F. 2010. Diagnosis and management of hirsutism. **Ann. N. Y. Acad Sci.**, 1205:166-174.
8. Ferriman D, and Gallwey J D. 1961. Clinical assessment of body hair growth in women. **J. Clin. Emdocrinol. Metab.,** 21:1440-1447.
9. Hamilton J B. 1951. Patterned loss of hair in man: types and incidence. **Ann. N.Y. Acad Sci.**, 53:708-728.
10. Hon K L, and Leung A K. 2011. Alopecia areata. **Recent Pat. Inflamm.**

**Allergy Drug Discov.**, 5(2):98-107.

11. Jimenez J J, Wikramanayake T C, Bergfeld W, Hordinsky M, Hickman J G, Hamblin M R, and Schachner L A. 2014. Efficacy and safety of a low-level laser device in the treatment of male and female pattern hair loss: a multicenter, randomized, sham device-controlled, double-bind study. **Am. J. Clin. Dermatol.**, 15:115-127.

12. Ludwig E. 1977. Classification of the types of androgenetic alopecia (common baldness) occurring in the female sex. **Br. J. Dermatol.**, 97(3):247-54.

13. Lumachi F, and Basso S M. 2010. Medical treatment of hirsutism in women. **Curr. Med. Chem.**, 17(23):2530-2538.

14. Sacheva S. 2010. Hirsutism: evaluation and treatment. **Indian J. Dermatol.**, 55(1):3-7.

15. Schmidt J B. 1994. Hormonal Basis of Male and Female Androgenic Alopecia: Clinical Relevance. **Skin Pharmacol. Physiol.**, 7: 61-66.

16. Norwood O'T T. 1975. Male pattern baldness: classification and incidence. **South Med. J.**, 68:1359-1365.

# 第十四章 化妝品指甲損害及指甲疾病

**化妝品指甲損害（nail damage due to cosmetic）**是指長期應用甲用化妝品導致甲部正常結構破壞，從而產生甲剝離、甲軟化、甲鬆脆和甲周圍軟組織皮炎等損傷，占化妝品皮膚病的 0.5～1% 不等。停止使用該化妝品後，短期內甲損害一般無明顯改變，甲周圍軟組織皮炎可以減輕甚至消退。常見的指甲疾病，如**甲真菌病（onychomycosis）**並非使用化妝品引起，但是化妝品指甲損害會破壞甲部的正常結構，使得眞菌更容易感染而最終形成甲眞菌病。

## 第一節　化妝品甲損害

**化妝品指（趾）甲損害（nail damage due to cosmetic）**是指長期應用甲用化妝品導致甲部正常結構破壞，從而產生甲剝離、甲軟化、甲鬆脆和甲周圍軟組織皮炎等損傷。

### 一、病因及發病機制

化妝品甲損害的主要原因是，指甲用化妝品的原料多數爲有機溶劑、合成樹脂、有機染料和色素，以及某些限用化合物（例如丙酮、氫氧化鉀、硝化纖維等）。它們多數有一定的毒性，對指甲和皮膚有刺激性，並有致敏性。指（趾）甲卸妝油中的有機溶劑，可引起甲板失去光澤、變脆、變形、縱裂等，美甲化妝品中的染料可引起變態反應性甲周圍軟組織皮炎等。

## 二、臨床表現

化妝品甲損害一般累及長期使用化妝品的指（趾）甲，包括甲板損傷和甲周圍軟組織損傷。甲板損傷表現爲指甲質地變脆、失去光澤、軟化剝離、分層、甲縱脊，可能繼發眞菌感染。甲周圍軟組織損傷，可表現爲多種類型，如原發性刺激性皮炎可由甲板清潔劑、表皮去除劑中的某些成分所引起。變態性接觸性皮炎，可由指甲油中的樹脂類、指甲硬化劑中的甲醛等成分誘發。光感性皮炎可由指甲油中的多種螢光物質等引起。停止使用該化妝品後，短時間內甲損害一般無明顯改變，而甲周圍軟組織皮炎可以減輕甚至消退。

## 三、診斷

長期使用美甲化妝品後，出現典型的臨床表現。診斷性封閉型斑貼試驗、反覆開放塗抹試驗和光斑點試驗對甲周皮炎的診斷有一定幫助。但診斷化妝品甲損害時，應注意和其他累及甲及甲周病變的疾病，如甲癬、甲營養不良（如微量元素缺乏、內臟疾病、微循環不良）、物理摩擦、扁平苔癬等鑑別。

## 四、治療

治療原則是停用任何美甲化妝品，對一般甲損傷採用物理摩擦恢復外觀即可，甲周圍軟組織皮炎僅對症治療即可滿足臨床需要。

# 第二節　指甲疾病

## 一、甲真菌病的病因

**甲真菌病（onychomycosis）**是指由皮膚癬菌、酵母菌及非皮膚癬菌性黴菌侵犯甲板或甲下組織所引起的病變，以皮膚癬菌中的紅色毛癬菌（*Trichophyton rubrum*）最多見。甲眞菌病的發病率較高，本病患病率約4～7%，約占皮膚眞菌感染的30%，80%爲趾甲眞菌病。多見中老年人，兒童發病少見。甲眞菌病的感染與氣候（如溫度、溼度）、穿鞋、遺傳因素、衛生狀況等有關。

## 二、臨床表現

1. **遠端側位甲下型甲真菌病（distal & lateral subungual onychomycoses）**：最爲常見，常由皮膚癬菌感染，致病菌先侵入甲側緣甲下皮向，近端甲床蔓延，引起甲床下角質增生、增厚，甲板混濁、變色和甲分離（圖 14-1(a)）。

2. **近端甲下型甲真菌病（proximal subungual onychomycoses）**：由皮膚癬菌引起不常見的甲下眞菌感染類型。多見於免疫功能低下患者，例如 HIV 感染、痲瘋、糖尿病患者等。致病菌侵入甲根部小皮和近端甲板及甲床，出現甲板混濁、增厚、粗糙凹凸不平等（圖 14-1(b)）。

3. **淺表白色型甲真菌病（white superficial onychomycoses）**：較爲少見，多數由皮膚癬菌中的鬚癬毛菌（*Trichophyton mentagrophytes*）感染所致。致病菌僅侵犯甲板表面而不侵犯甲床，病損初起爲小於 1 mm 的白色斑點，漸擴大融合成爲白色雲霧狀混濁。甲板表面呈顯著剝脫，極少數侵犯足部皮膚（圖 14-1(c)）。

4. **念珠菌性甲真菌病（candidal onychomycoses）**：爲念珠菌感染甲板，通常發生於以下四種情況：慢性甲溝炎繼發感染、遠端甲的感染、慢性黏膜皮膚念珠菌病和繼發性甲念珠菌病（圖 14-1(d)）。

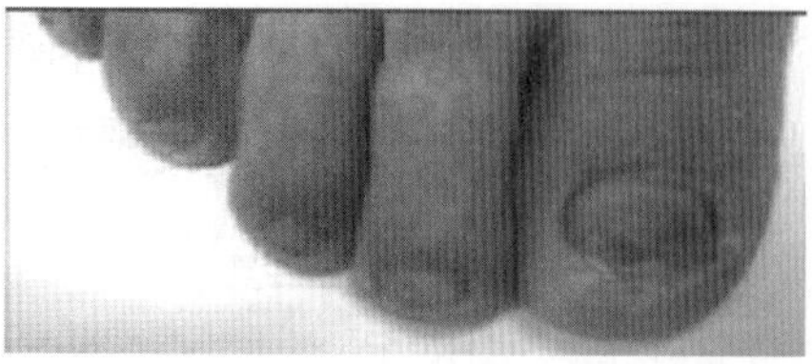

(a) 遠端側位甲下型

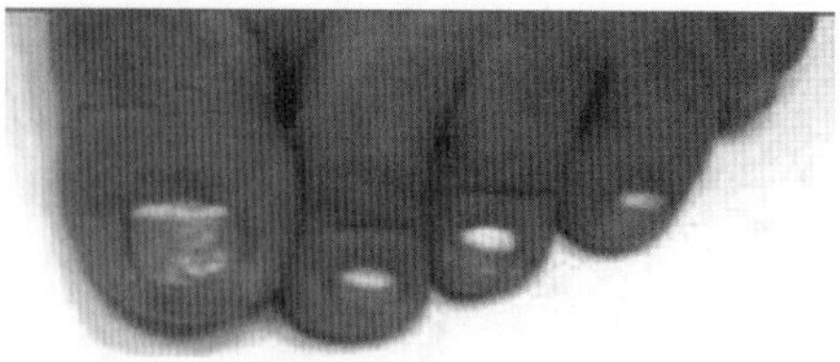

(b) 近端甲下型

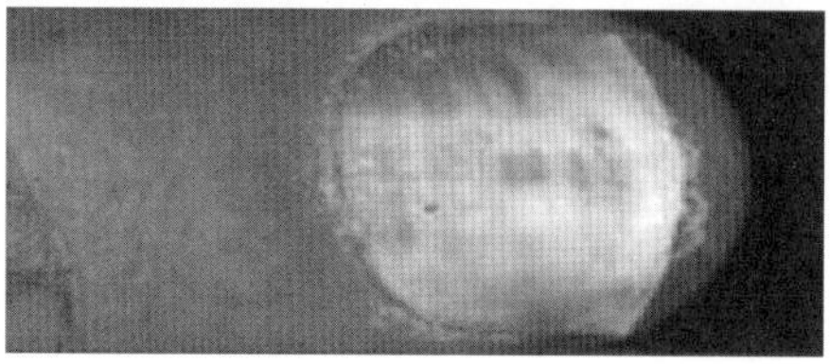

(c) 淺表白色型

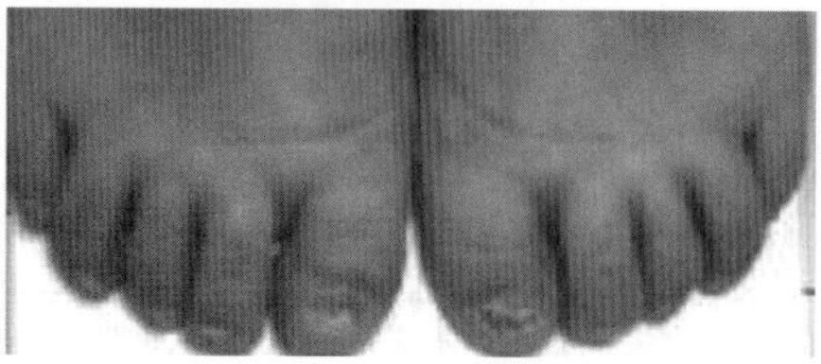

(d) 念珠菌性甲眞菌病

圖 14-1　甲真菌病的臨床表現分類

圖片來源：https://shop.newskinhouse.com.tw/btpaper/a142/2.jpg。

當上述四種病變加重、進行性發生甲營養不良或全甲毀損型態，引起全甲甲板混濁、變色、增厚、質地變脆、紅腫發炎、表面凹凸不平、分離翹起、變形、甲板萎縮、毀損脫落等現象（圖 14-2）。

## 三、診斷

根據典型臨床表現及甲屑標本眞菌檢查（直接鏡檢、培養）可以做出診斷。鏡檢一般只能確定有無眞菌感染，培養可以確定致病菌種。當直接鏡檢和培養均爲陰性，但臨床高度懷疑有眞菌感染時，可以做組織病理檢查。例如：皮膚癬菌如黑狀表皮癬菌（*Epidermophyton floccosum*），多侵犯甲板中下層，菌絲沿甲板平行生長，可見關節孢子。念珠菌（*Candida spp.*）多侵犯甲板全層，有成群孢子及假菌絲。眞菌多見於甲板淺層，菌絲粗大不規則、有隔膜（septum）、色澤不均勻及排列紊亂。糠秕馬拉色菌（*Malassezioq furfar*）可見頸圈的孢子。淺白色甲眞菌病的病理可見短

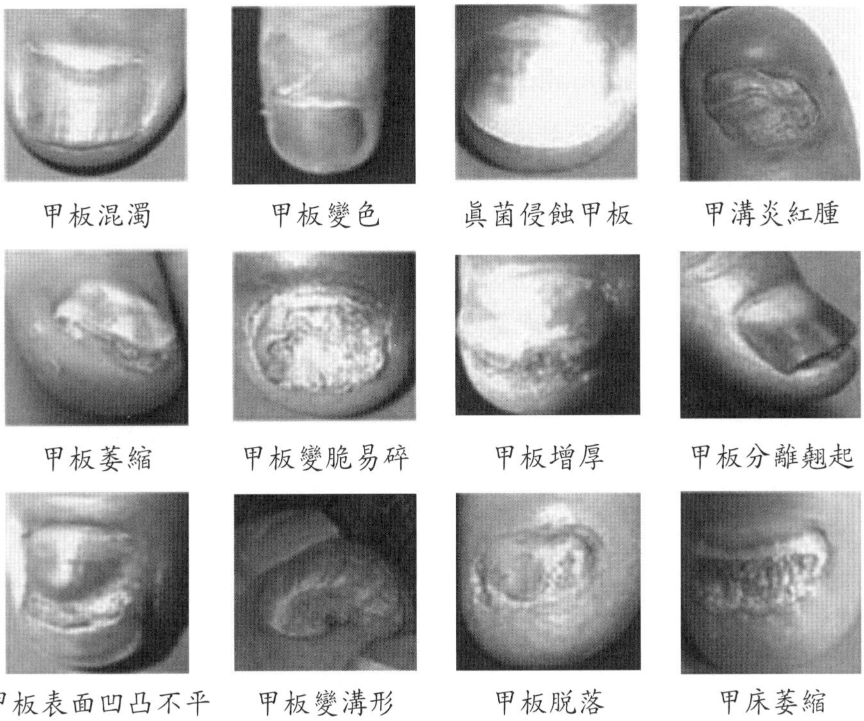


圖 14-2　常見的甲受損型態

圖片來源：www.jjshzj.com、www.gypfb.com。

的節狀眞菌體，蟲蝕樣或腕骨狀改變，有時可見孢子頭。

## 四、治療

1. **系統治療**：適應症：(1) 所有臨床類型，多病甲的甲眞菌病。(2) 患有各種系統性疾病的甲眞菌病患者，例如愛滋病、糖尿病等。甲病病情嚴重、外用藥治療無效的病例。

(1) **伊曲康唑（itraconazole）**：可廣效性抗眞菌，包括酵母菌、皮膚癬菌和某些眞菌。多採用衝擊療法。每次 200 mg ，一日 2 次，飯後服用，連續 1 週後停藥 3 週爲一個療程。指甲感染者需 2～3 個療程，腳趾甲需要 3～4 個療程。

(2) **特比萘芬（terbinafine）**：屬於丙烯胺類抗眞菌藥。爲皮膚癬菌感染者首選，對部分酵母菌及眞菌有效。用法爲每日一次 250 mg 飯後服用，連續 1 週後改爲隔日服藥 250 mg，連續服用 4～6 週（指甲）或 4～12 週（趾甲）。

(3) **氟康唑（fluconazole）**：對皮膚癬菌及念珠甲病有效。服藥方法爲每週服藥一次，藥量爲 150～300 mg ，指甲患者用藥 12 週，腳趾甲 16～36 週。

2. **局部治療**：適用於單個甲損害範圍小（病甲面積 < 30%）、感染部位淺以及甲母質未被感染者，例如遠端側位型甲眞菌病和淺白型甲眞菌病。

(1) **化學方法**：可用 10～30% 冰醋酸、10% 碘酊、40% 尿素軟膏、水楊酸製劑等。

(2) **物理方法**：拔甲、銼刀或電動研磨器磨削甲板、用電鑽在甲板上打洞等配合外用藥物治療。

3. **藥物治療**：

(1) **8% 環吡酮胺（ciclopirox olamine）甲製劑（巴特芬）**：屬於羥基吡啶類廣範圍抗眞菌藥。每日外用 1 次，指甲連續用藥 16 週，腳趾甲 24 週。

(2) **5% 阿莫羅芬（amorolfine）甲塗劑（羅美樂）**：屬於嗎啉類抗眞菌藥。外用每週一次，連續 6 個月。

(3) **28% 喹康唑（quauconazole）溶液**：每日 1 次外用，持續 6～12 個月。

(4) **萘替芬凝膠（naftifine gel）**：爲烯丙胺衍生物，選擇性作用於眞菌的麥角固醇（ergosterol）的生合成。每日外用2次，連續6個月。

## 二、常見的非真菌性甲病

甲損害在皮膚科較爲常見，因外觀不良，對患者生活和社交產生較大影響，除了部位爲眞菌感染所致外，另有較多其他原因或原因不明的甲病變。以下對一些非眞菌性甲病進行介紹：

### （一）甲色澤異常

1. **白甲（white nail）**：較常見的特點爲白甲，多見於正常人或微小外傷後。線狀白甲與遺傳有關外，過度修甲也可能引起，或爲砷或鉈中毒、菸鹼酸缺乏症、毛囊角化症的指甲表現。部分白甲可因外傷或結核病、腎炎、凍瘡等引起。全部白甲罕見，與遺傳有關。

2. **黑甲（black nail）**：黑甲可由三種情況所致，第一種是甲母痣、惡性黑色素瘤，由甲母質、甲床產生過多黑色素所致。甲母痣發生於甲板下面一褐色縱形條帶。第二種爲外傷含鐵血黃素沉積，呈黑褐色或黃黑色。第三種可因砷劑或長期接觸媒焦油引起。

3. **黃甲（yellow nail）**：全部指（趾）甲變成黃色。可能因爲攝食過量胡蘿蔔素食物所致，長期服用四環黴素或外用蒽林、間苯二酚等藥物或吸菸所致。還可見於黃甲綜合症。

4. **藍甲（blue nail）**：見於中毒或服用某些藥物（如抗瘧疾、硫磺、亞硝酸鹽）。慢性心肺功能不全時，甲下呈髮紺色。黃褐病時，甲下呈藍綠色。

5. **綠甲（green nail）**：銅綠膿桿菌（*Pseudomonas aeruginosa*）感染時，病原體在甲下生長，綠色素進入甲板所致，稱**綠甲綜合症（green nail syndrome）**。長期接觸肥皀、洗滌劑的工人也可能發生綠甲。

6. **紅甲（red nail）**：紅血球增多症，甲床爲暗紅色。CO 中毒時，甲床呈櫻桃紅色。

7. **對半甲（half nail）**：甲近側半邊爲白色、遠測半邊爲紅色，常見於氮質血症（azotemia）患者。

## （二）甲大小異常

1. **無甲（anonychia）**：先天性無甲症係外胚葉缺陷，常有家族病史。表現爲數個甲或全部甲缺失。獲得性萎縮性無甲是由於甲母質受到嚴重的炎症或外傷，引起甲母質分裂停止。

2. **先天性巨甲或小甲（congenital giant nail or small nail）**：大多爲先天性畸形，表現爲甲板異常大或異常小。

## （三）與甲床關係異常

1. **甲脫落（onychomadesis）**：由於甲母損傷或全甲損傷引起。常見於外傷、X 光射線損傷和全身嚴重疾病等。

2. **甲分離（onycholysis）**：甲板從甲游離緣開始，逐漸和甲床分離，一般不超過指甲的一半。常見於引起甲下角化過度的皮膚病、天皰瘡、外傷等。局部接觸化學劑，如殺蟲劑、甲醛溶液等也可引起甲分離。

3. **甲分裂（onychosschizia）**：甲板自游離緣向甲根分裂，使甲板裂成多層，常見於婦女，可能與局部乾燥或健康不佳有關。

4. **反甲（koilonychia）**：甲板中心凹陷周邊翹起，也稱爲**匙形甲**。可以爲先天性、特發性和症狀性。見於貧血、慢性缺氧或甲狀腺功能亢進患者，或職業接觸機械或化學因素所引起。

5. **嵌甲（onyxis）**：多發生於大拇趾的趾甲，表現爲趾甲側緣長入甲皺襞內引起疼痛。續發感染可引起甲溝炎（paronychia），導致甲板異常。常因修剪趾甲不當或穿鞋過緊引起。

## （四）甲質地改變

1. **脆甲（onychorrhexis）**：甲板脆薄、縱裂、失去光澤。可因過度熱水浸泡和鹼性肥皂刺激，甲狀腺功能下降，維生素缺乏等引起。

2. **甲萎縮（onychatrophia）**：甲板變薄，爲甲營養不良的表現。

3. **甲硬化（scleronychia）**：甲板肥厚、粗糙、無彈性混濁。甲床容易分離。

4. **先天性厚甲症（pachyonychia congenita）**：爲體染色體顯性遺傳的外胚葉缺陷病症。從初生時即指（趾）甲增厚，以後漸以邊緣增厚呈楔狀厚甲。甲板堅硬緊附甲床，亦可因甲下角化物增多游離緣突出如馬蹄狀。常伴有掌跖角化過度、多汗、四肢伸側、臀部發生毛囊角化過度性皮損等，毛髮異常偶見皮膚大泡及智力障礙等。

5. **二十甲營養不良（twenty-nails malnutrition）**：病因不明，可能是一種多因性甲損害，亦有認爲是甲扁平苔癬的亞型。表現爲二十個甲板變薄、混濁失去光澤，表面有甲分離、甲易碎。

6. **咬甲癖（nail biting）**：小兒或成人常習慣性咬指甲。因受啃咬部位的程度不同，表現爲甲板前端破碎、縮短、軟化、萎縮或發生甲溝炎。

## （五）甲外型改變

1. **甲凹點（pitted nail）**：也稱爲頂針甲。甲板呈點狀凹陷如針頭大，多見於銀屑病（psoriasis）的甲損害。

2. **甲橫溝（nail transverse sulci）**：甲板出現橫向凹陷的線溝。先從甲半月開始，隨甲的生長逐漸向遠端推移，可爲一條或多條。多個橫溝使甲呈現洗衣板狀，原因是甲母細胞的生甲功能發生障礙。常見於急性熱病、溼疹、銀屑症、局部外傷後。

3. **甲縱溝（nail longitudinal sulci）**：甲板中央縱形線溝，或爲一縱

脊，甃頂端凹陷爲淺溝，常因甲母質受損所致，也見於扁平苔癬等疾病。

4. **甲縱谷（nail longitudinal valley）**：甲板薄而脆，表面縱行峙狀隆起，遠端可有甲分裂，爲甲營養不良或局部外傷引起。

5. **網拍狀甲（racker nail）**：是體染色體顯性遺傳，女性多於男性，容易發生於拇指甲。甲板扁平，表面有交叉淺紋劃痕，似網球拍狀。

6. **杵狀甲（hippocratic nail）**：指（趾）甲末節增寬增厚，甲板中心凸起，呈鼓槌狀。常見於一些心血管疾病、肺部疾病及營養障礙性疾病患者，少部分是先天性的。

7. **鉤狀甲（onchogryposis）**：多見於老年人，爲拇趾甲或小趾甲一個或多個指（趾）甲板肥厚，不斷增厚延長，前端變尖捲曲形成鉤狀，有的則形似鳥爪，彎曲嚴重者其頂端可接近或再嵌入趾。有先天性及後天性兩種，以後天性鉤甲爲多見。病因多爲外傷所致，也可由其他病症導致，如天皰疹、魚鱗病、紅皮病、毛髮紅糠疹及末稍神經系統疾病（如痲瘋、脊髓癆、外周循環障礙、內分泌障礙、生殖器萎縮性皮脂過多症、眞菌感染等）。若全部指（趾）甲均勻呈鉤甲症，則常爲先天性遺傳疾病所致。

## （六）其他

1. **甲床肥厚（knychophyma）**：甲床組織角化增厚，呈黑褐色角質層，使甲板隆起混濁粗糙，常見於甲母質營養不良及慢性炎症。

2. **甲肥大（hyperonychia）**：表現爲甲增厚與橫斷面上呈圓形而非扁平形，也許爲近端甲皺覆蓋的甲母質，不足以產生扁平效應與甲床形成大量角蛋白所致。外傷常爲其引發的因素。

3. **甲贅肉（nail fat）**：甲上皮的異常增生、近端甲床與甲背甲皺槽融合，以致甲板缺損或消失。也可能是外胚葉異常或外周循環障礙等所導致。

4. **甲下血管球瘤（subungual exostosis）**：是一種血管性錯構瘤，以女性多見。表現爲甲下藍色斑狀變色區、甲板上縱脊，壓痛明顯。

5. **甲下外生骨疣（glomus tumor）**：是一種良性骨骼異常增生。常發生 1 個足趾或手指甲。爲甲緣內側游離緣處有兩個略突出的淡紅色小結節、堅硬。可增大至豆粒大，表面平滑，以後可角化破潰，因摩擦而疼痛。

6. **甲周纖維瘤（periungual fibroma）**：見於結節性硬化症。爲體染色體顯性遺傳，多在青春期後發現在甲皺上長出鮮紅色光滑、堅韌的贅生物，常伴有面部結節性皮損。

## 習題

1. 請簡述化妝品甲損傷與指甲疾病的差異。
2. 請簡述甲眞菌病的類型、診斷及治療原則。
3. 請簡述三個常見的非眞菌性甲病的類型、外觀特點及可能造成的原因。

## 參考文獻


1. de Berker D. 2009. Clinical practice. Fungal nail disease. **N. Engl J. Med.**, 360(20): 2108-2116.
2. Gregoriou S, Argyriou G, Larios G, and Rigopoulos D. 2008. Nail disorders and systemic disease: what the nails tell us. **J. Fam. Pract.**, 57(8):509-514.
3. Haneke E. 2009. Non-infectious inflammatory disorders of the nail apparatus. **J. Dtsch. Dermatol. Ges.**, 7(9):787-797.

# 第四篇 醫療等級化妝品在皮膚生理的應用

因不當使用、化妝品成分、個人體質等因素，致使使用化妝品導致產生皮膚疾病。隨著化妝品原料的更新和生產技術的發展，具有臨床功效的產品正不斷面世。臨床實驗結果顯示，一些化妝品對於臨床常見皮膚病具有緩解症狀、減少藥物用量和減少復發等輔助治療的作用，本篇主要介紹**具有醫療等級的化妝品如何應用改善皮膚的生理**。

# 第十五章 醫療等級化妝品在皮膚生理的應用

隨著社會的發展，社交活動日益頻繁，人們對自身形象愈來愈重視，多數患者已經不能滿足僅治癒皮膚疾病，還希望治療過程能更加舒適，更加人性化，治癒後不遺留影響皮膚美容的痕跡。隨著化妝品原料的更新和生產技術的發展，具有臨床功效的產品正不斷面世。臨床實驗結果顯示，一些化妝品對於臨床常見皮膚病具有緩解症狀、減少藥物用量和減少復發等輔助治療的作用。本章節針對具有醫療等級化妝品——**藥妝品**，應用在皮膚科臨床上的特性與實例做介紹。

## 第一節 醫療等級化妝品的概念與作用機制

### 一、醫療等級化妝品的概念

儘管各國化妝品在定義上有所差異，但比較一致的是，化妝品是不改變皮膚結構，不宣稱具有臨床功效。因爲只有藥品才具有臨床作用，宣稱有臨床功效的產品要求按照藥品進行管理。在 20 世紀 70 年代初，美國皮膚科醫師 Alnert Kligman 提出一個介於化妝品與藥品之間的新名詞：「**cosmeceutical**」，可以解釋爲「**藥妝**」，也可以解釋爲「**功能性化妝品**」，例如圖 15-1 所示。在一些歐美國家，cosmeceutical 是指具有功效性或類似藥物活性的化妝品。在法國、日韓所謂功效性化妝品，是指具有美白、除皺、防曬及抗敏等功能的化妝品，該類化妝品按照外用藥物進行管理。

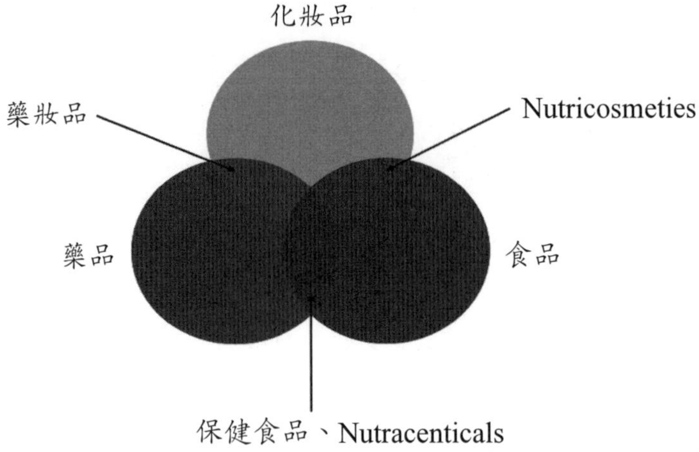


圖 15-1 食品、化妝品及藥品之關聯。

## 1.藥妝品（cosmeceutical）之定義

Cosmeceutical 是由「cosmetic」及「pharmaceutical」組合而成，雖然 Cosmeceutical 一詞於 1963 年出現，但眞正在美國被廣爲使用，則是在 1993 年果酸類產品之風行所帶動，目前仍以美國最常見，其他國家才逐漸使用中。1938 年美國 FDA 的「食品、藥物及化妝品法」中，只分別定義了化妝品及藥品。至今美國 FDA 尙未將藥妝品歸爲一個眞正類別（bona fide category），這個「灰色地帶」就像十年前營養保健品（food supplements）同樣模式。1998 年產業界則將藥妝品定義爲：「主張經由含 $\alpha$- 氫氧基酸（alpha hydroxyl acids；AHA）、$\beta$- 氫氧基酸（beta hydroxy acids）及維生素 A 、C 及 E 等成分達到療效的皮膚保養產品」。隨著藥妝品持續地演進，現今藥妝品的一般定義則是：「**可讓使用者的皮膚（或頭髮）外貌產生生理上（physiological）的變化，改善皮膚（或頭髮）之功能及提供特定療效的化妝品產品**」。

**藥妝品（Cosmeceutical）**可說是連接傳統簡單清潔及美化的化妝

品，與使用於藥物治療之特定藥效的處方藥或成藥（over-the-counter；OTC）之間缺口的橋梁（如圖 15-2 所示）。因此，藥妝品可定義為：「**可讓使用者的外貌產生生理上的變化，且企圖反轉或減緩基質損害的功能性化妝品產品**」。簡言之，**傳統的化妝品只著眼在隱藏歲月痕跡或加強美化外表**；而**藥妝品則是與皮膚作用以產生特定效果的產品，如抗皺、抗老化、粉刺治療及防曬**。

圖 15-2　化妝品、藥物及新興的藥妝範圍——皮膚保養品

（資料來源：徐雅芬、羅淑慧著：天然萃取物應用在保健品、化妝品及醫藥產業之發展契機，生物技術開發中心，2006。）

## 2. 藥妝品活性成分

AHA 是第一個打開藥妝市場的藥妝產品，也是最重要的合成成分，AHA 主要是用在皮膚剝落以去除角質層。次要的藥妝成分是對皮膚外表及健康有效的維生素 A 衍生物——維生素 A 酸（retinol acid），它是唯一被 FDA 認可會對某些**光老化（photo-ageing）**影響之反轉、安全及有效的成分。藥妝品活性成分原料的成長，主要是由於創新或性能的增進，如輔酶 Q10（Co-enzyme Q10）結合了抗氧化劑及皮膚剝落作用；新一代果酸—Poly Hydroxy Acid（PHA）降低皮膚刺激風險；eflornithine hydrochloride 減少毛髮生長的新商業用途；finasteride 增加毛髮生長等。而最近修復損害皮膚的寶僑（P&G）產品 Olay Regenerist，則是使用了專有的胺基酸——胜肽複合物（aminopeptide complex），它可驅使新細胞到表面，並降低所出現的細紋及皺紋。目前消費者對藥妝產品有更多樣化的選擇，不僅要在式樣或技術上能符合預期的功能品質，在成分上也開始往天然植物尋求。常見藥妝品活性成分類別如表 15-1。

表 15-1 藥妝品活性成分之類別

| 藥妝品活性成分 | 主要代表 |
|---|---|
| 抗氧化劑（antioxidants） | 維生素 A、E、C 之化合物 |
| 特化（specialty chemicals） | finasteride、minoxidil |
| 酸（acids） | AHA（alpha hydroxyl acids）、BHA（beta hydroxyl acids） |
| 天然萃取物 | 主要代表 |
| 微生物體萃取物（microbial extracts） | 肉毒桿菌毒素、神經醯胺（ceramids）、麴酸（kojic acid） |
| 植物萃取物（plant extracts） | 蘆薈（aloe vera）、銀杏（ginkgo bibea）、綠茶、薄荷 |
| 酵素（enzymes） | 輔 Q10、超氧化物歧化酶（SOD）、蛋白酶 |
| 蛋白質 | 膠原蛋白（collagen）、胺基酸、彈力蛋白（elasin） |
| 其他 | 聚合物（如幾丁聚糖） |

### 3. 藥妝品應用在護膚上的特性

醫學用護膚品更注重配方設計，排除損害皮膚或容易引起過敏的物質，儘量不用或少用香料、防腐劑、表面活性劑等添加成分，主要活性成分開發和生產過程更接近於藥物，產品經過自願者的皮膚臨床試驗證明無刺激，極少發生過敏。護膚品中活性成分的作用劑量在標籤中註明。簡言之，除具有化妝品的共同特性外，醫學用護膚品還具有以下特點：

(1) **安全性**：配方簡單，各種原料經過嚴格篩選，不含或儘量減少易損傷皮膚或引起皮膚過敏的物質，例如色素、香料、致敏防腐劑等，對皮膚無刺激。按類似新藥標準進行生產、包裝和運輸，具有良好的安全性。

(2) **功效性**：功效性成分的作用機制明確，主要依據不同類型皮膚的生理特點及皮膚病的發病機制進行活性成分的開發研究，對一些皮膚疾病達到輔助治療的作用。

(3) **臨床驗證**：如同新藥一樣，上市前經過人體有效性和安全性的臨床驗證。臨床有效性包括對正常皮膚的保護作用，對疾病皮膚則能緩解症狀，減少藥物用量，減輕治療副作用以及預防復發。

## 二、醫療等級化妝品的作用機制

主要作用機制可以歸納如下：

### （一）清潔作用、軟化及剝脫角質

與一般清潔劑不同，醫療級化妝品的清潔劑一般無皂基，特性溫和，對皮膚刺激性小。除含有表面活性劑等清潔成分外，還含有某些抗敏成分，例如馬齒莧、天然活泉水等，形成抗敏清潔劑，常用劑型爲乳劑，可用於乾性敏感性皮膚和面部皮炎護理及輔助治療。在抗敏清潔劑的基礎上，再添加某些控油成分，如鋅劑、南瓜子油等，則形成控油抗敏型清潔劑，可用於油性敏感性皮膚、皮脂溢出性皮膚病，例如痤瘡、酒糟鼻等護理及輔助治療。

### （二）緩解發炎症狀、舒緩皮膚敏感

醫療級護膚品保溼劑與一般保溼劑不同，在普通保溼劑的基礎上，添加一些活性成分，例如馬齒莧、天然活泉水等，形成抗敏保溼劑。在普通抗敏保溼劑的基礎上，加入具有控油功效的南瓜子油、水楊酸等，形成控油型抗敏保溼劑，可輔助治療油性敏感性皮膚、面部皮炎、痤瘡等皮膚

病。市面上可供選擇的產品種類眾多，例如抗敏保溼水、保溼乳、保溼霜以及控油抗敏保溼水、保溼凝膠、保溼乳等。

### （三）潤膚作用，恢復皮膚屏障

在抗敏保溼的基礎上，添加某些脂肪酸，使保溼劑中脂質含量提高，可以成爲抗敏柔潤型保溼劑。主要用於軀幹、四肢的乾性皮膚、乾燥性皮膚疾病的日常皮膚護理及輔助治療，此類產品在皮膚科臨床的應用較廣。

### （四）控油、抗痤瘡

與抗敏控油型保溼劑不同，控油、抗痤瘡類護膚品含有能充分清潔皮膚表面多餘皮脂的表面活性劑。抑制皮脂分泌的南瓜子油、鋅劑等。使蛋白變性的水楊酸及具有溶解角質的成分，控油和減緩痤瘡皮損功效更強。劑型主要包括水劑、凝膠劑、乳劑，諸如控油清潔劑、控油清痘水、控油清痘凝膠、控油清痘乳，主要作用於皮脂溢出性皮膚疾病，例如痤瘡、酒糟鼻、脂溢性皮炎的輔助治療及皮膚護理。

### （五）美白去斑作用

美白去斑類護膚品主要含有干擾或抑制黑色素合成、轉運的活性成分，例如 $\beta$- 熊果苷、維生素 C 及衍生物、麴酸等，用於色素沉著性皮膚疾病（例如黃褐斑、炎症後色素沉著、黑變病等）的輔助治療，以減輕色素沉著。一般用於局部皮損處。

### （六）嫩膚抗皺作用

嫩膚抗皺類護膚品由於含有細胞調節劑（例如細胞生長因子、神經醯胺、果酸等）或是抗氧化成分（例如超氧化物歧化酶、輔酶 $Q_{10}$ 等），可以減少皺紋、延緩皮膚老化。主要用於易出現皺紋的部位，可預防及輔助治療皺紋。

### （七）防曬作用

防曬成分與一般防曬劑相同，但不含香料、色素、致敏防腐劑等。可以分爲物理性防曬劑、化學性防曬劑、生物防曬劑或配方中同時添加物理性和化學性防曬劑。任何皮膚類型，包括兒童皮膚都可以使用防曬劑，劑型有乳劑、霜劑、噴霧劑等。乾性皮膚或乾性敏感性皮膚，一般選用乳劑或乳霜。油性皮膚或油性敏感性皮膚，爲防止堵塞毛孔，一般選用噴霧劑或乳劑。使用時，應根據所處環境、季節，選擇不同 SPF、PA 值的防曬劑。

# 第二節　醫學護膚品在皮膚上的應用

## 一、乾性皮膚與乾燥性皮膚病

### （一）乾性皮膚（dry skin）

皮膚角質層含有一定的脂質（約 7%）及水分（15～25%），能使皮膚保持柔潤、有光澤。同時，角質層含有一定量的天然保溼因子，也可保持角質層的水分。當角質層的脂質、水分或保溼因子缺乏，皮膚角質層含水量低於 10% 時，可導致角質層正常結構不穩定，影響皮膚屏障功能，從而引起**經皮失水（transepidermal water loss, TEWL）**增加，皮膚變得乾燥、脫屑，成爲乾性皮膚。

生理性皮膚乾燥除了與遺傳有關外，還與年齡、性別等有很大關係。幼兒及兒童的皮膚由於皮脂腺、汗腺發育不完全，皮膚較薄（如新生兒上臂皮膚厚度平均爲 1.2 mm ，成人皮膚厚度平均爲 2.1 mm），脂質含量較少。老年人由於皮脂腺、汗腺逐漸萎縮，新陳代謝減弱，脂質生成減少，角質形成細胞增殖減弱，TEWL 較高，皮膚容易乾燥、脫屑。女性皮脂分泌量少於男性，皮膚易乾燥、脫屑。外界環境，包括氣候變化（如寒冷、紫外線、空氣乾燥等）、化學因素（如鹼性洗滌劑、藥物、化妝品使用不當等），都可以破壞皮膚屏障，導致皮膚乾燥。

**護膚品在乾性皮膚中的臨床應用**：補充皮膚脂質、天然保溼因子及水分，恢復皮膚正常狀態，改善乾性皮膚膚質。

1. **清潔**：選用清潔劑進行皮膚清潔，以清除皮膚表面的汙垢，清潔次數不宜頻繁，顏面部一般每日 1 次，四肢及軀幹一般每週 1～2 次。

2. **保溼**：顏面部清潔後，可使用保溼水，每天 1～2 次，補充角質層水分，平衡皮膚 pH 值，禁用含控油成分的爽膚水，不用含乙醇的收縮水。四肢等皮質分泌較少的部位，可每週使用此保溼霜。

3. **護膚**：選用保溼乳及霜，春秋冬季每天使用 2 次。夏季可適當減少使用頻率。

4. **防曬**：加強防曬，以預防皮膚病，如乾燥性皮膚病、色素性皮膚病的發生。可根據地理環境季節等因素選用防曬劑。

### （二）乾燥性皮膚疾病

1. **異位性皮炎（atopic dermatitis）**：是一種與遺傳過敏體質有關的慢性炎症性皮膚病，表現爲多形性皮損、有滲出傾向並搔癢，常伴發哮喘、過敏性鼻炎。臨床分爲嬰兒期、兒童期、青年成人期等三期。由於異位性皮炎患者先天缺乏神經醯胺合成酶，神經醯胺表現量降低，表皮其他脂質，如磷脂或膽固醇也相對減少，使皮膚屏障功能不健全，TEWL 增加，保水功能降低。同時，嬰兒期、兒童期皮脂腺、汗腺發育不健全。因此，皮膚乾燥、脫屑、搔癢成爲本病的主要症狀。

## 二、敏感性皮膚

**敏感性皮膚（sensitive skin）**不是一種疾病，但被認爲是一種高度敏感性的皮膚狀態，即皮膚受到外界冷、熱等刺激時，易出現紅斑、丘疹、毛細血管擴張，並伴有刺痛、燒灼、緊繃、搔癢等自覺症狀。病程慢性，易反覆發作。在臨床上，敏感性皮膚可表現爲生理性皮膚敏感，各種疾病狀態下皮膚的敏感性增加，以及雷射、各種藥物治療造成的皮膚敏感。

1. **生理性皮膚敏感**：發生原因較爲複雜，可能是外界因素（如氣候環境變化、日曬、花粉、汙染、飲食等）及內在因素（如遺傳、年齡等）共同作用後的結果。這些因素導致皮膚屛障功能降低，外用化學物質滲透性增加，感覺神經信號輸入增加，從而引起皮膚敏感。是否存在免疫反應性增加的因素，尚待進一步確認。

2. **面部皮炎**：包括以下 2 種。

(1) **激素依賴性皮炎（corticosteroid addictive dermatitis）**：長期使用糖皮質激素，可導致皮膚變薄、毛細血管擴張，經皮失水增加，皮膚乾燥、脫屑，無法抵禦外界刺激，從而導致皮膚敏感。

(2) **化妝品接觸性皮炎（contact dermatitis due to cosmetics）**：化妝品選用不當，皮膚屛障受損，出現炎症反應，導致刺激性接觸性皮炎和變應性接觸性皮炎，出現紅斑丘疹、水泡、滲液及結痂，致使皮膚敏感增加。

3. **雷射術後皮膚損傷（cutaneous damage after laser treatment）**：雷射的熱效應及光化效應，可影響糖基化神經醯胺合成酶的活性，神經醯胺的合成減少，導致保溼功能下降。還可使角質層中角質蛋白變性，破壞角質層的正常結構。雷射熱效應會引起酶蛋白變性，影響酶促反應，導致保溼因子、脂質生成的代謝障礙，破壞皮膚「**磚牆結構**」，從而降低皮膚對外界刺激的抵禦能力，容易受外界紫外線、微生物的影響。日曬將直接促使黑色素細胞產生黑色素增多，易形成色素沉著。同時，角質層的吸收、保溼功能亦下降，經皮水分流失增加，皮膚變得易乾燥、敏感。

4. **藥物刺激引起的醫源性皮膚敏感**：在治療皮炎、溼疹、痤瘡等皮膚疾病時，經常會使用糖皮質激素、維 A 酸類、過氧化苯甲醯等藥物，這些藥物都有一定刺激性，使皮膚屏障受損，從而導致皮膚敏感。

**護膚品在敏感性皮膚或皮膚過敏性疾病的臨床應用**：傳統觀念認爲，皮膚處於敏感性狀態，特別是患有面部皮炎，如激素依賴性皮炎、化妝品皮炎時，不能使用任何化妝品。但皮膚處於敏感狀態時，由於屏障功能嚴重受損，皮膚水分喪失，對外界抵抗能力降低，易受外界環境影響。此時，敏感性皮膚含水量及皮脂含量均低於正常值，患者皮膚更加乾燥、脫屑、搔癢、有緊繃感。因此，敏感性皮膚，特別是由於面部皮炎引起者，更需要修復受損皮膚屏障，增強皮膚抵禦外界刺激的能力，需要使用具有修復皮膚屏障功能的護膚品。

對於生理性皮膚敏感，需修復受損皮膚屏障，減輕皮膚敏感，注意防曬，增強皮膚對外界刺激的抵禦能力。如伴有面部皮炎，則在治療原發病的同時，配合使用抗敏保溼劑，增強防曬。同時注意在需要使用刺激性外用藥物時，應配合使用抗敏性保溼劑，減輕藥物對皮膚的刺激性，避免皮膚屏障受損。

(1) **清潔**：選用抗敏清潔劑清潔皮膚，每日 1～2 次。

(2) **保溼**：皮膚類型爲乾性的敏感性皮膚，清潔皮膚後，將抗敏保溼水拍打在顏面部。皮膚類型爲油性的敏感性皮膚，則應選用控油保溼水，塗抹保溼水後一定要用保溼乳或保溼霜，以便保持水分。

(3) **護膚**：乾性敏感性皮膚應選用抗敏保溼乳或保溼霜，每天 2 次，緩解皮膚敏感的同時，爲皮膚提供應有的水分和脂質，修復受損皮膚屏障。油性敏感性皮膚則應選用控油保溼乳或控油保溼凝膠，每日 2 次。

(4) **防曬**：部分敏感性皮膚對紫外線敏感。因此，敏感性皮膚需要加強防曬。夏季、高原地區的敏感性皮膚，應選用 SPF > 30、PA+++ 的防曬乳。春秋冬季以及平原地區的敏感性皮膚，應選用 SPF > 20、PA++ 的防曬劑。乾性敏感性皮膚可選用物理、物理化學性防曬乳或防曬霜。油性敏感性皮膚由於對皮膚較油膩，物理防曬劑易阻塞毛孔。因此，應選用物理化學防曬乳或防曬噴霧。但要注意，急性期時，炎症反應較嚴重，可暫時不使用防曬乳。

## 三、油性皮膚及皮脂溢出性皮膚疾病

### （一）油性皮膚（oil skin）

角質層中含有較多的脂質，能使皮膚保持柔潤，阻止皮膚水分過度流失，但脂質分泌過多時，皮膚則變得較油膩，易阻塞毛孔，稱爲**油性皮膚**。表現爲油脂多，皮膚油膩、毛孔粗大、角質層厚、油水不平衡，水分相對不足。

**護膚品在油性皮膚的應用**：減少皮脂過度分泌、補充水分、防曬、預防痤瘡等皮脂溢出性皮膚疾病的發生。

1. **清潔**：油性皮膚的清潔很重要，選用控油清潔劑清潔皮膚，每日 2 次，夏季皮膚更油膩時，可多清洗 1 次。

2. **控油保溼**：油性皮膚也是水油不平衡，皮膚屏障受損，經皮失水增加。同時，過度清潔皮膚也會造成皮膚缺水。因此，油性皮膚也要保溼，可在清潔皮膚後，外用控油保溼水，做到控油、保溼，調整皮膚水油平衡。

3. **護膚**：選用控油保溼乳或保溼凝膠進行皮膚護理，每日使用 1～2

次。

4. **防曬**：油性皮膚也要防曬，由於物理性防曬劑較厚重，易阻塞毛孔。因此，油性皮膚族群在皮膚不敏感時，可選用化學防曬劑，當伴有皮膚敏感時，則選用物理化學防曬劑。春夏季及高原地區選用 SPF > 30、PA+++ 的防曬劑。秋冬季及平原地區可選用 SPF > 15、PA++ 的防曬劑，一般選用劑型爲噴霧劑或乳劑。

## （二）皮脂溢出性皮膚疾病

皮脂溢出性皮膚疾病主要包括痤瘡、酒糟鼻、脂溢性皮炎，它們都與油性皮膚有密切關係（相關皮脂溢出性皮膚疾病的發病原因、臨床表現、診斷及治療，請參見第十一章）。油性皮膚皮脂腺肥大，容易阻塞毛囊導管，導致毛囊導管過度角化，形成粉刺。皮脂淤積在導管口內，若毛囊內微生物作用，可出現丘疹、結節、囊腫，易患痤瘡。如感染馬拉色菌，則易患脂溢性皮炎。如伴有面部血管運動神經失調，血管長期擴張，易患有酒糟鼻。

**護膚品在皮脂溢出性皮膚疾病的臨床應用**：減少皮脂過度分泌、保溼、減輕皮炎症反應、緩解皮損。對痤瘡患者，可視皮膚有敏感及無敏感兩種狀態，分別進行護理。

1. **清潔**：痤瘡皮膚不敏感時，選用控油清潔劑清潔皮膚每天 2 次，夏季或皮膚過度油膩時，可每天清潔 3 次。但注意不要過度清潔皮膚，引起角質層脂質成分喪失，皮膚變得乾燥、脫屑。痤瘡伴有皮膚敏感時，選用抗敏清潔劑清潔皮膚，每天 1～2 次。

2. **保溼**：痤瘡皮膚不敏感時，清潔後，可用控油保溼水外塗於面部皮膚，以達到控油、溶解角質、保溼的目的。痤瘡伴有皮膚敏感時，選用控油抗敏保溼水外塗，在控油的同時，有抗敏、預防皮膚敏感的作用。

3. **護膚**：痤瘡皮膚不敏感時，主要選用控油清痘劑，每天 2 次。值得注意的是，由於痤瘡患者外用藥物後，皮膚易敏感、乾燥、脫屑，而清痘劑具有一定的抑制皮脂分泌作用。因此，當出現上述症狀時，應停止使用清痘劑，而改用抗敏保溼乳，每天 2 次，緩解皮膚敏感。痤瘡伴有皮膚敏感時，先使用控油抗敏保溼乳，局部皮損處使用控油清痘劑。

4. **防曬**：痤瘡爲光線加劇性皮膚疾病，需要日常防曬。選用 SPF > 30、PA+++ 的物理化學性防曬劑，一般劑型選用防曬噴霧或防曬乳。

## 四、色素增加性皮膚疾病

**黃褐斑（melasma）**又稱「**肝斑**」，爲黃褐色色素沉著斑，對稱分布於面部頰部，多見於中年女性。目前可能的原因，包括：

1. 目前認爲本病可能爲與妊娠、口服避孕藥、內分泌、藥物、化妝品、遺傳、微量元素、肝臟疾病及紫外線等有關，妊娠或口服避孕藥可能是主要的誘發因素。

2. 某些化妝品中含有重金屬，例如鉛、汞等，可導致硫基減少，酪胺酸酶活性增高，多巴胺生成增多，黑色素合成增多。日曬是引起黃褐斑的一個重要因素，紫外線能激活酪胺酸酶活性，使照射部位黑色素細胞活躍，使黑色素生成增多，治療的同時還需要防曬。

3. 某些慢性疾病，特別是與婦科疾病（如月經失調、經痛、子宮發炎、不孕症等以及乳房小葉增生）、肝病、慢性乙醇中毒、甲狀腺疾病（尤其是甲亢及甲狀腺切除綜合症）、結核、內臟腫瘤等內分泌有關。

黃褐斑患者皮膚大多較乾燥，皮膚屏障不健全，易受日曬影響，引起色素生成增加，易沉積於角質層。**護膚品在黃褐斑中的應用**：保溼、防曬、恢復皮膚正常色澤。皮膚清潔、保溼、護膚與乾性皮膚相同，護膚完畢後，可在黃褐斑皮損處使用美白類護膚品，且在使用美白劑時，白天一定要配合適宜的防曬劑（SPF > 30、PA+++）。

## 五、光致皮膚損傷

光致皮膚損傷包括：1. 皮膚光老化。2. 光線性皮膚疾病，如多形性日光疹、慢性光化性皮炎等。3. 光線加劇性皮膚疾病，如痤瘡、紅斑性狼瘡、黃褐斑等。4. 光線致癌。在此僅介紹光老化、光敏性皮膚疾病。

### （一）皮膚光老化（photoaging）

光老化的皮膚新陳代謝功能衰退，角質形成細胞增殖、分化減慢，皮膚變薄。表皮中脂質含量減少，眞皮中黏多醣含量也降低，使皮膚 TEWL 增加，變得乾燥、脫屑，皺紋增多。眞皮中膠原蛋白含量與皮膚老化相關，其中以 I 型和 III 型膠原最爲重要，隨著年齡的變化，其含量也發生變化。同時膠原變粗、變性。眞皮變性彈性蛋白堆積，排列紊亂，皮膚彈性降低，而皮下脂肪層萎縮，皮膚失去支撐，易出現皺紋。同時，成纖維細胞合成的抗氧化酶—過氧化氫酶含量減少，如 70～80 歲老年人成纖維細胞合成的過氧化氫酶只有 0～10 歲兒童的一半。紫外線照射後，過氧化氫酶含量可下降 50～70% ，致使皮膚內氧自由基蓄積，造成皮膚氧化性損傷。

**護膚品在皮膚光老化的臨床應用**：保溼、防曬，局部使用抗老化護膚品，減輕皺紋，緩解皮膚老化。

1. **清潔**：每天使用清潔劑清潔皮膚 1 次。

2. **保溼**：用保溼水拍在面部皮膚上，達到保溼、平衡皮膚表面 pH 值的作用。

3. **護膚（抗皺）**：每日外用保溼劑 2 次，晚上再在前額、眼周、口周等易產生皺紋的部位使用嫩膚抗皺類護膚品，延緩皮膚衰老。

4. **防曬**：外用保溼劑後，需要使用防曬劑。高原地區、春夏季選用 SPF > 30、PA+++ 的物理或化學性防曬劑。平原地區、秋冬季選用 SPF > 15、PA++ 的物理或化學性防曬劑。

### （二）光線性皮膚疾病

光線性皮膚疾病主要包括**多形性日光疹（polymorphic light eruption, PLE）**、**慢性光化性皮炎（chronic actinic dermatitis, CAD）**（相關光感性皮膚疾病的發病原因、臨床表現、診斷及治療，請參見第九章）。PLE 是一種光敏性皮膚疾病，多發於春夏季，常在日光照射後幾小時或幾天後發生，春季和夏初發病，冬季很少發生。CAD 是一種慢性、持續出現於曝光和非曝光部位的持久性光過敏性疾病。一般初次發作在夏季，但慢慢地四季均可發病。該類皮膚疾病好發於暴露部位，對紫外線敏感，可出現丘疹、丘皰疹、水泡等溼疹樣多形性損害，皮膚屏障受損，皮膚出現乾燥、脫屑伴有搔癢。

**護膚品在光線性皮膚疾病的臨床應用**：治療原發病，保溼、防曬、緩解光敏性皮膚病症狀。皮膚清潔、溼敷、護膚與溼疹相同。防曬是預防該類皮膚疾病的首要方法，應選用 SPF > 30、PA+++ 的物理防曬劑。

## 習題

1. 醫學用護膚品的特點及作用爲何？
2. 請你（妳）舉一個醫療等級化妝品在皮膚疾病的臨床應用實例。

## 參考文獻

1. 徐雅芬、羅淑慧著，天然萃取物應用在保健品、化妝品及醫藥產業之發展契機，**生物技術開發中心**，2006 年。
2. 張效銘、趙坤山著，化妝品原料學第二版，**滄海圖書出版社**，2016年。
3. 張效銘著，天然物概論，**五南圖書出版股份有限公司**，2017 年。
4. Bowe W P, and Pugliese S. 2014. Cosmetic benefits of natural ingredients. **J. Drugs Cermatol.**, 13(9):1021-1025.

## 共同參考文獻


1. 光井武夫主編，陳韋達、鄭慧文譯：新化妝品學，合記出版社，1996。
2. 洪偉章、陳容秀著：化妝品科技概論，高立圖書，1996。
3. 張麗卿編著：化妝品製造實務，臺灣復文書局，1998。
4. 李仰川編著：化妝品原理，文京圖書，1999。
5. 垣原高志著，邱標麟編譯：化妝品的實際知識第三版，臺灣復文書局，1999。
6. 童琍琍、馮蘭賓編著：化妝品工藝學，中國輕工業出版社，1999。
7. 吳志華著，現代皮膚性病學，廣東人民出版社，1999。
8. 化妝品衛生管理條例暨有關法規，行政院衛生署，2000。
9. 嚴嘉蕙編著：化妝品概論第二版，新文京圖書，2001。
10. 王理中、王燕，英漢化妝品辭典，化學工業出版社，2001。
11. 臺灣皮膚科協會，皮膚科學專有名詞辭典，社團法人臺灣皮膚科醫學會，2001。
12. 李明陽，化妝品化學，21 世紀高等醫學院校教材，2002。
13. 陳宜嫻、傅如嶽、黃宜純、黃淑桂、楊佳瑋、溫慧萍、鄭智文合著：皮膚生理學第二版，華格那出版社，2004。
14. 劉瑋、張懷亮主編：皮膚科學與化妝品功效評價，化學工業出版社，2005。
15. 王俠生、廖康煌、楊國亮，皮膚病學，上海科學技術文獻出版社，2005。
16. 台大皮膚科，實用皮膚醫學第二版，藝軒圖書出版社，2006。
17. 馮信忠主編，皮膚性病診斷學，上海科學技術出版社，2007。

18.吳志華、樊翌明主編，皮膚性病診斷與鑑別診斷，**科學技術文獻出版社**，2009。
19.吳志華主編，臨床皮膚性病學（精），**人民軍醫出版社**，2011。
20.高天文、劉瑋主編：美容皮膚科學，**人民衛生出版社**，2012。
21.單士軍編著，皮膚性病病理診斷，**人民衛生出版社**，2015。
22.張效銘、趙坤山著，化妝品原料學第二版，**滄海圖書資訊股份有限公司**，2015。
23.吳志華，皮膚科治療學第三版，**科學出版社**，2016。
24.趙坤山、張效銘著，李慶國校訂，化妝品化學第二版，**五南圖書出版股份有限公司**，2016。
25.張效銘著，化妝品概論，**五南圖書出版股份有限公司**，2016。
26.張效銘著，化妝品有效性評估，**五南圖書出版股份有限公司**，2016。
27.Baumann L 原著，曾銘儀、葉育文譯，醫學美容皮膚科學：素人到達人，這一本通通都有，**合記圖書出版社**，2014。
28.Graham-brown R, and Burns T 原著，孫培倫譯，皮膚科學，**藝軒圖書出社**，2004。
29.Habif T P 原著，陳建洲譯，皮膚疾病的診斷與治療，**藝軒圖書出版社**，2011。
30.Jorizzo J L 原著，許乃仁譯，皮膚科學症候圖譜，**合記圖書出版社**，2004。
31.James W D, Berger T G, and Elston D M 原著，徐世正譯，安得魯斯臨床皮膚病學，**科學出版社**，2008。
32.Robertson R, A colcour handbook of dermatology, **藝軒圖書出版社**，2002。
33.Agache P, and Humbert P, Measuring the skin. Berlin: **Springer**, 2004.
34.Baumann L, Cosmetic dermatology. 2nd ed. New York: **McGraw-Hill**, 2008.

35. Baumann L, Cosmetic dermatology: principles and practice. 2nd ed. New York: **Springer**, 2008.

36. Burns T, Breathnach S, Cox N, Griffiths C, Rook's textbook of dermatology. 7th ed. Oxford: **Taylor&Franics**, 2005.

37. Johnson D H, Hair and hair care. New York: **Marcel Dekker**, 1997.

38. Rycroft R J G, and Richard J G, Textbook of contact dermatitis. New York: **Springer**, 1992.

39. Wolff K, Goldsmith L A, Katz S I, Gilchrest B A, Paller A, Leffell D J, and Wolff K, Fitzpatrick's dermatology in general medicine. 8th ed. New York: **McGraw-Hill**, 2012.

# 附　錄　包曼皮膚分類系統問卷

美國著名皮膚科醫生包曼（Leslie Baumann M.D.）在 2006 年出版的暢銷書《*The Skin Type Solution*》，提出一套新的皮膚分類系統，並設計了一份自測問卷。根據以下四組子類型，組合成 16 種不同皮膚類型油性（oil）VS. 乾性（dry）；敏感性（sensitive）VS. 耐受性（risistant）；色素沉著性（pigmented）VS. 非色素沉著性（non-pigmented）；皺紋性（wrinkled）VS. 緊緻性（tight）。

## Step1：乾性皮膚（Dry –D）VS. 油性皮膚（Oil -O）

透過回答這部分的問題，可以準確分析出皮膚的含水狀況和出油程度。研究表明，雖然許多人對於自己屬於油性或乾性皮膚顯得很確定，但其實這些預見往往並不準確。別讓自己的那些成見或其他想法影響你的回答，只要根據實際情況來選擇就對了。如果對某些問題問到的情況不確定或不記得了，請重新試驗一次吧，雖然這需要一些時間。

**Q1. 洗完臉後的 2～3 小時，不在臉上塗任何保溼／防曬產品、化妝水、粉底或任何產品，這時如果在明亮的光線下照鏡子，你的前額和臉頰部位：**

A. 非常粗糙、出現皮屑，或者如布滿灰塵般的晦暗。

B. 仍有緊繃感。

C. 能夠回復正常的潤澤感，而且在鏡中看不到反光。

D. 能看到反光。

**Q2. 在自己以往的照片中，你的臉是否顯得光亮：**

A. 從不，或你從未意識到有這種情況。

B. 有時會。

C. 經常會。

D. 歷來如此。

**Q3. 上妝或使用粉底，但是不塗乾的粉（如質地乾燥的粉餅或散粉），2～3 小時後，你的妝容看起來：**

A. 出現皮屑，有的粉底在皺紋裡結成小塊。

B. 光滑。

C. 出現閃亮。

D. 出現條紋並且閃亮。

E. 我從不用粉底。

**Q4. 身處乾燥的環境中，如果不用保溼產品或防曬產品，你的面部皮膚：**

A. 感覺很乾或銳痛。

B. 感覺緊繃。

C. 感覺正常。

D. 看起來有光澤，或從不覺得此時需要用保溼產品。

E. 不知道。

**Q5. 照一照有放大功能的化妝鏡，從你的臉上能看到多少大頭針尖大小的毛孔：**

A. 一個都沒有。

B. T 區（前額和鼻子）有一些。

C. 很多。

D. 非常多。

E. 不知道（注意：反覆檢查後仍不能判斷狀況時才選 E）。

**Q6. 如果讓你描述自己的面部皮膚特徵，你會選擇：**

A. 乾性。

B. 中性（正常）。

C. 混合性。

D. 油性。

**Q7. 當你使用泡沫豐富的皂類潔面產品洗臉後，你感覺：**

A. 乾燥、或有刺痛的感。

B. 有些乾燥但是沒有刺痛感。

C. 感覺沒有異常。

D. 感到皮膚出油。

E. 我從不使用皂類或其他泡泡類的潔面產品（如果這是因爲它們會使你的皮膚感覺乾燥和不舒服，請選 A）。

**Q8. 如果不使用保溼產品，你的臉部覺得乾嗎：**

A. 總是如此。

B. 有時。

C. 很少。

D. 從不。

**Q9. 你臉上有阻塞的毛孔嗎（包括「黑頭」和「白頭」）：**

A. 從來沒有。

B. 很少有。

C. 有時有。

D. 總是出現。

**Q10. T 區（前額和鼻子一帶）出油嗎：**

A. 從沒有油光。

B. 有時會有出油現象。

C. 經常有出油現象。

D. 總是油油的。

**Q11. 臉上塗過保溼產品後 2～3 小時，你的兩頰部位：**

A. 非常粗糙、脫皮或者如布滿灰塵般的晦暗。

B. 乾燥光滑。

C. 有輕微的油光。

D. 有油光、滑膩感，或者你從不覺得有必要、事實上也不怎麼使用保溼產品。

計分：選 A－1 分，選 B－2 分，選 C－3 分，選 D－4 分，選 E－2.5 分

你的得分是：________。

如果你的得分為 34～44，屬於非常油的皮膚；如果你的得分為 27～33，屬於輕微的油性皮膚；如果你的得分為 17～26，屬於輕微的乾性皮膚；如果你的得分為 11～16，屬於非常乾的皮膚。總計分數，如果得分為 27～44，屬於油性皮膚（簡稱「油」型或 O Type），如果得分為 11～26，屬於乾性皮膚（簡稱「乾」型或 D Type）。

## Step2：敏感性皮膚（Sensitive-S）VS.耐受性皮膚（Resistant-R）

透過回答這部分的問題，可以準確分析出你的皮膚趨向於發生各種敏感肌膚症狀的程度，所有的面皰（痤瘡／痘痘）、紅腫、潮紅、發癢都屬於皮膚的敏感症狀。

**Q1. 臉上會出現紅色突起：**

A. 從不。

B. 很少。

C. 至少一個月出現一次。

D. 至少每週出現一次。

**Q2. 護膚產品（包括潔面、保溼、化妝水、彩妝等）會引發潮紅、癢或是刺痛嗎：**

A. 從不。

B. 很少。

C. 經常。

D. 總是如此。

E. 我從不使用以上產品。

**Q3. 曾被診斷爲痤瘡或紅斑痤瘡（也稱酒糟鼻：皮膚的慢性充血性疾病，通常累及面部的中 1/3，特點爲患部持續性紅斑，常伴毛細血管擴張以及水腫、丘疹和膿皰的急性發作。）**

A. 沒有。

B. 沒去看過，但朋友或熟人說我有。

C. 是的。

D. 是的，而且症狀嚴重。

E. 不確定。

**Q4. 如果你配戴的首飾不是 14k 金以上的，皮膚發紅的幾率：**

A. 從不。

B. 很少。

C. 經常。

D. 總是如此。

E. 不確定。

**Q5. 防曬產品令你的皮膚發癢、灼燒、發痘或發紅：**

A. 從不。

B. 很少。

C. 經常。

D. 總是如此。

E. 我從不使用防曬劑。

**Q6. 曾被診斷爲局部性皮炎、溼疹、或接觸性皮炎（一種過敏性的皮膚發紅）**

A. 沒有。

B. 朋友或熟人說我有。

C. 是的。

D. 是的，而且症狀嚴重。

E. 不確定。

**Q7. 你配戴戒指的皮膚部位發紅幾率：**

A. 從不。

B. 很少。

C. 經常。

D. 總是發紅。

E. 我不戴戒指。

**Q8. 芳香泡泡浴、按摩油或是身體潤膚霜會令你的皮膚發痘、發癢、或感覺乾燥**

A. 從不。

B. 很少。

C. 經常。

D. 總是。

E. 我從不使用這類產品（如果你不使用的原因是因為會引起以上的症狀，請選 D）。

**Q9. 有使用酒店裡提供的香皂洗臉或洗澡，卻沒什麼問題：**

A. 是的。

B. 大部分時候沒什麼。

C. 不行，我會生痘子或發紅發癢。

D. 我可不敢用，以前用過，總是不舒服。

E. 我總是用自己帶的，所以不確定。

**Q10. 你的直系親屬中有人被診斷為局部性皮炎、溼疹、氣喘和／或過敏嗎：**

A. 沒有。

B. 據我所知有一個。

C. 好幾個。

D. 數位家庭成員有局部性皮炎、溼疹、氣喘和／或過敏。

E. 不確定。

**Q11. 使用含香料的洗滌劑清洗，以及經過防靜電處理和烘乾的床單時：**

A. 皮膚反應良好。

B. 感覺有點乾。

C. 發癢。

D. 發癢發紅。

E. 不確定，因爲我從不用這些東西。

**Q12. 中等強度的運動後、感到有壓力或出現生氣等其他強烈情緒時，面部皮膚發紅的幾率：**

A. 從不。

B. 有時。

C. 經常。

D. 總是如此。

**Q13. 喝過酒精飲料後，臉變紅的情況：**

A. 從不。

B. 有時。

C. 經常。

D. 總是這樣，我不喝酒就是因爲這個。

E. 我從不飲酒。

**Q14. 吃辣或熱的食物／飲料會導致皮膚發紅的情況：**

A. 從不。

B. 有時。

C. 經常。

D. 總是這樣。

E. 我從不吃辣（如果是因爲怕皮膚發紅請選 D）。

**Q15. 臉和鼻子的部位有多少能用肉眼看到的皮下破裂毛細血管（呈紅色或藍色），或者你曾經爲此做過治療：**

A. 沒有。

B. 有少量（全臉，包括鼻子有 1～3 處）。

C. 有一些（全臉，包括鼻子有 4～6 處）。

D. 很多（全臉，包括鼻子有 7 處或以上）。

**Q16. 從照片上看，你的臉看上去發紅嗎：**

A. 從不，或沒注意有這樣的問題。

B. 有時。

C. 經常。

D. 是這樣。

**Q17. 人們會問你是不是被曬傷了之類的話，而其實你並沒有：**

A. 從不。

B. 有時。

C. 總是這樣。

D. 我總被曬傷。

**Q18. 你因為塗了彩妝、防曬霜或其他護膚品而發生發紅、發癢或面部腫脹：**

A. 從不。

B. 有時。

C. 經常。

D. 總是這樣。

E. 我從不用這些東西（如果不用是因為曾經發生以上症狀，請選 D）。

分值：選 A－1 分，選 B－2 分，選 C－3 分，選 D－4 分，選 E－2.5 分。

注意：如果你曾被皮膚科醫生確診為痤瘡、紅斑痤瘡、接觸性皮炎或溼疹，請將總分加 5 分；如果是其他科的醫生（如內科醫生）認為你患了上述病症，總分請加 2 分。

你的得分是：________。

如果你的得分爲 34～72，屬於非常敏感的皮膚；如果你的得分爲 30～33，屬於略微敏感皮膚（按照推薦的方法就可以變成 R 型的）；如果你的得分爲 25～29，屬於比較有耐受性的皮膚；如果你的得分爲 17～24，屬於耐受性很強的皮膚。總計分數，如果得分爲 30～68，屬於敏感性皮膚（簡稱「敏」型或 S Type）。如果得分爲 17～29，屬於耐受性皮膚（簡稱「耐」型或 R Type）。

## Step3：色素沉著性皮膚（Pigmented-P）VS.非色素沉著性皮膚（Non-pigmented-N）

透過回答這部分的問題，可以準確分析出你的皮膚產生「麥拉寧」（melanin 即黑色素）的程度。黑色素會使你受到日曬後的皮膚出現黑斑、雀斑以及一些深色區域。反過來說，黑色素的生成也是皮膚自我保護的反應，它會透過使膚色變深來保護你不被曬傷。

**Q1.** 長過痘痘或毛髮倒生後的部位會留下深棕色／黑色的印記：

A. 從不。

B. 有時會。

C. 經常會。

D. 總是這樣。

E. 我從沒長過痘痘或倒生的毛髮。

**Q2.** 被割傷後，棕色的印記（不是新癒合時粉色的疤）會殘留多久：

A. 我不會留下棕色的疤痕。

B. 1 週。

C. 幾週。

D. 好幾個月。

**Q3. 當你懷孕、服用口服避孕藥丸或其他荷爾蒙替代類藥物時，臉上會長出多少深色斑點：**

A. 沒有。

B. 1 個。

C. 少量。

D. 很多。

E. 這個問題不適用於我（因爲我是男性、或者我從未懷孕或服過以上藥物、或者我不確認是否有斑點）。

**Q4. 你的上唇或面頰有深色斑點／塊嗎？或者曾經有，你使用一些方法把它們除去了：**

A. 沒有。

B. 我不確定。

C. 是的，它們現在（曾經）比較明顯。

D. 是的，它們現在（曾經）非常明顯。

**Q5. 日曬之後斑點會加深嗎：**

A. 我沒有深色斑點。

B. 無法確定。

C. 有點加深。

D. 變深很多。

E. 我整天都塗防曬霜，從不直接接觸陽光（如果是因爲你特別擔心或曾經被曬出斑來才這樣做，請選 D）。

**Q6. 你的面部皮膚曾經被診斷爲有色素沉積、或有淺／深棕／灰色斑：**

A. 沒有。

B. 有一次，但後來消失了。

C. 是的。

D. 是的，而且狀況嚴重。

E. 無法確認。

**Q7. 臉部、前胸、後背或手臂是否有或者曾經有小的棕色斑點（雀斑或曬斑）：**

A. 沒有。

B. 有一些（1～5 個）。

C. 有很多（6～15 個）。

D. 非常多（16 個以上）。

**Q8. 幾個月來第一次曬太陽（例如剛入春或入夏），皮膚感覺：**

A. 灼熱。

B. 灼熱然後變黑。

C. 直接變黑。

D. 我的膚色已經很深了，我也分不清這樣是否會變得更深。

**Q9. 連續數天暴露於陽光下：**

A. 灼熱甚至起泡，但我的膚色沒有什麼變化。

B. 膚色變深了一點。

C. 膚色變深了很多。

D. 我的膚色已經很深了，我也分不清這樣是否會變得更深。

E. 不確定（如果近期沒有，可以回憶一下小時候的經歷）。

**Q10. 日曬有沒有引起雀斑（一種直徑 1～2mm ，大頭針針尖大小的平滑棕色斑點）**

A. 不，我從沒長過雀斑。

B. 每年長出一些新的。

C. 經常長出新的。

D. 我的膚色已經很深了，看不出是否新長了雀斑。

E. 從不曬太陽。

**Q11.** 你的父母中有人長雀斑嗎？如果有，請描述程度。如果僅有一方有，請按其程度選擇。如果兩方都有，請根據雀斑更多的那一方的情況選擇：

A. 沒有。

B. 有一些。

C. 臉上有很多。

D. 臉上、前胸、後背、頸脖肩膀都有很多。

E. 不確定。

**Q12.** 你的天然髮色是：

A. 金髮。

B. 棕色。

C. 黑色。

D. 紅色。

**Q13.** 家庭的直系親屬中是否有黑素瘤病史：

A. 沒有。

B. 有一個人。

C. 一人以上。

D. 我自己有黑素瘤病史。

E. 不確定。

分值：選 A－1 分，選 B－2 分，選 C－3 分，選 D－4 分，選 E－2.5 分。

注意：如果全身被陽光曬到的皮膚中已經出現深色斑點，總分應該加 5 分。

你的得分是：________。

如果得分爲 29～52，屬於色素沉著性皮膚（簡稱「色」型或 P Type），如果得分爲 13～28，屬於非色素沉著性皮膚（簡稱「非」型或 N Type）。

## Step4：皺紋性皮膚（wrinkled-W）VS.緊緻性皮膚（Tight-T）

透過回答這部分的問題，可以準確分析出你的皮膚是否屬於容易生出皺紋的類型，以及你現在已經出現的皺紋危機。還是一樣，不要試圖猜測題目背後的意圖；用你認爲「應該這樣做」的選項作爲回答依據，只需要如實回答你「實際是怎樣做」，就會檢測出你的皮膚眞實狀況，也才能獲得改善皮膚的眞正良方。

**Q1.** 你現在臉上有皺紋嗎？

A. 沒有，即使是在做微笑、皺眉、抬眉毛這些表情的時候也沒有。

B. 只有當我微笑、皺眉、抬眉時才有。

C. 是的，做表情時有，不運動到的部位也有少量的。

D. 即使面無表情，也有明顯的皺紋。

在 Q2～Q7 中，請根據你及你的家族成員與其他任何種族人群的比較來回答（即不要僅與你自己所屬的種族相比，例如你是黃皮膚的亞洲人，不要只與同類的黃皮膚亞洲人比較，而應當根據你所知道的任何人種的同齡者比較）。對於你不知道情況的家族成員，盡可能的問問家裡其他人或是找出照片參考一下。

**Q2.** 你母親的面部皮膚看起來：

A. 比同齡人年輕 1～5 歲。

B. 和其他同齡人一樣。

C. 比同齡人年老 5 歲的樣子。

D. 老不止 5 歲的樣子。

E. 問題不適用於我，我是被收養的，或者記不清了。

**Q3.** 你父親的面部皮膚看起來：

A. 比同齡人年輕 1～5 歲。

B. 和其他同齡人一樣。

C. 比同齡人年老 5 歲的樣子。

D. 老不止 5 歲的樣子。

E. 問題不適用於我，我是被收養的，或者記不清了。

**Q4.** 你外祖母的面部皮膚看起來：

A. 比同齡人年輕 1～5 歲。

B. 和其他同齡人一樣。

C. 比同齡人年老 5 歲的樣子。

D. 老不止 5 歲的樣子。

E. 問題不適用於我，我是被收養的，或者記不清了。

**Q5.** 你外祖父的面部皮膚看起來：

A. 比同齡人年輕 1～5 歲。

B. 和其他同齡人一樣。

C. 比同齡人年老 5 歲的樣子。

D. 老不止 5 歲的樣子。

E. 問題不適用於我，我是被收養的，或者記不清了。

**Q6.** 你祖母的面部皮膚看起來：

A. 比同齡人年輕 1～5 歲。

B. 和其他同齡人一樣。

C. 比同齡人年老 5 歲的樣子。

D. 老不止 5 歲的樣子。

E. 問題不適用於我，我是被收養的，或者記不清了。

**Q7.** 你祖父的面部皮膚看起來：

A. 比同齡人年輕 1～5 歲。

B. 和其他同齡人一樣。

C. 比同齡人年老 5 歲的樣子。

D. 老不止 5 歲的樣子。

E. 問題不適用於我，我是被收養的，或者記不清了。

**Q8.** 在你過往所有經歷中，是否曾經在一年當中連續 2 週以上持續日曬？如果有，請計算一下這些時間加起來總共有多長？（把你外出打網球、釣魚、打高爾夫、滑冰／雪等戶外活動時間都統計進去，要知道可不是只有在海灘的日光浴才屬於日曬）：

A. 從不。

B. 累計 1～5 年。

C. 累計 5～10 年。

D. 10 年以上。

**Q9.** 在你過往所有的經歷中，你是否在一年當中的無論任何季節日曬 2 週左右，並使皮膚顏色變深？（當然，整個夏季的外出活動都要計算在內）如果有，有多少？

A. 從不。

B. 累計 1～5 年。

C. 累計 5～10 年。

D. 10 年以上。

**Q10. 根據你居住的地區，你所受到的日照屬於什麼程度呢？**

A. 很少量；我住的地區以陰天爲主。

B. 有一些；我在鮮有日照的地方生活過，也在日照比較多的地方生活過。

C. 中度的；我居住的地方日照程度中等。

D. 很多；我住在熱帶、南方或是日照時間很長的地方。

**Q11. 你覺得自己看起來幾歲：**

A. 比同齡人年輕 1～5 歲。

B. 和大部分同齡人一樣。

C. 比同齡人老 1～5 歲。

D. 老 5 歲以上。

**Q12. 在過去 5 年中，你是否因爲室外運動或活動，有意無意地讓自己的肌膚被曬黑過：**

A. 沒有。

B. 一個月會有一次。

C. 一週會有一次。

D. 每天。

**Q13. 是否曾經嘗試過或經常進行「美黑療程」（一種透過模擬陽光來把皮膚曬成小麥色的儀器）：**

A. 沒有。

B. 1～5 次。

C. 5～10 次。

D. 很多次。

**Q14.** 在過去所有時間中，你抽菸（或被迫吸入二手菸）的數量：

A. 沒有。

B. 幾包。

C. 幾包至很多包。

D. 我每天吸菸。

E. 我不吸菸，但是生長在吸菸家庭，或與總是在我身邊吸菸的人一同生活或工作。

**Q15.** 請描述你生活的地區汙染狀況：

A. 空氣清潔新鮮。

B. 除了一年當中的某些時候，這裡的空氣清潔新鮮。

C. 有輕度汙染。

D. 重度汙染。

**Q16.** 請描述你使用下列藥物（或含這些成分的護膚品）的時間長短：維甲酸（即維 A 酸，如「維迪軟膏」）、達芙文（Differin）等：

A. 很多年。

B. 偶爾用。

C. 年輕長痤瘡痘痘時用過。

D. 從沒用過。

**Q17.** 目前吃水果蔬菜的頻率：

A. 每餐都吃。

B. 一天一次。

C. 偶爾吃。

D. 從不吃。

**Q18. 從過去到現在，蔬菜水果在整個飲食中的比例（果汁不算）：**

A. 75～100%。

B. 25～75%。

C. 10～25%。

D. 0～10%。

**Q19. 你的自然膚色爲：**

A. 深色。

B. 中等膚色。

C. 淺色。

D. 很淺。

**Q20. 你的種族：**

A. 非洲裔美國人／加勒比人／黑人。

B. 亞裔／印度／地中海人。

C. 拉丁美洲／西班牙人後裔。

D. 高加索人（白種人）。

分值：選 A－1 分，選 B－2 分，選 C－3 分，選 D－4 分，選 E－2.5 分。

注意：如果你的年齡爲 65 歲或大於 65 歲，總分應加上 5 分。

你的得分是：________。

如果得分爲 20～40，屬於緊緻性皮膚（簡稱「緊」型或 T Type），如果得分爲 41～85，屬於皺紋性皮膚（簡稱「皺」型或 W Type）。

綜合以上 4 個部分的得分情況，你最終的皮膚分類爲：

我的油／乾（O/D）測試得分爲______，屬於______型或______Type。

我的敏／耐（S/R）測試得分爲______，屬於______型或______Type。

我的色／非（P/N）測試得分爲______，屬於______型或______Type。

我的皺／緊（W/T）測試得分爲______，屬於______型或______Type。

# 中文索引

## 五畫

## 六畫

## 七畫

## 九畫

## 十畫



## 十一畫

## 十二畫

## 十三畫

## 十四畫



## 十五畫



## 十六畫



## 十七畫

## 十八畫



## 十九畫



## 二十三畫



## 二十六畫

# 英文索引

D



E

K



L



M



N

## O



## P

國家圖書館出版品預行編目資料

化妝品皮膚生理學／張效銘著. ——初版.——臺北市：五南，2018.05
面；　公分
ISBN 978-957-11-9699-2（平裝）
1.化粧品　2.皮膚生理　3.皮膚美容學
425.4　　107006093

5J81

# 化妝品皮膚生理學

作　　者— 張效銘（224.2）
發 行 人— 楊榮川
總 經 理— 楊士清
主　　編— 王正華
責任編輯— 金明芬
封面設計— 謝瑩君
出 版 者— 五南圖書出版股份有限公司
地　　址：106台北市大安區和平東路二段339號4樓
電　　話：(02)2705-5066　　傳　　真：(02)2706-6100
網　　址：http://www.wunan.com.tw
電子郵件：wunan@wunan.com.tw
劃撥帳號：01068953
戶　　名：五南圖書出版股份有限公司
法律顧問　林勝安律師事務所　林勝安律師
出版日期　2018年5月初版一刷
定　　價　新臺幣600元